联合国教科文组织世界地质公园评审专家到公园现场考察
海口市陈辞市长会见麦克基维尔博士，并就海口火山群保护、公园的建设作了交谈(2006)

联合国教科文组织专家麦克基维尔博士与国土资源部地质环境司司长姜建军博士等人合影(2006)

联合国教科文组织专家麦克基维尔博士观看景区综合介绍(2006)

外交部部长杨洁篪由陈耀晶、陶奎元陪同考察公园

联合国教科文组织地质公园执行局专家听取汇报

海口市政府常务副市长张磊、国土资源部地质环境司副司长陈小宁会见专家们

联合国教科文组织专家库莫教授率马来西亚代表团考察公园，与有关人员合影

联合国教科文组织执行局专家们与国土资源部地质环境司副司长陈小宁等人合影

国家发改委副主任朱之鑫、海南省委书记罗保铭、海口市委书记陈辞考察公园

海南省委书记罗保铭、海口市委书记陈辞、海口市长冀文林等指导公园建设

中国雷琼·海口火山群·世界地质公园研究

Selected Works on China Leiqiong Haikou Volcanic Cluster Global Geopark

主　编　　陶奎元

Chief Editor　　Tao Kuiyuan

副主编　　杨冠雄　陈耀晶

Associate Chief Editor　　Yang Guanxiong
Chen Yaojing

东南大学出版社

·南　京·

图书在版编目(CIP)数据

中国雷琼·海口火山群·世界地质公园研究/陶奎元主编. --南京:东南大学出版社,2012.11
ISBN 978-7-5641-3767-0

Ⅰ.①中… Ⅱ.①陶… Ⅲ.①地质—国家公园—研究—中国 Ⅳ.①S759.93

中国版本图书馆 CIP 数据核字(2012)第 232971 号

中国雷琼·海口火山群·世界地质公园研究

出版发行:东南大学出版社
社　　址:南京市四牌楼 2 号　　　邮　　编:210096
网　　址:http://www.seupress.com
出 版 人:江建中

印　　刷:南通印刷总厂有限公司
排　　版:江苏凤凰制版有限公司
开　　本:880 mm×1230 mm　1/16　印张:23　　字数:745 千
版　　次:2012 年 11 月第 1 版　　2012 年 11 月第 1 次印刷
书　　号:ISBN 978-7-5641-3767-0
定　　价:128.00 元

经　　销:全国各地新华书店
发行热线:025-83790519　83791830

编 委 会

Editorial Committee

Authors Jiang Jianjun Chen Anze Tao Kuiyuan Shen Jialin
Yu Minggang Qi Jianzhong Li Haoliang Yang Xiaoqiang
Yang Shihuo Sun Qian Fan Qicheng Wei Haiquan
Liu Hui Hong Hanjing Ran Hongliu Long Wenguo
Lin Yihua Shi Chun Li Yuchun Chen Zhong
Long Yuru Hu Jiuchang Wang Weihua Bai Denghai
Shangguan Zhiguan Gao Qingwu Liu Wei Bai Zhida
Xu Debin Li Zhanyong Shi Qing Yang Guanxiong
Zhang Ding'an Yu Xuecai Fu Li Chen Geng
Wu Zhenyang Zhang Kui Lin Xiaoxia Zhao Hong

Departments Management Committee for Haikou Scenic District,
China Leiqiong Global Geopark
Experts Committee for Haikou Scenic District,
China Leiqiong Global Geopark
Hainan Yewan Corp. Group Ltd.

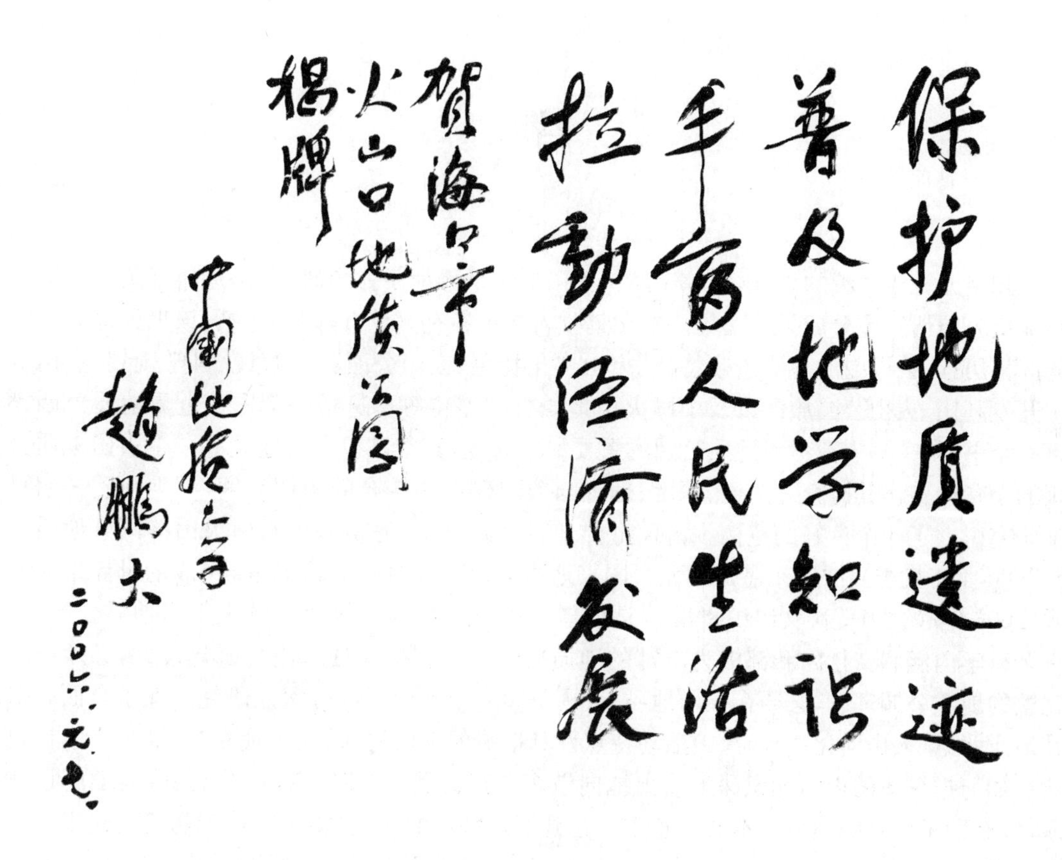

赵鹏大
中国地质大学校长
中国科学院院士
中国雷琼世界地质公园专家委员会名誉主任

Protect geologic remains,
Popularize geology knowledge,
Enrich people's life and
Promote the economy development.

——to celebrate the unveiling of the tablet of
Haikou Volcanic Crater Geopark

Zhao Pengda
China University of Geosciences
Jan. 7, 2006

Zhao Pengda
President of China University of Geosciences
Academician of China Academy of Sciences
Honorable Director of Experts Committee for China Leiqiong Global Geopark

序

陶奎元先生主编的《中国雷琼·海口火山群·世界地质公园研究》是近年来关于中国世界地质公园研究重要成果的文集。本文集收入文章各有侧重点，内容包括：该世界地质公园的产生历程、公园内的地质遗迹特征、火山文化特色、火山公园科学解说、科学规划、火山资源开发利用、火山公园旅游以及中国火山地质公园展望等。这是一部雷琼世界地质公园小百科全书，是了解雷琼世界地质公园的重要科学著述，其中还包含着建设好一个火山地质公园的宝贵经验。其研究之广度、深度、理论与公园建设相结合的密切程度，都为地质公园科学研究树立了一个良好的范例。雷琼世界地质公园是由“海南海口石山火山群国家地质公园”（2004年批准）和“广东湛江湖光岩国家地质公园”（2004年批准）联合组成的世界地质公园（2006年联合国教科文组织批准），是以雷琼火山岩带为背景建立的火山型地质公园，是一个科学内涵和文化内涵都极为丰富的地质公园。要想把这处地质公园建设好，必须树立完整的地质公园理念，必须在火山地质、火山公园专家指导下进行深入研究。除了全面查清其地质背景，火山演化过程，火山活动特点及其形成的火山机构、火山地貌景观特征外，还要研究如何把深奥的火山知识深入浅出地向游客进行普及，构建完善的火山公园科学解说体系，以有助于公园的建设。本文集基本上达到了这些目的，这主要应归功于陶奎元先生多年来的身体力行和组织工作。笔者是上世纪90年代中期筹备“第30届国际地质大会”时与陶先生结识，笔者担任大会地质旅游委员会负责人，陶先生是华东火山岩地质旅游路线的领队。通过合作，我们不但建立了深厚的友谊，而且在地球科学为旅游业服务上达成了共识，陶先生从此走上了旅游地学之路。本世纪地质公园兴起之后，笔者积极推荐陶先生介入火山类地质公园申报、规划、建设等工作，雷琼世界地质公园就是其中之一。陶先生是火山地质权威，现在又是火山地质公园专家，全身心投入地质公园工作。自陶先生（现任该公园专家委员会常务副主任）介入雷琼地质公园工作后，该公园的科学研究、科学解说体系建设取得了巨大的进步，使该公园成为体现地质公园理念的典范之一。特别是海口石山火山群国家地质公园，在陶先生的全力协助下，成为了一个名副其实的火山科学地质公园，成为海口旅游业的亮点，旅游业得到了突飞猛进的发展，受到了海口市政府的赞扬。这充分说明，科学家和科学研究工作对地质公园建设有重要作用。笔者作为国土资源部国家地质公园评委，深感科学研究对地质公园建设的重要意义。为此，除向全国推荐雷琼世界地质公园研究文集外，还特别建议各公园要效仿该公园设立专家委员会，聘请专业地质学家担任首席顾问，重视科学研究的经验。笔者期盼着更多的陶奎元式的地质学家全心全意投入地质公园工作，期盼着更多的地质公园研究问世，期盼着更多的雷琼式地质公园的涌现。

陈安泽

2010年7月13日，于北京

中国地质科学院研究员

中国旅游地学创始人

国家地质公园建设研究专家

Preface

Selected Works on China Leiqiong(Haikou Volcanic Cluster)Global Geopark compiled by Mr. Tao Kuiyuan is an important result of the research work on global geoparks of China carried in recent years. This memoir embodies papers covering different topics: History of yielding the Global Geopark, characteristics of geologic sites of the park, volcanic culture, scientific interpretation of the park, planning in scientific ways, development and usage of the volcanic resources, tourism of the volcano park and perspective of China geoparks with volcanic topic. Thus it serves as an encyclopedia for Leiqiong Global Geopark, also an important scientific work to learn about Leiqiong Global Geopark, meanwhile providing valuable experiences to build a good volcanic geopark. As a good example of research work on geoparks, the memoir has shown a wide range of topics, deep digging and close link with construction of the park. Leiqiong Global Geopark (approved by UNESCO in 2006)comprising Haikou Shishan Crater National Geopark of Hainan Province and Zhanjiang Huguangyan National Geopark of Guangdong Province(both approved in 2004), is a volcano type geopark built on the background of Leiqiong Volcanic Belt, which is rich in both scientific connotation and cultural connotation. To build it into an excellent geopark, a complete concept on geopark should be followed, and the geopark should be studied allover and deeply under the guidance of experts on volcanology and geopark. Except identifying its geologic setting entirely, process of volcano evolution, characteristics of volcanism and formed volcanic edifices, and volcanic landform, it needs to study how to explain profound volcanic knowledge to tourists in plain terms, how to build a scientific interpretation for the volcano park in process of construction. The memoir has basically achieved the above mentioned aims, which attributes to the all efforts and organization work made by Mr. Tao Kuiyuan in recent years. I got acquainted with Mr. Tao during the period of preparing for 30th IGC in 90's last century, when I was appointed as the responsible person for Geologic Excursion Committee of the IGC and Tao was responsible for the Geo-excursion trail in East China volcanic terrain. By the first cooperation we not only built up a deep personal friendship, but also reached a common understanding of geoscience serving tourism. Since then Mr. Tao has covered a long way in Traveling Geology. At the beginning of recent century, when geoparks started booming in China, I actively recommended Mr. Tao to involve in the work of application, planning and construction of volcano type geoparks, including Leiqiong Global Geopark. Tao has been a prominent specialist in volcanic geology, now has become an expert in volcano geopark. Since being engaged in the work of Leiqiong Geopark, Tao(as standing deputy chief of experts committee for the geopark) has made great progress in scientific research and construction of scientific interpretation of the park, and has promoted the park to be a model geopark reflecting the complete idea of geopark. In particular, the Haikou Shishan Crater National Geopark, gaining all-sided help from Mr. Tao, has grown up and deserves the name of real volcanic science geopark, becoming a tourism highlight of Haikou City. The tourism drastically developed and heightened. As a result the park was highly appraised by the municipal government of Haikou. It fully demonstrates that the scientists and scientific research work do play an important role in the construction of geoparks. As a member of Evaluation Committee for National Geopark, MLR, I am deeply touched and have recognized the importance of scientific research on the construction of geoparks. Therefore, in addition to recommending *Selected Works on China Leiqiong Global Geopark* to whole country, I would like to suggest all geoparks build an experts committee following Leiqiong Geopark, invite geologists as chief advisors, and pay more attention to scientific research work. I expect more geologists like Tao Kuiyuan to be engaged in the work of geopark with whole heart and soul, more selected works on geopark to be published, and more geoparks to emerge in style of Leiqiong Geopark.

Chen Anze

July 13, 2010, in Beijing

前　言

国家或世界地质公园建设的宗旨：一是保护地质遗迹，实行在保护的基础上开发，在开发中保护的原则；二是推动公众科普教育；三是发展旅游，带动地方社会与经济发展。为实现这三大宗旨，促进地质公园建设与发展，科学研究是一项十分必要的基础性工作。

本文集收录了近五年在各刊物发表的论文，主要刊物有：《地球与行星科学通讯》、《资源调查与环境》、《动物学杂志论》、《地质通报》、《华南地震》、《地质论评》、《今日海南》、《资源与产业》。文集还收录了会议上发表的文章，包括雷琼世界地质公园（海口园区）可持续发展论坛上的文章以及首次发表的有关文章。文集的出版是表明列入世界地质公园网络的海口火山群地质遗迹具有杰出而重要的科学价值，已成为科学研究的一片热土。它吸引了专业科技人员自带课题到公园开展研究，同时作为世界地质公园主动邀请专家来公园做专项研究，通过研究不断挖掘其价值。全书内容分为以下6个部分：

1. 姜建军司长在专家研讨会上的讲话
2. 海口火山群地质遗迹景观的研究
3. 海口火山群地学与生物学研究
4. 地质公园可持续发展的研究
5. 地质公园旅游与生态旅游实践研究
6. 地质公园规划与建设研究

文集收录了《海南日报》的长篇深度报道：《海之南・火山全系列》。

录入本论文集的作者均为海口火山群世界地质公园建设作出了贡献，对此表示感谢。

本文集的出版，期望能使雷琼海口火山群地质公园杰出的价值引起更为广泛的重视；期望建成一个保护生态环境典范的地质公园，一个科学普及典范的地质公园，一个促进人与自然和谐发展、带动地方社会经济发展的地质公园。

Foreword

The purpose of construction of national or global geoparks is: 1. to protect geologic site and develop it on the base of protection, in opposite, to protect it in development; 2. to promote public science education; 3. to promote tourism in order to develop local social-economy. To achieve these three aims and promote the construction and development of geoparks, the scientific research is necessary basic work.

The memoir has collected the papers published in the last five years from following journals: Earth and Planetary Science Letters, Resources Survey and Environment, Journal of Zoology, Act of Geology, South China Seismology, Geological Review, Hainan Today, Resources and Industry. It also contains papers from different meetings, including articles from the "Tribune on Sustainable Development of Leiqiong Global Geopark (Haikou Scenic District)" and the relevant follow-up ones. The publication of this memoir indicates the Geosite of Haikou Volcanic Cluster, as a part of Leiqiong Geopark enlisted in the Network of Global Geoparks, possesses outstanding and significant values and becomes a hot spot for scientific research. The Global Geopark attracts professional experts to come with topics and to work in the park, meanwhile invites experts initiatively to do research work with special themes. It is expected to discover new value of the park. The book consists of six parts:

1. Speech of Jiang Jianjun, the Director of Department of Science, Technology and Environment, MLR
2. Research on the landscape of geosites of Haikou Volcanic Cluster
3. Geological and biological study of Haikou Volcanic Cluster
4. Research on sustainable development of geoparks
5. Study of tourism and ecological tourism of geoparks
6. Study of planning and construction of geoparks

The memoir includes a full-length in-depth report: South of the Sea—Overall Series of Volcano.

We thank all the authors of this book, who definitely have contributed to the construction of Leiqiong (Haikou Volcanic Cluster) Global Geopark.

By the publication of the book we expect that the outstanding value of Haikou Volcanic Cluster Geopark could attract more extensive attention, also expect to build up a model geopark in protection of ecologic environment and in promotion of public science education, also a geopark that advances the harmonious development of human beings and nature, and promotes local social-economic development.

目 录

在雷琼世界地质公园海口园区授牌仪式及专家研讨会上的讲话 …… 001

中国地质公园发展现状、问题与对策 …… 003

中国雷琼世界地质公园 …… 010

中国雷琼世界地质公园科学意义与价值 …… 015

雷琼世界地质公园地质遗迹的特征与对比研究 …… 038

中国海南双池岭玛珥湖沉积物9 000年以来记录的古环境长期变化 …… 102

海口火山群世界地质公园熔岩洞穴的类型、特征及其保护 …… 117

琼北地区晚更新世射气岩浆喷发初步研究 …… 125

琼北火山群形成的动力学机制及地震现象的新认识 …… 133

海南岛北部更新世道堂组的重新厘定 …… 141

海南岛马鞍岭火山口地区翼手目物种多样性 …… 149

雷琼火山区地下深部大地电磁探测与电性结构分析 …… 154

琼北火山区流体地球化学特征及近期火山喷发危险性评估 …… 161

琼北马鞍岭地区第四纪火山活动期次划分 …… 169

琼北全新世火山区火山系统的划分与锥体结构参数研究 …… 176

琼北全新世火山区熔岩流流动速度的恢复与火山灾害性讨论 …… 186

中国雷琼世界地质公园(海口)——回顾与展望 …… 200

统筹保护与利用　谋求可持续发展——海口石山火山群地质遗迹成为世界知名品牌后的两大热点问题探解 …… 206

雷琼海口火山群世界地质公园发展旅游大有可为 …… 211

香港生态旅客对海口石山火山群国家地质公园的观感与评价 …… 215

生态旅游新体验、乐在自然——海口火山文化、生态寻幽探秘之旅 …… 222

走向世界的火山公园——中国雷琼世界地质公园海口园区发展历程 …… 230

积极探索科学传播与旅游发展和谐之路——雷琼世界地质公园(海口园区)国土资源科普教育基地建设纪实 …… 236

中国火山/火山岩景观地质公园展望 …… 239

国家地质公园总体规划修编的体会 …… 246

旅游区解说的功能、架构与理论基础 …… 249

地质公园旅游安全的特征及保障体系的建设——以中国雷琼海口火山群世界地质公园为例 …… 256

试论地质公园的地质、生态和乡村旅游的有机结合——以中国雷琼海口火山群世界地质公园为例 …… 262

火山口,一个绿光闪耀的传奇 …… 266

海之南·火山全系列——《海南日报》2004年长篇深度报道 …… 269

附图 …… 317

Contents

Leiqiong Global Geopark in China ········ 014

Scientific Significance and Values of China Leiqiong Global Geopark ········ 025

Features of the Geoheritage of Leiqiong Global Geopark and Comparative Research ········ 067

Paleosecular Variations since ~9 000 yr BP as Recorded by Sediments from Maar Lake Shuangchiling, Hainan, South China ········ 103

Preliminary Study on Late Pleistocene Phreatomagmatic Eruptions in the Northern Hainan Island ········ 131

Dynamic Mechanism of Volcanic Belt and New Understanding from Earthquake Evidence in the Northern Hainan Island, China ········ 140

Revision of the Pleistocene Daotang Formation in the Northern Hainan Island ········ 148

Species Diversity of Chiroptera in Ma'anling Volcano Area, Hainan Island ········ 153

Magnetotelluric Surveying and Electrical Structure of the Deep Underground Part in Leiqiong Volcanic Area ········ 160

Geochemical Characteristics of Subsurface Fluids and Volcanic Hazard Assessment in Northern Hainan Volcanic Region ········ 168

Division of the Active Period of Quaternary Volcanism in Ma'anling, Northern Hainan Island ········ 175

Nomenclature of the Holocene Volcanic Systems and Research on the Textural Parameters of the Scoria Cones in the Northern Hainan Island ········ 185

Flow Velocity and Hazard Assessment of the Holocene Lava Flows in the Northern Hainan Island ········ 199

在雷琼世界地质公园海口园区授牌仪式及专家研讨会上的讲话

姜建军[①]

海口火山遗迹获得教科文组织的充分肯定，成为世界地质公园，是海口人民的一种荣誉。但是在荣誉面前我们又肩负了一种责任，我们要进一步把这件事情做好。我们感到要突出一个保护，要通过宣传使当地老百姓认识火山遗迹，从而增加保护意识。增强了保护意识，要有规矩、有计划地去办事，就要制定一个规划——海口石山火山地质遗迹保护和科学利用的规划。

加强科学普及，要把火山在喷发过程中的故事讲给老百姓听，要把科学家对这块火山地质遗迹的认识用通俗易懂的语言去跟老百姓说。科学普及的目的是提高我们的素质，素质提高以后，我们才能够科学地利用、科学地去对待周边的资源，从而增强保护生态环境的意识，就会去改变一些不良的行为和习惯。

我们要弘扬海口的自然资源与文化。祖辈们因地制宜，用火山石资源盖房子，做一些生产、生活用具，但是他们那个年代可能没有认识到其中的科学意义。所以，我们这一辈人要保护好先人留下来的遗迹，要用新的方式去利用它。我们要不改变资源的位置和属性，不去破坏它，以最小的影响去科学地利用它，那就是我们现在搞的旅游。这既造福了我们这一代，造福了当地老百姓，又弘扬了火山口的资源文化。

只有从我们每一个人做起，这块地质遗迹才能保护好，科学地利用好，真正实现科学发展观，使我们的资源可持续利用，使经济社会可持续发展。

这次授牌使我们获得了一种荣誉，但是作为保护和科学利用来说，不是成为终点，不能画句号，我们还有很多的事要去做，我们要真正把它打造成一个世界的品牌，我们要回顾一下过去的工作，检查一下我们现在的工作存在着什么问题，我们在旅游方面的吃、住、行是否与世界的理念、世界的品牌相吻合和接轨。这次授牌一个很重要的作用是启动世界地质公园的建设，去与世界品牌接轨。

中国雷琼海口世界地质公园这个自然生态的品牌对海口来说是很重要的，因为这在海口乃至海南是唯一的。海南的经济在突飞猛进，但是在品牌上特别是世界品牌很少，品牌又是很重要的，而且这一块是自然环境生态的品牌，别人是拿不去的，是可持续利用的资源。所以，对我们海口来说，它是一块宝贝，在一定意义讲它是一座百吨金矿。

在我们国家申报的世界地质公园中，海口火山地质遗迹目前在开发的状况是有独到之处的，充分利用了现有的火山地质遗迹的地貌和地质景观。因地制宜，加强在火山地貌上物种的经济发展，这种环境氛围的保护和营造，形成既能展示火山地质遗迹，又能展示火山遗迹这块土壤上的物种花卉，形成了自然与人为建设和谐为一体。但是，海口火山群公园在有些方面还是需要补充的。因为地质公园强调科学，我们更应该在科学普及上多做些文章，公园里面要加强地质遗迹的保护，要加强保护方面的宣传工作和具体的一些措施，要扩大园区，来满足人们到这里修身养性和获得地质遗迹知识的需要。希望海口成为一个生态环境保护典范的地质公园，一个科学普及典范的地质公园，一个促进人与自然和谐、带动老百姓

---

① 姜建军，时任国土资源部地质环境司司长，现任国土资源部科技与国际合作司司长。

脱贫致富、发展地方经济典范的地质公园。

随着这个世界品牌的到来，随着人们要去开发，每个人的认识又不一样，所以必须遵守一个共同的规则，在一定程度上这块资源是属于海口人民的、海南人民的。我们要立法去保护它、利用它，十分有必要制定一个海口火山群世界地质公园管理办法或条例。

中国地质公园发展现状、问题与对策

陈安泽[①]

中国地质科学院，北京，100037

摘要：中国的地质公园从2000年面世以来，已获得突飞猛进的发展，迄今已有世界地质公园18处，国家地质公园138处，省地质公园50余处，一个类型多样，分布遍及全国的地质公园体系已初步建立。地质公园在地质遗迹保护、地球科学普及、促进地方经济发展上作出了巨大成绩和贡献，但在管理工作上却落后于发展，影响着地质公园建设的质量，影响着地质公园宗旨的实施，也影响着地质公园的发展前景。本文从加强管理是地质公园建设当务之急出发，针对地质公园建设中存在的问题，提出了加强地质公园立法、组织机构建设、总体规划、科学解说、科学研究、科学普及、地质遗迹保护和以科学发展观促进地方经济发展的对策。

关键词：世界地质公园；国家地质公园；地质遗迹保护；地质公园解说

1　中国地质公园发展现状

中国是世界上最先由中央政府部门主管建立国家地质公园的国家，也是全球建立地质公园最早的国家之一。早在1985年我国旅游地学家就向国务院提出了建立“国家地质公园”的建议，由于时机尚不成熟，直至上世纪末，在联合国教科文组织提出“创建世界地质公园网络”号召后，才由国土资源部正式决定开展建立中国地质公园体系的工作。2000年春，中国批准了“云南石林国家地质公园”等11处为首批中国国家地质公园；2002年春，批准了“云南腾冲国家地质公园”等33处第二批国家地质公园；2004年春，批准了“河南王屋山国家地质公园”等41处第三批国家地质公园；2005年9月，批准了“泰山国家地质公园”等53处第四批国家地质公园。到目前为止，我国已有138处国家地质公园，年均增长23处，可见发展速度之快。从2004年起联合国教科文组织开始吸收“世界地质公园网络”成员，我国分别于2004年被批准8处（黄山、庐山、云台山、石林、丹霞山、张家界、五大连池、嵩山），2005年被批准4处（兴文、克什克腾、泰宁、雁荡山），2006年被批准6处（房山、王屋山—黛眉山、伏牛山、雷琼、泰山、镜泊湖），年均增加6处，是全球世界地质公园最多、增长最快的国家。同时，地方还批准建立了50多处省地质公园，台湾还出现了“村级地质公园”。中国是世界上地质公园数量最多、类型多样、分布面广（每省都有）的国家，在地质公园建设上取得了举世瞩目的成绩。中国地质公园网络体系是响应联合国教科文组织（UNESCO）的号召而开始建立的，反过来中国的地质公园建设的经验和成果也支持和推动了世界地质公园建设工作，UNESCO官员赞扬“中国在地质公园建立这一工作中起到了开拓性的重要推动作用”。地质公园在推动地质遗迹资源保护、普及地球科学知识、促进地方旅游业发展从而带动地方经济发展上起到了重要作用。地质公园已成为我国旅游业中一支以科学旅游为特色的新军，在提升我国旅游业形象、促进我国旅游业健康发展上已初显成效。地质公园事业在我国公

① 陈安泽，中国地质科学院研究员、中国国家地质公园评委、中国旅游地学与地质公园研究分会常务副会长、中国旅游地学创始人之一。

众中的影响日益提高，各地建设、申报新的地质公园的热情日增，这显示了地质公园的强大生命力和光辉的前景。

2 地质公园建设工作中存在的问题

地质公园仅有6年多的园龄，从事物发展阶段来看尚处于创始期，和人生相比只是处于幼儿期。像任何新生事物一样，生命力虽强但根基尚浅，存在的问题很多，如不认真对待，精心培育，是难以茁壮成长的，甚至有损折的危险。笔者参与了中国地质公园创始的全过程，既感受到它欣欣向荣的一面，也察觉到了它在成长中存在的诸多问题，现简述如下：

2.1 管理法规制度不健全

我国是一个法治国家，任何一项事业、任何一种工作的存在和发展，都必须有充分的法律依据。地质公园是联合国教科文组织提出，并在全球推动的一项事业，而中国是联合国教科文组织的重要成员，按国际法要求，中国开展地质公园事业是有依据的。但是，从国内的法律、法规、条例以及国务院给国土资源部下达的三定方案中，却找不到地质公园管理的法律依据。我国没有“地质公园法”，也没有国务院颁布的“地质公园管理工作条例”。主管地质公园的国土资源部还没有发布“地质公园管理办法”，地质公园日常管理工作也不够规范。一个缺少国内法律依据和制度化管理的“国家地质公园”事业，不能说不是一个大问题。①

2.2 管理机构不健全，专职管理人员少

中国的国家地质公园、世界地质公园属国土资源部管理，省地质公园属各省国土厅(局)管理，但无论是部、厅都没有设置专门管理地质公园的工作机构。地质公园日常工作由国土资源部地质环境司地质环境处和各省国土资源厅地环处兼管，前者仅有两个编制，后者最多仅3—4个人。由于地环工作内容繁多，地质公园并未设专人管理，只有分工兼管。以国土资源部环境司管理地质公园的工作量来说，除了要管理18处世界地质公园、138处国家地质公园的日常工作外，还有每年一次的世界地质公园申报、考察工作，以及2至3年一次的国家地质公园申报工作。这么少的人员如何能管理过来呢？在部一级没有设立专门的地质公园管理机构，没有明确的管理职责，因此，地质公园议题从未列入部长办公会议日程，亦未有定期的部级管理工作会议和年度计划要求。如此重要、繁重的地质公园管理任务，仅凭个别人的社会责任感和利用节假日的些许时间日夜奔忙，要想将100多处地质公园的所有事情管好，无论如何是无能为力的。省一级的管理就更加薄弱了，有兴趣、有社会责任感的厅、处负责人会多抓一些，一旦岗位更换，此项工作就会受到影响。这就是我国地质公园管理工作机构的现状。

现在，让我们看看国内外类似工作的管理机构设置和管理工作是如何进行的吧！以美国为例，从1872年建立世界上第一个国家公园起，美国已经建立了一个完善的国家公园管理体系(美国尚未建立国家地质公园，但其国家公园绝大多数属于地质公园性质，中国地质公园的管理工作应向美国国家公园管理体制学习)。美国共有388个国家公园单位归内政部管理，专门设立的“国家公园管理局”是该部8个局中最大的局，下属10个地区局和3个中心(图1)。所有388个公园机构的人员均由内政部直接任命，总计全职工作人员2万余名，在旅游旺季还向社会聘任临时工作人员上万名，再吸收社会义工数万人(2006年为14万人/日)；所有公园的总体规划、解说规划(包括制作)统一由“丹佛规划设计中心”和“哈普斯斐解说中心”承担；经费由美国国会直接下达，年经费约24亿美元，另外接受社会捐助也约24亿美元。美国国家公园系统每年接待游人2.87亿人次。美国内政部所辖工作范围和我国国土部相近，我国的地质公园数量是美国国家公园单位数的近1/2，相比之下，我们的地质

---

① 据赵逊2002年2月参加联合国教科文组织会议后向国土资源部呈交的报告。

公园机构设置、人员配备、经费（我国尚没有专项的地质公园管理经费）的差距是多么惊人呀！再以我国的风景名胜区管理工作为例，国家风景区归建设部管理，该部设有司局级“风景名胜管理办公室”，在城建司设有专门的“风景名胜区管理处”，为了加强这项工作，还特别设立了一个有 6 人编制的事业处。建设部用两个专门的处级单位，近 10 个专人全职管理 180 处国家风景区。此外，还建立了一个组织完善的风景名胜区协会，一个“风景名胜规划所”，协助管理有关业务技术性事宜。我国风景区与地质公园的数量相近，两者的管理体制、人员配置相比，其差距不言自明。我国台湾地区现建有 6 处“国家地质公园”，设有“管理办公室”，编制 30 余人，6 个公园都设有公园管理处，负责人员任免、经费预算，总经费约 10 亿台币。30 多人专门管理 6 个公园，这就是台湾地区“国家地质公园”管理工作的现状。

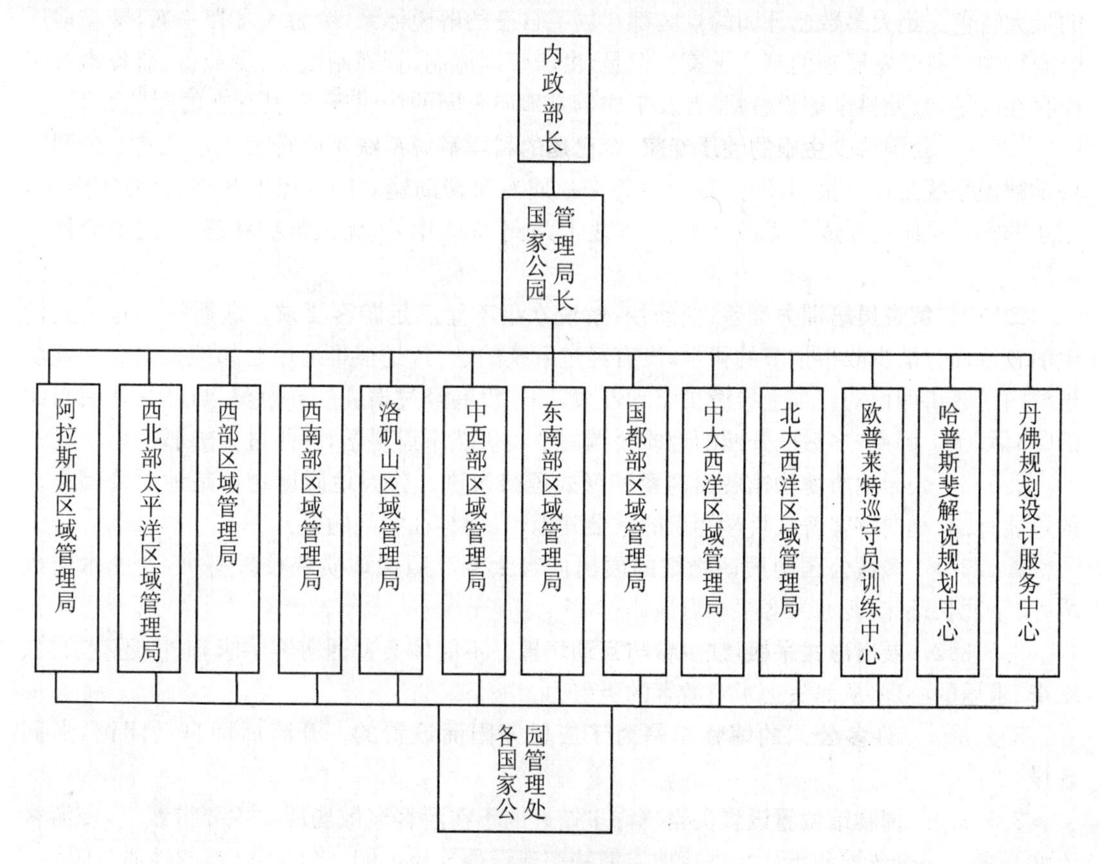

图 1　美国国家公园管理体系图

我国大陆的地质公园管理除了政府管理机构不健全外，各个地质公园的管理机构、人员配制也很薄弱。绝大多数地质公园没有设立独立的管理机构，除了在申报地质公园时、开园揭碑时有人管之外，有些地质公园的日常管理工作处于无人负责状态。2006 年，笔者去某地一个国家地质公园参观（自己购票），除在 10 千米外的河床中见到一块“××国家地质公园”的标志碑外，从门区到公园内部，看不到任何地质公园标志，导游员根本不讲地质科学内容，售票员只知道自己是“××国家风景名胜区”的职员，其他一概不知。此种现象的出现，足可见地质公园管理体制的薄弱了。

2.3　地质遗迹保护工作尚不完善

总体上说，地质公园建立之后各公园中的地质遗迹都加强了保护力度。比如，在园区兴建大的工程，都事先作了地质遗迹保护可行性论证，力求把破坏减少到最低程度。但是也存在着地质遗迹被破坏的实例，除了在园区兴建公路、铁路、水坝、采矿之外，一些珍稀的古生物、硅化木被盗采的事尚很严重，应引起重视。多数地质公园的地质遗迹登录数据库尚未建立,珍稀地质遗迹点(物)的保护工作也未落实到人。

2.4 地质公园总体规划尚不规范

地质公园总体规划是地质公园建设的依据,也是管理部门检查各个公园工作是否合格的依据。因此,地质公园总规的编制是一项十分严肃的工作,而当前的现状是:① 2000 年颁布的《国家地质公园总体规划工作指南》(试行)尚不够完善,亟待修订补充;② 尚没有形成一支规划人员专业齐全、机构固定、资质合乎规定的地质公园专业规划队伍;③ 现有规划多是应付申报工作而做,并不能作为公园建设的依据。

2.5 科学解说工作还很薄弱

建立完备的科学解说体系,向游人主动普及地球科学知识,是地质公园区别于一般景区的最大特色。绝大多数已开园的景区都建立了自己的解说体系,令游人耳目一新,赞誉地质公园贯彻了科学发展观的基本国策。但是,由于管理体制、管理制度、人员配备、监督检查工作存在问题,致使科学解说、科学普及工作仍是地质公园的薄弱环节,其存在的问题如下:

2.5.1 **公园缺少生根的地质专家,令已建的科学解说系统不能持续正常运转**。公园的科学解说系统是在申报、开园过程中由外来地质专家帮助建立的。揭碑开园后,专家走了,已建的解说系统就变成了无源之水、无本之木,处于无人增补、无人维护状态,久之就会停止运转。

2.5.2 **解说员培训力度差、变动快,解说水平不能满足游客要求**。地质科学是离人们生活较远而且缺少故事情节的科学,没有经过系统的学习,是很难运用自如地把生僻的地质现象向游客讲明白的。加上导游员流动性大,一些没有经过培训的导游员,自然只能讲自编的"神话"了。因此,多数已开园的地质公园的解说仍然不讲科学,还是过去的那一套。

2.5.3 **公园地质博物馆展出内容和形式亟待改进**。公园地质博物馆是地质公园存在的重要标志,是向游客普及科学知识的重要阵地,当前存在的问题是:

2.5.3.1 **多数公园地质博物馆的展出内容太专**。照搬地质院校教科书,专业术语成堆,文字冗长乏味,普通游客很难看懂。

2.5.3.2 **展出形式呆板,缺少参与互动场景**。不能体会普通游客除求知外,还有求美、求奇、求乐的心理,从而失去了对游客的吸引力。

2.5.3.3 **许多公园的博物馆是为了应付开园而设置的**。开园后即自动闭馆,形同虚设。

2.5.3.4 **博物馆位置设置失当**。许多馆址因不在游客聚散场所和主要游线上,使游客不便光顾。一个忽视和不认真进行地质博物馆建设的地质公园,将是不合格的地质公园。

2.6 解说牌数量少、更换慢、重形式、轻利用

地质景物、景点建立解说牌,是便利游客自助获得科学知识的好办法,也是使游客感受地质公园存在的标志。存在的问题有:一是解说牌数量太少;二是解说不通俗,不直观;三是更换不及时,许多已经褪色、破损的碑牌,无人更换;四是有些解说牌过于追求形式和用材,而不重实用,最令人不解的,是许多导游员在导游中并不利用这些解说牌,视而不见,自己另编一套"鬼话"。

2.7 不注意科普读物的编写、推介

科普图书、电子读物是帮助游客深入了解公园科学内涵的最佳助手,游客不但可以在景区使用,还可带回家中供亲友使用。目前的状况是在公园中的货摊上根本找不到该公园的科学导游图、科普图书,而那些胡编的神话传说图书却比比皆是。多数公园不重视科普读物的编写出版和推介工作。比如,笔者和姜建军博士主编的《国家地质公园丛书》,原本是每个公园一卷,但 4 年过去了,仅出了 10 本,128 处国家地质公园至今还没有落实,已出版的 10 家地质公园也不大重视推介工作,在其公园的售书摊上也看不到《国家地质公园丛书》的踪

影,至今还没有见到一张正规出版的地质公园科学导游图,这不能不说是一件憾事。

2.8 没有主动组织科普活动

地质公园应是一个科学普及基地和青少年科普教育活动中心。按理每个公园都要制订科普活动计划,利用公园中的地质地貌、生物和文物资源主动组织科普活动,比如组织青少年科普夏令营等。国外的国家公园开展科普活动是很普遍的,而我们的国家地质公园中却没有负责这项活动的组织机构,无人负责,也无这种理念,自然就不会有这种活动了。

总之,地质公园科学解说工作、科学普及工作差,是当前地质公园中最主要的薄弱环节,应当引起所有地质公园的注意。

2.9 科学研究工作尚处空白状态

地质公园是科学公园,地质公园的建设应该建立在科学研究之上。笔者是地质公园评委,在评审地质公园过程中十分关注申报者对科研工作的承诺。几乎所有申报者都信誓旦旦地郑重承诺,申报成功之后要在公园的门票收入中提取一定的比例用于科学研究,但是一旦申报成功之后,就忘记了承诺。据笔者所知,在138处国家地质公园中,真正设立科研基金的寥寥无几,真正支持、开展科学研究的就更少了。大金湖、云台山、石林、黄山、三清山、克什克腾等是支持科研的少数代表吧!科研上不去,科普工作就失去了支撑,地质公园的水平就很难上去。

以上从地质公园的管理、建设等方面提出了当前存在的问题,虽然这些问题不一定都存在于每个公园,但总体上是有这种趋势的。存在问题并不可怕,可怕的是感觉不到这些问题,不重视这些问题的解决,不提出解决的方案和措施。笔者针对上述问题提出若干解决问题的对策,供国土资源部门领导、供各地质公园上级地方政府、供各个地质公园管理者参考。

3 解决地质公园事业发展现存问题的对策

3.1 尽快制定《中国地质公园法》

地质公园是联合国教科文组织领导的一项工作,作为主要成员国的中国有责任、有义务贯彻执行相关任务,这为我国设立《中国地质公园法》找到了依据。从现状来看,我国已经有19处世界地质公园,138处国家地质公园,以及一大批省地质公园,而且地质公园还在发展。为了把这项涉及广大公众切身利益的事业办好,也必须健全法制。根据国际上管理好本国"国家公园"的经验,多数国家都制定了《国家公园法》。因此,建议国土资源部组织法学、地质公园、地质遗迹保护等方面的专家进行调研,提出立法可行性论证,通过立法程序以期达到尽快建立《中国地质公园法》立法的目的。

3.2 将地质公园管理、规划职能列入国土资源部主要职责

由于立法过程较为复杂,在近期内建立《中国地质公园法》比较困难,为了使地质公园管理工作有据可依,可先按联合国教科文组织号召成员国建立地质公园的要求,及我国已建立地质公园的运作现状,并参照美国内政部管理国家公园的先例,由国土资源部向国务院报告,在修订三定方案时,将地质公园管理、规划职能列入国土资源部主要职责;也可由有关专家以向人大、政协提交提案的方式或直接向国务院建议的方式,积极推进这一问题的解决。

3.3 制定部级《地质公园(地质遗迹区)管理办法》,加强监管工作

"地质公园管理办法"已讨论过多次,内容已经成熟,可先报国土资源部批准,以部长令的方式发布实行。由于地质遗迹区的认定、规划与实施管理是国务院下达国土部的职责,可据此颁布实行,建议改为《地质遗迹区(地质公园)管理办法》或《地质公园(地质遗迹区)管理办法》。尽快出台《地质公园督查员办法》并开始实施,有计划地开展监督检查工作,按标准警告、劝告、直至撤销一批不合格的地质公园,以保障地质公园建设工作健康前进。

3.4 建立健全的地质公园管理机构，落实管理经费

建议在国土资源部内设立“国家地质公园(地质遗迹区)领导小组”，负责地质公园领导工作，由副部长任组长，下设办公室，由环境司司长任主任。在办公室下设立专职办事机构“地质公园管理处”，管理全国地质公园的日常工作。条件成熟时可仿照美国模式，建立“国家地质公园管理局”，各省可仿照中央模式在国土厅内建立“地质公园管理处”。如暂时因编制有困难，也可仿照建设部办法设立事业编制的管理处。建议地质公园工作要列入部长办公会议日程和国土资源部的年度工作计划，每年召开一次“全国地质公园工作会议”，要划拨一定的管理经费，切实加强地质公园管理工作。

3.5 赋予“中国地质学会旅游地学与地质公园研究分会”一定职责，协助政府做好地质公园技术性服务工作

由于该会拥有各类地质公园专家并与所有地质公园建立了联系网络，因此可利用这个群众团体起到政府管理地质公园的助手和桥梁作用。例如，委托承担技术培训、技术检查，组织学术活动、经验交流、技术咨询，编制地质公园工作规范，编写出版地质公园科普图书，开展地质公园申报考察时的事务性工作、专题研究工作，以及处理政府交办的其他事宜。

3.6 各个地质公园要建立健全的管理机构

各个地质公园都要建立地质公园管理处(局)，可独立建立，也可一套人马两块牌子(如已是风景名胜区、森林公园、保护区或旅游区者)。但地质公园主要负责人必须由上级政府任命，各公园必须设有负责地质公园工作的具体办事人员和专门机构，办公处所要挂地质公园管理机构标牌。建议“世界地质公园管理处(局)”应为地市级，“国家地质公园管理处(局)”应为县级。

3.7 要大力加强“地质公园规划”的制定和管理工作

“地质公园规划”是地质公园建设管理工作的依据，各国家地质公园、世界地质公园必须制定规划，近期5年，远期10—15年，并在近3年内完成。“规划”应由有资质的规划单位编制，由国土部主持评审和批准，以作为各地质公园建设及可持续发展的依据。

国土资源部要按一定标准，批准授予规划单位资质(甲级:可承担世界和国家地质公园规划;乙级:可承担国家地质公园规划;丙级:可承担省级地质公园规划);制定规划标准;按照资质、标准、程序，高质量地完成地质公园规划工作。要参照美国模式选择国内地质公园规划做得好的单位，有计划地培育、支持、建立若干全国和区域性“地质公园规划、解说、培训中心”，原则上所有地质公园规划、培训、解说任务优先由它们承担。

地质公园规划除一般规划内容外，要强调下列专项规划内容:

3.7.1 **地质遗迹保护规划**

对园区内的各类地质遗迹要由高水平的地质专家分别进行调查，按标准进行等级划分，按级别划出保护区(点)，规定出各个等级遗迹点，要按要求对所有地质遗迹进行登录，建立地质遗迹数据库，保护要求和措施要责任到机构和个人。

3.7.2 **科学解说规划**

包含科学旅游线路划定，分层次导游词的编写(普通游客、小学生、中学生、大学生……);解说碑牌更新补充规划，在数量上要有所要求，原则上100—200 m游线要有一块解说牌，世界地质公园不少于100块，国家地质公园不少于75块，要指定专人定期检查及更换损坏、褪色的碑牌;地质博物馆原则上设在游客集散地(公园入口、停车场)，世界地质公园博物馆展出面积不少于1 000 m^2，要设影视厅，座位不少于150个，国家地质公园博物馆展出面积不少于700 m^2，要设影视厅，座位不少于100个，大的分景区要设立小型展馆。所有博物馆都要先制订内容设计方案和形式设计方案，并通过评审后制作完成。公园博物馆要区别于都市博物馆，核心目的是为游客服务，因此要有一定参与性、游乐性内容，使其成为一

个吸引游客的旅游点。各公园要设立解说科(或旅游导游科)负责此项工作。

3.7.3 **科普活动规划**

要根据情况制订以青少年学生为主要对象的科普活动计划,可分春、夏、冬三季进行,如科普春游、科普夏令营、科普冬令营等;要和当地教育部门合作,把地质公园办成为本地区中小学乡土教育基地;要编写出版科普读物,各公园都必须将《国家地质公园丛书》《国家公园科学导游图》纳入规划,限期完成。要明确负责此项工作的机构。

3.7.4 **科学研究规划**

按承诺设立科研基金,据情制定与规划年限相吻合的科学研究规划。地质公园的科学研究主要为公园建设服务,为公园打造科学含量高的旅游产品服务,为保护园区的资源环境服务,为保证游客安全服务,为公园可持续发展服务。各公园要设立科研基金,要建立科研科,负责管理科研工作。研究工作可自主进行或通过社会招标进行。

3.7.5 **人才规划**

地质公园的科学技术性很强,需要各方面的科技人才,因此必须制定长远的人才规划,才能保障地质公园的健康发展。首先,地质公园必须配备一定数量的地质人员。在管委会一级领导干部中必须有地质专业人员。世界地质公园的地质人员不少于8人,至少有1位博士(科研、科普、旅游解说、保护、博物馆、规划、综合管理部门必须配备地质人员);国家地质公园的地质人员不少于5人,至少有2位硕士。人才来源除向院校招收外,最好与地质院校签订合同,采取定向培养方式,选派景区工作人员进修获取学位或学历,务求培养扎根景区的地质专家。每个公园都要聘请1至2位资深首席顾问(要事先协商好,每年必须有一定时间去景区进行咨询)。要利用旅游淡季举办培训班,培训解说员,轮训管理干部。建议仿照国家旅游局办法,公园重要领导和导游员实行持证上岗制度,以保证地质公园事业的质量。

结束语

笔者亲历了中国地质公园的成长过程,对地质公园取得的巨大成就欢欣鼓舞,对地质公园的前景十分乐观。但是,也深感地质公园存在的问题良多,对其发展前景也产生了些许忧虑。因此,特撰此文,将看到的问题归为8个大类,并针对问题提出解决问题的7项对策,目的在于抛砖引玉,以期引起关心地质公园事业发展的各级领导、各类专家及各地质公园实际管理者的关注,大家共研问题,共商解决问题的对策,共同努力解决问题,使中国的地质公园事业健康发展。笔者虽年逾古稀,时处暮年,但对发展中国地质公园事业仍是壮心不已,愿为中国地质公园事业鞠躬尽瘁,愿和在座同仁齐心合力,坚信地质公园事业前景将更加光明。

参考文献

[1] 陈安泽,姜建军,李明路.中国国家地质公园发展现状与展望.见:《旅游绿皮书》2002—2004.北京:社会科学文献出版社

[2] 柳尚华.美国风景园林.北京:北京科学技术出版社,1999

[3] 方克定,等.美国内政部考察报告.国土资源部考察组,2004

Robert, Stanton, etc. National Park Service Strategic FY 2001—2005(美)

中国雷琼世界地质公园[①]

陶奎元[②]

南京地质矿产研究所，江苏南京，210016

摘要：雷琼世界地质公园在地质学上属于我国南端跨琼州海峡的陆缘裂谷火山带。公园内火山类型之多样、保存之完整、熔岩构造之丰富、熔岩隧道之巨大，均为罕见的地质景观，被称为第四纪玄武岩火山天然博物馆。公园是热带海岛火山生态的代表，具有重要的科学意义与审美价值，在同类地质景观中更具独特性。公园是地质学家研究的热土，地球科学的大课堂，其环境教育有长足的进展。

关键词：火山；玄武岩；地质公园；环境教育；中国雷琼

1 区位与属地

雷琼地质公园位于中国南端琼州海峡两翼——海南岛、雷州半岛，隶属于海南省、广东省，总面积为 405.88 km^2。公园处于中国南方旅游城市，可通达性良好，客源市场较为广阔。雷琼世界地质公园由联合国教科文组织于 2006 年 9 月批准，它是由海口火山群国家地质公园、湛江湖光岩国家地质公园联合而构成的一个跨海峡的世界地质公园。公园在地质学上属于雷琼陆谷火山带。

就大地构造位置而言，公园处于欧亚板块南端，西南临印度板块，东近太平洋（菲律宾）板块。雷琼裂谷是古近纪以来断续发育而成，它属于中国大陆东南端的陆缘裂谷。火山活动伴随裂谷的发生与发展。海口石山全新世玄武岩被视为南海盆地扩张后的玄武岩。公园是雷琼裂谷发生演化、南海盆地扩张的火山学和岩石学记录。

2 地质景观类型与特色

公园内地质遗迹共分为 6 大类，其中重要地质遗迹有 90 处。

(1) 各种类型火山锥(55 处)

(2) 玛珥火山—玛珥湖—干玛珥湖(11 处)

(3) 熔岩隧道群[5 群(30 条)]

(4) 层型剖面[早更新世、中更新世、晚更新世、全新世(4 处)]

(5) 矿泉水与地下热水[(5 处)片]

(6) 海岸带海蚀与海积地貌(10 处)

地质遗迹主要特色与多样性：

(1) 公园内火山密集，共有 101 座火山。它几乎涵盖了玄武质岩浆喷发与蒸气岩浆爆发的所有类型：岩浆喷发火山—熔岩锥（夏威夷式喷发）、碎屑锥溅落锥、岩渣锥（斯通博利式喷发）混合型、蒸气岩浆爆发火山—低平火口、凝灰岩环（玛珥湖）。火山数量之多，类型之

---

① 论文发表于《资源调查与环境》2007 年第 28 卷第 3 期。

② 陶奎元：1934 年生，男，研究员，博导，原任中国地质科学院火山地质与矿产研究中心首席科学家，现从事于地质公园研究规划。

多样，保存之完整，为我国第四纪火山带之首。它是一部第四纪玄武岩火山学的天然巨著。

海口石山火山群是由40座火山组成的完整火山群，其密度在2 km^2有一座火山。它们像在大地上打开的一扇窗户，为人类探索地球奥妙提供一口超深钻；它们像在大地上镶嵌的一颗颗绿色珍珠，给人们美好的享受。马鞍岭火山是完美的火山家族，在2 km^2内有主火山、副火山与寄生火山，其中主火山—风炉岭火山喷发于8155年前，尚属休眠火山。

(2) 公园内发育了由炽热岩浆与冷的地下水相互作用爆发，形成的典型的玛珥火山(低平火口、凝灰岩环)，其中包括玛珥湖与干玛珥湖。湖光岩、田洋、青桐洋、双池岭、罗京盘、杨花岭是典型的玛珥火山。湖光岩是中国玛珥湖研究起始地，中国和德国科学家在亚洲选定的合作研究基地。该湖发育50 m深的深积物，处于全封闭环境状态下，它记录14万年以来温度、降雨量、台风与植被生态的变化与人类活动多种信息，作为全球对比基准点之一。

(3) 与火山相伴熔岩构造，岩浆溅落抛射物，特别是结壳熔岩极为丰富。其中有绳状、卷包状、管束状、葡萄状、珊瑚状等千奇百态的熔岩形态。这些熔岩构造不仅具有研究熔岩流动、冷却过程的指示意义，而且激发了社会大众的兴趣，具有观赏价值，被称为观赏石的一种新品种——海口玄武奇石。

(4) 海口石山火山群中发育巨型的熔岩隧道，其数量之多[5群(30多条)]，长度之长，内部形态与微景观之丰富，为国内外罕见，极具研究和观赏价值。公园内玄武岩构造形态与熔岩隧道景观极为丰富，具有多样性、典型性、系统性而称为第四纪玄武岩火山天然博物馆。

(5) 公园发育了由玄武质火山岩构成的海岸地貌，不仅具有观赏价值，而且对于人们研究海平面升降、新构造运动具有重要的科学意义。特别是玄武质火山岩构成的海蚀崖、海蚀洞、海蚀平台，及其上的微地貌以及海积沙滩等景观极为丰富优美。

3 地质遗迹的科学意义、对比研究与独特性

雷琼地质公园的科学意义在于地质公园是一个陆缘裂谷发生、演化历史的完整记录；是我国大陆最亏损的地幔区，为研究深部壳幔作用的一个天然窗口；是我国第四纪火山分布面积最大，火山数量最多的一个火山带之一；是我国玛珥火山湖研究的始发地，是全球气候变化对比的一部天然年鉴；是将古论今研究预测火山灾害的重要参照区；是玄武质火山岩海岸地貌最丰富的地区，是南海洋面升降的标志性地区。这对于全球大地构造、区域火山学、火山学、岩相学、岩石学与地球化学、水文地质学、火山灾害学和地貌学等学科，具有重要科学意义。

国内外以火山和火山岩为主题的公园主要有：阿根廷依瓜佐国家地质公园、澳大利亚中东部雨林保护区、澳大利亚赫德-麦当劳群岛、澳大利亚马奎里岛、多米尼亚莫奈·特洛依·庞通国家公园、厄瓜多尔加拉帕各斯国家公园、厄瓜多尔圣格依国家公园、冰岛新维列尔国家公园、印尼岛中—库仑国家公园、印尼柯莫多国家公园、意大利爱奥利昂群岛、肯尼亚肯尼亚山国家公园、尼日尔阿伊尔-特内尔国家公园、俄罗斯堪察加火山群、俄罗斯锡霍特-阿林、英国巨人堤及附近滨海区、英国圣-基尔达、美国黄石国家公园、美国夏威夷火山国家公园、坦桑尼亚乞力马扎罗国家公园、桑特·露西亚庇通风景管理区、印尼苏门答腊热带雨林自然遗产和德国武尔康埃菲尔地质公园、中国五大连池世界地质公园、中国雁荡山世界地质公园和中国镜泊湖世界地质公园。

以陆缘裂谷火山群为主题的雷琼世界地质公园与世界裂谷火山带或列入世界遗产的火山区世界地质公园以及我国第四纪火山群相比，其总体特点是：

(1) 雷琼裂谷火山带处于特定的全球重要的大地构造位置。它处于欧亚板块的南端，西南临近印度澳大利亚板块，东近太平洋菲律宾板块，更多的与欧亚板块和印度洋大陆板块相互作用下的南海盆地扩张有关。具备裂谷火山带的总体特征，而与陆内裂谷火山带有较

大差别。

(2) 岩石类型主要为拉斑玄武岩和碱性橄榄玄武岩，没有出现流纹岩、粗面岩及碱性岩。其地球化学组成与洋中脊玄武岩(MORB)、大洋岛弧玄武岩相似。岩浆源区是亏损地幔与富集岩石圈或亏损地幔与俯冲洋壳混合源区，这明显不同于五大连池、腾冲与长白山火山岩的岩浆源区特点。

(3) 雷琼裂谷火山带火山岩分布面积达 7 295 km^2，其中琼州海峡北部雷州半岛湛江与北海占 3 136 km^2，琼北(海口)占 4 150 km^2。火山区面积在我国第四纪火山区中占首位。牡丹江—穆棱火山区 3 000 km^2，腾冲、五大连池火山区均小于 1 000 km^2，大同火山区小于 150 km^2。雷琼裂谷火山带共有火山 177 座(其中雷州半岛 76 座，海口 101 座)，在我国新生代火山中占首位。雷琼裂谷火山带与世界大型裂谷火山带相比仍属小型裂谷火山带，以火山单体规模较小，数量众多为特点。

(4) 雷琼裂谷火山始自上新世至全新世，其中更新世达到高潮。全新世火山中(10.27、9.91、8.15 ka)有的属于休眠火山，多期次的断续喷发，其中有保存完整的全新世火山带。

(5) 雷琼裂谷火山带总体上呈 EW 向展布，分布于琼州海峡两岸及临近岛屿和海峡之中。火山活动中心具南北向迁移的趋势，而其中的火山群受到北西向基底断裂控制，而呈北西向分布，如雷北火山群、雷南火山群、石山火山群等。

(6) 火山喷发方式既有火山岩浆夏威夷式喷发、斯通博利式喷发，又有岩浆与地下水相互作用形成的蒸气岩浆喷发。火山类型齐全，有碎屑锥(溅落锥、岩渣锥)、熔岩锥和玛珥火山与火口湖(低平火口)。

(7) 火山的熔岩构造景观丰富、奇特、典型、系统。涵盖了结壳熔岩(pahoehoe lava)、牙膏状熔岩(squeeze-ups lava)、渣状熔岩(scoriaceous lava)、块状熔岩(aa-lava)多种熔岩构造。熔岩隧道数量多、长度大、形态多变，内部地质景观及派生的地貌景观丰富，可以和世界著名玄武岩火山区的熔岩景观相媲美。

(8) 石山火山群处于海口市西南，距主城区仅 8 km，被称为城市火山，列为我国火山灾害与研究的地区之一。

(9) 火山带(群)处于热带或亚热带过渡区，发育独特的热带生态群落，展现热带火山生态的自然特性，明显不同于温带、寒带火山生态。

(10) 在火山与玄武岩地学背景下，人类活动创造出具民族性的火山文化，包括耕作文化、火山石器文化、玄武岩建造古村落文化和火山神文化，以及众多的民俗文化，其中火山石古村落文化为国内外罕见。

4 地质遗迹保护、研究与环境教育

(1) 从建立国家地质公园以来，对地质遗迹实施保护，具体办法是：① 编制分类分级保护规划，在此基础上，由政府公布保护地质遗迹的公告；② 对保护区设立保护碑牌；③ 对景区内重要地质遗迹加设高围栏，有限制地进入；④ 严格禁止采石，重点地质遗迹实行定期检查保护状况；⑤ 建立地质遗迹信息管理系统；⑥ 通过各种方式向社会大众宣传保护地质遗迹，建设地质公园，可持续发展的理念；⑦ 公园与香港生态旅游专业培训中心合作，推广生态旅游，环境友好旅游。

(2) 公园内有多个专业团体(大学、研究所)进行科学探索和文化弘扬。

① 建立公园《可持续发展为目的的专家论坛》，建立相关研究协会，湛江玛珥湖研究协会，筹建中国海口火山景观研究协会。

② 中国地质大学、南京大学地球科学系、浙江大学地球科学系、香港生态旅游专业培训中心、湖南吉首大学、广东海洋大学已经或将要作为地质或生物教学实习(实践)基地，被中

国科学技术协会、中国科学探险协会列为中国青少年科普教育基地。

③ 与德国美因兹玛珥湖结为“友好湖”，开展国际对比合作研究湛江玛珥湖。

④ 德国地球中心J. F. W. Negendank教授为首的专家到湖光岩开展工作。由海口市人民政府、海南省国土资源厅共同决定聘请13位专家组成的专家委员会，指导公园建设。

(3) 由于公园的科学价值，吸引地质学家去公园内进行研究考察。近5年内有5位博士、硕士论文在公园内进行。论文涉及火山学、岩石学、地球化学，玛珥湖沉积物及全球气候对比。近期，澳大利亚悉尼大学一位博士正在公园内进行地质景观与地质公园发展模式的论文研究。近5年在公开刊物上发表论文共有10篇。

(4) 公园已经成为中小学生科普教育的基地。在公园开展的活动有：① 探索火山，认识岩石；② 参观博物馆；③ 与专家对话；④ 中小学生作文征文比赛；⑤ 夏令营、冬令营活动；⑥ 爬山等比赛；⑦ 分发适合小学生、中学生的宣传品。公园受到中小学生的欢迎。

(5) 公园已建设室内与室外的解说系统。公园建有博物馆、火山科普馆、火山工艺馆，未来将建有大型世界火山博览园。公园户外解说系统有导游图、公园与景区综合介绍。重要地质与文化景点采用彩色图文对照的解说牌，体现公园教育科普功能，提高了公园科学文化品位，受到各界的好评，吸引了广大游客，特别是中小学生。公园编制有导游手册、宣传折页，走进火山、回归自然、感受神奇为主题的《地质生态旅游指南》、卡通式的《火山宝宝带你玩火山口》、纪念明信片等。在游客咨询中心免费提供各种宣传品。

(6) 公园已经成为地方政府重要的接待窗口，游客量有明显的增长。如海口园区(即中国雷琼海口火山群世界地质公园)已成为外国政府或各种类型代表团，国家或地区性重要会议接待或会后旅游地。韩国、俄罗斯和欧洲各国到海口考察、商务、度假的游客到公园旅游日益增多。公园本着以人为本的理念，在火山观光、热带生态体验、科学与科考旅游、休闲娱乐、地方文艺表演、特色石山羊餐美食等服务设施受到广大游客的欢迎。

公园正在按国土资源部地质环境司司长姜建军博士提出的要求，建设一个生态环境保护典范的地质公园，建设一个科学普及典范的地质公园，建设一个促进人与自然和谐、带动老百姓致富，发展地方经济典范的地质公园而推进。

Leiqiong Global Geopark in China

TAO Kuiyuan

Nanjing Institute of Geology and Mineral Resources, Nanjing 210016, China

Abstract: Leiqiong Geopark belongs to the continental rift volcanic belt that crosses the Leiqiong Strait in the southern end of China. The park is characterized by a variety of volcanos, the good preservation, the typical lava flow structures and huge lava tunnels. There rare geologic landscape appreciated to be a natural museum for Quaternary basaltic volcanos. As a tropical ecological representative of volcanic island, the park is pretty distinguished among the same type of geologic landscapes for great scientific significance and aesthetic values. The geopark has become a popular place for geologic research work, scientific study and environmental education.

Key words: volcano; basalt; geopark; environmental education; Leiqiong of China

中国雷琼世界地质公园科学意义与价值[①]

陶奎元　沈加林　余明刚

雷琼世界地质公园处于中国大陆南端，跨琼州海峡南北两翼，行政上隶属广东省湛江市和海南省海口市。雷琼地质公园由两个园区构成：琼州海峡之北的湛江湖光岩园区，即湛江湖光岩国家地质公园；琼州海峡之南的海口园区，即海口石山火山群国家地质公园。

雷琼世界地质公园（湛江·海口）两大园区，在地质学上同属于雷琼裂谷火山带。两大园区不仅具有共同的地质属性，而且保存各自特色的地质遗迹。联合两大园区建设世界地质公园能更集中、更完整地展现中国大陆南端的陆缘裂谷火山带丰富的地质地貌及其演化过程，展现热带—南亚热带生态的独特性与多样性，展现自人类活动以来在特定地学环境下淀积的文化遗产，具有重要科学意义和广泛的价值。

1　地学意义

1.1　大地构造学意义（大地构造位置的重要性）

就全球性大地构造位置而言，雷琼裂谷火山带处于欧亚板块（华南板块）南端，西南临印支板块，东近太平洋（菲律宾）板块（图1）。雷琼裂谷是自古新纪以来断续发育而成的，它属于中国大陆东南端的陆缘裂谷。火山活动伴随裂谷发生与发展（图2）。琼北石山全新世玄武岩被视为南海盆地扩张后的玄武岩。

地质公园火山带是三大板块相互作用、南海盆地扩张、雷琼裂谷发生与演化的火山学和岩石学记录，是陆缘裂谷型火山带的典型代表，具有极重要的全球性大地构造学意义。

1.2　深部地质意义

岩石类型以石英拉斑玄武岩和橄榄拉斑玄武岩为主，并有碧玄岩、粗面玄武岩。岩石微量元素地球化学总体特征属于裂谷环境。玄武岩地球化学组成与洋中脊玄武岩（MORB）、大洋岛弧玄武岩相似，而明显不同于中国长白山天池（似原始地幔）、五大连池火山（原始地幔与EMI两个地幔端元混合）、腾冲火山（原始地幔与EMII两个地幔端元混合），落于亏损地幔区（DMM），被认为是中国最亏损地幔的地区。

火山带所在的深部地质背景属地幔隆起区。岩浆源区为亏损地幔与富集的岩石圈，或者亏损地幔与俯冲洋壳的混源区。区域内橄榄拉斑玄武岩相对接近原始岩浆，是经10%橄榄石分离结晶形成的拉斑玄武岩浆。

公园内玄武岩火山是揭示在特定大地构造范围内岩石圈的“超深探针”，是探索深部岩浆作用过程具有示踪意义的天然样品。

1.3　火山学与岩相学的意义

雷琼裂谷火山带

雷琼裂谷火山带火山岩分布面积为7 295 km^2，其中海口（琼北）占4 150 km^2，湛江（雷州半岛、硇洲岛）占3 136 km^2。火山带共有火山175座，海口占101座，湛江74座（图3）。就火山岩分布面积、火山数量而言，在我国第四纪火山带中占首位。

雷琼裂谷火山带火山活动具有多期性，从古近纪到第四纪分为11期，其中第四纪火山

---

① 该文摘自2005年9月《申报世界地质公园综合考察报告》。

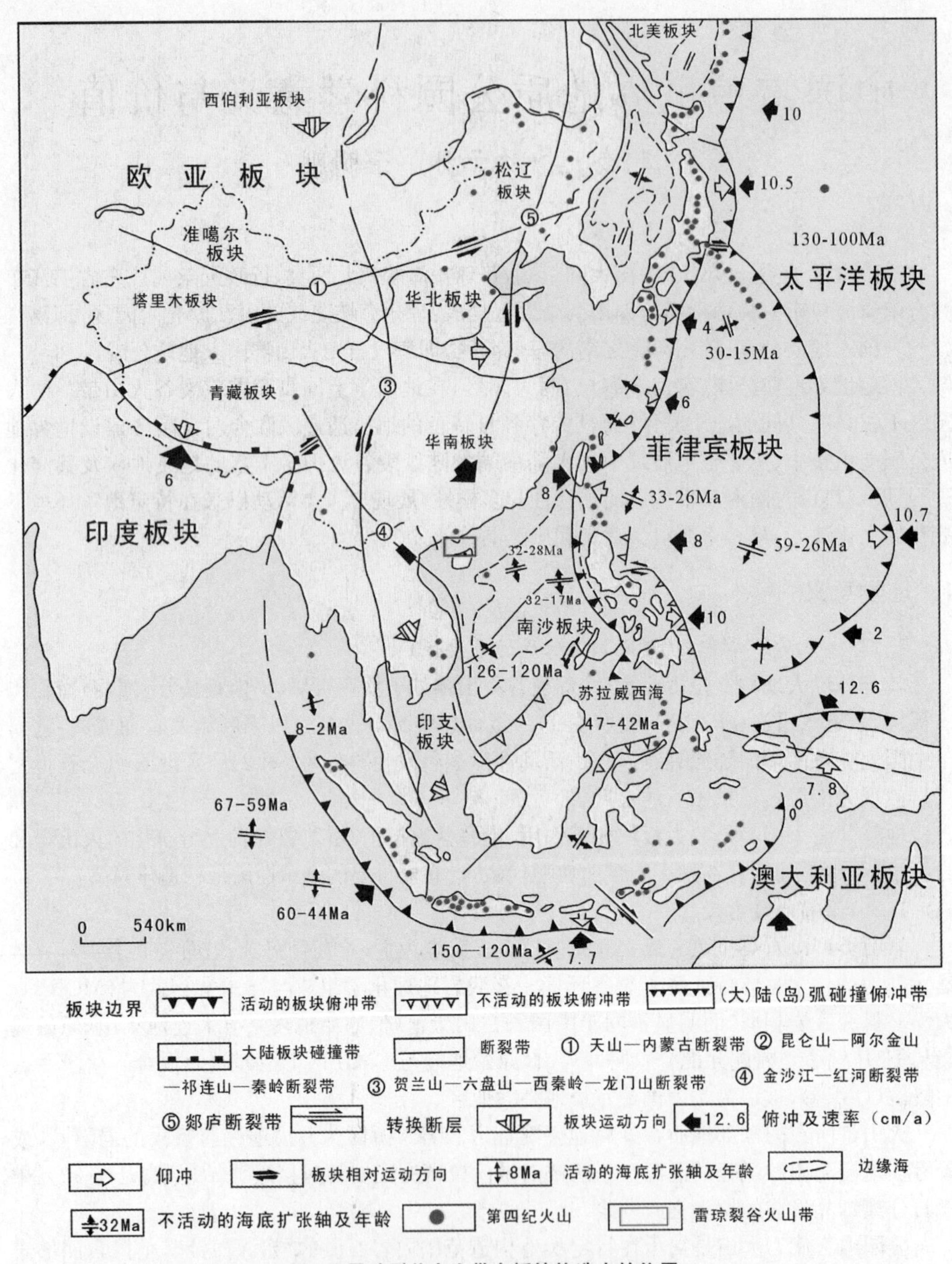

图 1　雷琼裂谷火山带在板块构造中的位置

活动分为 7 期:湛江期(早更新世),岭北期(琼山期)(早更新世),石峁岭期(德义期)(中更新世),螺岗岭期(峨蔓岭期)(中更新世),湖光岩期、长流期(杨花岭期、道堂期)(晚更新世),雷虎岭期(全新世,10.27—9.91 ka),马鞍岭期(全新世 8.155 ka)(图 4)。

上述 1—5 期火山岩分布遍及全区,而全新世 6、7 两期主要分布在海口石山火山群内,被视为休眠火山。1—11 期火山活动与裂谷发生演化密切相关。

火山喷发与火山类型(系统性、多样性、典型性)

园区内发育多种类型的火山,具有典型性、多样性。不仅有岩浆喷发的火山,而且有岩浆与近地表水相互作用形成的蒸气岩浆爆发。晚更新世蒸气(射气)岩浆爆发形成玛珥火山

(低平火口)，而中更新世、全新世则以夏威夷式岩浆喷发和斯通博利式岩浆喷发形成盾火山(盾片状火山)和碎屑锥。后者包括降落碎屑锥、溅落锥和混合锥。

火山空间与时间组合(多样性)

公园内火山单体小，但数量多，它们在空间上、时间上先后地叠置或同期地并列，形成多样性火山地貌。

火山群——琼北石山火山群(图5)，雷南火山群，雷北火山群

火山岛——硇洲岛

火山组合——如：马鞍岭火山组合，由马鞍岭(主锥)、包子岭(副锥)及两个寄生小火山(火山直径底部不到100 m的眼镜岭)组成。

又如：雷虎岭火山组合，由先后喷发的火山相互叠连而成，低平火口(晚更新世)→群香岭及东南两个小火山锥(全新世)，雷虎岭早期锥→雷虎岭晚期锥。

火山岩相剖面(典型性、完整性、系统性)

公园内保存并裸露清楚典型、揭示火山类型与喷发方式的岩相剖面：复合玄武岩熔岩流动单元剖面、溅落锥剖面、降落锥(岩渣锥)剖面(永兴公路南侧)、混合锥剖面(雷虎岭)、玛珥火山凝灰环岩相剖面(杨花岭)、玛珥火山湖沉积物剖面(湖光岩，田洋)。

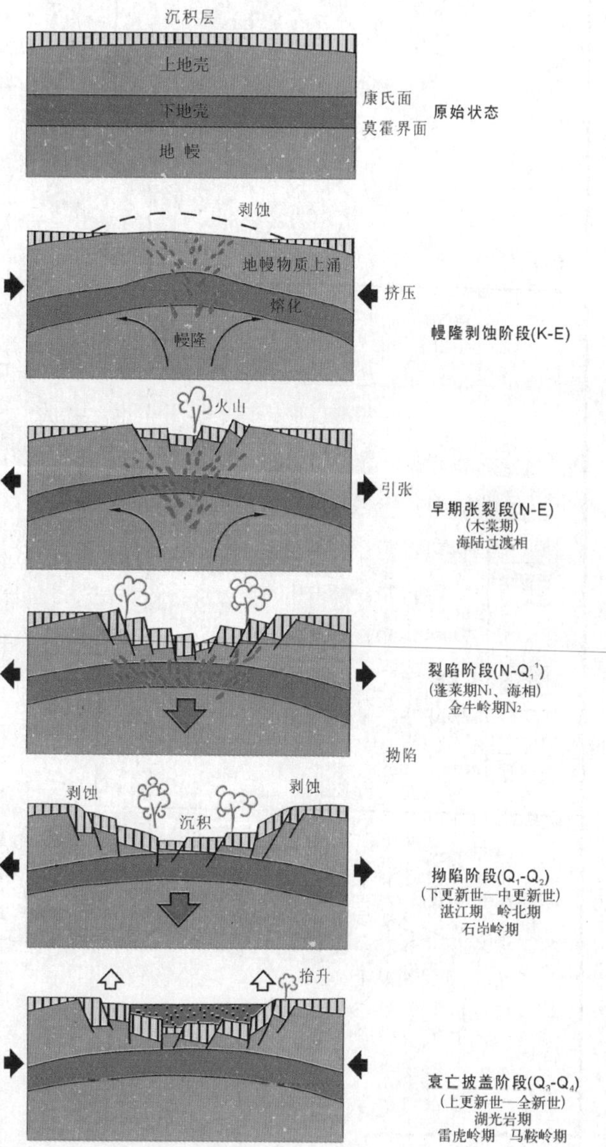

图2　雷琼裂谷与火山活动

熔岩构造与熔浆喷发物(典型性)

熔岩流动单元与结构清楚、典型，熔岩冷却过程中形成的熔岩柱状节理发育完整。岩流中有具高流动性的结壳熔岩，其形态奇特，发育绳状、褶皱状、爬虫状、面包状、瘤状、木排状、珊瑚状等结壳熔岩构造形态。低流动性熔岩则呈渣状、锯齿状构造和岩块焊接的块状构造。熔岩流动单元与多种熔岩构造，指示熔岩流的流动速度、温度及冷却速度以及岩浆黏度等物理学参数的变化。

斯通博利式岩浆溅落抛落物有各种形态的火山弹、熔岩饼与火山渣等。

熔岩隧道及其派生地貌(奇特性、罕见性)

海口园区熔岩隧道极为发育，其数量之多，地质景观之丰富是罕见的。全区有30多条熔岩隧道。发育于岩流上部气孔带与中部致密带之间，大型熔岩隧道(1 000—2 000 m左右)3条，最长达约2 700 m；中型熔岩隧道发育于致密带，长数百米，有8条；小型熔岩隧道数量更多。

熔岩隧道形态有多层连洞，分支复合。其内部边槽、岩阶、隧道堤、熔岩石笋、熔岩钟乳，

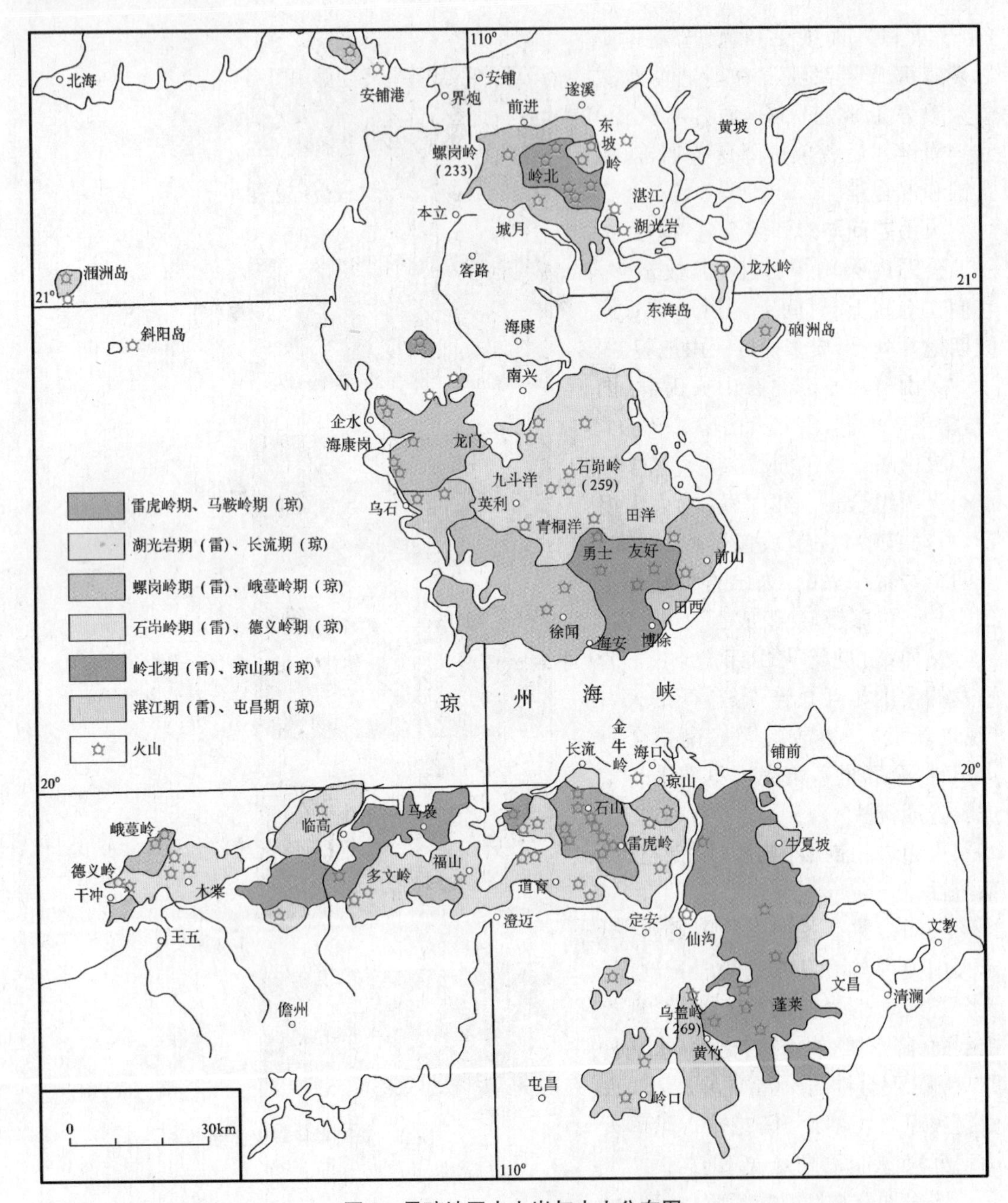

图 3 雷琼地区火山岩与火山分布图

弧形与同心流纹构造。派生地貌景观有天窗、天生桥、陷落槽等。

综上所述，公园内火山地质遗迹具多样性、系统性、典型性，在国内外同类地质遗迹中是优秀的、罕见的，是名副其实的第四纪火山的天然博览大观园。它几乎涵盖了玄武质火山岩浆作用形成火山的所有类型，特别是蒸气岩浆喷发火山与岩浆喷发的火山共存一区，这对于研究火山作用过程和古环境具有重要的科学意义。

1.4 玛珥火山湖及其沉积物对研究全球气候变化的意义

公园内发育由炽热岩浆和冷的水相互作用发生的蒸气岩浆爆发形成玛珥火山（低平火口，凝灰岩环）。湖光岩、田洋、青桐洋（湛江园区）、双池岭、杨花岭（海口园区）均为典型的玛珥火山。玛珥火山基底涌流堆积，其层理构造清楚，低角度交错层、沙丘、长波状层、U 型侵蚀槽、同生滑移构造、下陷凹坑、柔性弯曲、增生火山砾（火山灰球）等标志性构造十分清楚典型，完全可以和 R. A. F. Cas. &J. V. Wright 在《Volcanic Succession—modern and ancient》一书中引用的西澳（维多利亚）、夏威夷地区的典型结构媲美、对比。

湖光岩为积水的玛珥湖，发育 50m 深的沉积物。由于处于封闭环境状态，因此，它记录了 14 万年以来温度、降雨量、台风、植被的变化和人类活动的多种信息，作为全球气候变化对比基点之一。湖光岩玛珥湖(图 6)是中国玛珥湖研究起始地，是中德科学家在亚洲选定合作研究基地之一，并与德国埃佛尔玛珥火山结成姊妹湖。

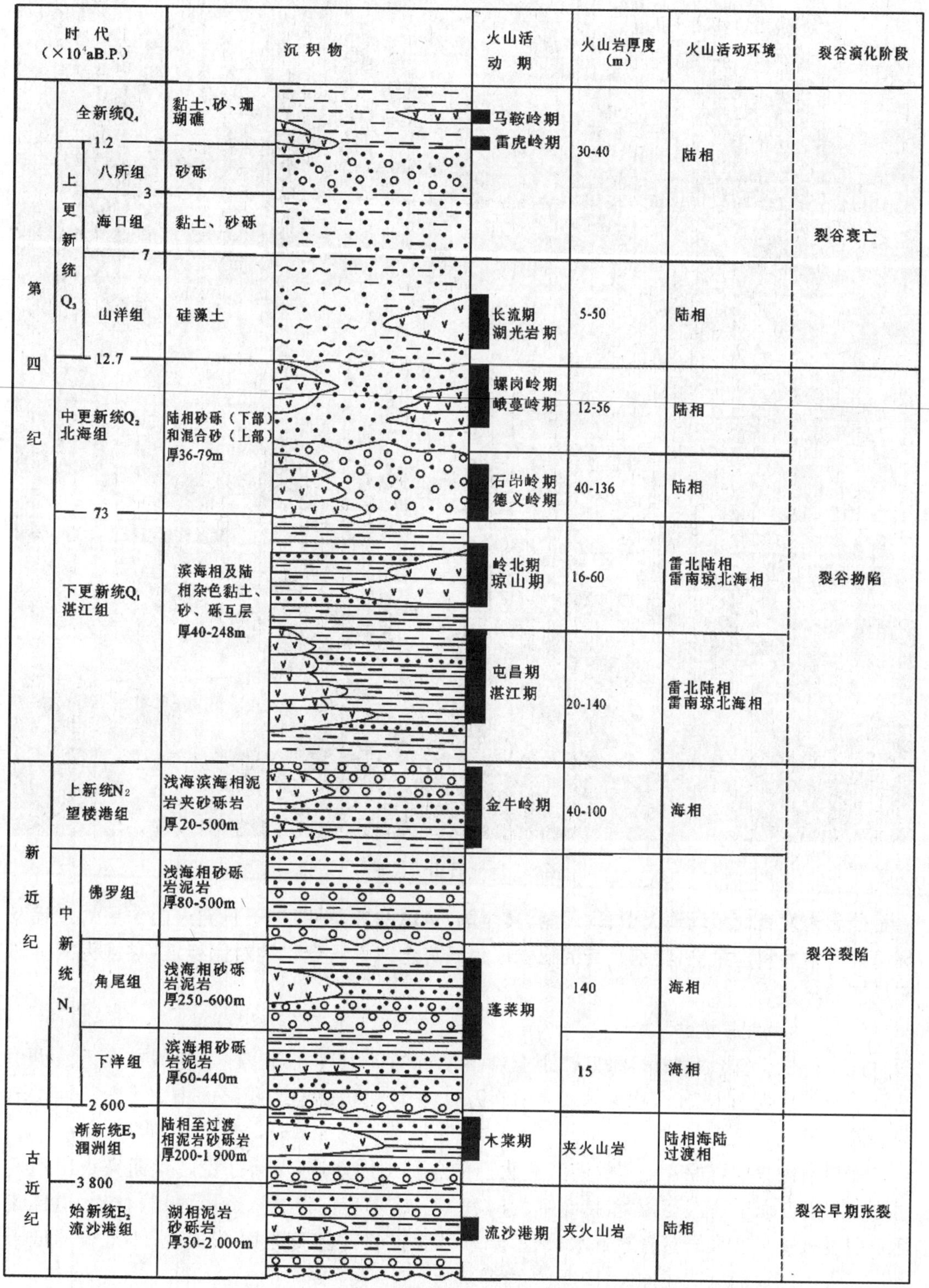

时代 (×10^{4}aB.P.)		底界	沉积物	火山活动期	火山岩厚度 (m)	火山活动环境	裂谷演化阶段
第四纪	全新统Q_4	1.2	黏土、砂、珊瑚礁	马鞍岭期 雷虎岭期	30-40	陆相	裂谷衰亡
	上更新统Q_3 八所组	3	砂砾				
	上更新统Q_3 海口组	7	黏土、砂砾				
	上更新统Q_3 山洋组	12.7	硅藻土	长流期 湖光岩期	5-50	陆相	
	中更新统Q_2 北海组	73	陆相砂砾（下部）和泥合砂（上部）厚36-79m	螺岗岭期 峨蔓岭期	12-56	陆相	
				石峁岭期 德义岭期	40-136	陆相	
	下更新统Q_1 湛江组		滨海相及陆相杂色黏土、砂、砾互层 厚40-248m	岭北期 琼山期	16-60	雷北陆相 雷南琼北海相	裂谷拗陷
				屯昌期 湛江期	20-140	雷北陆相 雷南琼北海相	
新近纪	上新统N_2 望楼港组		浅海滨海相泥岩夹砂砾岩 厚20-500m	金牛岭期	40-100	海相	
	中新统N_1 佛罗组		浅海相砂砾岩泥岩 厚80-500m				裂谷裂陷
	中新统N_1 角尾组		浅海相砂砾岩泥岩 厚250-600m	蓬莱期	140	海相	
	中新统N_1 下洋组	2 600	滨海相砂砾岩泥岩 厚60-440m		15	海相	
古近纪	渐新统E_3 涠洲组	3 800	陆相至过渡相泥岩砂砾岩 厚200-1 900m	木棠期	夹火山岩	陆相海陆过渡相	
	始新统E_2 流沙港组		湖相泥岩砂砾岩 厚30-2 000m	流沙港期	夹火山岩	陆相	裂谷早期张裂

图 4　雷琼地区第四纪地层与火山岩柱状图

图 5 琼北石山火山群

公园内发育众多玛珥火山、玛珥湖，具全国、全球的典型性，对于研究火山作用的过程及环境具有重大科学意义，特别是其沉积物成为研究全球气候变化的对比标准，被视为气候环境的天然年鉴。

1.5 火山灾害学意义

火山群处于省会大城市，海口市距全新世最近的火山仅 8 km，称之为城市火山。火山活动最新年代为 8.135 ka，称为休眠火山。因此，公园已被确定为我国火山灾害危险性防治与预测的研究区之一。

海口石山火山群保存完整的玄武质火山的各种地质遗迹，可将今论古地研究火山喷发时序、岩流速度、岩流搬运距离、持续喷发时间等。熔岩流灾害主要造成农田、林地、道路毁坏及引发火灾。玄武岩富有地下水，预示未来可能有蒸气岩浆喷发，形成大、小规模的低平火口。火山碎屑涌流造成冲击、掩埋、灼烧等灾害。

全新世为主的石山火山群为研究火山灾害，预测未来发生火山灾害的类型、特点，提供真实可参照的重要资料。

图 6　湖光岩地区卫星影像图

1.6　*层型剖面及其地层学意义*

公园内保存着具有大区域性对比意义的层型或典型剖面：

· 下更新统湛江组层型剖面，以灰白色—杂色黏土砂岩、粉砂岩、黏土岩夹火山岩为特征，其中夹泥炭层、炭化木和多种植物化石，为河流三角洲相，年代为距今 0.78—1.81 Ma。其古地磁极性相当于松山反向极性，与下伏望楼港组呈平行不整合。与此同期有湛江期、屯昌期火山喷发。

· 中更新统石峁岭组层型剖面，由玄武质火山岩组成，含多层古风化壳（红土），表明由多次（19 次）喷发构成的韵律。

· 上更新统湖光岩组层型剖面，以玛珥火山喷发的基底涌流堆积（一套基底涌流凝灰岩）为特征，于湛江、海口均有出露。

· 全新统苞西组层型剖面，岩性为含生物碎屑岩。碳 14 测定年代为 5.075—2.33 Ma，属中全新世晚期至晚全新世早期，为热带、亚热带区，搅动潮间带环境下形成的滨海相沉积物。

上述层型剖面，建组创名地均在地质公园内，历来作为大区域性地层对比的标准剖面。对于研究该区地质发展史，新构造运动及恢复古气候、古环境有重要科学意义。

1.7　*玄武岩地下水和水文地质学意义*

公园总体处于雷琼地下水自流盆地内，多数为火山外围单独蓄水构造。含水层为气孔状玄武岩、风化玄武岩和火山碎屑岩等多孔隙玄武岩，隔水层为致密玄武岩。含水层富水型与出水量受岩性和含水层厚度等因素控制，地下水补给源为雨水。玄武岩地下水的水质达到矿泉水标准，含硅酸 50—70 mg/L，最高达 95.48 mg/L，发现有含溴、钼硅酸矿泉水，含锌、锶硅酸矿泉水。浅层地下水于低洼处或岩壁上时有泉水出露。地下水在一般埋深 300—800 m时，其水温可达 40—50 ℃。

公园内地表水系不发育，地下水是主要供水水源。世界上玄武岩分布区如德干高原、埃塞俄比亚高原、夏威夷群岛均以玄武岩层地下水作为供给水源。公园属地海口市、湛江市供水源亦主要为玄武岩地下水。

公园玄武岩蓄水层是该区一个天然的地下水库，具有独特的玄武岩地下水的水文地质环境。研究地下水富集规律、补给途径、理化特征，对于保护利用地下天然矿泉水和地下热水具有关系到民生的重大价值。

1.8 地貌学意义

公园内发育了火山锥—火山岩台地以及在此基础上发育玄武质火山岩的海岸带地貌。

公园内发育玄武质火山岩多类型、多样性海岸带地貌，展现了一个完整的演化系列，它对于研究南海海平面升降、新构造运动有重大科学意义。

1.9 小结

地质公园是一个典型陆缘裂谷发生、演化历史的完整记录；

是我国大陆最亏损的地幔区，为研究深部壳幔作用的一个天然窗口；

是我国第四纪火山分布面积最大，火山数量最多的一个火山带；

是我国玛珥火山湖研究的始发地，为全球气候变化对比的一部天然年鉴；

是将古论今研究预测火山灾害的重要参照区；

是玄武质火山岩海岸地貌最丰富的地区，为南海洋面升降的标志性地区；

这对于全球大地构造、火山学、岩相学、岩石学与地球化学、水文地质学、火山灾害学和地貌学等学科具有重要科学意义。

2 公园其他价值

2.1 生态价值

公园地处热带（海口）至南亚热带过渡区（湛江），具植物、动物生态群落的独特性和多样性。

海口园区发育了热带半落叶季雨林、热带常绿季雨林、石山灌木草丛和热带经济作物。园区内植物有1 200多种，动物、植物中有许多珍稀品种。其数量、品种是我国小区域单位面积内最丰富的地区之一，被认为是海口市的绿肺。

湛江园区公园生态植被大体相同，还发育了亚热带常绿阔叶林、红树林、河漫滩林、灌木丛。

生态多样性，它代表我国热带及向南亚热带过渡生物群落典型地。第四纪火山融合于热带海岛生态环境之中构成了“热带城市火山生态”、“热带南亚热带海岛火山生态”的个性。这明显不同于我国乃至全球北方第四纪火山的生态风貌。就其所处纬度与火山主题而言，被称为“东方夏威夷”。

2.2 珍稀动植物

园区已被发现的植物种类约1 200余种，其中不少动植物是国家Ⅰ、Ⅱ级保护物种。珍稀植物有见血封喉、格木、金毛狗、红豆树、南岭栲、梅叶冬青、锥栗、木荷、豹皮樟、白香木、柏启木、降香黄檀等珍稀品种。有国家一二级野生保护动物以及世界级濒危或易危种：山猪、水獭、穿山甲、刺猬、松鼠、黄鼠狼、狐狸、山瑞鳖、三线闭壳龟、地龟、马鬃蛇、金环蛇、南蛇、银环蛇、眼镜蛇、禾花雀、毛鸡、斑鸠、翠鸟、大壁虎、弹琴水蛙、红隼、鹧鸪、褐翅鸦鹃、海南青鼬、小灵猫、云豹、巨松鼠等。

2.3 历史与文化价值

火山文化

火山与玄武岩成为自人类活动以来生存与发展的地学背景，数年以来人们创造了富有民族性的火山文化。

公园内在贝壳层中发现新石器时代晚期的石器(石铲、石斧、石拍),表明在4 000—5 000年前人类就生活在海洋与火山的环境中,利用火山岩作为生产的工具。

火山玄武岩风化红土,其土质肥沃、疏松、富有养分,为人们提供发展种植的良好环境。依火山地貌(台地、锥体、火山口)而布局耕作,形成环状、圆形田园风光与耕作文化。火山、红土、田园充分展示人与自然的和谐之美。

千年以前人们就认识到多孔状玄武岩具有质轻、透气、坚固、易加工的性能。当地居民就地取材,利用玄武岩建筑居民村落。多处古村落的门楼、小巷、民舍、纪念性石塔全部用气孔状玄武岩建造,培育了草根性的石材加工、石屋建造的文化。全部用玄武岩所建古村落在国内外极为罕见。

利用玄武岩加工成生产与生活用具——石磨、石碾、石盆、石缸、石榨器、石墩、石椅、石桌等。这一传统工艺流传至今。

从古到今,村中建造山神庙(火山神庙)、土地神庙和风雨神庙,合称为三神庙。祭祀山神以祈求风调雨顺,实为祈祷人和自然和谐的理念。湛江园区玄武岩雕凿的石狗具有地方文化意义。

公园积淀了浓厚的具有民族性的火山文化,被誉为“中华火山文化之经典”。

人文史迹

一方水土养育一方人士。当地代表性人物有海口南北朝南方民族女英雄冼夫人和雷州人陈文玉(任刺史,称雷王,建有雷祖祠)。自唐以后,通过达官贵人贬任流放和文人考察采风,传入(古)越闽文化。海瑞、苏东坡、汤显祖、秦观等数十位人士留下史迹和纪念性建筑。

以硇洲岛古灯塔(塔身为玄武岩石块所砌,建于1898年,为世界仅存两座水晶磨镜古塔之一)为代表的海运文化。

以琼剧、雷剧、东海岛人龙舞、傩舞和军坡节为代表的民俗文化。

公园属地海口市(所属原琼山市)、湛江市均为国家历史文化名城,原住民的土著文化与南移古越、闽文化相互交融渗透,形成具有地方特色的文化。人类活动与火山(玄武岩)、和谐发展的火山文化构成公园独特的、浓厚的文化底蕴。

2.4 教学、科研与科普价值

公园第四纪火山,特别是海口全新世火山,由于它的典型性、系统性和保存的完整性,历来是各大学与研究机构专业人士研究的重点地区。湛江湖光岩是中德科学家联合研究玛珥湖的基地和研究生培养基地。海口全新世火山属于休眠火山,已由科技部设立项目,由国家地震局承担火山灾害预测研究。公园内研究的主题包括火山学(火山形成与演化)、火山喷发年代学、玄武岩岩石学、地球化学、第四纪地质与地貌学。尤其是近几年对玛珥湖与全球气候变化、琼北石山火山群岩浆起源与深部岩浆作用和火山灾害研究不断有新的成果。所以,该区研究程度代表了当代地质学研究趋势与水平。

区内一些典型火山或典型岩石被列入大学教科书或专著,已成为大学地学专业学生的实习基地。该区还是青少年科普教育基地、地球活动日的重要场所,也是青少年赴湛江、海南岛科学知识之旅必选项目。室内与露天展示相结合的博物馆已吸引广大青少年到公园作科普之旅。

公园是地质学家开展多学科研究的一片热土,是看得见、摸得着的地学普及大课堂。

2.5 审美学价值

海口园区山体形态奇特,几十座呈圆锥形山体呈西北向排列。从高空俯视,犹如在大地上打开一扇洞察地球的天窗,近视则犹如风炉、天湖、圆形跑马场。在热带植被的覆盖下,火山群被誉为镶嵌在海南大地上的一串珍珠。不同形式的火山、熔岩隧道、熔岩景观极为丰富、奇特，是大自然塑造的神奇美景。

湖光岩园区以湖光岩玛珥火山湖而闻名，这是集科学、文化和湖光山色于一体的名胜区。

千姿百态的火山、大海、蓝天、海岛、沙滩是大自然留给人们的宝贵财富，给人们以无限遐想和对火山的崇敬之情，感受火山震撼人心的威力，享受红(火山)、蓝(大海)、绿(热带生态)描绘的自然之美。

2.6 旅游价值

海南为中国旅游大省，是热带海岛观光与休闲度假旅游的著名目的地。2004 年海南旅游人数达 1 402.9 万人次，海口市接待游客 460.63 万人次，城市正向国际旅游名城目标发展。世界地质公园的建立将给海南、海口旅游的发展增加一个新的旅游品牌。

湛江市是我国沿海开放城市之一，2003 年旅游游客人数达 439 万人次。湖光岩为湛江市的主打旅游品牌。此外，硇洲岛、交椅岭、三岭山均有开发旅游的价值。

雷琼世界地质公园处于泛珠江三角洲，亚龙湾大经济合作区，为我国热带—南亚热带过渡区的旅游热点区。雷琼世界地质公园是集成群的火山、风光秀丽的火山口湖、奇特的熔岩隧道和引人入胜的热带海岛、迷人的沙滩以及地热矿泉于一体，具有重要科学与文化内涵的大型地质公园。它的建设不仅在海南、广东两省大旅游发展中具有不可替代的作用，而且还具有建成世界一流旅游区的基础与条件。

Scientific Significance and Values of China Leiqiong Global Geopark

TAO Kuiyuan SHEN Jialin YU Minggang

The nominated Leiqiong Geopark is situated in the southern margin of Chinese Mainland, straddling both southern and northern flanks of Qiongzhou Strait. In jurisdiction relationship it belongs to Haikou City of Hainan Province, Zhanjiang City of Guangdong Province. Leiqiong Geopark consists of two scenic districts: Zhanjiang Scenic District, the Zhanjiang Huguangyan National Geopark, Haikou Scenic District, the Haikou-Shishan Volcanic Cluster National Geopark.

Scenic Districts (Haikou, Zhanjiang) of Leiqiong Geopark in terms of geology belong to Leiqiong Rift Volcanic Belt. Not only do they gain common geological nature, but also they preserve geological remains characteristic for themselves. Integrating two scenic districts into one geopark provides possibility to more focus on and fully exhibit the rich geological landforms and their evolutionary processes of the continent marginal rift volcanic belt on the southern margin of Chinese Mainland; the distinctness and diversity of the tropical and southern sub-tropical zone's ecology; the accumulated cultural heritage of human beings' activity, who lived in a certain geological environment, so it is of a scientific significance and extended value.

1 Geoscientific Significance of the Geopark

1.1 Geotectonic significance (Importance of geotectonic setting)

In terms of global tectonics Leiqiong Rift Volcanic Belt stretches on the southern edge of Eurasian Plate (Southern China Plate), facing Indian Plate to the southwest and Pacific Ocean Plate (Philippine Plate) to the east (Fig 1). As a continent marginal rift on the southeastern margin of Chinese Mainland, Leiqiong Rift developed intermittently since Paleogene. The volcanic activity started and developed following rifting (Fig 2). Holocene basalt in Shishan of Haikou in the northern Hainan is thought to be a post-spreading basalt of South China Sea Basin.

Therefore, the volcanic belt in Geopark is considered to be a volcanologic and petrologic record for the interaction between three major plates, the spreading of South China Sea Basin, and the origin and evolution of the Leiqiong Rift, to be a typical volcanic belt of continent marginal rift, and consequently, is of global tectonic significance.

1.2 Significance of deep geology

In the Geopark there are mainly exposed quartz tholeiitic basalt and olivine tholeiitic basalt with subordinate basanite and trachybasalt. Trace element geochemistry of the rocks implies a rift regime. Geochemical composition of the basalts is similar to those of middle ocean ridge basalt (MORB) and oceanic island basalt, and obviously different from those for basalt of Heavenly Pond, Mt. Changbaishan (similar to primitive mantle); Wudalianchi (mixing of two end members: primitive mantle and EMⅠ); Tengchong Volcano(mixing of two end members: primitive mantle and EMⅡ). Plotting into the area of depleted mantle (DMM) the basalt is thought to be from most depleted mantle area of China.

The volcanic belt belongs to mantle uplifting area as the deep earth geologic setting concerned. Magma came from an area of mixing source of depleted mantle and enriched lithosphere, or depleted mantle and subducted oceanic crust. Olivine tholeiitic basalt in the Geopark is relatively close to primitive magma, which evolves into tholeiitic basaltic magma through 10% olivine fractional crystallization.

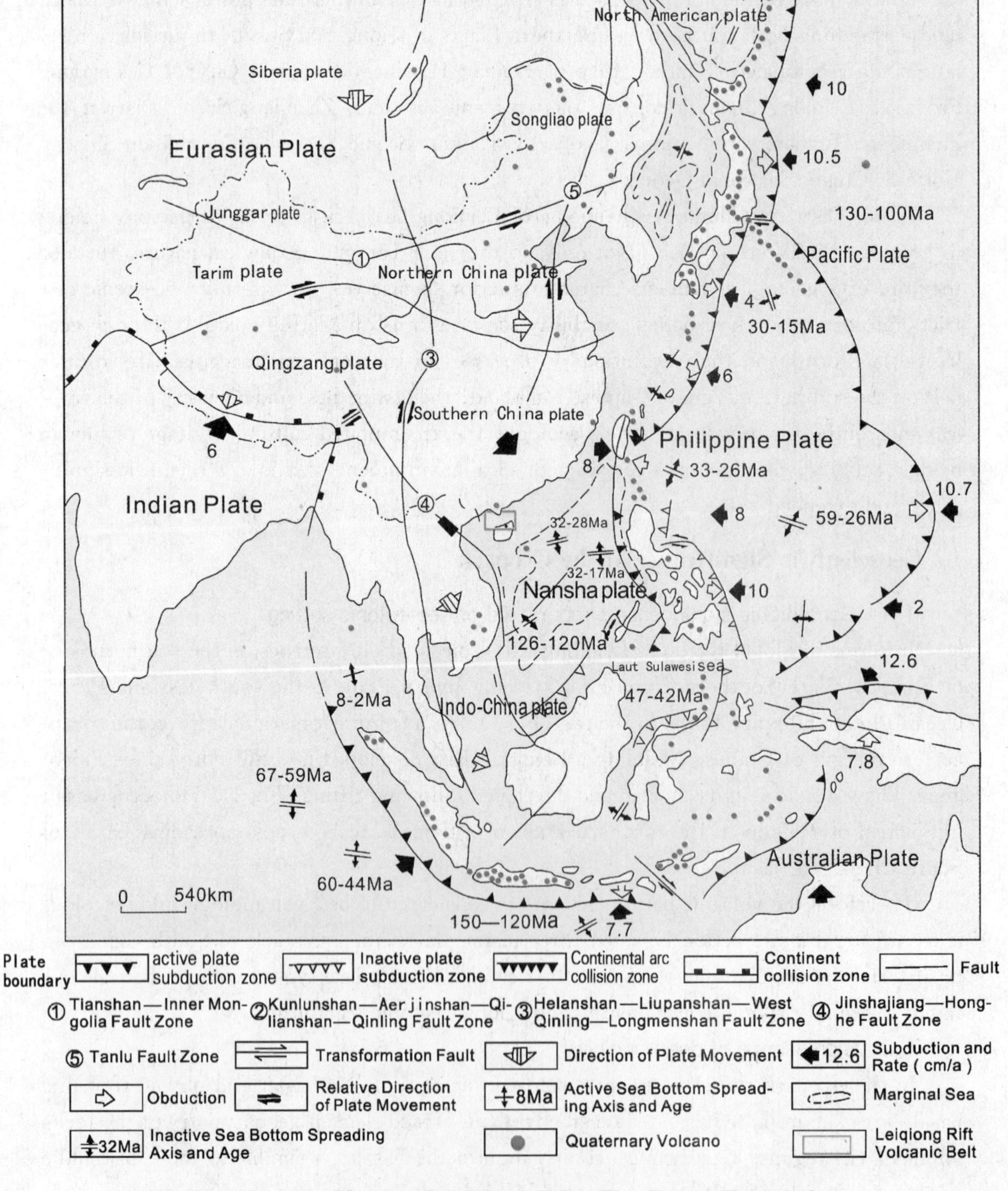

Fig 1 Location of Leiqiong Rift Volcanic Belt in Plate Tectonic Framework

Hence one may consider, basalts in the park are nothing but the super deep electronic probe, which reveals lithosphere in certain tectonic regime, the natural samples to trace and investigate deep-seated magmatic processes.

1.3 Significance of volcanology and lithology

Leiqiong Rift Volcanic Belt

The volcanic belt with total distribution area of volcanic rocks 7 295 km^2, including 4 150 km^2 in Haikou (northern part of Hainan Province), 3 136 km^2 in Zhanjiang (Leizhou Peninsula, Naozhou Island), possesses 175 volcanoes Haikou—101, Zhanjiang—74 (Fig 3). In terms of distribution area and quantity of volcanoes it occupies the first place among Quaternary volcanic belts in China.

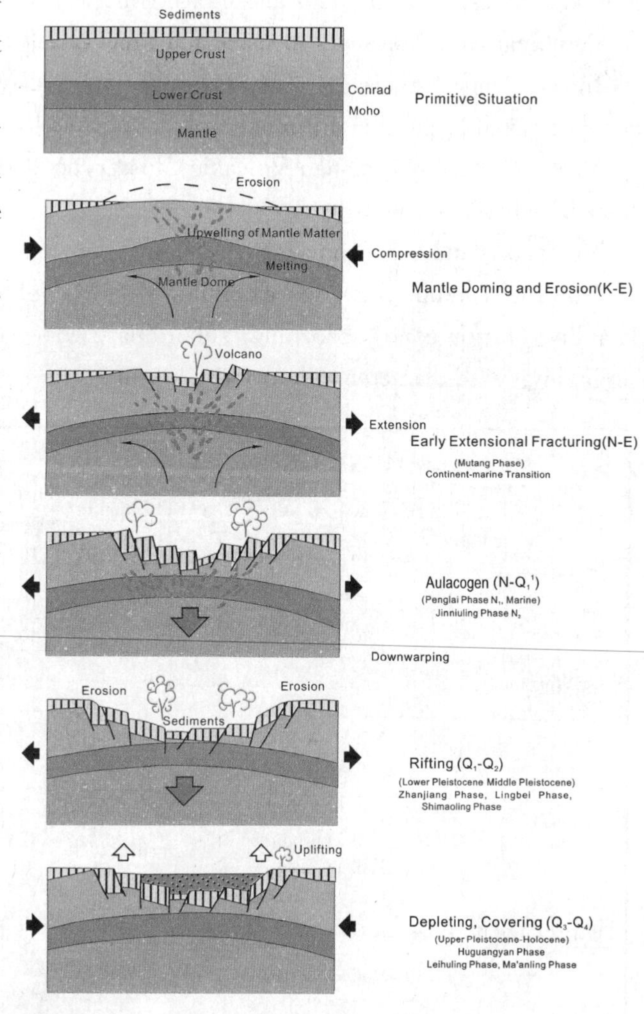

Fig 2 Leiqiong Rift and Volcanic Activity

Volcanic activity of Leiqiong Rift Volcanic Belt belongs to multiple phases, which lasted from Paleogene to Quaternary being divided into 11 phases, of them 7—Quaternary Period: Zhanjiang Phase (Early Pleistocene); Lingbei Phase (Qiongshan Phase) (Early Pleistocene); Shimaoling Phase (Deyi Phase) (Middle Pleistocene); Luogangling Phase (Emanling Phase) (Middle Pleistocene); Huguangyan Phase, Changliu Phase (Yanghualing Phase, Daotang Phase) (Late Pleistocene); Leihuling Phase (Holocene, 10.27—9.91 ka) and Ma'anling Phase (Holocene, 8.155 ka) (Fig 4).

Above-mentioned 1—5 phases volcanic rocks spread all around the area, while Holocene volcanic rocks of 6—7 phases are mainly distributed in the Haikou-Shishan Volcanic Cluster that are thought to be dormant volcanoes. Whole volcanic activities of 11 phases are closely related to origin and evolution of the rift.

Volcanic eruption and volcano types (system, variety, exemplariness)

In the Geopark are developed many types of volcanoes that are typical and variable. Besides volcanoes resulting from magmatic eruption, there are those resulting from phreatomagmatic explosion during the time as magma interacted with subsurface water. Late Pleistocene phreatomagmatic explosion produced Maars, while in Middle Pleistocene and Holocene Hawaiian (magmatic) eruptions dominant with subordinate Strombolian eruptions formed shield volcanoes (shield-sheet volcano) and pyroclastic cones. The latter included fall cinder cones, spatter cones and mixed cones.

Combination of volcanoes in space and time(variety)

In the Geopark there are a great number of small volcanoes, which overlapped one by one or occurred in parallel, forming various volcanic landforms.

Volcanic cluster—Shishan Volcanic Cluster, northern Hainan(Fig 5), Leinan Volcanic Cluster, Leibei Volcanic Cluster

Volcano island—Naozhou Island

Volcanic combination—for example, Mt. Ma'anling volcanic combination comprises Ma'anling (major cone), Baoziling(subordinate cone) and two parasitic volcanoes named Yanjingling(with diameter at bottom <100 m).

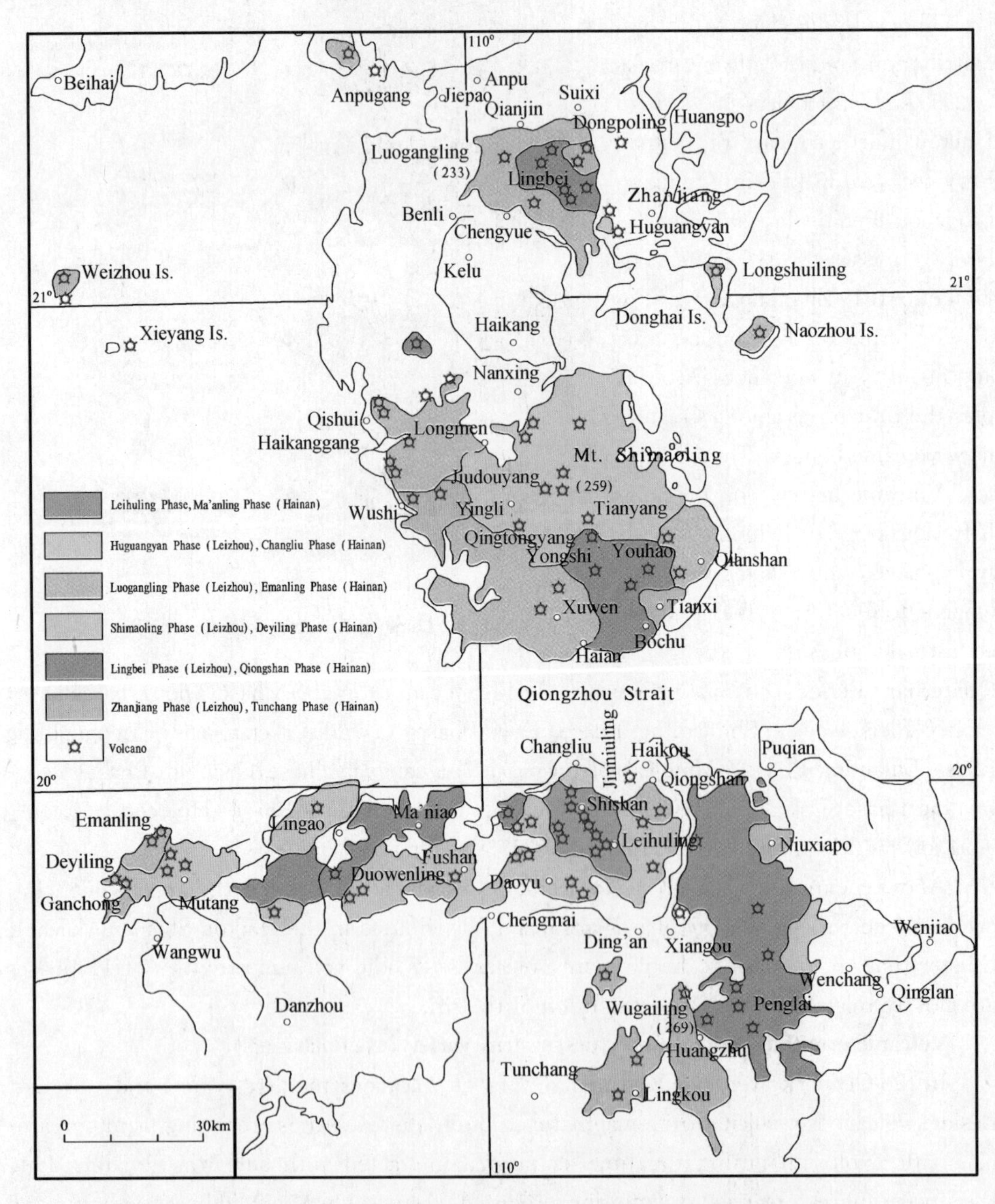

Fig 3 Volcanic Rocks and Volcanoes Distribution in Leiqiong Region

And Leihuling volcanic combination comprises volcanoes overlapped one by another: Maars (Late Pleistocene)→Qunxiangling cone and two small cones to the southeast (Holocene), Early Leihuling cone → Late Leihuling cone.

Age ($\times 10^4$aB.P.)	Sediments	Volcanic Phase	Thickness (m)	Enviroment of Volcanism	Rift Evolution
Quaternary: Holocene Q_4	Clay,Sand, Coral clasts	Ma'anling, Leihuling	30-40	Subaerial	Rift Depleting
1.2 — Upper Pleistocene Q_3: Basuo Formation	Gravel				
3 — Haikou Formation	Clay, Gravel				
7 — Shanyang Formation	Diatomaceous Earth	Changliu, Huguangya	5-50	Subaerial	
12.7 — Middle Pleistocene, Q_2 Beihai Formation	Continental Gravel (lower), Mixed Sand (upper) 36-79m	Luogang-Ling, Emanling	12-56	Subaerial	Rift Down-warping
		Shimaoling Deyiling	40-136	Subaerial	
73 — Lower Pleistocene, Q_1 Zhanjiang Formation	Littoral and Continental Varicolored Clay,Sand and Gravel Interbed 40-248m	Lingbei, Qiongshan	16-60	Subaerial (N. Leizhou) Submarine (S.Leizhou, N. Hainan)	
		Tunchang, Zhanjiang	20-140	(As above)	
Neogene: Pliocene N_2 Wanglougang Formation	Neritic&Littoral Clay with Gravel Interbed 20-500m	Jinniuling	40-100	Submarine	Rift-aulacogen
Miocene N_1: Fuluo Formation	Neritic Granulite, Clay 80-500m				
Jiaowei Formation	Neritic granulite, Clay 250-600m	Penglai	140	Submarine	
Xiayang Formation	Littoral Granulite, Clay 60-440m		15	Submarine	
2 600 — Paleogene: Oligocene E_3 Weizhou Formation	Continental-Transitional Clay,Sandy Conglomerate 200-1 900m	Mutang	Inter-bed	Subaerial, Transitional	Early Extension
3 800 — Eocene E_2 Liushagang Formation	Lacustric Clay, Sandy Conglomerate 30-2 000m	Liushagang	Inter-bed	Submarine	

Fig 4 Column Chat of Quaternary Strata and Volcanic Rocks in Leiqiong Region

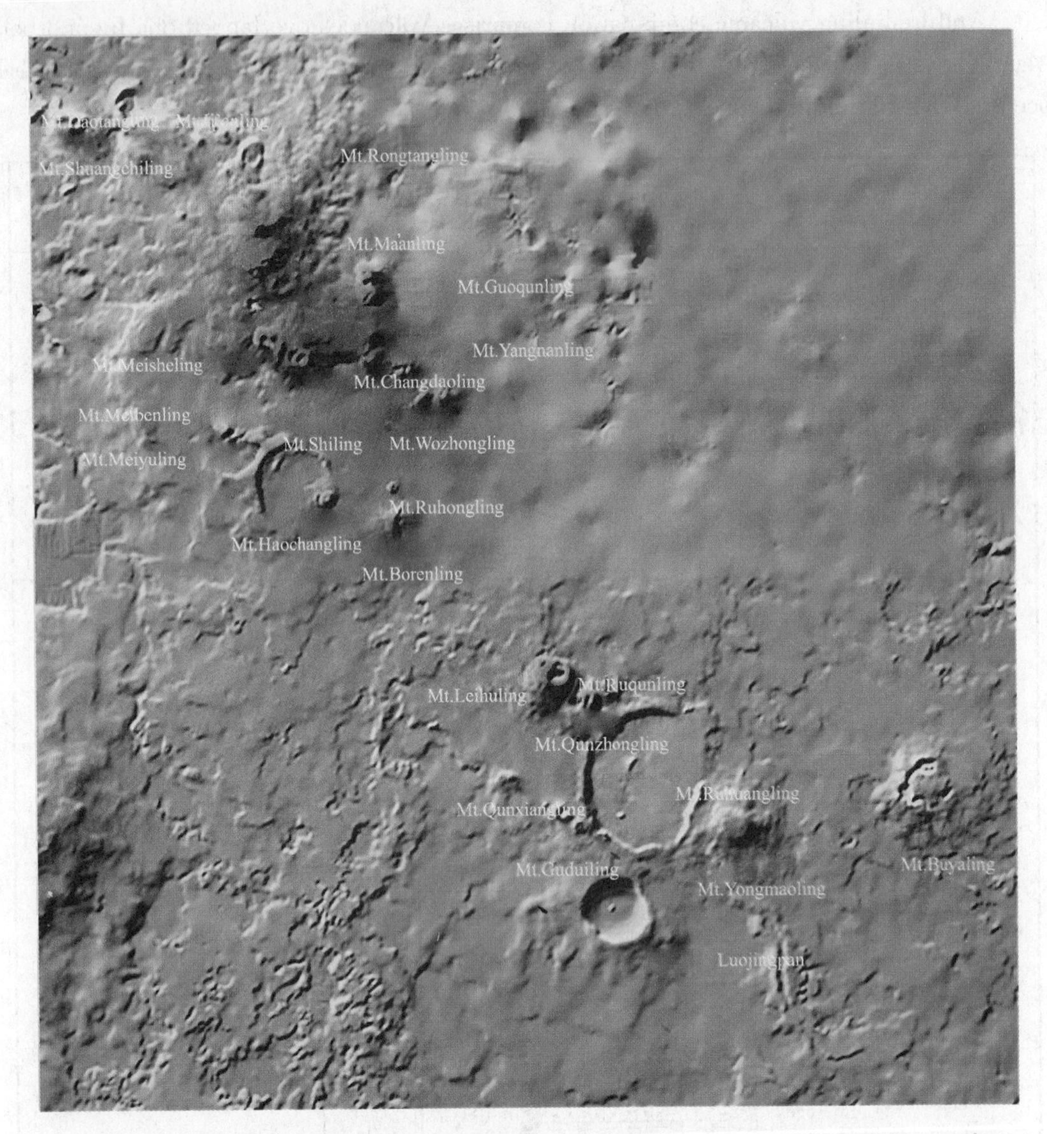

Fig 5 Shishan Volcanic Cluster, Northern Hainan

Volcanic Lithofacies Sections(exemplariness, completeness, systematicness)

The Geopark well preserved and clearly exposed lithofacies sections that reveal volcano types and volcanic eruptions: composite basaltic lava flow unit; spatter cone; fall cinder cone; mixed cone(Leihuling); tuff ring lithofacies section of Maars volcano(Yanghualing); sedimentary deposits section of Maar lakes(Huguangyan, Tianyang).

Lava structure and lava ejecta(exemplariness)

Lava flow units and their structure are clear and typical. Columnar joints in lavas formed during cooling process of lavas are developed completely. Pahoehoe lavas resulting from highly fluidal lava flow shows grotesque structural forms: ropy, folding, worm-like, bread-like, nodular, raft-like, coral-like and so on, while low fluidal lava shows, when congealed, the clinkery, spinose and block-welded structure-aa structure. Lava flow units and variable lava structures imply flow rate, temperature, cooling speed of lava flow and magma viscosity, and their variation.

Strombolian eruption throws off torn magma that results in volcanic bombs, driblets and scoria.

Lava tunnels and derived landforms(grotesqueness, rareness)

Haikou Scenic District is abundant in lava tunnels and presents variable and rare geologic landscapes. More than 30 lava tunnels are developed in the district, the big ones stretching between the upper vesicle zones and middle massive zones in lava flow. Three large scale lava tunnels vary from 1 000 m to 2 000 m in length with the topmost about 2 700 m long. Eight middle scale lava tunnels formed within massive zones up to hundreds of meters. Besides, small scale lava tunnels are seen everywhere.

Lava tunnels vary in the form: some multistory or connected one by another, some branching or composite. Interior structures: side trough, rock steps, tunnel causeway, lava stalagmite, lava stalactite, arcuate and concentric flow structures. Derivative landscapes: window, natural bridge and pitfall etc.

From above described we can conclude that geologic remains of volcanoes in the Geopark are variable, systematical and typical, which are considered to be outstanding and rare among the same type geologic remains at home and abroad. It could be a genuinely natural grand view exhibition garden of Quaternary volcanoes. Abundance of volcano types produced by basaltic magmatic processes, and coexistence of the volcanoes resulting from phreatomagmatic explosion and magmatic eruptions are of scientific significance for study of volcanic processes and palaeoenvironment.

1.4 Significance of maar lake and its sediments for study of global climate changing

Maar volcanoes(tuff ring), which resulted from phreatomagmatic explosion during the interaction of hot magma and cool water are developed in all two scenic districts of the Geopark. Huguangyan Lake, Tianyang, Qingtongyang (Zhanjiang District), Mt. Shuangchiling, Mt. Yanghualing (Haikou Scenic District), all are typical maar volcanoes, where the base surge deposits show clearly diagnostic structures: bedding structure, low angle cross-bedding, dune, dune-like (long wave-like) bedding, U-shape erosion trough, synchronous slumping structure, impact sag, plastic bending and accretionary lapilli, comparable to those typical structures from Western Australia (Victoria) and Hawaii, mentioned in "Volcanic Succession— Modern and Ancient" by R. A. F. Cas and J. V. Wright.

Huguangyan Maar Lake, full of water, has contained 50 m thick Quaternary sediments. As the lake was in an enclosed environment, the sediments have recorded temperature, rain precipitation, typhoon, vegetation and their fluctuation, as well as human activity and other information. As a basic point for global climate correlation, Huguangyan Maar Lake(Fig 6) is the first site to study maar lake in China and becomes a base chosen for co-operative study in Asia by Chinese and German scientists. It has been combined with Maar Volcano, Mt. Eifel, Germany, as a sister lake.

Numerous maar volcanoes and maar lakes in the Geopark are typical both at home and abroad, and are thought to be of great scientific significance for study on volcanic activity and its environment. The sediments serve as a correlation standard and a natural chronicle in global climate study.

1.5 Significance of study on volcanic hazards

Shishan Volcanic Cluster is within the scope of Haikou, the capital city of Hainan Province. The nearest Holocene volcano is only 8 km away from the city center, hence is named "city volcano". The most recent activity of the volcano is dated 8. 135 ka. ago so that it's called dormant volcano. And for this reason, the Geopark is identified to be an investigation area to prevent from and predict dangers of volcanic hazard in China.

The Volcanic Cluster exhibits variable geological remains of well preserved basaltic volcanoes. By referring to the present remains we could discuss, do research and identify volcanic succession, lava flow speed, distance of transportation, time span of continuous eruption etc. Lava flow may cause hazards to cultivated land, forest, destroy highway and start fire. Basalt bears ground water that implies the possibility of phreatomagmatic explosion, resulting in Maars of different dimensions. Volcanic pyroclastic surge may cause impact wave, burying, burning and other hazards.

Therefore, Holocene(mostly) Shishan Volcanic Cluster provides referring materials to study volcanic hazards and predict types and characters of potential volcanic hazards.

Fig 6 Satellite Image of Huguangyan Area

1.6 Stratotype sections and their stratigraphic significance

There are stratotype sections or typical sections which have large regional correlation significance preserved in Geopark.

- Lower Pleistocene Zhanjiang Formation stratotype section, mainly grayish-white, varicolored clay, sandstone, siltstone, clay intercalated with volcanics, contains peat beds, gagatite, and some species of plant fossil, belonging to river delta facies. In the same epoch occurred volcanic eruptions(Zhanjiang Formation and Tunchang Formation).
- Middle Pleistocene Shimaoling Formation stratotype section, consists of basaltic volcanics with palaeo-weathering crust layers, which shows rhythm composed of 19 times of eruptions.
- Upper Pleistocene Huguangyan Formation stratotype section, is characterized with maar eruption and base surge deposits(a set of base surge tuffs), which are exposed in

Zhanjiang and Haikou.

• Holocene Baoxi Formation stratotype section, biotic clastic rocks, belonging to late period of Middle Holocene—early period of Late Holocene Epoch. Littoral sediments formed in the sterring intertidal zone of tropical and subtropical environment.

For above stratotype sections, the formations were established and their names were given in the Geopark, which were used as standard sections for large regional stratigraphic correlation for long. It is of scientific significance for study of the regional geologic history and neotectonics, and for restoration of the palaeoclimate and the palaeoenvironment.

1.7 Ground water in the basaltic terrain and its hydrogeology significance

The Geopark is located within the Leiqiong underground artesian basin, which consists of isolated water-storage structures around volcanoes. Water-bearing beds are vesicular basalts, weathered basalts and volcanic pyroclastic rocks, while waterproof beds are massive basalts. Productive aquifer and discharge volume of water are controlled by lithology, thickness of water-bearing beds and other factors. Rainwater is the main source of replenishment. Containing 50—70mg/L silicic acid (the highest 95.48 mg/L), the ground water of basalt satisfies the standard for mineral water. Besides, there also has been discovered silicic acid mineral water with brom and molybdenum and silicic mineral water with zinc and strontium. Shallow ground water discharges from topographic low and cliffs as springs. Temperatures of ground water at depth of 300—800m may reach 40—50℃.

As drainage system in the park is not developed, ground water becomes the major source of water supply. In other basalt terrains in the world, like Deccan Plateau, Ethiopia Plateau and Hawaii Islands, ground water serves as source of water supply too. In the territory of Geopark Haikou and Zhanjiang cities also have ground water in basalt as water supply.

In sum, the water-bearing basalt is a natural underground impounding reservoir that is characterized by specific hydrogeologic environment of ground water in basalt. To study enrichment, feeding path and physico-chemical characteristics of the ground water is of great value for protection and usage of underground mineral water and geothermal water, which are closely related to life needs.

1.8 Geomorphological significance

In the Geopark the volcanic landforms are developed as follows: volcanic cones and volcanic platforms, and on base of them are developed the coast landforms of basaltic volcanic rocks.

Variable types of basaltic volcanoes and coast landforms developed in the park exhibit a complete evolutionary succession, which is of a scientific significance for study on fluctuation of sea level in South China Sea and on neotectonic movements.

1.9 Conclusion

The Geopark is a complete record on origin and evolution of the typical continent marginal rift.

It is the area with most depleted mantle material in Chinese mainland, the natural window to study deep interaction processes between crust and mantle.

It is the Quaternary volcanic belt with the widest spread area and the most volcanoes in China.

It is the place where maar lakes were studied firstly in China, also is the natural chronicle to study global climate changing.

"Discuss the present by referring to the past", the Geopark is thought to be an important reference area to study and predict volcanic hazards.

It is the area most abundant in coast landforms of basaltic volcanic rocks, the mark area for fluctuation of sea level in South China Sea.

In a few words, it possesses a scientific significance for a series of subjects: global tectonics, volcanology, petrography, petrology, geochemistry, hydrogeology, study on volcanic hazards and geomorphology etc.

2 Broader significance of the Geopark

2.1 Ecological significance

The Geopark is situated in the northern edge of tropical zone(Haikou), and the transition zone from the tropic to the southern subtropic(Zhanjiang). It is characterized by distinctive and diverse biotic community of plants and animals.

Haikou Scenic District has been covered with tropical deciduous monsoon rainforest, tropical ever green monsoon rain forest, stone-grow brush and grass, and tropical economic crops. There are more than 1 200 plant species, many rare and precious plants and animals. The park rich in number, kinds and density of plants and animals, is considered to be a "green lung" for Haikou City.

Zhanjiang Scenic District gains almost the same ecological vegetation as Haikou, but adding subtropical broadleaf forest, mangrove forest, beach grove and brush.

With the ecological diversity it represents typical site of transitional biotic community from the tropic to the southern subtropic of China. Quaternary volcanoes have been fused with the tropical ecological environment to form the individuality of "Tropic ecology-city volcano" and "Tropic and southern subtropic ecology-island volcano". The Geopark is different from Quaternary volcanoes in the north, both at home and abroad. Judging from the latitude where it locates and the volcano as subject, it could be called an "Eastern Hawaii".

2.2 Precious and rare animals and plants

About 1,200 species of plants have been discovered in the scenic districts. Quite a few plants and animals belong to species under Grade Ⅰ, Ⅱ state protection. Precious and rare plants are as follows: Antiaris toxicaria, Erythrophloeum fordii, Cibotium barometz, Ormosia hosiei, Castanopsis fordii, Ilex asprella, Castanopsis Chinensis, Schima superba, Gardn. et Champ., Litsea rotundifolia, Aquilaria sinensis(Lour)Gilg, Dalbergia odorifera T. Chen.

The wild animals under Grade Ⅰ, Ⅱ state protection and animals endangered or easy to become in danger are as follows: Muntjac, Sus scrofa chirodonta Hcude, Lutra lutra hainana Xu et Liu (new subspecies) Ⅱ, Manis pentadactyla pusilla J. Allen, Hedgehog, Squirrel, Yellow Weasel, Fox, Palea steindachneri Steindachner's Soft-shelled Turtle Ⅱ, Cuora Trifasciata Three-lined Box Turtle Ⅱ, Geoemyda spengleri Black-breasted Leaf Turtle Ⅱ, Crested Tree Lizard, Bungarus fasciatus(Schneider) Ⅲ, Ptyas musasus(Linaeus), Bungarus multicinctus Blyth Ⅲ, Naja naja(Linnaeus) Ⅲ, Emberiza aureola, Gallus gallus(Linnaeus) Ⅱ, Streptopelia orientalis(Latham), Alcedo dtthis(Linnaeus), Gekko gecko Tokay Gecko Ⅱ, Hylarana(Hylarana)adenopleura (Boulenger)East china Music Frog Ⅲ, Butastur indicus(Gmelin) Ⅱ, Falco tinnunculus Linnaeus Ⅱ, Francolinus pintadeanus(Scopoli) Ⅲ, Centropus sinensis (Stephens) Ⅱ, Martes flavigula hainana Xu et Wu (new subspecies) Ⅱ, Viverricula indica malaccensis Gmelin Ⅱ, Neofelis nebulosa Griffith Ⅰ, Ratufa bicolor hainana J. Allen Ⅱ.

2.3 Historical and cultural value

Volcano culture

Volcano and basalt became the background of the earth where human beings lived and developed. They have created national volcano-affiliated culture since thousand years ago.

In the park were unearthed from shell beds stone implements of later period of the new stone age: stone shovel, stone ax and stone bat, which implies that 4 000—5 000 years ago residents here did live in the environment between sea and volcano and did use volcanic rocks to make implements.

Basalt was weathered and turned into laterite, which is fertilized, loose and rich in plant-necessary elements, providing a good environment for people to develop cultivation. Country land was cultivated in accordance with volcanic landforms(platform, cone and crater). So cultivated field takes form of ring and circle, bringing special landscape to the cultivation culture. Volcano, red soil and farmland fully spread the harmonious beauty between human beings and nature.

About a thousand years ago local people had learned characters of vesicular basalts: light, air-permeable, firm, easy to process. They exploited material in site, using basalt to construct village. Archways, streets, houses and memorial pagodas in many villages were completely built with vesicular basalts that bred the culture of stone processing and stone building. Ancient villages totally built with basalt are rare both at home and abroad.

People were using basalt to make implements and utilities—stone mill, stone roller, stone basin, stone jar, stone press, stone stump, stone chair, stone table etc. The traditional technology is inherited until recent.

From ancient to the present, village people built temples for mountain god(volcano god), land god and wind and rain god respectively, brought together and called "three gods temples". They preyed for living conditions and better climate, in fact they preyed for harmony between human and nature. In Zhanjiang Scenic District the stone dogs carved of basalt have local culture meaning.

In the park has been accumulated thick and rich national volcano-affiliated culture, which is appraised to be "classical volcano culture in China".

Humane heritages

The wonderland raised up prominent personages. As representatives, two local remarkable persons are known: Madame Xian, the heroin from Haikou City during the South-North Dynasty, a native from Leizhou Chen Wenyu(Official, named King of Leizhou. An ancestral hall was built to mark him.). Since the Tang Dynasty the culture of Yue and Min was brought into the park territory through the ways that quite a few officials were demoted and sent into exile here, or some literates came here to learn and collect local culture. Prominent persons, such as Hai Rui, Su Dongpo, Tang Xianzu, Qin Guan etc., all had left their foot prints and memorial buildings.

The lighthouse in Naozhou Island was built in 1898 using basalt blocks, the one of only two lighthouses with grinded crystal lens in the world, which exhibits ancient sea transportation culture.

Folk culture includes Qiong Opera, Leizhou Opera, Man-dragon Dancing of Donghai Island, God Nuo Dancing and Junpo Fair.

The territory of park, Haikou City and Zhanjiang City are state renowned for their culture and history. Native culture of local people interacted, inter-permeated and fused with the culture from ancient Yue and Min, which had migrated southward to form a specifically local culture. Harmonious development of humane activity and volcano(basalt) has formed the volcano culture, constructing a distinct, rich and thick quintessence of culture.

2.4 Teaching, researching and science-popularizing value

For its exemplariness, systematicness and completeness, the Quaternary volcanoes, in particular, Haikou Holocene volcanoes in the park always become the key research area for experts from universities and research institutions. Huguangyan Lake of Zhanjiang City is the base for Chinese and German scientists to study Maars in cooperation, also the base to rise up graduate students. Of Haikou's volcanoes in Holocene Epoch, some are dormant. Related project proposal concerning study and prediction of volcanic hazards was approved by the Ministry of Science and Technique, which will be undertaken by the China Seismological Bureau. Subjects to research in the park include volcanology(origin and evolution of volcano), chronology of volcanic eruption, petrology of basalt, geochemistry, Quaternary geology and geomorphology. Recently have been issued a series of studies concerning maar lakes and global climate fluctuation, magma origin and deep magma processes for Shishan Volcanic Cluster, Northern Hainan, volcanic hazards etc. So the studies in the park represent the tendency and level of contemporaneous geological research work.

Typical volcanoes and rock samples from the park have been cited by university's textbooks and monographs. The park becomes a practicing base for students of geoscience faculty from university. Also it is the best choose as destination for tourists, who come from the mainland to tour seeking knowledge. The museum combined with open-air exhibition has been attracting mass teenagers to come for knowledge traveling.

In sum, the Geopark has been a piece of hot land for geologists to carry multidiscipline studies, also a grand classroom for science-popularizing to see and to touch directly.

2.5 Aesthetic value

Haikou-Shishan Scenic District includes tens of cone-shaped volcanoes aligned in the northwestern direction. Seen from air, it looks like a window to look into the interior of earth; getting closer, it looks like a furnace, heavenly lake or round horseracing stadium. Being covered by the tropic vegetation, the volcanic cluster has been appreciated as a necklace of pearls decorated in the Hainan Island. Forms of volcano and lava tunnels and lava landscapes are rich, grotesque and marvelous, all sculptured by Mother Nature.

Zhanjiang-Huguangyan Scenic District is famous for Huguangyan Maar Lake, the renowned scenic area, integrating science, culture and water and mountain landscape.

Volcanoes, varied in shape and pattern, sea, blue sky, islands and sand beach, all are precious treasure bestowed to people by Mother Nature. They give us a space to think and dream, to have respectable feeling to volcano, to feel the heart-shaking mighty of volcano, to enjoy the natural beauty combined with red(volcano), blue(sea), and green(tropic ecology) colors.

2.6 Tourism value

As a major tourism province in China, Hainan became a renowned tourist destination for tropic island sightseeing, recreation and vacationing. The number of tourist-arrivals in Hainan reached 14.029 million in 2004, while Haikou City accepted tourist-arrivals up to 4.606 3 million. The city has intention to develop international tourism. Setting up the world geopark will provide a brand new mark for developing tourism in Hainan Province and Haikou City.

Zhanjiang City known as an open coast city in China, had the number of tourist-arrivals in 2003 reaching 4.39 million. Huguangyan Lake is the major mark for tourism of the city. Besides, Naozhou Island, Mt. Jiaoyiling and Mt. Sanlingshan are worthy to promote for tourism.

The Leiqiong Geopark, located in the Pan-Pearl River Delta, becomes a hot spot of tourism in transition zone from the tropic to the southern subtropic in China. To-be built Leiqiong World Geopark is a large-scale geological park, which is of scientific and cultural intension, integrating volcanic clusters, serene and beautiful crater lakes, grotesque lava tunnels, attractive tropic islands, charming sand beach and geothermal mineral springs in one. The Geopark is not replaceable in developing mega-tourism of Hainan and Guangdong, furthermore, there are favorable conditions in the Geopark, the potential to build a first rate tourist destination in the world.

雷琼世界地质公园地质遗迹的特征与对比研究①

陶奎元　余明刚　戚建中　沈加林

1　雷琼裂谷与火山

1.1　雷琼裂谷地质

雷琼裂谷横跨琼州海峡，呈东西向展布，向西为北部湾盆地，其南北两侧以王五—文教断裂、界炮—黄坡断裂为界(图1)。

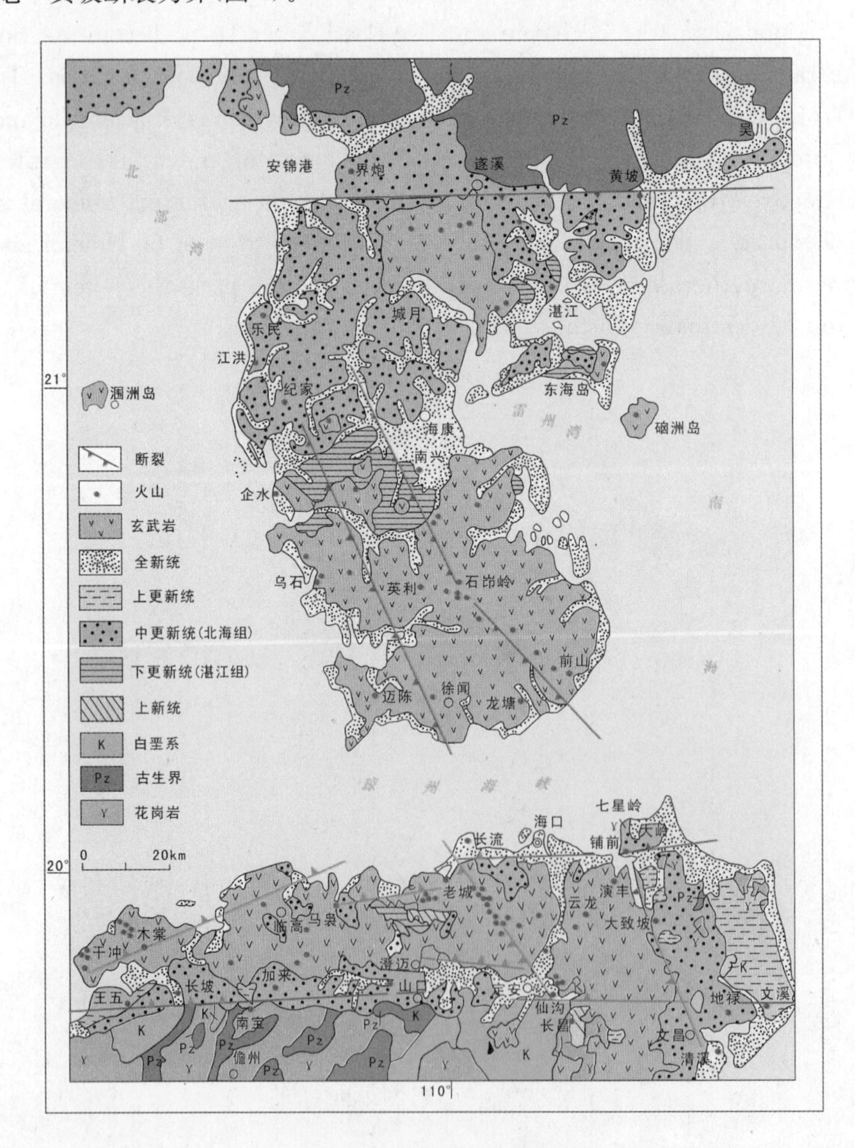

图1　雷琼地区第四纪地质图

① 该文摘自2007年9月《申报中国雷琼世界地质公园综合考察报告》。

1）沉积结构。自白垩纪开始沉积，最大埋深达 5 000 m。白垩系地层最大厚度达 2 500 m，古近系部分为海相沉积，最大厚度 2 500 m；新近系主要为海相沉积，最大厚度 2 000 m；下更新统为部分海相沉积。

2）岩浆活动。自始新世到全新世发生 11 期火山喷发，最盛期为 Q_1^2 到 Q_2，其喷发物玄武岩石及其地球化学数据具有陆缘裂谷的特征。

3）基底起伏。裂谷内分为雷北隆起带、雷南拗陷带、海峡拗陷带、琼北隆起带，裂陷由中部向南北渐弱，次级拗陷与隆起明显受断层控制（图 2）。

4）莫霍面深度。莫霍界面深度所反映的地壳厚度，在北部湾裂谷盆地为 26—30 km，比南、北两侧要薄，南侧海南岛中南部为 30 km，北侧华南沿海为 30—38 km，反映雷琼地区地幔上隆，地壳减薄。从较大范围来看，两广大陆是地幔拗陷区，莫霍界面较深，地壳较厚；南海诸岛是地幔上隆区，莫霍界面较浅，地壳较薄，南海中央海盆为洋壳；雷琼地区则位于上述两区之间，是两广大陆地幔拗陷区中相对隆起的部位。地壳剖面也反映雷琼裂谷的地壳厚度为 26—30 km，康腊面（上地壳与中下地壳的界面）深度约为 10 km。

5）基底深度。北侧以负异常为特征，南侧以正异常为特征。负异常为基底拗陷，正异常为基底隆起。雷琼裂谷的重力异常值为 −2 mGal 左右，向北有逐渐降低之趋势，它位于华南弧形重力低与南海环形重力高的交接部位，南侧为五指山重力低，北侧为信宜重力低。

6）地温场特征。高热流值和高地热增温率说明雷琼地区热源丰富，地幔的热源物质通过断裂通道排泄出来，这也是裂谷的特征之一。雷州半岛和琼北的平均地温梯度为 4.3 ℃/100 m，远远大于世界平均的地热增温率（0.6 ℃/100 m）。

1.2　火山活动史（表 1）

古近纪

1）古近纪始新世（E_2）。琼北福山盆地沙港组（E_2）暗色泥岩和灰黄色沙砾岩湖相沉积中夹有玄武岩，称为流沙港期火山岩。琼北长昌和澄迈老城埋深 900 m 以下的玄武岩和斜长辉石玄武岩也是始新世火山岩。

2）古近纪渐新世（E_3）。儋州木棠埋深 37.9 m 的石英拉斑玄武岩为（2 843.48±87.81）×10^4aB.P.，文昌蓬莱小学埋深 47.7 m 的碱性橄榄玄武岩为（2 748.15±78.64）×10^4aB.P.，两者均出露至地面，代表雷琼地区最老的地面火山岩，称为木棠期。

新近纪

3）新近纪中新世蓬莱期（N_1）。雷琼地区中新统包括下洋组、角尾组、灯楼角组（佛罗组），均为海相沉积，含海绿石和有孔虫。下洋组在琼北临高美台夹一层玻基玄武岩和斜长辉石玄武岩，厚 15 m。角尾组在徐闻下洋夹一层玄武岩，厚 141 m；在福山夹多层玄武岩，埋深 200—500 m，岩性尾橄榄玄武岩或玻基玄武岩。除蓬莱新安村剖面可代表玄武岩的时代外，其余样品均埋深地下，故称蓬莱期。

4）上新世金牛岭期（N_2）。雷琼地区的上新统称望楼港组（又称海口组），富含有孔虫、介形虫、双壳类、腹足类等化石，为浅海滨海相沉积，由两套生物碎屑岩和多层火山岩组成。火山岩主要是拉斑玄武岩，火山岩实测年龄为（6.922 2±0.14）—2.50 MaB.P.，其中地表样品年龄，海口金牛岭为 3.82 MaB.P.。金牛岭埋深约 6 m 的玄武岩古地磁为松山反向极性世。

本区埋藏的第三纪火山岩分布则较普遍，雷北、雷南、琼北都有揭露，尤其是新近系火山岩的分布显示线性的构造方向，在此基础上，继承性发生第四纪的火山活动。

第四纪

5）Q_1^1 湛江期（雷）、屯昌期（琼）

本期火山岩于琼北分布于岭口—黄竹及牛夏坡一带；在雷州半岛分布于东坡岭、乌石、

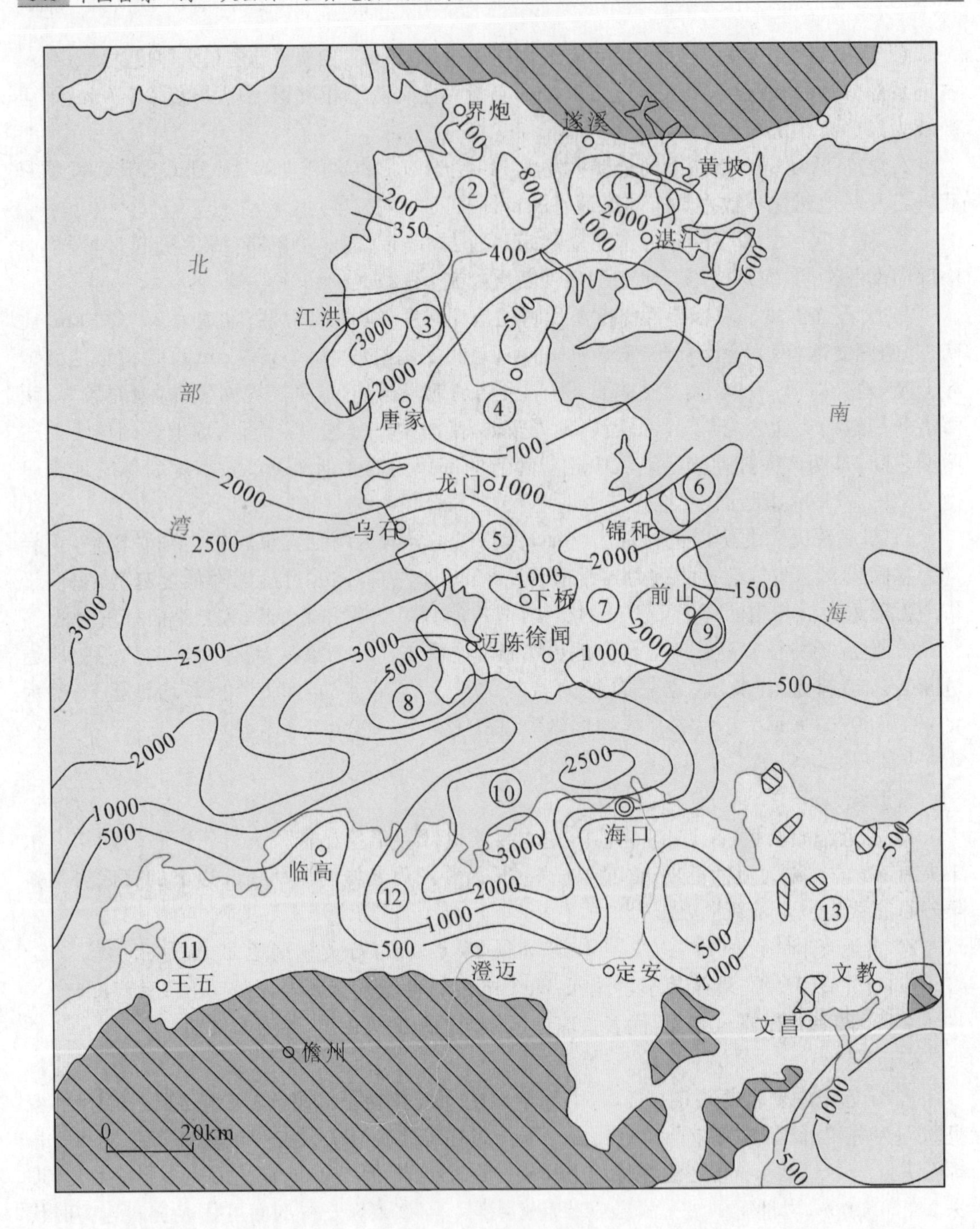

图2　基底埋藏深度

田西以及涠洲岛。埋深琼北为32—67 m或84—105 m,雷州半岛为107—278 m。本期火山岩厚度,玄武岩为20—30 m,火山碎屑岩为56—143 m。出露地表比较零散,但埋藏者的分布有较明显的线性构造,与新近系火山岩的分布一脉相承。湛江组的实测年龄为1.87—0.76 Ma B.P.,处于Q_1中期,下伏于湛江组的火山岩,划为Q_1^1期。由湛江组的沉积环境推知,本期火山的喷发环境在雷北为陆相,雷中、雷南、琼北为海相。

本期火山岩的岩性为橄榄玄武岩、玻基辉橄岩、拉斑玄武岩、粒玄岩、火山角砾岩、凝灰岩。

表1 火山活动分期与特征

期次	时代	分布出露	年龄（$\times 10^4$ aB. P.）	古地磁极性	相关地层	岩性	喷发环境	地貌
1	E_2	流沙港期			流沙港组夹层	玄武岩、斜长辉石玄武岩	陆相	
2	E_3	木棠期	3 478—2 748		涠洲组夹层	石英拉斑玄武岩、橄榄玄武岩、凝灰岩	陆相	残丘，无火山锥保存
3	N_1	蓬莱期	1 677—897		角尾组、下洋组夹层	玻基辉橄岩、橄榄玄粗岩	海相	残丘，无火山锥保存
4	N_2	金牛岭期	692—250	松山反向（金牛岭）	望楼港组夹层	气孔状拉斑玄武岩、气孔状粗玄岩、火山碎屑岩	海相	残丘，无火山锥保存
5	Q_1^1	湛江期、屯昌期	230—99	松山反向（牛夏坡）	伏于湛江组之下或湛江组之夹层	橄榄玄武岩、玻基辉橄岩、拉斑玄武岩、粒玄岩、火山角砾岩、凝灰岩	海相	二级台地（30±10 m），有少数丘陵和混合锥（88—240 m）突起，水系较发育
6	Q_1^2	岭北期、琼山期	90—76	松山反向（临高）	覆于湛江组之上，伏于北海组之下	橄榄玄武岩、石英拉斑玄武岩、少量火山碎屑岩	雷北陆相，雷南、琼北海相	四级台地（70±10 m），有少数丘陵和混合锥（88—240 m）突起，水系较发育，有10个熔岩锥或混合锥（10—269 m）
7	Q_1^3	石峁岭、德义岭期	73—31	布容正向（6个样品）	覆于湛江组之上、北海组之下，或北海组同期	橄榄玄武岩、粒玄岩、火山碎屑岩	雷北陆相，雷南、琼北海相	地貌类型复杂，各级台地均有，沟谷较发育，有27个熔岩锥或混合锥（88—259 m）
8	Q_2^2	螺岗岭、峨蔓岭期	29—13		覆于北海组之上	橄榄玄武岩、粒玄岩、火山碎屑岩	陆相	各级台地均有，沟谷不发育，有19个熔岩锥或混合锥（90—259 m）
9	Q_3^1	湖光岩期、长流期	12—9	布容正向（长流）	覆于北海组之上	火山碎屑岩、橄榄玄武岩	陆相	二级或三级（50±10 m）台地，火山锥少，但保存完好（87—165 m）
10	$Q_3^3—Q_4^1$	雷虎岭期	1.07—0.99	布容正向（雷虎岭）		火山碎屑岩、碱性橄榄玄武岩	陆相	四级台地，火山锥密集（32座），保存完好（100—150 m）
11	Q_4^2	马鞍岭期	0.815 5	布容正向	覆于雷虎岭组之上	拉斑玄武岩、橄榄玄武岩	陆相	

本期火山活动时代较老，但地势不高，以二级台地(30±10 m)为主，台地上由少数丘陵(80—150 m)。尚有火山锥保存，如迈龙岭、乌石岭、加山岭、黄岭，高程 88—240 m，多为混合锥。

6) Q_1^2 岭北期(雷)、琼山期(琼)

本期火山岩的岩性为橄榄玄武岩、石英拉斑玄武岩及少量火山碎屑岩。由湛江组推知，其喷发环境雷北为陆相，雷南和琼北为海相。

地貌上，雷州半岛为四级台地(70±10 m)，琼北二级(30±10 m)和一级(20±5 m)台地。台地上都有丘陵(80—150 m)分布，以混合锥和熔岩锥为多。

7) Q_1^3 石峁岭期(雷)、德义岭期(琼)

本期火山岩有 9 个实测年龄，为 0.73—3.21 Ma B. P.，古地磁测量结果均是布容正向极性期，火山岩覆于湛江组之上，其时代晚于湛江组。地貌类型比较复杂。在雷南构成雷州半岛最高的地形部位，从石峁岭丘陵向东递降为四级台地(70±10 m)和二级台地(30±10 m)。在琼北，一级至四级台地都有分布，总的地势由南向北递降。熔岩锥和混合锥约各占一半。

8) Q_2^2 螺岗岭期(雷)、峨蔓岭期(琼)

本期火山岩覆盖在北海组(Q_2^1)之上，绝大部分均出露地表，岩性主要是橄榄玄武岩、粗玄岩和火山碎屑岩。平均厚度，玄武岩为 27—56 m，火山碎屑岩为 12—20 m，埋深小于10 m 或 50—116 m。

9) Q_3^1 湖光岩期(雷)、长流期(琼)

其时代为晚更新世，湖光岩玄武岩的 K-Ar 年龄为 12.7±2.13 Ma B. P.，属 Q_3^1 初期。古地磁为布容正向极性期。火山岩覆盖在湛江组之上。岩性为火山碎屑岩和橄榄玄武岩。平均厚度，前者为 30—50 m，后者为 5—10 m。多数为蒸气爆发的玛珥火山。

10) $Q_3^3-Q_4^1$ 雷虎岭期(琼)

发育于琼北地区石山活水群，称为雷虎岭期，地貌为四级台地(70±10 m)。在约 500 km^2 的台地上保存着 38 座火山锥，高程多为 100—150 m。地下熔岩隧道有二三十条。这些都表明火山活动的时代是很新近的。

11) Q_4^2 马鞍岭期

该期为公园内最新的火山，在石山马鞍岭出露，故以此为代表。其实测年龄为 0.815 5 Ma B. P.，古地磁为布容正向极性期，覆盖于雷虎岭组之上，岩性为橄榄玄武岩、拉斑玄武岩。

上述 11 期火山活动(见表 1)，其中出露地表共为 11 期，第四纪共有 7 期。

1.3 裂谷演化与火山活动(图 3)

1) 初期幔隆剥蚀阶段(白垩纪—古近纪)。海南岛为大陆延伸部分，白垩纪到古近纪，受南北挤压，地幔上隆，地壳减薄，发生局部凹陷。

2) 早期张裂阶段(古近纪)。处于三个方向挤压并向引张过渡，古近系陆相沉积深度为 1 000—1 500 m，始发火山活动，如蓬莱、木棠。

3) 中期裂陷阶段(新近纪—Q_1^1)。南海扩张主要时期，台湾陆弧碰撞，印度板块向东推挤，雷琼裂谷进入全面裂陷阶段，形成古琼州海峡。

4) 后期凹陷阶段($Q_1^1-Q_2^2$)。雷琼裂谷内湛江组(Q_1)以滨海和浅海沉积为主，伴有强烈火山活动，形成现今琼州海峡。

5) 衰亡阶段。雷琼裂谷北海组沉积层年龄为 0.95—0.23 Ma B. P.，跨入 Q_2 范畴，厚度约 3—16 m，最大厚度 79 m，表明裂谷已处于剥蚀抬升，裂谷两侧剥蚀物是北海组 Q_2 砂砾岩来源。印度板块碰撞增强，华南板块受挤压，抬升趋于消亡，全新世雷虎岭—马鞍岭火山，即石山火山群是在这一背景下发生，有学者认为是南海盆地扩张后的玄武岩。

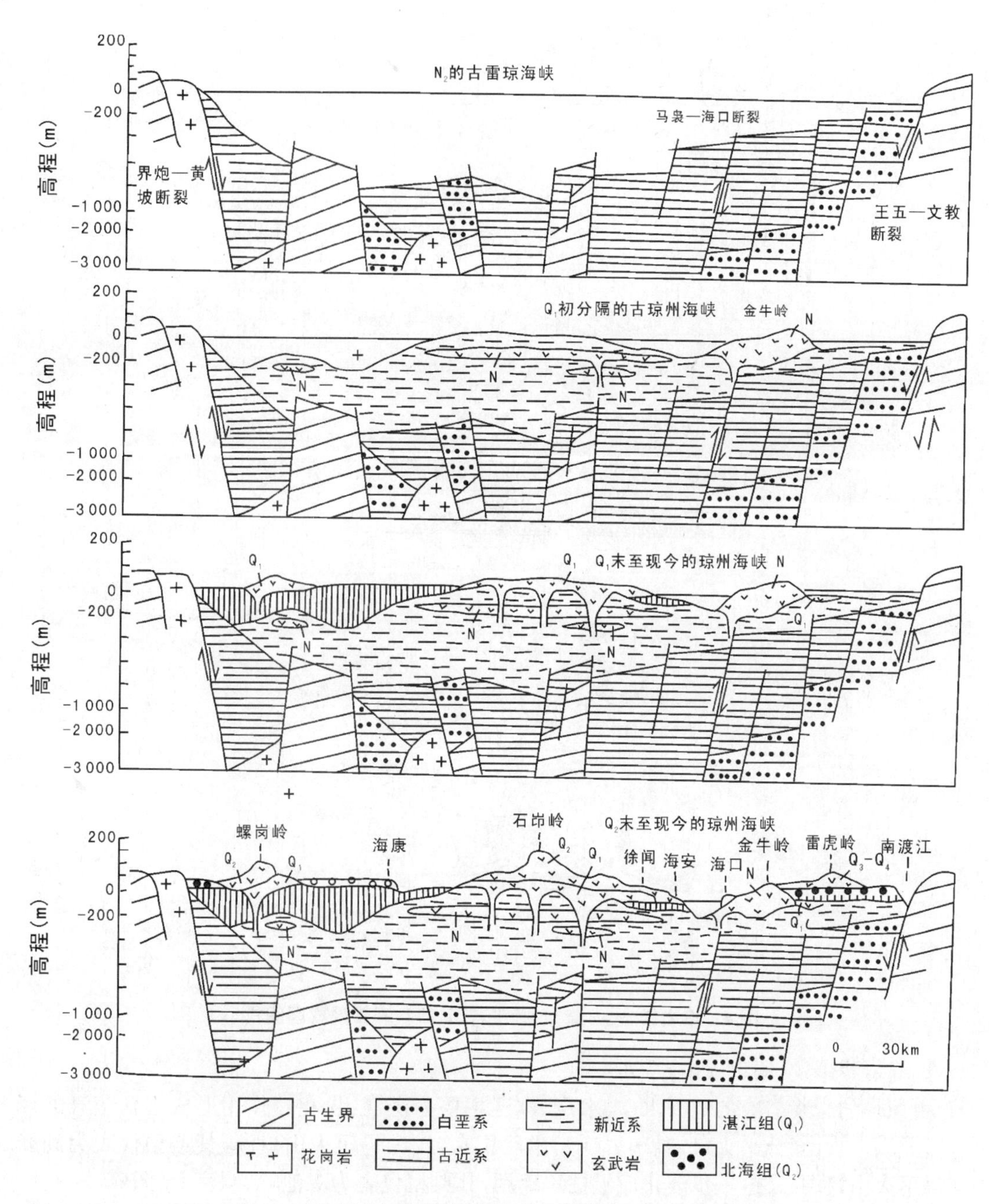

图 3 雷琼裂谷的形成和演化(基底构造资料据陈墨香等)

2 火山与火山岩特征及其形成

2.1 喷发方式与火山类型

火山类型几乎涵盖了玄武质火山喷发的所有类型(图 4),可分为两大系列:

玄武质火山岩浆喷发系列:

1. 夏威夷式火山喷溢,爆发指数<10——熔岩锥(小型盾火山)。

2. 斯通博利式火山喷发,形成碎屑锥、溅落锥、降落锥、混合锥。

3. 夏威夷与斯通博利式相间的火山喷发,形成混合锥(小型层火山)。风炉岭、雷虎岭、昌道岭、美社岭、道堂岭、永茂岭、吉安岭、美本岭为其中的典型代表(图 5)。

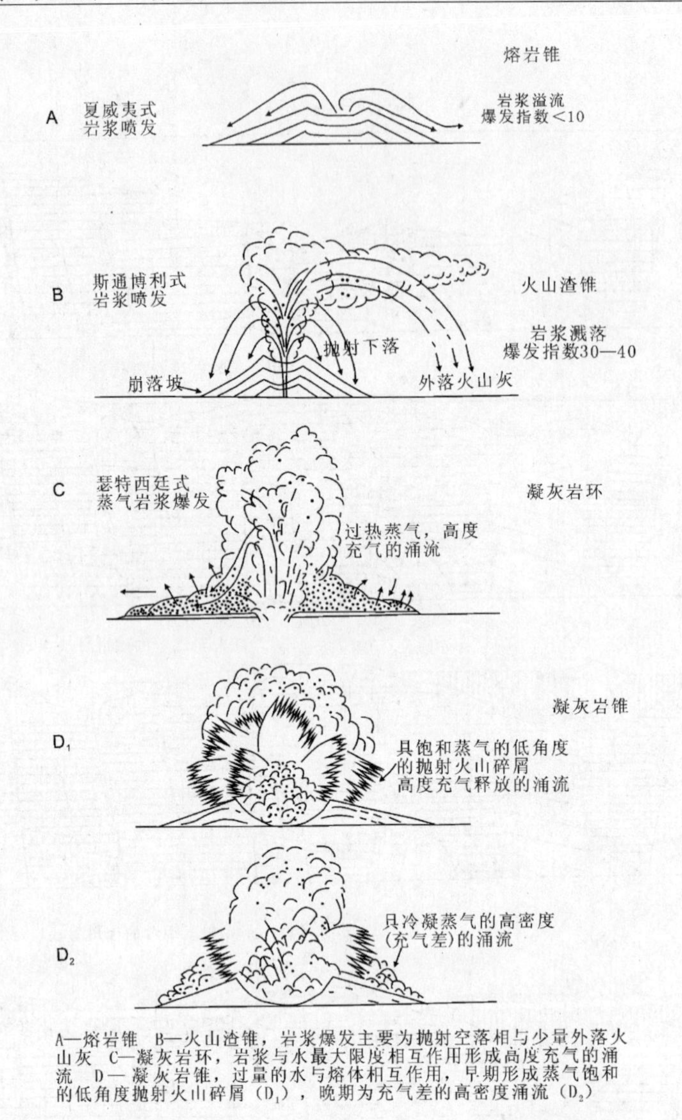

A—熔岩锥 B—火山渣锥，岩浆爆发主要为抛射空落相与少量外落火山灰 C—凝灰岩环，岩浆与水最大限度相互作用形成高度充气的涌流 D—凝灰岩锥，过量的水与熔体相互作用，早期形成蒸气饱和的低角度抛射火山碎屑（D_1），晚期为充气差的高密度涌流（D_2）

图4 熔岩锥、火山渣锥、凝灰岩环、凝灰岩锥的成因图式

蒸气岩浆爆发(玛珥火山)系列：

由炽热的岩浆与冷的地下水(含水层，本区主要为湛江组)相互作用形成富含蒸气的爆发，形成玛珥火山(低平火口，凝灰岩环)，尔后积水，成为玛珥火山口湖，其典型代表为湖光岩(玛珥火山口湖)。进一步演化成干枯玛珥湖，其典型代表为双池岭、罗京盘(图6)。

海口园区内火山主要特征与比较等级列于表2，地质图表示于图7。

2.2 典型岩相剖面

1) 玄武岩岩流单元结构剖面

实例:海榆、群休岭、永茂岭、道堂—博山

道堂—博山村火成岩地质剖面

在该剖面上可完整观察到公园内出露的火山喷发先后形成的火山熔岩、碎屑岩等。该剖面主要为钻孔揭露剖面，自上而下描述为：

全新统石山组上段(Qh^1s^2)厚>18 m

第1层:浮岩状橄榄玄武岩约8 m

第2层:熔渣状橄榄玄武岩约10 m

石山组下段(Qh^1s^1)厚77 m

第3层:气孔状橄榄拉斑玄武岩20 m

图 5　火山锥、火山口(上为风炉岭，下为雷虎岭)

图6　玛珥火山(上为罗京盘,下为双池岭)

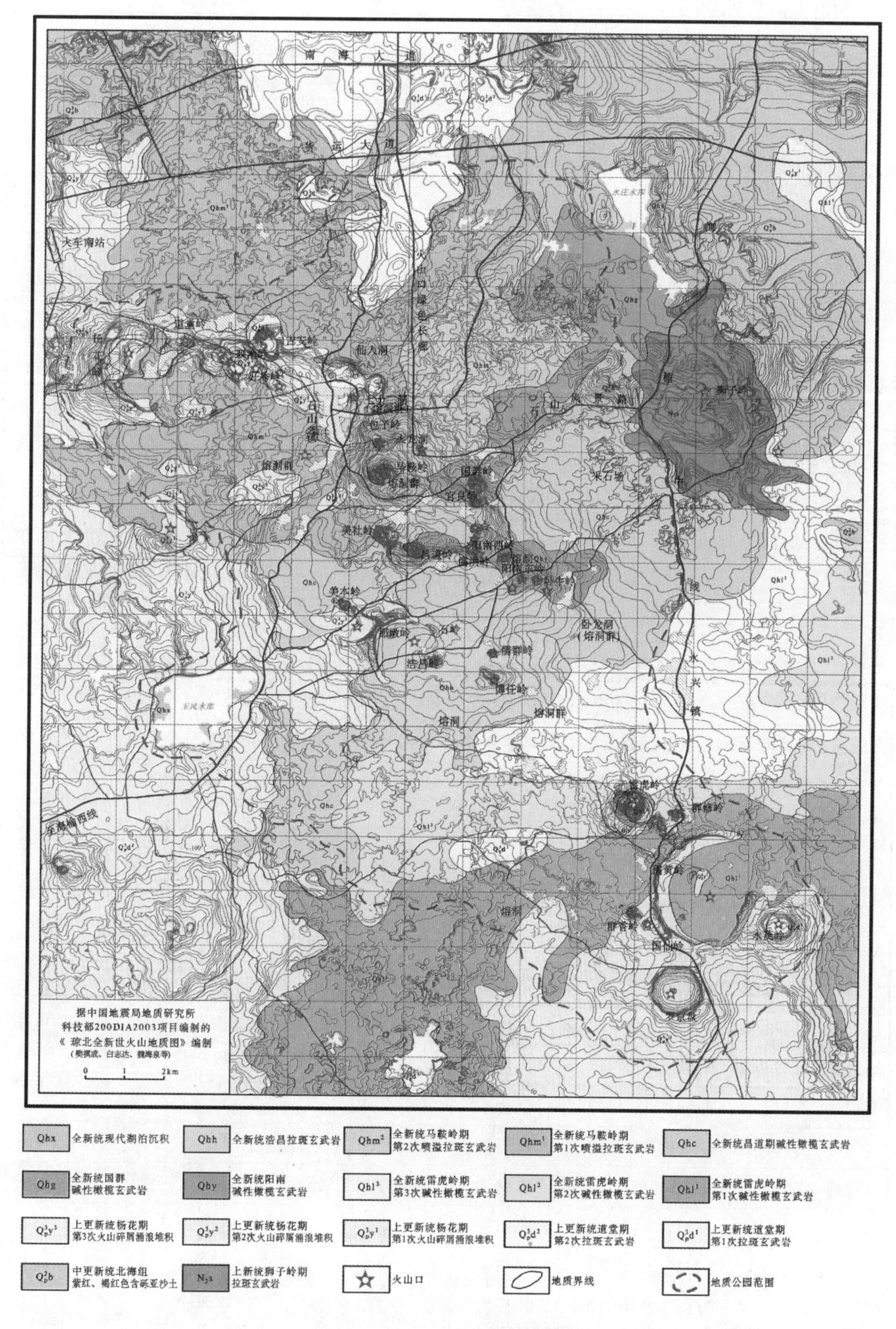

图 7　海口石山火山群地质图

表2 火山主要特征与等级一览表

名称	地点	地理位置		类 型	时代	高程（m）	底径（m）	火山口(锥)				等级
		北纬（° ′ ″）	东经（° ′ ″）					个数	内径（m）	深度（m）	坡度（°）	
道堂岭	海口石山	19 56 53	110 10 36	碎屑锥	Q_3	82	670	1	150	36	6	Ⅰ
荣堂岭	海口石山	19 56 41	110 12 32	碎屑锥	Q_3	108	580	1	60	15		Ⅲ
三雅岭	海口石山	19 16 13	110 10 56	熔岩锥	Q_3	139	2 500	1				Ⅲ
东排岭	海口石山	19 27 21	110 13 44	熔岩锥	Q_3	119	1 500	1				Ⅲ
永茂岭	海口永兴	19 51 11	110 16 47	熔岩锥	Q_3	119	1 500	1			10	Ⅰ
卜亚岭	海口永兴	19 51 26	110 18 20	熔岩锥	Q_3	95	1 000	1				Ⅲ
吉安岭	海口石山	19 56 42	110 11 48	多重火山锥	Q_3	100	650	1(1)	450	42		Ⅰ
杨花岭	海口石山	19 56 42	110 10 24	低平火山口	Q_3	84	1 500	1	460	23		Ⅰ
双池岭	海口石山	19 56 46	110 11 15	低平火山口	Q_3	105	500	2	300	15	18	ⅠA
好秀岭	海口石山	19 56 37	110 11 23	低平火山口	Q_3	90	700	1				Ⅱ
玉墩岭	海口石山	19 56 19	110 12 49	低平火山口	Q_3	125	360	1	300	20		Ⅲ
石 岭	海口石山	19 56 44	110 15 03	低平火山口	Q_3	150	1 200	1				Ⅲ
同类岭	海口十字路	19 50 58	110 21 14	低平火山口	Q_3	30	400	1				Ⅲ
平神岭	海口龙桥	19 54 16	110 25 09	熔岩锥	Q_3	23	200	1				Ⅲ
玉何岭	海口龙桥	19 54 00	110 23 34	熔岩锥	Q_3	33	300	1				Ⅲ
美郎岭	海口龙桥	19 54 16	110 22 43	熔岩锥	Q_3	36	400	1				Ⅲ
昌盛岭	海口龙塘	19 52 48	110 22 09	熔岩锥	Q_3	51	500	1				Ⅲ
道斐岭	海口龙塘	19 52 56	110 21 26	熔岩锥	Q_3	51	450	1				Ⅲ
儒黄岭	海口永兴	19 55 36	110 13 09	低平火山口	Q_3	107	2 000	1	2 000	25		Ⅲ
陈永岭	海口永兴	19 53 03	110 19 02	低平火山口	Q_3	62	600	1				
罗京盘	海口永兴	19 50 38	110 15 43	低平火山口	Q_3	93	1 000	1	600	35	12	ⅠA
马鞍岭	海口石山	19 55 39	110 12 51	多重火山锥	Q_4	222	600	1(2)	120	59	30	ⅠA
包子岭	海口石山	19 55 57	110 12 48	混合锥	Q_4	186	300	1		6		Ⅱ
儒群岭	海口石山	19 53 57	110 13 55	混合锥	Q_4	137	30	1				Ⅱ
美本岭	海口石山	19 54 53	110 12 27	混合锥	Q_4	100	150	1				Ⅰ
北铺岭	海口石山	19 56 37	110 12 19	碎屑锥	Q_4	106	370	1				Ⅱ
玉库岭	海口石山	19 56 41	110 12 19	碎屑锥	Q_4	107	450	1		20		Ⅲ
神 岭	海口石山	19 51 47	110 09 40	碎屑锥	Q_4	141	720	1	250	40		Ⅲ
博昌岭	海口石山	19 57 00	110 11 43	碎屑锥	Q_4	100	720	1	250	40		Ⅲ
儒才岭	海口石山	19 56 02	110 12 12	碎屑锥	Q_4	115	150	1				Ⅱ
国群岭	海口石山	19 55 36	110 13 44	碎屑锥	Q_4	158	300	1				Ⅱ
美社岭	海口石山	19 55 22	110 13 11	碎屑锥	Q_4	176	700	1		50		Ⅰ
昌道岭	海口石山	19 54 53	110 13 09	碎屑锥	Q_4	187	350	1				ⅠA
阳南岭	海口石山	19 54 52	110 13 36	碎屑锥	Q_4	169	200	1	40			Ⅰ

（续表）

名称	地点	地理位置		类　型	时代	高程（m）	底径（m）	火山口(锥)				等级
		北纬（° ′ ″）	东经（° ′ ″）					个数	内径（m）	深度（m）	坡度（°）	
儒洪岭	海口石山	19 54 49	110 14 58	混合锥	Q_4	148	230	1				Ⅱ
美玉岭	海口石山	19 54 53	110 12 27	碎屑锥	Q_4	140	270	1		32		Ⅱ
那墩岭	海口石山	19 54 11	110 12 53	混合锥	Q_4	140	350	1				Ⅱ
何群岭	海口石山	19 53 37	110 13 58	混合锥	Q_4	137	130	1				Ⅲ
浩昌岭	海口石山	19 53 49	110 13 21	混合锥	Q_4	147	200	1				Ⅰ
雷虎岭	海口永兴	19 52 23	110 15 19	混合锥	Q_4	168	900	1		70		ⅠA
群修岭	海口永兴	19 52 29	110 15 11	混合锥	Q_4	168	900	1	100	80		Ⅰ
卧牛岭	海口永兴	19 54 36	110 14 19	混合锥	Q_4	144	200	1				Ⅲ
群众岭	海口永兴	19 52 13	110 15 34	混合锥	Q_4	142	280	1	50			Ⅲ
群仙岭	海口永兴	19 52 03	110 15 43	混合锥	Q_4	104	130	1				Ⅲ
昌甘岭	海口永兴	19 51 36	110 14 39	混合锥	Q_4	112	250	1				Ⅲ
群香岭	海口永兴	19 51 19	110 15 21	碎屑锥	Q_4	125	320	1	80		26	Ⅲ
谷墩岭	海口永兴	19 52 17	110 15 45	碎屑锥	Q_4	111	150	1				Ⅲ

注：① 括号内为寄生火山个数。

② ⅠA：特级，具典型性，具重要国际对比意义；Ⅰ：具典型性，保存相对完整，而具一定的国际意义；Ⅱ：国家级或具大区域性对比意义；Ⅲ：省级或具地区性对比意义。

第 4 层：气孔状橄榄玄武岩 23 m

第 5 层：橄榄玄武岩 30 m

第 6 层：含集块、火山角砾熔渣状橄榄玄武岩 4 m

～～～～～～喷发不整合～～～～～～

中晚更新统道堂组上段（$Qp^{2-3}d^3$）厚 85 m

第 7 层：淡黄色薄层状玄武质沉岩屑玻屑凝灰岩，发育波状层理、平行层理 63 m

第 8 层：沉火山角砾岩 22 m

中晚更新统道堂组中段（$Qp^{2-3}d^2$）厚 15 m

第 9 层：气孔状橄榄玄武岩 15 m

～～～～～～喷发不整合～～～～～～

中晚更新统道堂组下段（$Qp^{2-3}d^1$）厚 129 m

第 10 层：玄武质沉岩屑晶屑凝灰岩，中部夹玄武质沉晶屑玻屑凝灰岩、玄武质沉角砾凝灰岩，发育波状层理、平行层理 98 m

第 11 层：凝灰质含砾砂岩 8 m

第 12 层：灰黄色薄层状玄武质沉岩屑晶屑凝灰岩 4 m

第 13 层：暗灰色橄榄玄武岩，呈球状风化 4 m

第 14 层：灰黄色薄层状玄武质沉岩屑晶屑凝灰岩 15 m

地质遗迹评定等级：Ⅱ级

重点保护对象：整个地质剖面地表沿线

2）涌流凝灰岩层理结构剖面

实例：杨花岭、湖光岩、南湾、九斗平沙

杨花岭玛珥火山涌浪堆积岩相剖面(图8、图9)

自下而上描述剖面：

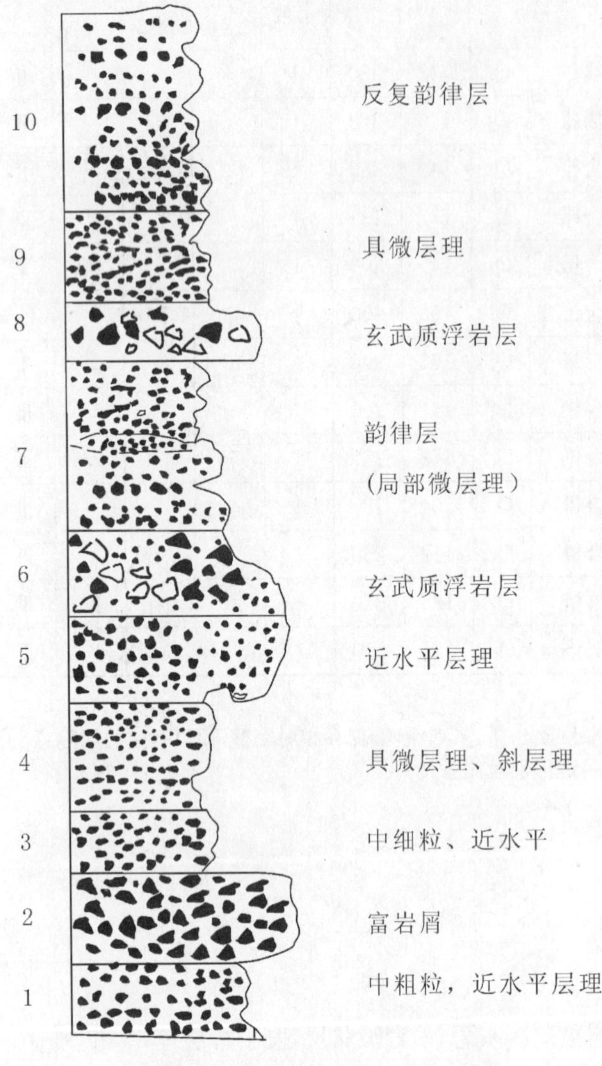

图8 杨花岭玛珥火山底浪堆积剖面

10层：厚约1 m的浅灰色中厚层板状细粒涌浪层，粒度明显变细。出现韵律层。

9层：中薄层状微斜层理、中细粒涌浪堆积韵律层。层系厚度10—15 cm。微斜层理和微斜交错层理发育，有熔结。

8层：4 cm厚的灰黑色玄武质浮岩层。

7层：总厚度70 cm。可以等厚度分成4套。第一套为中薄层韵律层，近水平层理。第二套层厚约20 cm，显示正粒序。第三、四套为重复韵律层，在该层韵律中具有微斜层理。

6层：45 cm厚的玄武质浮岩层，中间夹有两层1 cm厚的灰黄色射气岩浆喷发物空降层。粗粒径火山渣较多。

5层：45 cm厚的灰色薄层底浪堆积，具水平层理，粗、细粒相间频繁。

4层：60 cm厚的灰黄色底浪堆积，具微斜层理。

3层：30 cm厚的褐黄色中薄层底浪堆积，近水平层理。

2层：40 cm厚的灰黄色厚层粗粒富岩屑底浪层，显示水平层理。

1层：40 cm厚的灰色中粗粒、中厚层底浪堆积，显示近水平层理，主要成分为玄武质岩渣(该层未见底)。

3）典型混合锥、碎屑锥、熔岩锥的岩相剖面

实例：风炉岭、阳南岭、群休岭、道堂—博山

风炉岭火山渣锥岩相剖面(图10)

自下而上描述剖面：

6层：强焊接集块岩，灰色—灰褐色。

从第4层开始，产状相对较平，往上焊接程度较强，颜色由灰色向灰紫色变化。

5层：焊接集块岩，主要由火山弹和熔岩饼组成，中等焊接强度，火山弹呈透镜状或球状，紫红色。火口壁上粘有晚期碎成熔岩。

4层：强焊接集块岩，局部形成似熔岩流状碎成熔岩(灰色中层)。

3层：主要由焊接集块岩组成，熔浆团块的直径较小，粒度大小不一，一般为5—15 cm。总体焊接程度较弱，碎屑大多呈圆状—椭圆状。

2层：主要由焊接集块岩组成，层厚约3 m，主要由塑性熔岩饼组成，局部形成次生熔岩流，倾角为12°—15°(内倾)。

图 9　玛珥火山涌流凝灰岩剖面

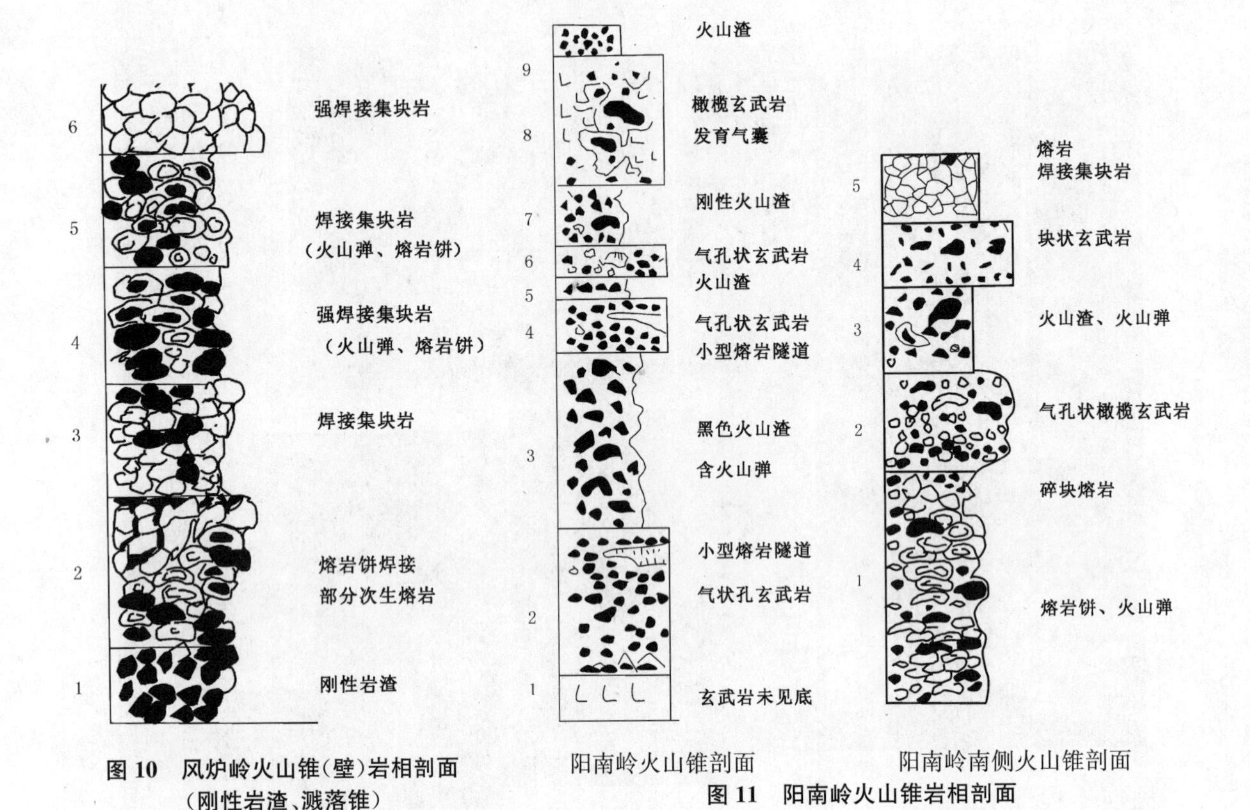

图 10　风炉岭火山锥(壁)岩相剖面
(刚性岩渣、溅落锥)

图 11　阳南岭火山锥岩相剖面

1 层：紫红色刚性火山渣，碎屑大小较均匀，层厚约 1.5 m，含少量塑性团块，岩块直径为 5—10 cm。

典型剖面 1：阳南岭火山锥岩相剖面(图 11)

自下而上描述剖面：

9 层：15—20 cm 厚的黄褐色火山渣。

8 层：1.3 m 厚的深灰色橄榄玄武岩。岩流中心发育气囊，并具有涡流状构造和同心圆状气孔带。

7 层：30—45 cm 厚的灰黑色火山渣，以刚性火山渣为主，含少量火山弹。

6 层：25 cm 厚的紫灰色气孔状玄武岩，中上部发育较多空洞。

5 层：5 cm 厚的深灰色火山渣，横向延伸不稳定。

4 层：55 cm 厚的紫红色气孔状玄武岩，其中发育小型熔岩隧道。

3 层：1.7 m 厚的灰黑色火山渣，含有 10%火山弹。

2 层：1.2 m 厚的气孔状玄武岩，其上部发育小型熔岩隧道。

1 层：下部 50 cm 仍有一层玄武岩，未见底。

典型剖面 2：阳南岭南侧火山锥岩相剖面(图 11)

自下而上描述剖面：

5 层：1.5 m 厚的灰色碎成熔岩，主要由火山弹组成。

4 层：2.2 m 厚的强焊接集块岩，局部为碎成熔岩，在大约 1.1 m 处有一层灰黑色火山渣。

3 层：1.2 m 厚的紫色黏结集块岩，顶部为松散火山渣。

2 层：1.05 m 厚的强焊接集块岩，主要由火山弹或熔岩团块组成。火山弹主要为透镜状，一般长轴长 5—30 cm。

1 层：厚约 3 m 的碎成熔岩，未见底。主要由熔岩饼组成，厚度约 20 cm，长约 80—150 cm。

2.3 熔岩构造与岩浆抛出物

区内熔岩流长度为 250—1 200 m，宽度在 100—2 500 m。

熔岩流动单元：1. 单一流动单元

2. 复合流动单元

熔岩柱状节理(图 12)

图 12 柱状节理

熔岩表壳构造：1. 结壳熔岩　　绳状结壳熔岩
爬虫状结壳熔岩
木排状结壳熔岩
波状结壳熔岩
面包状结壳熔岩
瘤状结壳熔岩
挤出状结壳熔岩
2. 渣状熔岩　　熔渣状熔岩
瓦砾状熔岩
3. 块状熔岩

结壳熔岩、渣状熔岩、块状熔岩的形成与岩流的黏度、温度变化、冷却速率的高低有关。结壳熔岩是低黏度、高流动性的岩流，其表壳与内部冷却速率不同，玻璃质表壳首先冷凝至半塑性状态，而表层下熔岩继续流动，使得表层卷起扭曲，或因岩流边部受到阻力而形成指向流动方向的各种形态(图 13)。熔岩构造类型景观极为奇特，在火山学文献或图册中提及的各种玄武岩的熔岩构造在园区均有出现(图 14)。

熔岩抛出物在园区极为丰富

火山弹—熔浆从火山口被抛到空中，在急速飞行过程中受到阻力、张力作用经旋转冷凝而成。它具有特定的形态，如纺锤状、梨状、椭圆状、麻花状；如溅落地表时尚处在熔融或塑性状态，则形成扁平状、蛇状或团块状。

火山弹的内部构造通常呈同心环状，边部气孔多，气孔呈同心环状分布，火山弹表面发育不规则的扭动纹路。

当岩浆抛到空中在溅落过程中已冷却，后经崩裂而形成多孔状熔岩块，内部无一定构造，外部无一定外形，则为火山渣(块)。

公园内火山弹与熔岩饼在两类火山中均有出现。一类为斯通博利式火山喷发的碎屑锥，主要为溅落锥；另一类为玛珥火山爆发过程中，间隔着岩浆喷发形成的火山弹。

2.4　熔岩隧道及其派生景观

火山熔岩隧道是熔岩流表里冷凝速度不一致所造成的，即熔岩流在流动过程中，表层冷凝成壳，里面的岩流热量不易散失，保持高温而继续流动，当熔岩流来源断绝时，里层岩流“脱壳”而出，留下隧道状的洞穴。地质公园内，纵横交错的熔岩隧道达几十条，长度几十米至几千米不等。它们的复杂程度也不同，呈管状、隧道状、多层状，分叉合并，纵横交错，形成复杂的洞穴系统。公园内熔岩隧道较多，在海口园区尤为发育(图 15)。

(1) 大型熔岩隧道，发育于岩流上部气孔带与中部致密带交界处，最长超过 2 000 m。

(2) 中型熔岩隧道，发育于致密带，长度 250—80 m。

(3) 小型熔岩隧道，发育于薄层岩流单元的上部，3—8 m。

(4) 熔岩气洞，发育于熔岩流单元上部气孔带，长 1—8 m，宽 1—4 m，高 2.3—0.9 m。

(5) 熔岩隧道内部景观与派生地貌：隧道形态变化，分支复合、纵横交错，多层连洞，时小时大；边槽、岩阶、绳状、弧状、同心流动构造；熔岩堤、熔岩钟乳、天窗、天生桥、洞中岩柱、陷落谷等景观。

石山火山群国家地质公园及邻近地内熔岩隧道有 30 条之多，长度达 2 000 m，最宽 8.5—23.5 m，最高 2.7—6.5 m，顶板最厚达 16—46 m。从隧道数量、长度、形态变化、集中程度而言，在我国熔岩隧道景观中占前列。

仙人洞 Celestial Cave
七十二洞 Seventy– two Caves
顶部首先冷却成岩
The roof chilled first
内部熔岩尚处在融熔状态，并外流
Interior lava continues flowing
最后排空成洞
Lava drains out to leave an empty tub
烘烤
硬壳
熔岩钟乳石
岩柱
岩阶
绳状同心圆
状流纹
熔岩隧道
lava tunnel
岩流表面首先冷却，固结成为外壳，而内部熔岩继续补给流出，不断外流，最后排空成为一条地下“通道”。
The surface of lava flow chilled first and a crust developed, while interior part of lava continued to advance. Finally, the interior emptied and a lava tunnel has resulted.

图 13　熔岩隧道

图 14　熔岩结构

图 15　七十二洞熔岩隧道

典型熔岩隧道

仙人洞

位于石山镇荣堂村，因道士在洞内修炼成仙的传说而得名。仙人洞分上、下两段，下段洞中有洞，天外有天，令人扑朔迷离，不胜嗟讶之至。岩壁上吊着、贴着各种各样的熔岩石乳，似落非落，令人惊叹。此洞石奇，水也奇，随时可以听到水滴的清逸声。水滴在不同形质的岩石上引起不同的音调，组成十分美妙的音韵。仙人洞的上段因洞顶多处塌陷而分成数十段熔岩隧洞，因此又名“七十二洞”。这些石洞，有的像互相连接的蜘蛛网，有的像开阔的地下餐馆，有的则好比离奇的古堡宫殿。阳光通过隧洞塌陷所形成的天窗照耀洞中，使阴暗的洞中景物一片清明，蔚为壮观神奇。

卧龙洞

位于石山镇儒才岭附近。该洞以平坦宽广而著名，可以同时开进两辆大卡车，容纳一万多人。洞内道路平坦，岩壁光滑发亮，空气清新，冬暖夏凉。

2.5　*岩石类型与同位素地球化学*

在火山岩的 TAS 分类图上，火山岩显示碱性系列玄武岩向拉斑系列玄武岩过渡。CIPW 标准矿物计算结果，所有样品均含 Hy（>5%），不出现 Ne，属于拉斑玄武岩。雷虎岭地区与马鞍岭地区玄武岩存在明显区别，前者含 Ol 而无 Q，后者反之，所以琼北全新世玄武岩又可分为橄榄拉斑玄武岩和石英拉斑玄武岩两种类型（图 16）。

图 16　显微镜下玄武岩的结构

从 Sr-Nd 变化图上可以发现琼北火山岩截

然不同于长白山天池火山(似原始地幔)、五大连池火山(原始地幔与EM I两个地幔端元混合)两个活动火山区,落在亏损地幔区(DMM),类似于MORB的地幔源区特征(图17、图18)。而在Pb-Pb变化图上,琼北玄武岩分布范围已明显偏离Hart(1984)给出的北半球大洋玄武岩参考线,趋向于EM II富集地幔端元。这与南海海盆玄武岩具有相似的Sr、Nd、Pb同位素组成,和Pb同位素显示的EM II富集地幔特征的Dupal异常。

由于古新世开始的南海盆地扩张作用(Taylor et al.,1983;Briais et al.,1989),华南大陆边缘的裂解,导致雷-琼拗陷的形成及自古新世以来多期次火山活动。在这一构造背景下具Dupal特征火山岩的地幔源区可能有两种解释:一种是具MORB特征的亏损地幔上涌,与上覆岩石圈地幔的混合;另一种是随板块俯冲带入的地壳沉积物与具MORB特征亏损地幔的混合(Tu et al.,1991)。

2.6 *岩浆起源与演化*

雷琼裂谷属于我国东部陆缘裂谷,火山活动伴随裂谷作用发生与发展。在南海盆地停止扩张后(约17 Ma),雷-琼拗陷(裂谷)内伴随强烈的新生代火山作用,所以又被称为扩张后(post-spreading)玄武岩。火山岩微量元素构造环境判别也支持琼北处于裂谷环境。琼北玄武岩的$^{87}Sr/^{86}Sr$相对于华北新生代玄武岩的$^{87}Sr/^{86}Sr$低(Zhou et al.,1982;樊祺诚等,1987)(图17、图18),可能与该区薄(地壳厚度26—30 km)(黄玉昆和邹和平,1989)而年轻(晚古生代)的陆壳有关。全新世雷虎岭橄榄拉斑玄武岩含较高的相容元素Ni(194—235 μg/g)、MgO(9%—10%)和Mg′(63—68),接近Sato(1977),Frey et al.(1978)和Wilkinson and Le Maitre(1987)提出的原始岩浆(Ni=250—500 μg/g,MgO=10%—12%)和Fan and Hooper(1991)提出的中国东部新生代原始玄武岩(Ni=200—300 μg/g)、MgO(10%—13%)和Mg′(60—68)的下限。马鞍岭石英拉斑玄武岩的Ni(88—121 μg/g)、MgO(6%—8%)和Mg′(56—60,个别大于60)明显低于橄榄拉斑玄武岩。樊祺诚等认为琼北全新世玄武岩浆喷发在地幔深处经历了富MgO、Ni矿物不同程度的分离结晶作用,雷虎岭橄榄拉斑玄武岩代表相对原始的玄武质岩浆,而马鞍岭石英拉斑玄武岩是相对演化的岩浆。琼北全新世橄榄拉斑玄武岩与石英拉斑玄武岩的演化关系,由MgO、Ni含量变化估计,橄榄拉斑玄武岩经约10%橄榄石的结晶分异可以形成石英拉斑玄武岩浆(樊祺诚,2004)。

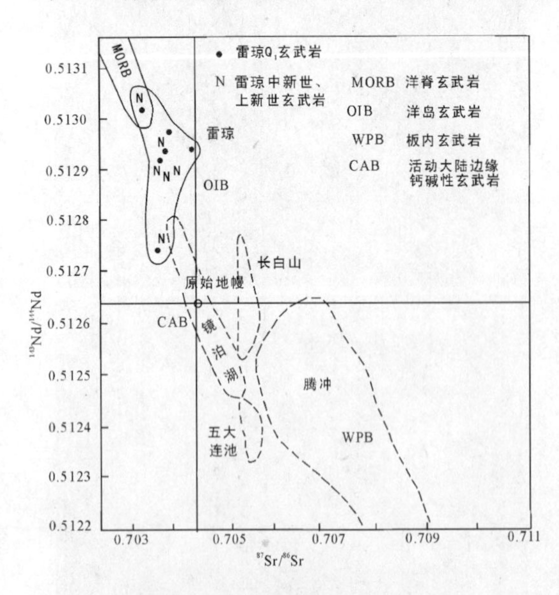

图17 雷琼玄武岩的Sr、Nd同位素相关图(据朱炳泉)

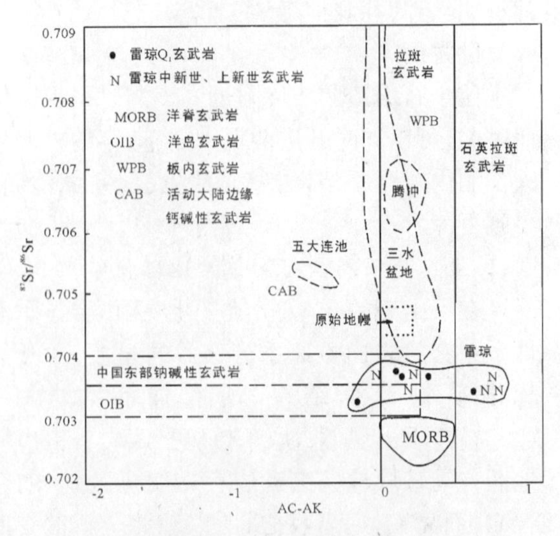

图18 雷琼玄武岩的$^{87}Sr/^{86}Sr$对岩石化学参数AC-AK图解(据朱炳泉)

3 玛珥火山

3.1 概念

“玛珥”(Maar)一词来源于拉丁文。1921年德国科学家Steninger在德国Eifel第四纪圆形小火口湖研究中开始将Maar定义为一种火山类型。Macdonald(1972)采用蒸气火山作用(hydrovolcanism)一词,Scmincke(1977)采用蒸气爆发作用一词。对蒸气爆发的定义为:岩浆进入含水层、冰层,熔岩流入水盆地,地表水遇到岩浆等几种情况,水与岩浆接触,迅速蒸气化,当压力超过上覆岩层最大承受力时发生的爆炸(hydroexplosion)。Fisher等对蒸气爆发作了分类:(1) 蒸气爆发(phreatic explosion),含水层受到岩浆的热而引起的爆炸,又称水热爆炸;(2) 蒸气岩浆爆发(phreatic magmatic explosion),岩浆上升到地下水或湿的沉积物发生爆发;(3) 水下爆发(subaqueous explosion),指停滞水体(海底、湖泊或其他水体)的爆发,即岩浆上升到水中引起的爆发;(4) 滨海爆发(littoral explosion),热的岩浆或热的火山碎屑流与滨海附近的水相遇引起的爆发。蒸气爆发的产物,通常称为基底涌流堆积(base surge deposits),base指喷发柱下部、底部的,其搬运形成类似床沙载荷形式,由热蒸气携带碎屑物,所以又称湿涌流。Fisher称基底涌流(base surge)。

陶奎元于1994年出版《火山岩相构造学》一书中,将hydro-magmatic explosion译为“蒸气岩浆爆发”。樊祺诚等称“射气岩浆爆发”。Base surge deposits译为“基底涌流堆积(底浪堆积)”。低平火口凝灰岩环均为蒸气岩浆爆发常见的火山形态,低平火口其环缘向外倾斜,底面高度切入围岩以下,凝灰岩环则环缘穹状倾向,底面高于围岩。玛珥火山口湖是低平火口基础上的积水湖(又称玛珥湖)。Buchel(1993)提出Maar是一个由环形壁(ring wall)、火山口沉积物(crater sediments)、火山筒(diatreme)和溃浆通道(feeder dyke)组成的系统(图19)。

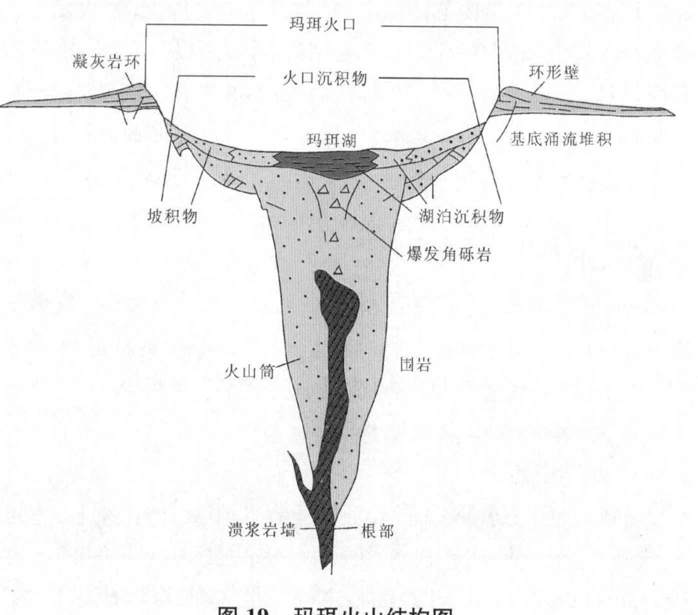

图19 玛珥火山结构图

3.2 特征

雷琼地质公园内玛珥火山总体特征:

1. 总体上均属蒸气岩浆爆发。热的岩浆上升至冷的地下含水层时,相互作用产生的蒸气爆发,类似于Wohletz提出的火山蒸气爆发的图式(图20)。

2. 玛珥火山为雷琼火山带的重要组成,分布广泛,时代是发生在中更新与晚更新世早期。

3. 多数玛珥火山发育环形火山口、环形墙或凝灰岩环,其产状为向外倾斜,倾角小于10°,多数3°—8°,底面高度达到早期喷溢的玄武岩层,其内壁陡或向内陡倾。

4. 发育典型的基底涌流堆积。杨花岭等均有典型剖面。其特征是以薄层状堆积为主,由涌流凝灰岩、火山灰空落凝灰岩为主或有熔浆溅落抛出物夹层出现。其特征是:

(1) 岩石层理构造明显，容易误认为沉积岩或火山碎屑沉积岩，在以往的文献中易误定为凝灰质砂岩、沉凝灰岩、层凝灰岩乃至砂岩。

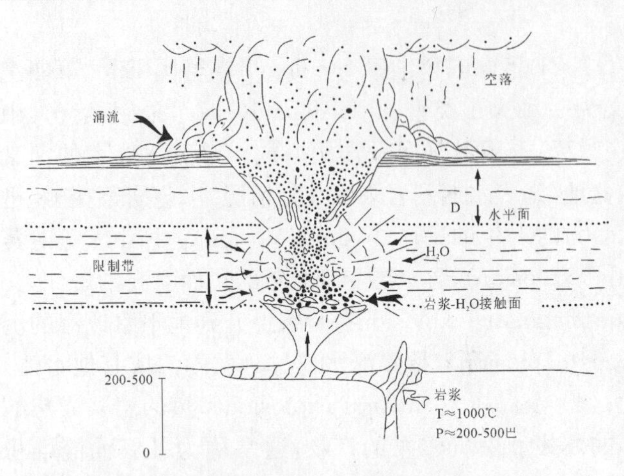

图 20 火山蒸气岩浆爆发示意图(据 Wohletz)

(2) 发育低角度的交错层，逆行沙丘，长波状层，U 型槽，槽状流，所以也误定为风暴沉积。

(3) 发育平面同生滑移构造，实际为同一蒸气岩浆爆发火山的产物。

(4) 涌流中含有水蒸气，流动过程中凝结水蒸气与碎屑物充分混合，使堆积物具有黏性和一定的可塑性，而形成柔性弯曲或在外来的岩石下落时使涌流层发生弯曲。

(5) 物质组成比较复杂，含有大量同期火山碎屑，蒸气爆发的火山灰、火山角砾、火山岩块，间歇有岩浆爆发时出现火山弹、熔岩饼乃至“短小片状、渣状熔岩”。同时含有围岩物质，包括蒸气岩浆爆发所处的含水层内岩石和爆发涉及层位的岩石和火山盖层的一些岩石。

(6) 在某些层位出现增生火山砾，由火山灰、岩屑、晶屑、火山尘组成，在粒度或颜色上有同心层状构造，其外缘有泥质或硅质增多(亦称火山灰球)，与空落凝灰岩中火山灰球相似。

(7) 玄武质岩蒸气爆发的火山灰，均为玻璃质，有时为橙玄玻璃。岩屑成分取决于基底岩石的成分。火山灰一般为含少量气泡的等轴状玻屑，平滑断口，扇形断面。

上述岩石构造，在公园范围出露十分典型、清楚，与国内外典型地点的同类岩石构造完全可以对比。R. A. F. Gas 和 J. V. Wright 所著的 *Volcanic Successions—Modern and Ancient* 一书中引用了澳大利亚的 Western Victoria、夏威夷的 Hanauma Bay 以及 Victoria 的 Tower Hill 的典型照片。对比公园的玄武质基底涌流堆积，和该书中列举的照片比照，表明公园的基底涌流堆积构造具有完整性、典型性。

3.3 玛珥火山形成过程

喷发期过程：

玛珥火山是承压地下水与上涌岩浆相互作用而产生剧烈爆炸形成的。岩浆和水是两个不同的相，当它们初始机械混合后，水会变得异常的热，产生巨大的蒸气，形成爆发性膨胀(Zimanouwski et al.,1991)。这种膨胀对围岩构成了巨大的压力，迫使岩石出现碎裂。此时岩浆碎屑、水蒸气和碎裂的围岩碎屑组成的混合体，便沿着一个窄的通道达到地表猛烈地喷射到了大气中或紧贴地面快速流动。这样的过程可能会不断地重复，直至岩浆被耗尽或是没有更多的地下水参与而终止。

喷发后过程：

随着喷发期过程的结束，火口坑底切到了地下水面，火口坑会积水形成一个湖泊，或大气降水汇聚也会成为湖泊，这就是玛珥湖。玛珥是一种不稳定的地貌形态，其喷发后的演化过程主要是受外动力作用控制。在初始阶段，由于玛珥火山有较陡的火口墙和较深的火口坑，因此，在重力作用下，周围的堆积物会出现滑动和塌陷，从而火口墙倾斜度降低，并出现不断增长的碎屑坡；高速沉积堆积，推进湖泊的快速充填，使湖变得越来越浅，泥炭沼泽相代替了湖泊相；同时斜坡不断被冲刷，岩屑、泥流碎屑最终掩盖了泥炭沼泽，仅环形墙留在地面上。随着侵蚀的不断进行，环形墙和火口沉积物也逐渐被侵蚀，成为一个地貌上低凹地，如区内青桐洋、九斗洋、田洋第四纪玛珥湖就是这种形态(图 21)。

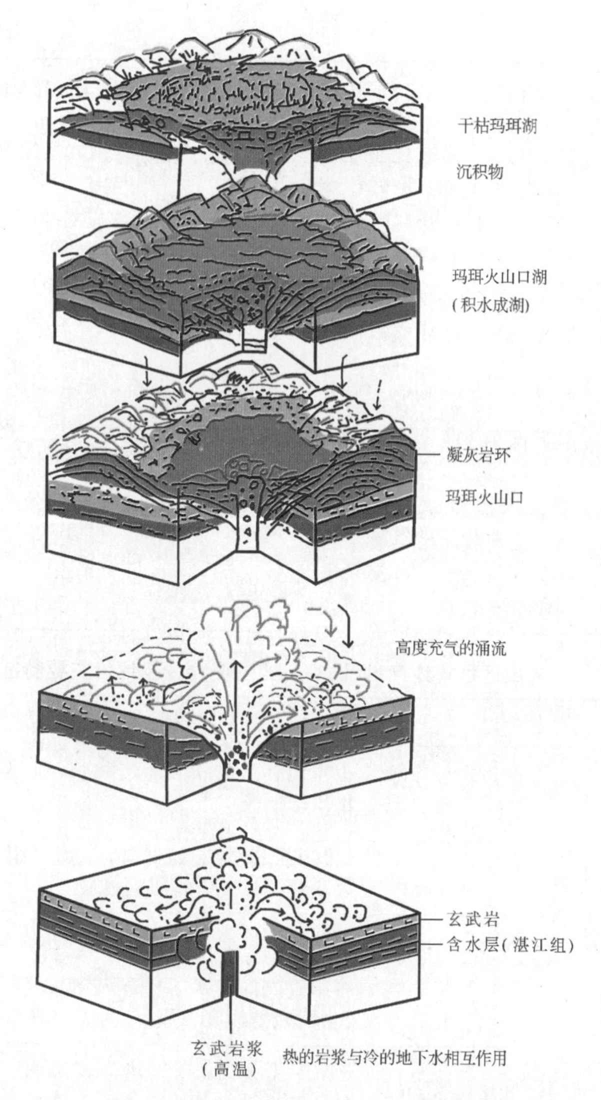

图 21　玛珥火山——火山口湖演化过程

4　国际对比

4.1　综合对比

世界著名的 6 个裂谷(古裂谷)火山带基本特点列于表 3，列入世界遗产地的 19 处火山区的基本特点列于表 4。

表 3　国外裂谷和古裂谷火山带基本特点

裂谷名称	裂谷类型	火山岩/岩石系列、组合	火山作用	火山构造	地貌景观
1. 东非裂谷系	大陆裂谷	玄武岩、粗玄岩占 70%，响岩(埃塞俄比亚玄武岩)、粗面岩、流纹岩、霞石岩、安山岩石(碱性系列，双峰组合)	裂隙式溢流、中心式喷溢、爆发、侵出	基性盾火山、熔岩高原、火山锥、火山穹隆(地块)、破火山、寄生火口	边缘断崖、谷地、孤立高峰、熔岩高原、瀑布、活火山、玛珥湖、冰川
2. 贝加尔裂谷系	大陆裂谷(与碰撞有关?)	超基性岩、橄榄玄武岩、碱性橄榄玄武岩、碧玄岩、粗面岩(碱性、亚碱性系列)	溢流、爆发	盾火山、熔岩高原、岩渣锥、岩渣熔岩、混合锥	高原，岭、谷相间，断崖

（续表）

裂谷名称	裂谷类型	火山岩/岩石系列、组合	火山作用	火山构造	地貌景观
3. 盆岭省裂谷系	大陆边缘裂谷	玄武岩（哥伦比亚玄武岩）、粗玄岩、粗安岩、流纹岩（双峰式组合）	溢流、爆发、溅落、普里尼式爆发	熔岩高原、盾火山、岩渣锥、混合锥、破火山	高原，岭、谷相间，地热现象
4. 莱茵裂谷	大陆裂谷（与碰撞有关?）	碱性橄榄玄武岩、粗面岩、响岩（碱性系列）	溢流、爆发、溅落、玛珥火山爆发、碳酸喷气	盾火山、熔岩穹丘、岩渣锥、玛珥火山、层火山	高原、谷地、陡崖、玛珥湖、碳酸喷气
5. 印度西部沿海（古）裂谷	大陆古裂谷	玄武岩（德干高原玄武岩）、流纹质玄武岩	裂隙式溢流、岩墙侵入	熔岩高原	高原，岭、谷相间交替
6. 澳洲东部沿海（古）裂谷	大陆边缘古裂谷	英安流纹质熔结凝灰岩、英安岩、流纹岩、玄武岩、碱性玄武岩	普里尼式（多通道）爆发	破火山	

表4　火山区世界遗产地、国家公园主要特征及评价主要特征

世界自然遗产地	主要特征
1. 阿根廷，依瓜佐国家公园	中生代玄武岩高原，大瀑布；亚热带雨林，典型野生动物群
2. 澳大利亚，中东部雨林保护区	（含国家公园，植物保护区）第三纪复活破火山，盾火山；复活穹窿；1 625 种维管植物
3. 澳大利亚，赫德-麦当劳群岛	第四纪玄武岩流，凝灰岩；冰川，冰崖；极地动物群；苔藓
4. 澳大利亚，马奎里岛	中新世海底枕状熔岩石，玄武岩墙，橄榄岩，粗粒玄岩；冰川；极地植物
5. 多米尼加，莫奈·特洛伊·庇通国家公园	6 座现代火山，50 处热泉，“沸水”湖，瀑布；不同类型雨林，5 000 种维管植物，热带动物
6. 厄瓜多尔，加拉帕各斯岛	（加拉帕各斯海洋保护区）盾火山，海底火山；特有的海洋动物群
7. 厄瓜多尔，圣格依国家公园	第四纪活动火山，冰川；亚马逊热带雨林
8. 冰岛，新维列尔国家公园	现代基性火山活动，大洋裂谷，中世纪文化遗存
9. 印尼，岛中-库仑国家公园	（喀拉喀托自然保护区）典型岛弧火山区，复活破火山，火山锥；原始低地雨林，濒危动物
10. 印尼，柯莫多国家公园	现代火山，陡峰、干谷；热带草原，落叶林，沙滩
11. 意大利，爱奥利昂群岛	现代活火山，伏尔坎方式和斯通博利式喷发的经典地区
12. 肯尼亚，肯尼亚山国家公园	5 199 m 高的第三纪火山，高山冰川；特有的生物分带和林带，热带动物，濒危生物
13. 尼日尔，阿伊尔-特内尔国家公园	火山，沙漠；局部独特生物群
14. 俄罗斯，堪察加火山群	第四纪层火山，破火山，地热田，海岛，河流，冰川；地方动物群，白桦林
15. 俄罗斯，锡霍特阿林	第三纪至第四纪玄武-安山质古火山，峰、谷、高地相间；温带生态系统

（续表）

世界自然遗产地	主要特征
16. 英国，巨人堤及附近滨海区	第三纪玄武岩高地，40 000 根巨柱，古代神话，地学研究基地
17. 英国，圣-基尔达	大西洋第三纪火山群岛，欧洲最高悬崖；生物多样，岛类集中地，濒危鸟类；特殊文化景观
18. 美国，黄石国家公园	第四纪流纹质破火山，地热田，峡谷，湖泊，瀑布；温带生态系统
19. 美国，夏威夷火山国家公园	现代玄武质盾火山，破火山，岩流；高反差自然景观，特有的岛类

雷琼裂谷及石山火山群与世界裂谷火山带或列入世界遗产的火山区以及我国十大第四纪火山群比较，其总体特点是：

1）雷琼裂谷火山带处于特定的全球重要的大地构造位置。它处于欧亚板块的南端，西南临近印度—澳大利亚板块，东近太平洋—菲律宾板块，更多地受到欧亚板块与印度洋大陆板块相互作用。具备裂谷火山带的总体特征，而又与陆内裂谷火山带有较大差别，属于典型的陆缘裂谷。

2）岩石类型主要为拉斑玄武岩和碱性橄榄玄武岩，没有出现流纹岩、粗面岩及碱性岩。其地球化学组成与洋中脊玄武岩（MORB）、大洋岛弧玄武岩相似。岩浆源区是亏损地幔与富集岩石圈或亏损地幔与俯冲洋壳混合源区，这明显不同于五大连池、腾冲与长白山火山岩的岩浆源区特点。

3）雷琼裂谷火山带火山岩分布面积达 7 295 km^2，其中琼州海峡北部雷州半岛占 3 136 km^2，琼北（海口）占 4 159 km^2。火山区面积在我国第四纪火山区中占首位。牡丹江—穆棱火山区 3 000 km^2，腾冲、五大连池火山区均小于 1 000 km^2，大同火山区小于 150 km^2。雷琼裂谷火山带共有火山 177 座（其中雷州半岛 76 座，海口 101 座），在我国新山代火山中占首位。雷琼裂谷火山带与世界大型裂谷火山带比较仍属小型裂谷火山带，但以火山单体规模较小、数量众多为特点。

4）雷琼裂谷火山始自上新世至全新世，在更新世达到高潮。有些全新世火山（10. 27 ka，9. 91 ka，8. 15 ka）属于休眠火山。多期次的断续喷发，其中有保存完整的全新世火山带。

5）雷琼裂谷火山带总体上呈 EW 向展布，分布于琼州海峡两岸及临近岛屿和海峡之中。火山活动中心具南北向迁移的趋势，而其中的火山群受到北西向基底断裂控制，而呈北西向分布，如雷北火山群、雷南火山群、石山火山群等，同时形成小型的火山岛（涠洲岛、斜阳岛、硇洲岛）。以火山为背景的地貌景观具多样性。

6）火山喷发方式既有火山岩浆夏威夷式喷发、斯通博利式喷发，又有岩浆与地下水相互作用形成的射气岩浆喷发。火山类型齐全，有碎屑锥（溅落锥、岩渣锥）、熔岩锥和玛珥火山与火口湖（低平火口）。

7）火山的熔岩构造景观丰富、奇特、典型、系统，涵盖了结壳熔岩、渣状熔岩、块状熔岩等多种熔岩构造。熔岩隧道数量多、长度大、形态多变，内部地质景观及派生地貌景观丰富，可以和世界著名玄武岩火山区的熔岩景观相媲美。

8）石山火山群处于海口市西南，距主城区仅 8 km，被称为“城市火山”，而列为我国火山灾害与预测研究的地区之一。

9）火山带（群）处于热带或亚热带过渡区，发育独特的热带生态群落，展现热带火山生态诸般的自然特性，被称之为东方的“夏威夷”。这明显不同于亚热带、温带、寒带火山生态特性。

10）在火山与玄武岩地学背景下，人类活动创造出具民族性的火山文化，包括耕作文化、火山石器文化、玄武岩建造古村落文化和火山神文化，以及众多的民俗文化。其中，火山石古村落文化为国内外罕见。

4.2 玛珥火山对比

世界著名的玛珥火山的特征

玛珥(Maar)是由爆发而成的一种特殊的低平火山(口)，最早用来描述德国西部埃菲尔(Eifel)地区第四纪发育的小而圆形的火山口湖。近几十年来，许多火山学家对玛珥的概念、类型及形成机制进行了深入系统的研究，确认它起源于蒸气喷发(phreatic explosion)或岩浆蒸气喷发作用(phreatomagmatic explosion)。Buchel 建议玛珥应包括它的整个结构和发展过程，即它是一个由环形墙(ring wall)、火口沉积物(crater sediments)和火山通道(diatreme)等组成的系统，其内积水后便成了玛珥湖。玛珥湖与其他湖泊相比有一些突出特点：① 为小型封闭湖泊，汇水面积接近湖水面积，水位平衡主要由降水和蒸发因子控制；② 湖盆底部平坦，水位较深并与湖体成一定比例，因而最有利于纹层形成和保存，特别是生物成因的纹层；③ 湖盆深度较大，沉积速率快，其沉积物常常具有连续的、真实的高分辨率古环境记录。玛珥湖这些独特的优势，受到了人们越来越多的关注。欧洲从 20 世纪 80 年代后期以来开展了 GEOMAARS(1986—1989)、EUROMAARS(1990—1993)、European Lake Drilling Project(ELDP)(1996—2000)等研究计划，亚洲也实施了湖泊钻探计划(ALDP)(1998—2004)，取得了一系列的重要成果，显示出玛珥湖在古气候研究方面的巨大潜力。

玛珥在世界上的分布比较广，如德国西部的埃菲尔(Eifel)火山区、法国中央高地(Massif Central)火山区、意大利中南部火山区以及中国的雷琼火山区、龙岗火山区等地均有玛珥和玛珥湖分布。此外，在美国的阿拉斯加(如 Ukinrek Maars)、亚利桑那州(Hopi Buttes 火山区中的玛珥)等地以及墨西哥(Valle de Santiago 火山区中的玛珥湖)、澳大利亚(如 Newer Volcanic Province 中的玛珥)、新西兰(如奥克兰火山区中的玛珥湖)、捷克(如 Eger 裂谷带中的含化石玛珥)、斯洛伐克(如 Princina 玛珥)、匈牙利(如 Pula Maar)、印度尼西亚的东爪哇(如 Ranu Klindungan 玛珥湖)，甚至南极洲的 Coombs Hills 地区也有有关玛珥和玛珥湖研究的报道。尽管有这么多国家和地区均有玛珥火山分布，但真正有名的玛珥火山和玛珥湖并不多，这除了它们本身的特点外，还要通过科学家的研究并在国际刊物上发表论文才能让更多的人知晓。相对而言，在这方面做了大量研究工作并在世界上有名的主要是德国的西埃菲尔(West-Eifel)火山区、意大利中南部火山区、法国中央高地火山区、美国的阿拉斯加以及中国的雷琼火山区和龙岗火山区(表 5)。

表 5 世界著名玛珥火山湖一览表

玛珥湖名称	所在国家和地区	形成时间	直径大小(m)	面积(km^2)	最大深度(m)
Lake Holzmaar	德国 Eifel 火山区	>25 000 a	325	0.058	20
Lake Meerfelder	德国 Eifel 火山区	>35 000 a	700×500	0.248	18
Eckfelder Maar	德国 Eifel 火山区	44—45 Ma	850—950		干玛珥
Lago Grande di Monticchio	意大利南部	0.48—0.13 Ma	850×650	0.405	36
Lago di Mezzano	意大利中部	0.1 Ma	800	0.445	31
Lac du Bouchet	法国 Massif Central	0.8 Ma	800×800	0.64	27

（续表）

玛珥湖名称	所在国家和地区	形成时间	直径大小(m)	面积(km^2)	最大深度(m)
Lac Pavin	法国 Massif Central	约 6 000 a	750		93
Ukinrek Maars(West Maar 和 East Maar)	美国 Alaska	1 977 a	300		70
湖光岩玛珥湖	中国雷琼火山区	0.16—0.14 Ma	1 900×1 400	2.25	20
四海龙湾玛珥湖	中国龙岗火山区	1 Ma	750×700	0.5	50

Eckfelder 干玛珥是德国 Eifel 火山区最老的玛珥。根据哺乳动物地层学研究估计，其形成年代约在 44—45 Ma 的中始新世。Eckfelder 玛珥之所以著名，很重要的一个原因是在其油页岩地层中发现了丰富的化石。

在 Eifel 火山区的西部，火山喷发始于约 70 万年前，产生了 250 个喷发中心，有 50 多个玛珥，其中 8 个玛珥积水成湖。27 个玛珥和 8 个玛珥湖集中在西埃菲尔火山区南部的 Daun 镇和 Manderscheid 镇周围较小范围内。在这 8 个玛珥湖中，Lake Holzmaar 和 Lake Meerfelder 研究程度很高，在世界上也比较著名。Meerfelder 玛珥湖(40°56′N, 16°35′E, 656 m a. s. l.)的形成年龄目前仍然未知，但估计最小年龄应该在 35 000 年前，它是西埃菲尔火山区中最大的玛珥湖，最大长度约 700 m，最宽约 500 m，最大深度约为 18 m，湖泊面积约 0.248 km^2。Holzmaar 玛珥湖(50°7′N, 6°53′E, 425 m a. s. l.)是一个小玛珥湖，最宽约 325 m，湖泊面积约 0.058 km^2，最大深度 20 m，其形成年龄不确定，估计至少在 25 000 年前。

意大利是一个多火山的国家，因此也拥有几个著名的玛珥湖。Lago Grande di Monticchio(40°56′N, 16°35′E, 656 m a. s. l.)玛珥湖位于意大利南部的 Basilicata 地区。它是两个相邻的玛珥湖中较大的一个，湖泊面积约 0.405 km^2，最大水深 36 m，但该湖的湖盆不对称，大约有 2/3 的湖盆深度小于 12 m 且相对平坦，该湖形成的年龄大约在 480—130 kaBP。Lago di Mezzano(42°37′N, 11°56′E, 452 m a. s. l.)是意大利中部的一个小玛珥湖，直径约 800 m，最大深度 31 m，湖面面积约 0.445 km^2，形成年龄约为 100 kaBP。

在法国的中央高地，第三纪到第四纪的水-岩浆作用非常普遍，目前在中央高地大约有 774 个蒸气岩浆火山作用的机构已得到确认。在 Auvergne 北部约 20 个玛珥大致呈南北向分布，这些玛珥大多数都非常年轻(160—6 ka)，比较有名的玛珥湖有 Lac Pavin，Lac du Bouchet，Ribains 等。

美国的 Ukinrek 玛珥在世界上之所以著名，是因为它是很少几个被人们亲眼目睹而详细描述喷发过程的玛珥。Ukinrek 玛珥位于美国阿拉斯加半岛上部，是在 1977 年 3 月 30 日至 4 月 9 日 11 天的火山喷发后形成的，因此被认为是研究水-岩浆喷发过程的天然实验室。Ukinrek 玛珥由先期形成的较小的西玛珥(West Maar)和相距 600 m 后期形成的东玛珥(East Maar)组成，其中东玛珥直径约 300 m，深 70 m。

雷琼地区具有全球少有的玛珥火山和玛珥湖群

雷琼新生代火山区中的玛珥湖主要形成于中更新世石峁岭期和晚更新世湖光岩期。石峁岭期的玛珥湖主要包括雷州半岛南部的田洋、青桐洋、九斗洋和琼北的罗京盘。这期的火山爆发规模和强度大，形成的火山口大而深，形态也不够规则，积水成湖后接受大量沉积，形成很厚的沉积物，后来多数湖泊干枯成为耕地。晚更新世湖光岩期形成的玛珥湖主要包括湛江市湖光岩玛珥湖和海南岛琼北石山的双池岭玛珥湖。与石峁岭期的玛珥湖相比，这期的玛珥湖面积和深度小，沉积物的厚度小，火山机构保存完好，形态标准，封闭性好，现在仍然成湖泊状态。与世界上其他地区的玛珥湖以及我国东北龙岗火山区的玛珥湖相比，雷琼火山区当初的火山爆发规模和强度都很大，形成的巨大玛珥和玛珥湖在其他地区非常少见。该地区又处于低纬度的热带地区，受亚洲季风影响明显，是研究古全球变化的良好载体，已在田洋、湖光岩等玛珥湖打过钻，获取了完整的沉积物岩心，开展了广泛研究。

5 科学研究和主要文献

由于公园所处地质位置的重要性和地质遗迹的科学价值，吸引了众多专家到园区进行综合地质调查与学术性专题的研究。

1）综合性地质调查研究

该区已完成1∶500 000，1∶200 000，1∶50 000区域地质调查与填图。重要的出版专著有：

汪啸风、马大铨、蒋大海的《海南岛地质》(1991)

黄镇国、蔡福祥、韩中元等的《雷琼第四纪火山》(1993)

2）雷琼裂谷与第四纪地质的研究，如：

丁国瑜的《海南岛第四纪地质的几个问题》

黄玉昆、邹和平的《雷琼新生代断陷盆地构造特征及其演化》(1989)

韩中元等的《海南岛北部火山地貌》(1987)

3）雷琼地区火山学、岩石学、地球化学方面的研究，如：

孙建中的《琼北地区第四纪地层年代学研究》(1988)

曾广策的《海南岛北部第四纪玄武岩岩石学》(1984)

朱炳泉等的《雷琼地区MORB-OIB过渡型地幔源火山作用的Nd-Sr-Pb同位素证据》(1989)

白志达、徐德斌、魏海泉等的《琼北马鞍岭地区第四纪火山活动期次划分》(2003)

魏海泉等的《琼北全新世火山区火山系统的划分与锥体结构参数研究》(2003)

史兰斌、林传勇等的《琼北第四纪玄武岩中微型地幔岩捕虏体的发现及意义》(2003)

樊祺诚、孙谦等的《琼北火山活动分期与全新世岩浆演化》(2004)

4）刘东生、刘嘉麒、储国强等对湖光岩田洋玛珥湖沉积物、古气候和古环境的研究，如：

刘嘉麒、刘东生、储国强等的《玛珥湖与纹泥年代学》(1996)

储国强、刘嘉麒、刘东生的《中国玛珥湖中两种沉积纹层的辨识及意义》(2000)

郭正府、刘嘉麒、储国强等的《湖光岩玛珥湖火山灰的成分及其来源》(2002)

雷琼世界地质公园湛江园区的湖光岩是德国地球科学研究中心与中国科学院地质研究所共同选定合作研究玛珥湖的典型地，也是中国研究玛珥湖沉积物与全球气候变化的起始地。刘嘉麒院士与德国沉积专家J. F. W. Negendank等50位专家进行长期的研究，共发表论文60余篇。由于公园火山地质遗迹的典型性，一些全国性的火山学术会议均在此举行。2000年，湖光岩成立了玛珥湖研究会；2001年6月举行了玛珥湖发展研讨会；2001年10月，该地区的玛珥湖与德国Eifel地区的玛珥湖结为姊妹玛珥湖；2002年12月于海口石山举行全国第三届火山学术会议，会议有涂光炽、丁国瑜、滕吉文、於崇文、张本仁等5位院士出席，并提出进一步加强海口火山防灾与资源开发的倡议。

Features of the Geoheritage of Leiqiong Global Geopark and Comparative Research

TAO Kuiyuan YU Minggang QI Jianzhong SHEN Jialin

1 Leiqiong Rift and Volcanoes

1.1 Geology of Leiqiong Rift

Leiqiong Rift spans the Qiongzhou Strait and stretches in east-west direction. It extends to the basin of Beibu Bay to west, being bordered by Wangwu-Wenjiao Fault in the south and Jiepao-Huangpo Fault in the north(Fig 1).

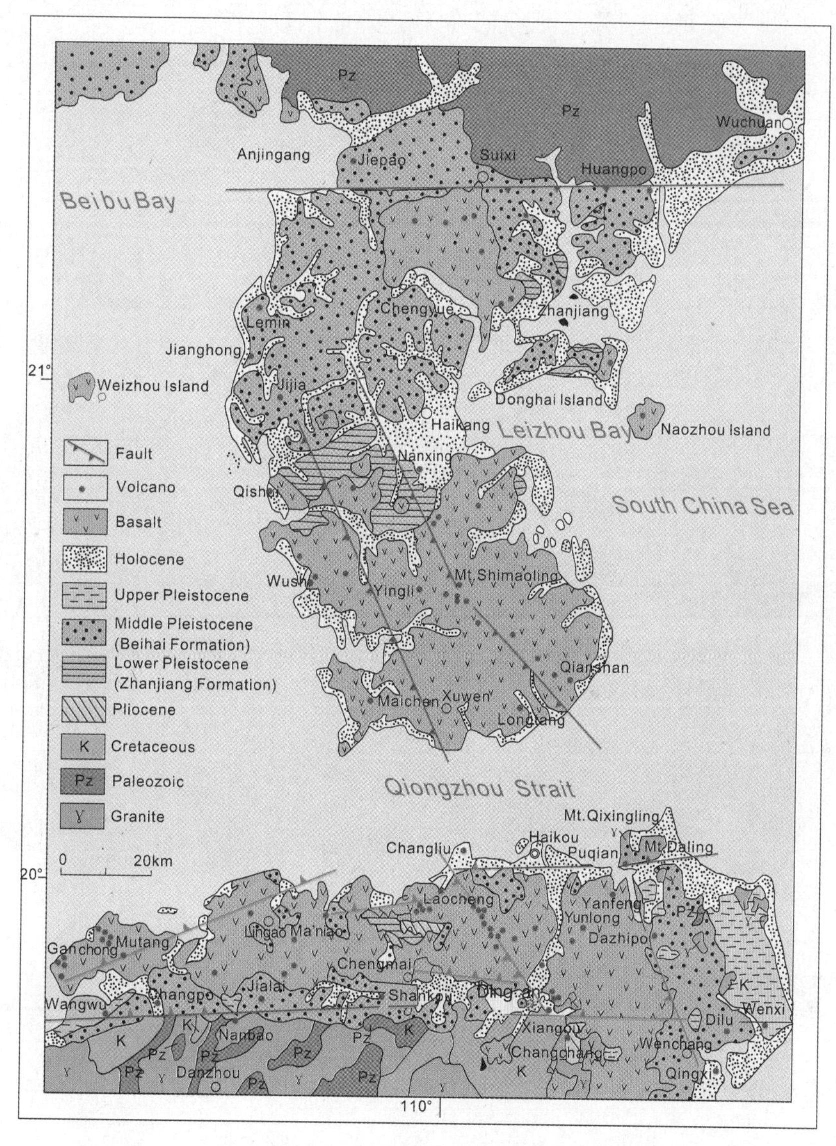

Fig 1 Quaternary Geologic Map of Leiqiong Region

1) Sediment structure. Sediments have been precipitated since Cretaceous, max buried to the depth 5 000 m. Thickness of Cretaceous strata totals to 2 500 m; while Paleogene max 2 500 m, partly marine facies; Neogene mainly marine facies, max 2 000 m; Lower Pleistocene partly marine sediments.

2) Magmatism. 11 phases of volcanic eruption occurred from Eocene to Holocene, climaxing from Q_1^2 to Q_2. Petrochemical feature shows the tectonic character of continent marginal rift.

3) Basement. The Rift is subdivided into the Northern Leizhou Uplift Belt, the Southern Leizhou Depression Belt, the Strait Depression Belt and the Northern Hainan Uplift Belt. Rifting is gradually weakened from center to south and north directions. Secondary depressions and uplifts are obviously controlled by faults(Fig 2).

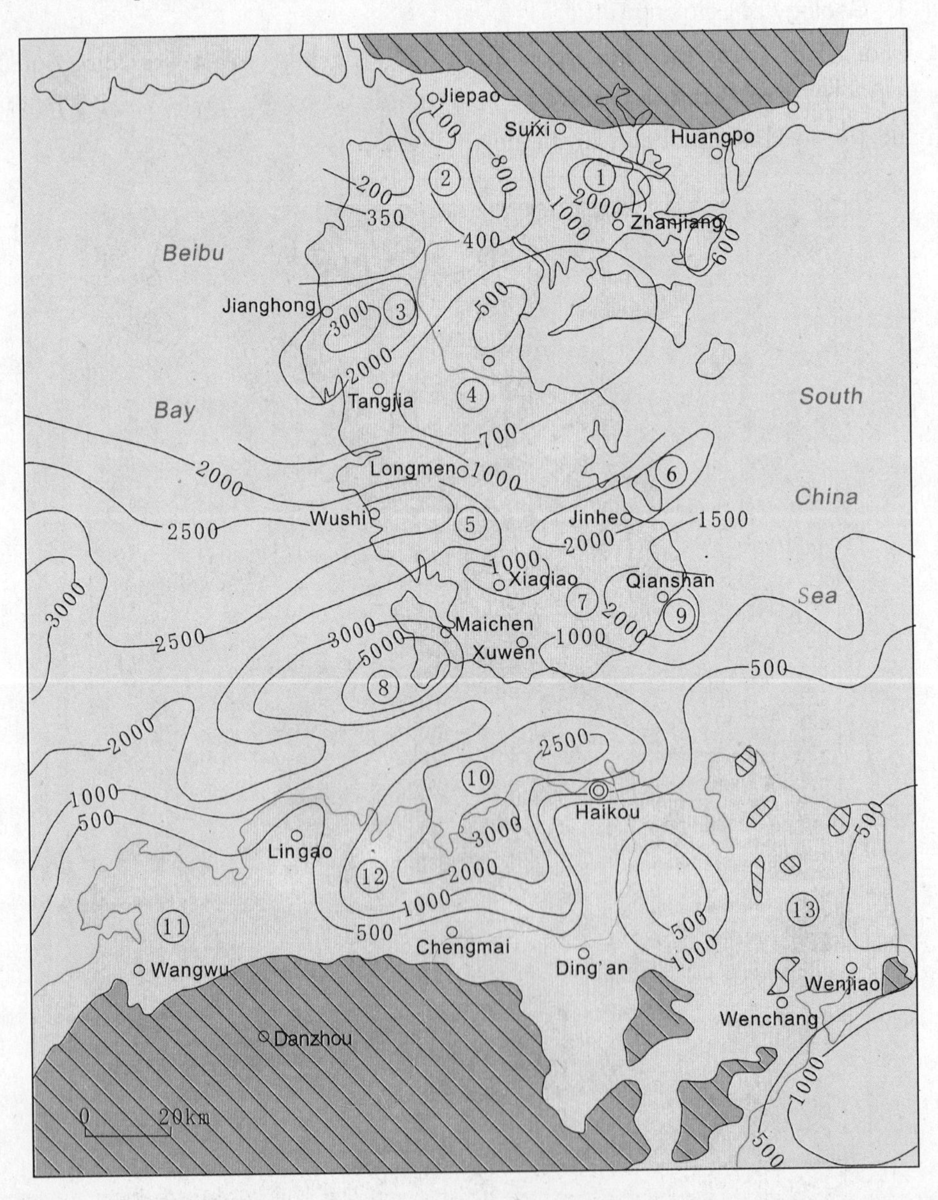

Fig 2 Depth of Basement

4) Moho depth. Crust thickness expressed by the depth of Moho discontinuity varies from 26—30 km in the center of the rift basin of Beibu Bay, where it is thinner than that in south and north flanks of the rift. It is 30 km in the central and southern part of Hainan Island, and 30—38 km along the coast of South China, which reflects the crust thinning in the Leiqiong domain with mantle up-welling. Looking from a wider range, the continent of Guangdong and Guangxi Province(Region) is a mantle depression area with deeper Moho discontinuity and thicker crust, while the South China Sea area is a mantle doming area with shallower Moho discontinuity and thinner crust. And in particular, the oceanic crust is exposed in the central basin of South China Sea. Leiqiong domain is situated between the above two areas, thought to be a relatively uplifted area within the mantle downwarping area of the Guangdong and Guangxi continent. As shown in the crust section, the crust thickness of Leiqiong Rift is 26—30 km, while the depth of Conrad discontinuity(between upper crust and lower crust) is 10 km.

5) Depth of basement. North side of Leiqiong Rift is characterized by negative gravity anomaly, showing the basement depression, while south side positive gravity anomaly, showing the basement uplift. Gravity anomaly of Leiqiong Rift is about −2 mGal, decreasing gradually northward. In general, it is located on the joint between the arcuate South China gravity low and the arcuate South China Sea gravity high. There is Wuzhishan gravity low to the south and Xinyi gravity low to the north.

6) Geothermal field characteristics. High geothermal heat flow and high geothermal gradient show the rich heat source of Leiqiong domain. Hot matter coming from the mantle is being expelled out of fracture conduit that is one of features of rift regime. Average geothermal gradient for Leizhou Peninsula and northern Hainan is 4.3 ℃/100 m, much higher than the world average geothermal gradient 0.6 ℃/100 m.

1.2 History of Volcanic Activity(Table 1)

Paleogene

1) Eocene Epoch(E_2). Liushagang Formation at Fushan Basin in northern Hainan, the lacustrine sediments composed of dark clay and grayish yellow sandy conglomerate contain basalt interbed, called Liushagang phase volcanic rock. Basalt and anortho-pyroxene basalt discovered at depth 900 m in Changchang and Chengmai of the northern Hainan also belong to Eocene Epoch.

2) Oligocene Epoch(E_3). Quartz tholeiitic basalt at depth 37.9 m in Mutang, Danzhou, dating from 28.43± 0.87 Ma, alkali olivine basalt at depth 47.7 m in Penglai elementary school, Wenchang, dating from 27.48±0.79 Ma, are both exposed on the surface, representing the oldest subaerial volcanic rock in the region, called Mutang Phase.

Neogene

3) Miocene(Penglai Phase N_1). Miocene Series in Leiqiong Region includes Xiayang Formation, Jiaowei Formation, Dengloujiao Formation(Foluo Formation), all marine sediments, containing glauconite and foraminifera. Xiayang Formation in Meitai, Lingao of the northern Hainan contains a 15 m-thick layer of vitrobasalt and anortho-pyroxcene basalt. Jiaowei Formation in Xiayang, Xuwen has a 141 m-thick basalt interbed. Jiaowei Formation in Fushan contains several basalt layers, the olivine basalt or vitrobasalt at depth 200—250 m. Except the Xin'an Village section of Penglai, representing the age of basalt,

Table 1 Phases of Volcanic Activity and Their Characters

No.	Epoch	Phases	Age (×10⁴aB. P.)	Paleomagnetism polarization	Related strata	Lithology	Eruptive environment	Landforms
1	E_2	Liushagang			Interbed in Liushagang Formation	Basalt, anortho-pyroxene basalt	Subaerial	
2	E_3	Mutang	3 478—2 748		Interbed in Weizhou Formation	Quartz tholeiitic basalt, olivine basalt, tuff	Subaerial	Unaka, no cone left
3	N_1	Penglai	1 677—897		Interbed in Jiaowei Formation, Xiayang Formation	Rizzonite, shoshonite	Submarine	Unaka, no cone left
4	N_2	Jinniuling	692—250	Songshan reversed pol. (Jinniuling)	Interbed in Wanglougang Formation	Vesicular tholeiitic basalt, vesicular trachy basalt, pyroclastics	Submarine	Unaka, no cone left
5	Q_1^1	Zhanjiang, Tunchang	230—99	Songshan reversed pol. (Niuxiapo)	Under Zhanjiang Formation or interbeded	Olivine basalt, rizzonite, tholeiitic basalt, dolerite, breccia, tuff	Submarine	Grade Ⅱ platform (30±10 m), mixed cone hill rose up(88—240 m), drainage system developed
6	Q_1^2	Lingbei, Qiongshan	90—76	Songshan reversed pol. (Lingao)	Above Zhanjiang Formation and under Beihai Formation	Olivine basalt, quartz tholeiitic basalt, minor pyroclastics	Northern Leizhou—subaerial Southern Leizhou and northern Hainan—submarine	Grade Ⅳ platform (70±10 m), mixed cone hills rose up(88—240 m), drainage system developed, total 10 lava and mixed cones(10—269 m)
7	Q_1^3	Shimaoling, Deyiling	73—31	Burong positive (6 samples)	Above Zhanjiang Formation and under Beihai Formation or corresponding to Beihai Formation	Olivine basalt, dolerite, pyroclastics	Northern Leizhou—subaerial Southern Leizhou and northern Hainan—submarine	Platforms of different grades, gullies developed, total 27 lava and mixed cones(88—259 m)
8	Q_2^2	Luogangling, Emanling	29—13		Above Beihai Formation	Olivine basalt, dolerite, pyroclastics	Subaerial	Platforms of different grades, gullies not developed, 19 lava and mixed cones(90—259 m)
9	Q_3^1	Huguangyan, Changliu	12—9	Burong positive (Naliu)	Above Beihai Formation	Pyroclastics, olivine basalt	Subaerial	Grade Ⅱ, Ⅲ platforms(50±10 m), less cones but well conserved
10	$Q_3^3-Q_4^1$	Leihuling	1.07—0.99	Burong positive (Leihuling)		Pyroclastics, alkali olivine basalt	Subaerial	Grade Ⅳ platform, volcanic cones concentrated in cluster (32), well conserved(100—150 m)
11	Q_4^2	Ma'anling	0.815 5	Burong positive	Above Leihuling Formation	Tholeiitic basalt, olivine basalt	Subaerial	

other samples are buried deep underground, hence the name Penglai Phase.

4) Pliocene Epoch(Jinniuling Phase N_2). Pliocene Series in Leiqiong Region named Wanglougang Formation(also Haikou Formation), contains rich fossils of foraminifera, ostracoda, bivalve and gastropod, as shallow water littoral sediments, made up of two series bioclastic rocks and layers of volcanic rocks. Volcanic rocks, mainly tholeiitic basalt, date from (6.92±0.14)—2.50 Ma. The surface sample from Jinniuling of Haikou dates from 3.82 Ma. Basalt at depth 6 m in Jinniuling belongs to Songshan Reverse Polarization Phase.

Tertiary volcanic rocks are distributed widely in the region, mostly hidden, but all revealed in the northern Leizhou, southern Leizhou and northern Hainan, of which the Neogene volcanic rock distribution shows a linear structure. Quaternary volcanic activity occurred inheriting the former structure.

Quaternary

5) Q_1^1 Zhanjiang Phase(Leizhou), Tunchang Phase(Hainan).

This phase volcanic rocks are distributed in the area of Lingkou—Huangzhu and Niuxiapo, the northern Hainan; in the area of Dongpoling, Wushi and Tianxi, and Weizhou Island, Leizhou Peninsula. Burying depth at the northern Hainan varies, 32—67 m, or 84—105 m, and at Leizhou Peninsula from 107 to 278 m. Thicknesses of this phase volcanic rocks are: 20—30 m basalt, 56—143 m volcanic pyroclastic rocks. Volcanic rocks mostly hidden, their exposures are dispersed, which present linear distribution, inheriting Neogene volcanic rocks. Zhanjiang Formation is 1.87—0.76 Ma, in the Middle Q_1, supposed age of underlying volcanic rocks—Q_1^1. Judging from sedimentary environment of Zhanjiang Formation, this phase volcanic eruption in the northern Leizhou was subaerial, while in the middle, southern Leizhou and northern Hainan was submarine.

As the lithology concerned, the volcanic rocks are mainly olivine basalt, limburgite, tholeiitic basalt, dolerite, volcanic breccia and tuff.

Volcanic rocks of this phase constructed long ago, but its relief is not very high, mainly second grade platform(30±10 m)with minor hills(80—150 m). There are still observed remains of the volcanic cones, such as Mt. Mailongling, Mt. Wushiling, Mt. Jiashanling and Mt. Huangling with elevation of 88—240 m, mostly mixed cones.

6) Q_1^2 Lingbei Phase(Leizhou), Qiongshan Phase(Hainan)

This phase includes olivine basalt, quartz tholeiitic basalt and minor pyroclastic rocks. It is induced from Situation of Zhanjiang Formation, that in this phase there is subaerial volcanic eruption in the northern Leizhou, while submarine volcanic eruption in the southern Leizhou and northern Hainan.

In terms of geomorphology, there is forth grade platform(70 ±10 m)in Leizhou Peninsula, second(30 ±10 m)and first grade(20±5 m) platform in northern Hainan. On the platforms are superimposed hills(80—150 m), mostly mixed cones and lava cones.

7) Q_1^3 Shimaoling Phase(Leizhou), Deyiling Phase(Hainan)

Nine actually measured isotope ages of volcanic rocks of this phase were received, which vary in range 0.73—3.21 Ma. Using paleomagnetic method Burong positive polarization was identified for the volcanic rocks, which overlay the Zhanjiang Formation, and younger than the latter. Landform varies. In the southern Leizhou volcanic rocks have constructed the highest relief. Elevation is gradually decreasing from Shimaoling hill eastward to forth grade platform(70 ±10 m), then to second grade platform(30 ±10 m). In the northern Hainan different grades of platform are distributed. Topography is gradually lowering from south to north. Lava cone and mixed cone, each takes 50% in number.

8) Q_2^2 Luogangling Phase(Leizhou), Emanling Phase(Hainan)

Volcanic rocks overlap the Beihai Formation(Q_2^1), most outcropped, mainly olivine basalt, trachybasalt, pyroclastic rocks. Average thickness of basalt 27—56 m, while pyroclastic rocks 12—20 m, with burying depth of volcanic rocks $<$10 m or 50—116 m.

9) Q_3^1 Huguangyan Phase(Leizhou), Changliu Phase(Hainan)

It belongs to Late Pleistocene Epoch. Basalt from Huguangyan dates from 12. 7±2. 13 Ma(K-Ar), in early Q_3^1. Paleomagnetic measurement points the Burong positive polarization. The volcanic rocks, covering the Zhanjiang Formation, mainly are pyroclastic rocks and olivine basalt, with thickness 30—50 m(the former)and 5—10 m(the latter)respectively. The most volcanoes resulted from phreatomagmatic explosion.

10) $Q_3^3-Q_4^1$ Leihuling Phase(Hainan)

Shishan Volcanic Cluster in the northern Hainan belongs to Leihuling Phase. In the 500 km^2 area of the forth grade volcanic platform are well preserved 38 young volcanic cones with elevation 100—150 m, and more than 20 lava tunnels. These indicate the age of volcanic activities is not very old.

11) Q_4^2 Ma'anling Phase

The youngest volcanoes in the region have constructed in Mt. Ma'anling, Shishan. Rocks date from 0. 815 5 Ma with paleomagnetic Burong positive polarization, overlaying the Leihuling Formation, mostly olivine basalt and tholeiitic basalt.

All above volcanic activities mentioned(Tab 1)—11 are outcropped, while 7 belong to Quaternary.

1.3 Rift Evolution and Volcanic Activity(Fig 3)

1) Earliest mantle doming and erosion period(Cretaceous Paleogene). Hainan Island was an extended part of mainland. When subjected to tectonic compression from north and south, the mantle was upwelling that caused crust thinning and local depression.

2) Early extension period(Paleogene). During the period of transition from compression to extension were formed continental sediments, 1,000—1,500 m thick with a minor volcanism just starting at Penglai and Datang.

3) Middle aulacogen period(Neogene—Q_1^1). This is the main stage of South China Sea spreading, when Taiwan arc collided with continent, Indian Plate pushed to east. Leiqiong Rift was involved in over-roll aulacogen forming period. Paleo-Qiongzhou Strait was formed.

4) Late downwarping period(Q_1^1—Q_2^2). In the Leiqiong Rift were precipitated littoral and neritic sediments of Zhanjiang Formation, accompanied by intensive volcanic activity. Modern Qiongzhou Strait was formed.

5) Depleting period. Proluvium deposits of Beihai Formation in Leiqiong Rift with thickness 3—16 m(maximum 79 m)date back to 0. 95—0. 23 Ma, belonging to Q_2. During the time the Rift started uplifting and was subjected to denudation. Denudation area in both flanks of rift served as source of gravelite of Beihai Formation Q_2. When collision between Indian and Eurasian Plates intensified, South China Terrain subjected to compression, the Rift was tending to elevate and die. Holocene Mt. Leihuling—Mt. Ma'anling

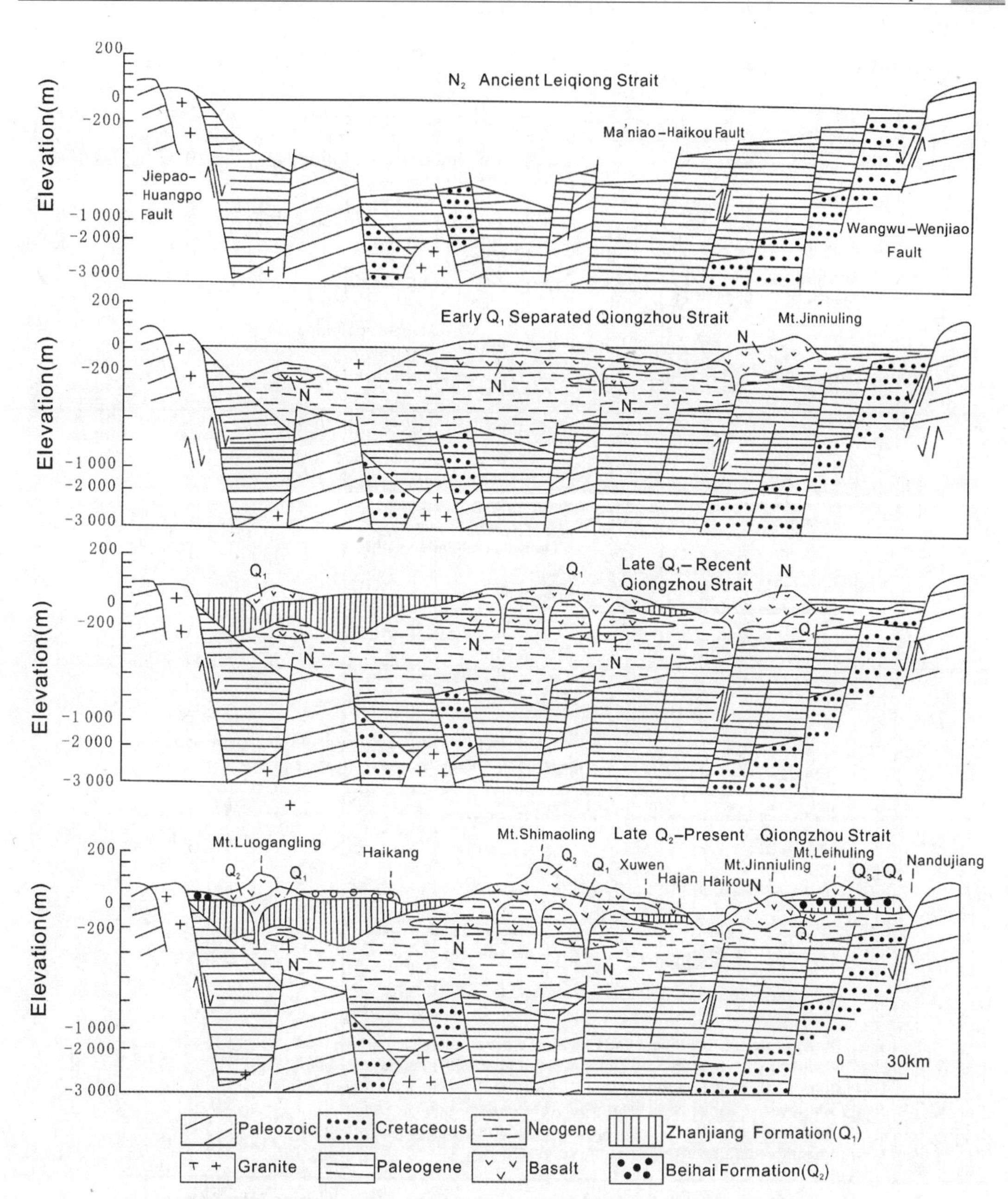

Fig 3 Formation and Evolution of Leiqiong Rift (ref Chen Moxiang)

Volcano, the Shishan Volcanic Cluster was formed on the background, which was considered to be the post spreading basaltic eruption products.

2 Volcano and Volcanic Rocks, Feature and Forming Process

2.1 Eruptive Types and Types of Volcano

Leiqiong Volcanic Belt embodies 177 volcanoes, of them 36 in the northern Leizhou(2 in Weizhou Island included),40 in the Southern Leizhou and 101 in the northern Hainan. The volcanoes nearly cover all types of basaltic eruption(Fig 4), and are subdivided into two series:

Basaltic volcanic magma eruption series:

1. Hawaiian Eruption, with explosion index <10, formed lava cone(small scale shield volcano).

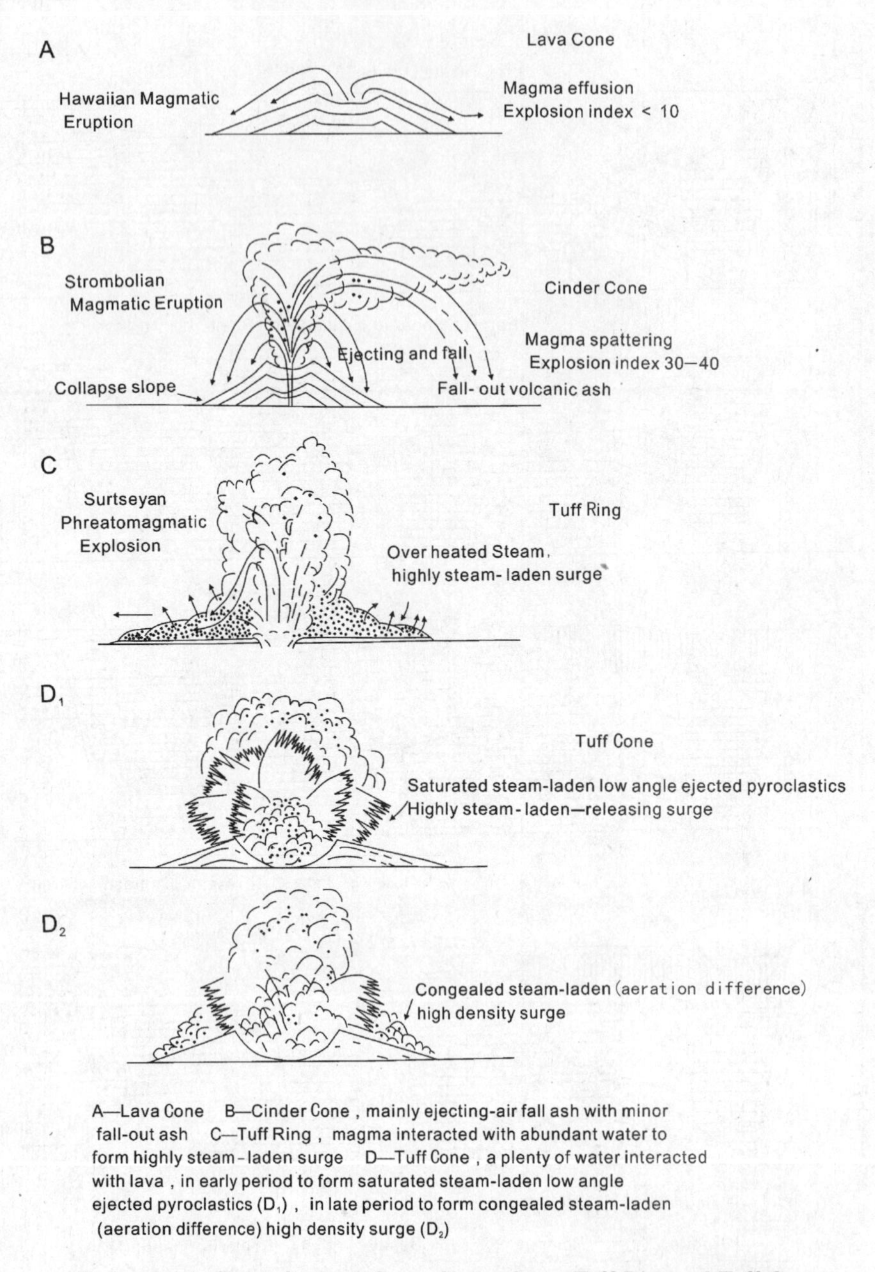

A—Lava Cone B—Cinder Cone, mainly ejecting-air fall ash with minor fall-out ash C—Tuff Ring, magma interacted with abundant water to form highly steam-laden surge D—Tuff Cone, a plenty of water interacted with lava, in early period to form saturated steam-laden low angle ejected pyroclastics (D_1), in late period to form congealed steam-laden (aeration difference) high density surge (D_2)

Fig 4 Origin Sketch for Lava Cone, Cinder Cone, Tuff Ring and Tuff Cone

2. Strombolian Eruption, formed pyroclastic cone, cinder cone, mixed cone.

3. Hawaiian and Strombolian Alternative Eruption, formed mixed cone(small scale stratavolcano). Fengluling, Leihuling, Changdaoling, Meisheling, Daotangling, Yongmaoling, Ji'anling and Meibenling are typical ones(Fig 5).

Phreatomagmatic Explosion Series(Maars):

Maars are caused by steam-laden volcanic explosion that occurred during interaction of incandescent magma with cool underground water(water bearing bed mainly of Zhanjiang Formation), and then Maars will be filled with water and become Maar lakes, represented by Huguangyan(Maar Lake). Further they might evolve into dry Maars, exemplified by Mt. Shuangchiling, Luojingpan(Fig 6).

The main features of volcano in Haikou Scenic District and estimated grades are shown in Table 2, and the geologic map is drawn as Fig 7.

Fig 5 Volcanic Cone and Crater(Upper: Fengluling, Lower: Leihuling)

Fig 6　Maar（Upper：Luojingpan，Lower：Mt. Shuangchiling）

2.2 Typical Lithofacies Section

1) Structure section of a basaltic lava flow unit

Examples: Haiyu, Mt. Qunxiuling, Mt. Yongmaoling, Daotang—Boshan

Daotang—Boshan Village Geologic Section of Volcanic Rocks

The Section mainly was revealed by a drilling hole, from which one can observe not only lavas but also pyroclastics, erupted one after another. Described from top to bottom:

Holocene, Upper sector of Shishan Formation(Qh^1s^2)	>18 m
1. Pumice like olivine basalt	8 m
2. Scoria like olivine basalt	10 m
Lower sector of Shishan Formation(Qh^1s^1)	77 m
3. Vesicular olivine tholeiitic basalt	20 m
4. Vesicular olivine basalt	23 m
5. Olivine basalt	30 m
6. Block and breccias bearing scoria like olivine basalt	4 m
——eruptive unconformity——	
Upper-Middle Pleistocene, Upper sector of Daotang Formation($Qp^{2-3}d^3$)	85 m
7. Yellowish thin-bedded basaltic sedimentary lithoclastic and vitroclastic tuff with wave like bedding and parallel bedding	63 m
8. Sedimentary volcanic breccia	22 m
Upper-Middle Pleistocene, Middle sector of Daotang Formation($Qp^{2-3}d^2$)	15 m
9. Vesicular olivine basalt	15 m
——eruptive unconformity——	
Upper-Middle Pleistocene, Lower sector of Daotang Formation($Qp^{2-3}d^1$)	129 m
10. Basaltic sedimentary lithoclastic and crystalloclastic tuff with interbed of basaltic sedimentary crystalloclastic and vitroclastic tuff, basaltic sedimentary breccia tuff, seen wave like bedding and parallel bedding	98 m
11. tufficious gravel-bearing sand stone	8 m
12. Grayish-yellow thin-bedded basaltic sedimentary lithoclastic and crystalloclastic tuff	4 m
13. Dark gray basalt, spheroidal weathering	4 m
14. Grayish yellow thin-bedded basaltic sedimentary lithoclastic and crystalloclastic tuff	15 m

Grade estimated for geologic remains: Ⅱ

Key protection subject: Whole corresponding geologic section on the surface

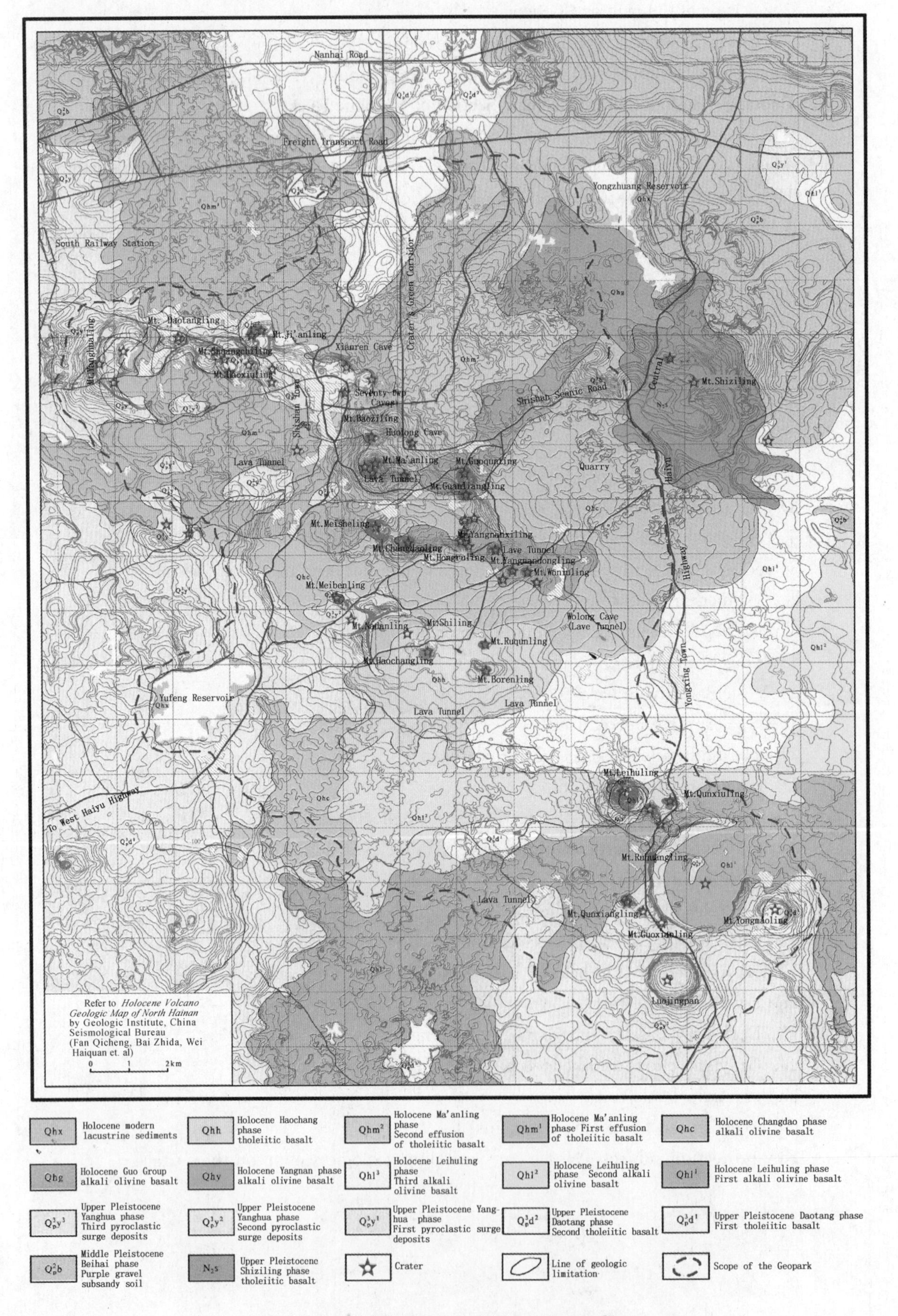

Fig 7 Geologic Map of Haikou Shishan Volcanic Cluster

Table 2 Main Features of Volcano and Estimated Grades

Name	Location	Geographic location		Type	Times	Elevation (m)	Bottom diameter (m)	Crater cone				Grade
		North latitude (° ′ ″)	East longitude (° ′ ″)					Number	Inside diameter (m)	Depth (m)	Slope (°)	
Mt. Daotangling	Haikou Shishan	19 56 53	110 10 36	Cinder cone	Q_3	82	670	1	150	36	6	Ⅰ
Mt. Rongtangling	Haikou Shishan	19 56 41	110 12 32	Cinder cone	Q_3	108	580	1	60	15		Ⅲ
Mt. Sanyaling	Haikou Shishan	19 16 13	110 10 56	Lava cone	Q_3	139	2 500	1				Ⅲ
Mt. Dongpailing	Haikou Shishan	19 27 21	110 13 44	Lava cone	Q_3	119	1 500	1				Ⅲ
Mt. Yongmaoling	Haikou Shishan	19 51 11	110 16 47	Lava cone	Q_3	119	1 500	1			10	Ⅰ
Mt. Buyaling	Haikou Shishan	19 51 26	110 18 20	Lava cone	Q_3	95	1 000	1				Ⅲ
Mt. Ji'anling	Haikou Shishan	19 56 42	110 11 48	Multiple volcano cone	Q_3	100	650	1(1)	450	42		Ⅰ
Mt. Yanghualing	Haikou Shishan	19 56 42	110 10 24	Maar	Q_3	84	1 500	1	460	23		Ⅰ
Mt. Shuangchiling	Haikou Shishan	19 56 46	110 11 15	Maar	Q_3	105	500	2	300	15	18	Ⅰ A
Mt. Haoxiuling	Haikou Shishan	19 56 37	110 11 23	Maar	Q_3	90	700	1				Ⅱ
Mt. Yudunling	Haikou Shishan	19 56 19	110 12 49	Maar	Q_3	125	360	1	300	20		Ⅲ
Mt. Shiling	Haikou Shishan	19 56 44	110 15 03	Maar	Q_3	150	1 200	1				Ⅲ
Mt. Tongleiling	Haikou Crossway	19 50 58	110 21 14	Maar	Q_3	30	400	1				Ⅲ
Mt. Pingshenling	Haikou Dragon Bridge	19 54 16	110 25 09	Lava cone	Q_3	23	200	1				Ⅲ
Mt. Yuheling	Haikou Dragon Bridge	19 54 00	110 23 34	Lava cone	Q_3	33	300	1				Ⅲ
Mt. Meilangling	Haikou Dragon Bridge	19 54 16	110 22 43	Lava cone	Q_3	36	400	1				Ⅲ
Mt. Changshengling	Haikou Longtang	19 52 48	110 22 09	Lava cone	Q_3	51	500	1				Ⅲ
Mt. Daofeiling	Haikou Longtang	19 52 56	110 21 26	Lava cone	Q_3	51	450	1				Ⅲ
Mt. Ruhuangling	Haikou Yongxing county	19 55 36	110 13 09	Maar	Q_3	107	2 000	1	2 000	25		Ⅲ

(Continued)

Name	Location	Geographic location		Type	Times	Elevation (m)	Bottom diameter (m)	Crater cone				Grade
		North latitude (° ′ ″)	East longitude (° ′ ″)					Number	Inside diameter (m)	Depth (m)	Slope (°)	
Mt. Chenyongling	Haikou Yongxing county	19 53 03	110 19 02	Maar	Q_3	62	600	1				
Luojingpan	Haikou Yongxing county	19 50 38	110 15 43	Maar	Q_3	93	1 000	1	600	35	12	Ⅰ A
Mt. Ma'anling	Haikou Shishan	19 55 39	110 12 51	Multiple volcano cone	Q_4	222	600	1(2)	120	59	30	Ⅰ A
Mt. Baoziling	Haikou Shishan	19 55 57	110 12 48	Mixed cone	Q_4	186	300	1		6		Ⅱ
Mt. Ruqunling	Haikou Shishan	19 53 57	110 13 55	Mixed cone	Q_4	137	30	1				Ⅱ
Mt. Meibenling	Haikou Shishan	19 54 53	110 12 27	Mixed cone	Q_4	100	150	1				Ⅰ
Mt. Beipuling	Haikou Shishan	19 56 37	110 12 19	Cinder cone	Q_4	106	370	1				Ⅱ
Mt. Yukuling	Haikou Shishan	19 56 41	110 12 19	Cinder cone	Q_4	107	450	1		20		Ⅲ
Mt. Shenling	Haikou Shishan	19 51 47	110 09 40	Cinder cone	Q_4	141	720	1	250	40		Ⅲ
Mt. Bochangling	Haikou Shishan	19 57 00	110 11 43	Cinder cone	Q_4	100	720	1	250	40		Ⅲ
Mt. Rucailing	Haikou Shishan	19 56 02	110 12 12	Cinder cone	Q_4	115	150	1				Ⅱ
Mt. Guoqunling	Haikou Shishan	19 55 36	110 13 44	Cinder cone	Q_4	158	300	1				Ⅱ
Mt. Meisheling	Haikou Shishan	19 55 22	110 13 11	Cinder cone	Q_4	176	700	1		50		Ⅰ
Mt. Changdaoling	Haikou Shishan	19 54 53	110 13 09	Cinder cone	Q_4	187	350	1				Ⅰ A
Mt. Yangnanling	Haikou Shishan	19 54 52	110 13 36	Cinder cone	Q_4	169	200	1	40			Ⅰ
Mt. Ruhongling	Haikou Shishan	19 54 49	110 14 58	Mixed cone	Q_4	148	230	1				Ⅱ
Mt. Meiyuling	Haikou Shishan	19 54 53	110 12 27	Cinder cone	Q_4	140	270	1		32		Ⅱ
Mt. Nadunling	Haikou Shishan	19 54 11	110 12 53	Mixed cone	Q_4	140	350	1				Ⅱ
Mt. Hequnling	Haikou Shishan	19 53 37	110 13 58	Mixed cone	Q_4	137	130	1				Ⅲ

(Continued)

Name	Location	Geographic location		Type	Times	Elevation (m)	Bottom diameter (m)	Crater cone				Grade
		North latitude (° ′ ″)	East longitude (° ′ ″)					Number	Inside diameter (m)	Depth (m)	Slope (°)	
Mt. Haochangling	Haikou Shishan	19 53 49	110 13 21	Mixed cone	Q_4	147	200	1				Ⅰ
Mt. Leihuling	Haikou Yongxing county	19 52 23	110 15 19	Mixed cone	Q_4	168	900	1		70		Ⅰ A
Mt. Qunxiuling	Haikou Yongxing county	19 52 29	110 15 11	Mixed cone	Q_4	168	900	1	100	80		Ⅰ
Mt. Woniuling	Haikou Yongxing county	19 54 36	110 14 19	Mixed cone	Q_4	144	200	1				Ⅲ
Mt. Qunzhongling	Haikou Yongxing county	19 52 13	110 15 34	Mixed cone	Q_4	142	280	1	50			Ⅲ
Mt. Qunxianling	Haikou Yongxing county	19 52 03	110 15 43	Mixed cone	Q_4	104	130	1				Ⅲ
Mt. Changganling	Haikou Yongxing county	19 51 36	110 14 39	Mixed cone	Q_4	112	250	1				Ⅲ
Mt. Qunxiangling	Haikou Yongxing county	19 51 19	110 15 21	Cinder cone	Q_4	125	320	1	80		26	Ⅲ
Mt. Gudunling	Haikou Yongxing county	19 52 17	110 15 45	Cinder cone	Q_4	111	150	1				Ⅲ

Note: ① In bracket—number of parasitic volcanoes.
② IA-type: of international correlation significance; Ⅰ-type: well-preserved of international significance; Ⅱ-tyep: of national significance; Ⅲ-type: of provincial significance.

2) Bedding structure section for surge tuffs

Examples: Mt. Yanghualing, Huguangyan, Nanwan, Jiudoupingsha

Yanghualing Maar Lithofacies Section for Surge Deposits(Fig 8, Fig 9)

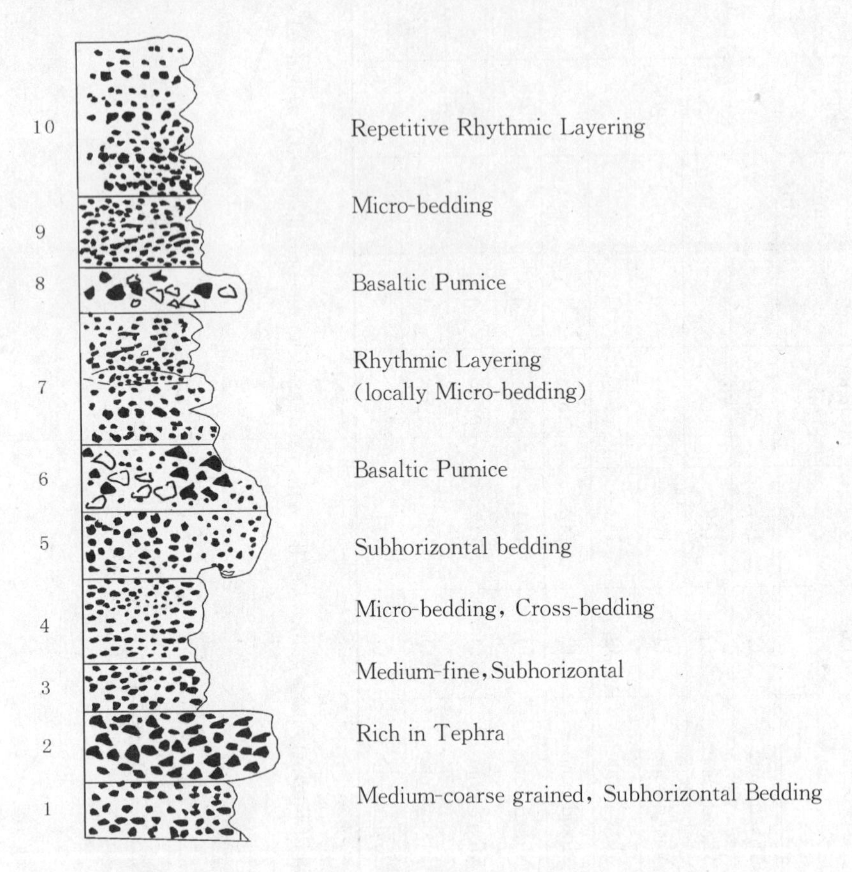

Fig 8 Section of the Base Surge Deposits of Yanghualing Maar

Described from bottom to top:

10. Light-gray intermediate bedded slaty fine-grained surge tuff with rhythmic bedding — 1 m

9. Intermediate-thin bedded with micro-cross bedding, medium-fine grained surge tuff with rhythmic bedding, welded — 10—15 cm

8. Gray-black basaltic pumice — 4 cm

7. Includes 4 beds of tuff: the first is medium-thin bedded rhythmic bed with subhorizontal bedding; the second bed is 20 cm thick, showing normal graded bedding; the third and fourth are repetitive rhythmic beds, all with micro-cross bedding — 70 cm

6. Basaltic pumice intercalated with two interbeds of grayish yellow phreatomagmatic airfall tuffs, each 1 cm thick, with a plenty of coarse scoria — 45 cm

5. Gray thin bedded base surge tuff with horizontal bedding, coarse and fine appear alternatively — 45 cm

4. Grayish yellow bedded base surge tuff with micro-cross bedding — 60 cm

3. Brownish yellow medium-thin bedded base surge tuff with subhorizontal bedding — 30 cm

2. Grayish yellow thick bedded, coarse grained lithoclast-rich base surge tuff, with horizontal bedding 40 cm

1. Gray medium-thick bedded, intermediate-coarse grained base surge tuff with subhorizontal bedding, mainly made of basaltic scoria (bottom not seen) 40 cm

Fig 9 Surge Tuff Section of Maar

3) Typical Lithofacies Section of Mixed Cone, Pyroclastic Cone and Lava Cone

Examples: Mt. Fengluling, Mt. Yangnanling, Mt. Qunxiuling, Daotang—Boshan

Mt. Fengluling Cinder Cone Lithofacies Section (Fig 10)

Described from bottom to top:

6. Gray, gray-brown strongly welded agglomerate.

From the fourth layer up the color changes from gray to gray-purple, gently dipping.

5. Mainly welded agglomerate, consists of volcanic bombs and driblets. Purple-red bombs are lens like or spheroidal. On the wall of crater was stuck basaltic lava.

4. Strongly welded agglomerate, locally forming lava flow-like fractured lava (gray intermediate layer).

3. Mainly weakly-welded agglomerate, lava ejecta with diameter 5—15 cm, clasts are round or ellipsoidal.

2. Mainly welded agglomerate, 3 m thick, consists of driblets, locally secondary lava flow, dipping to center at 12°—15° (dip inside).

1. Purple-red hard volcanic scoria, clasts even in dimension, 1.5 m thick, with minor elastic nodule, diameter of block 5—10 cm.

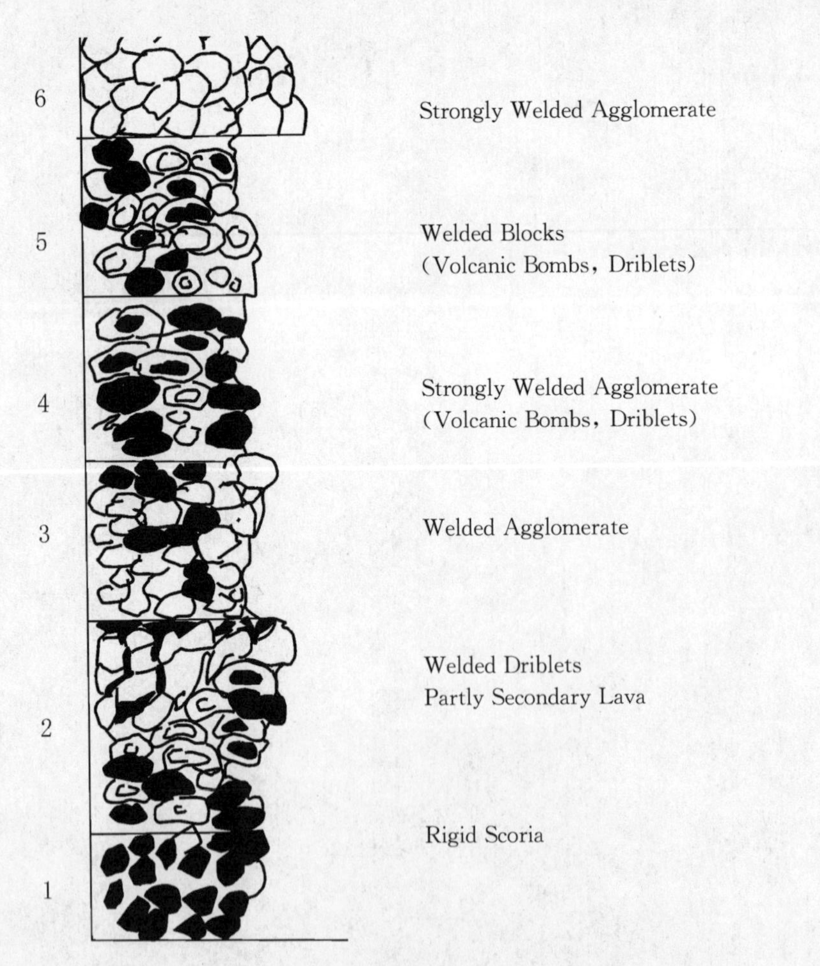

Fig 10 Lithofacies Section of Mt. Fengluling Volcanic Cone (Cinder-spatter Cone)

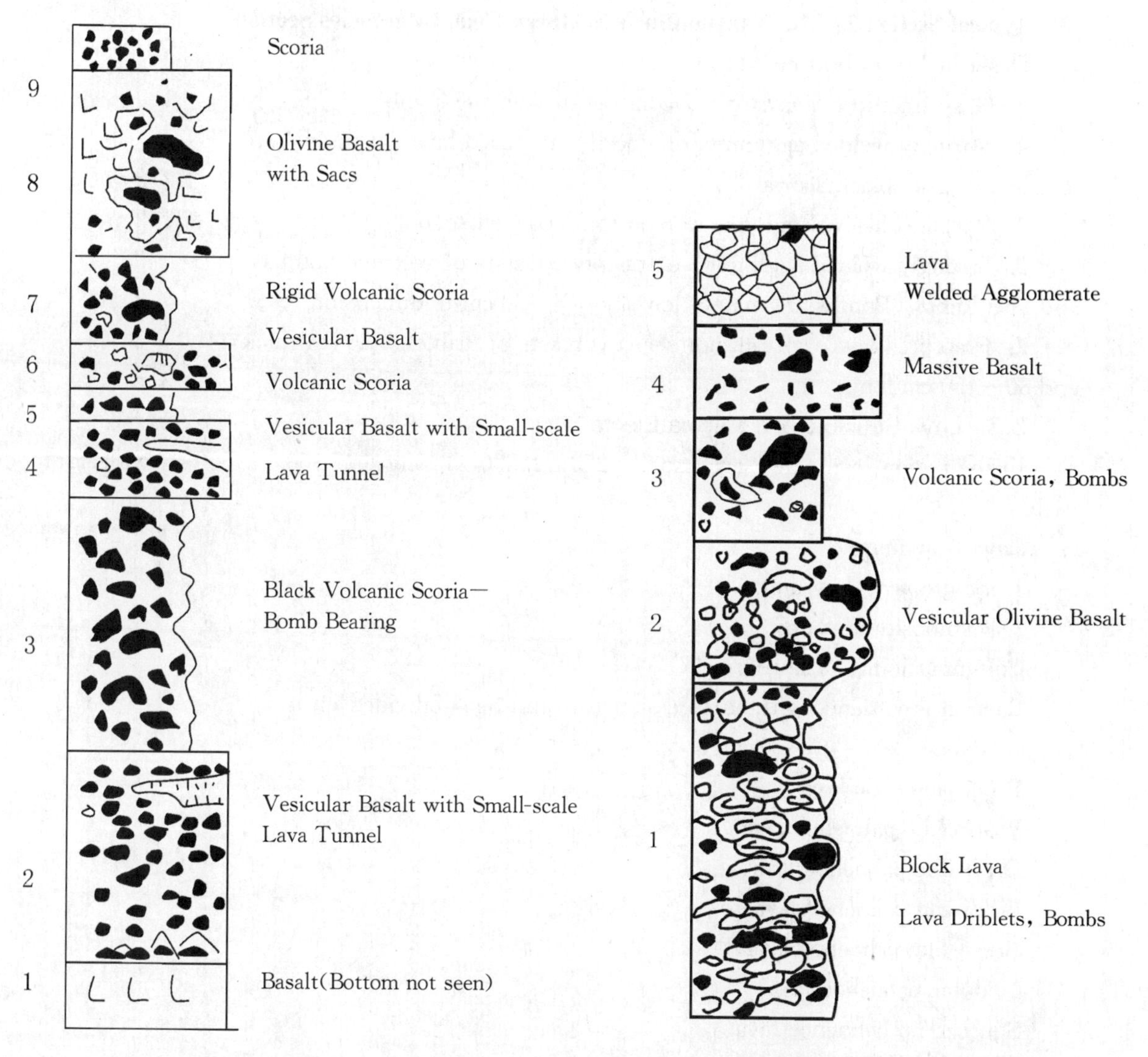

Fig 11 Lithofacies Section of Mt. Yangnanling Volcanic Cone

Typical section 1: Mt. Yangnanling Volcanic Cone Lithofacies Section(Fig 11)

Described from bottom to top:

9. Yellow-brown scoria	15—20 cm
8. Dark gray olivine basalt, with sacs developing in the center of flow, with turbulent structure and concentric vesicular zone	1.3 m
7. Gray-black scoria, mainly rigid scoria, with minor volcanic bombs	30—45 cm
6. Purplish gray vesicular basalt, in middle and upper part developing many holes	25 cm
5. Dark gray scoria, unstable laterally	5 cm
4. Purple-red vesicular basalt with small-scale lava tunnel	55 cm
3. Gray-black scoria, containing 10% volcanic bombs	1.7 m
2. Vesicular basalt, in upper part developing small-scale lava tunnel	1.2 m
1. Basalt(bottom not seen)	50 cm

Typical Section 2: Mt. Yangnanling's Southern Cone Lithofacies Section

Described from bottom to top:

5. Gray fractured lava, mainly consists of volcanic bombs 1. 5 m

4. Strongly welded agglomerate, locally fractured lava, at middle an interbed of gray-black scoria 2. 2 m

3. Purple cohesive agglomerate, on top loosened scoria 1. 2 m

2. Strongly welded agglomerate, mainly consists of volcanic bombs and lava lumps. Bombs are mainly lens like, 5—30 cm in dimension 1. 05 m

1. Fractured lava, bottom not seen, consists of driblets, 20 cm thick and 80—150 cm long 3 m

2.3 Lava Structure and Magma Ejecta

In the region lava flows are usually 250—1 200 m long and 100—2 500 m wide for each.

Lava flow unit:

1. Single lava flow unit
2. Composite lava unit

Columnar joints of lava(Fig 12)

Lava in accordance with surface structure can be subdivided into:

1. Pahoehoe

Ropy pahoehoe lava

Worm-like pahoehoe lava

Draft-like pahoehoe lava

Billowing pahoehoe lava

Bread-like pahoehoe lava

Nodular pahoehoe lava

Squeeze-up pahoehoe lava

2. Aa

Aa clinker lava

Aa rubble lava

3. Block lava

Pahoehoe flow, scoria flow and aa flow were formed depending on viscosity, temperature and cooling rate. Pahoehoe flow is the low viscosity, highly fluidal lava flow, of which the surface and interior lavas are different in cooling rate. As the surface lava congealed first to half plastic state, the interior lava continued to flow and caused the surface lava rolled and bended, or, when hindered on sides, caused it to form different shapes indicating the direction of flow movement(Fig 13). Lava structure landscapes are peculiarly shaped that cover all structure types of basaltic lava, mentioned in volcanology literatures and albums(Fig 14).

Abundant Lava Ejecta of the Geopark

Volcanic bombs-torn lavas were ejected from vent into air, in flying they influenced by resistance and expansion, and rotated. When falling down, they formed specifically shaped bombs: spindle like, pear-like, ellipsoidal and dough twist like; when falling down the lava still in fluidal or plastic state, it formed flat(driblet), snake like or dough like.

Fig 12　Columnar Joints

Fig 13 Lava Tunnel

Fig 14 Lava Structures

Fig 15 "Seventy-two Caves" Lava Tunnel

Volcanic bombs usually have an interior concentric structure with vesicles on the periphery, which also arrange in concentric structure. Meanwhile on the surface of volcanic bombs are developed twist veins.

Gas laden lava chilled before ejecting, was broken when falling down to form porous lava debris without certain interior arranged structure, but with irregular external forms, called the scoria(block).

In the geopark both volcanic bombs and driblets exist, which resulted from Strombolia volcanic eruption that produced pyroclastic cones, mainly spatter cones, and from Maar volcanic explosion that included minor intermittent magmatic eruption to form volcanic bombs and driblets, which are intercalated in base surge tuffs.

2.4 Lava Tunnel and Derivative Landscapes

The lava tunnel resulted from the temperature difference between surface and interior of a lava flow. When lava was flowing, the surface of lava flow chilled first and a crust was formed, while interior part of lava kept in high temperature and continued to advance. Finally, when the lava source was cut off, lava drained out to leave an empty tube, and a lava tunnel resulted. In the geopark, there are tens of interlocking tunnels, tens meters to couple kilometers long, complicated in different degrees, tube-like, tunnel-like, multi-story, branching and composite, crossing and interlocking, to form very complicated cave system. In particular, lava tunnels are concentrated in the Haikou Scenic District(Fig 15).

(1) Large-scale lava tunnel, developed along the boundary between upper vesicular zone and middle massive zone. The longest is more than 2 000 m.

(2) Medium-scale lava tunnel, developed in massive zone, 250—80 m long.

(3) Small-scale lava tunnel, developed in the upper layer of thin lava flow unit, 3—8 m long.

(4) Lava air sac, developed in the upper vesicular zone, 1—8 m long, 1—4 m wide, 2.3—0.9 m high.

(5) Interior landscape and derivative landform: Lava tunnel varies in form, branching and composite, crossing and interlocking, multi-story and inter connected with each other, expanding and shrinking. Well-observed side trough, rocky terrace, ropy, arcuate and concentric flow structures, also lava embankment, lava stalactite, skylight, natural bridge, lava column, subsiding valley and other landscapes.

There are more than 30 lava tunnels in the Shishan Volcanic Cluster National Geopark, with the longest more than 2 000 m, the widest 8.5—23.5 m, the highest 2.7—6.5 m, and the thickest roof 16—46 m. Judging from the number of tunnels, length, form variety and concentration of tunnels, the park occupies one of the topmost places in China. Following lava tunnels are typical:

Celestial Cave

The lava tunnel is situated in Rongtang Village of Shishan Town, because of a legend saying about a Taoist monk, who cultivated himself and became celestial, hence the name. The Celestial Cave is divided into two sectors. The lower sector cave has caves inside, and has skylights outside skylight, quite complicated and confusing, and one can't bear surprising. On the wall and roof of tunnel are hanging and cohered stalactites, hardly not dropping down that makes people breathtaking. The cave is grotesque for rock and water. Water drops onto different stones to produce variable tones, composing graceful chant and rhythm. The upper sector cave is cut by collapsing into tens of tunnels, hence the name "Seventy-two Caves". These caves, some are like spider's network, connecting each other, some are like a spaced underground restaurant, still some are like an old palace or fort. Sunlight shines the cave through skylights, which makes interior landscapes clear, grandeur and mysterious.

Wolong Cave

Situated near Mt. Rucailing of Shishan Town, the Cave is famous for its wide and flat room, with two-lane wide opening, capable to accept ten thousand people at the same time. In the cave the floor is flat and the wall is clear and shining, filled with fresh air, warm in winter and cool in summer.

2.5 Rock Types and Isotope Geochemistry

In Diagram TAS for classification of volcanic rocks, the Leiqiong Region volcanic rocks plot to the transition area from alkali basalt series to tholeiitic basalt series. CIPW normal mineral calculation has indicated that all samples contain Hy(>5%), but no Ne, so rocks belong to tholeiitic basalt. The basalts from Mt. Ma'anling are obviously different from basalts of Mt. Leihuling. The former contains Ol, but no Q; the latter in contrary contains Q, but no Ol. Therefore the northern Hainan Holocene basalts might be subdivided into olivine tholeiitic basalt and quartz tholeiitic basalt(Fig 16).

In the Sr-Nd correlation diagram it is found that the Leiqiong volcanic rocks entirely differ from those of two active volcanic areas: Heavenly Pond, Mt. Changbaishan(similar to primitive

Fig 16 Microscopic Texture of Basalt

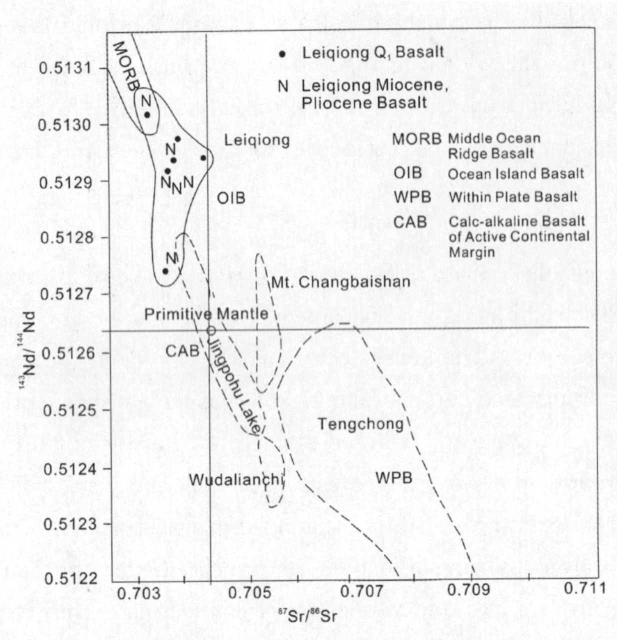

Fig 17 Sr, Nd Isotope Correlation Diagram of Leiqiong Basalts(Ref. Zhu Bingquan)

mantle); Wudalianchi (mixing of two end members: primitive mantle and EM I). Plotting into the area of depleted mantle(DMM), the rocks have the features of mantle source of MORB(Fig 17, Fig 18). While in the Pb-Pb correlation diagram, the plotting area of the northern Hainan basalts obviously apart from the reference line for the north hemisphere oceanic basalts by Hart (1984), tending to EM II enriched mantle end member. The basalts have the same Sr, Nd, Pb isotope composition and the Dupal anomaly of Pb isotope showing the feature of EM II enriched mantle, as the basalts of Circum-South China Sea basin do.

Spreading of South China Sea since Paleocene (Taylor et al., 1983; Briais et al., 1989) and break-up of South China Continent margin brought about formation of the Leiqiong Rift and multiphase volcanic activity since Paleocene. On the tectonic background for the mantle source of volcanic rocks with Dupal feature two interpretations are possible: the depleted mantle with MORB feature welled up and got mixed with lithosphere mantle; or the crust sediments plunged with subducted plate got mixed with depleted mantle with MORB feature(Tu et al., 1991).

2.6 Magma Genesis and Evolution

Leiqiong Rift in nature is a marginal rift of East China continent. The volcanic activity accompanied the generation and development of the rift. Since 17 Ma, as the South China Sea stopped spreading, within the Leiqiong Rift intensive Cenozoic volcanic processes have occurred resulting in so called "post-spreading basalt". Trace element discrimination of tectonic settings for volcanic rock supports the rift regime of northern Hainan. $^{87}Sr/^{86}Sr$ values for the northern Hainan basalt are lower than those for North China Cenozoic basalt (Zhou et al., 1982; Fan Qicheng et al., 1987) (Fig 17, Fig 18), which might be related to thinner (thickness of crust 26—30 km, ref. Huang Yukun & Zhou Heping, 1989) and younger (Late Paleozoic) continental crust. Holocene olivine tholeiitic basalt of Mt. Leihuling contains relatively high compatible element Ni

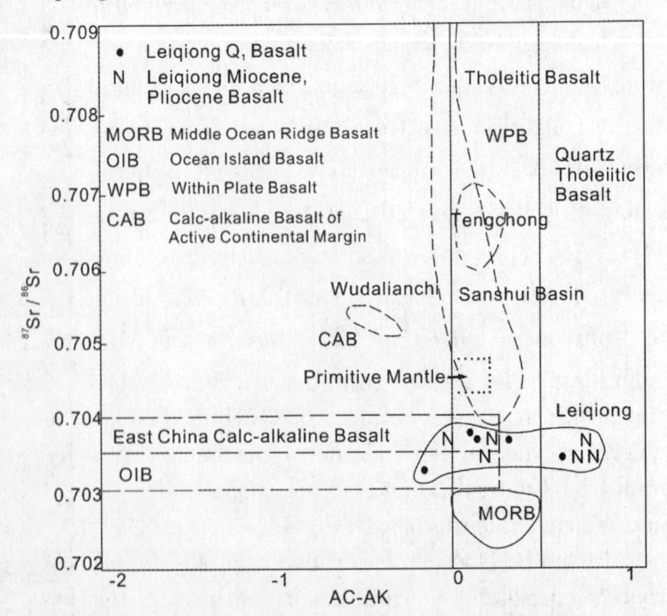

Fig 18 Diagram for $^{87}Sr/^{86}Sr$ vs Petrochemistry Parameter AC-AK of Leiqiong Basalts(Ref. Zhu Bingquan)

(194—235 μg/g), MgO(9%—10%)and Mg'(63—68) that is quite close to lower limit of the primary magma(Ni=250—500 μg/g, MgO=10%—12%)put by Sato(1977), Frey et al. (1978) and Wilkinson and Le Maitre(1987), and the primary Holocene basalt of East China(Ni=200—300 μg/g), MgO(10%—13%) and Mg'(60—68) put by Fan and Hooper (1991). Quartz tholeiitic basalt of Mt. Ma'anling contains Ni(88—121 μg/g),MgO(6%—8%) and Mg'(56—60, scarcely >60), which is obviously lower than those for olivine tholeiitic basalt. Fan et al. considers, that the basaltic magma erupted in Holocene in the northern Hainan, was subjected to fractional crystallization deep in mantle of minerals rich in MgO and Ni. Olivine tholeiitic basalt of Mt. Leihuling represents the relatively primary basaltic magma, while quartz tholeiitic basalt of Mt. Ma'anling represents the more evolved magma. The evolutionary relationship between Holocene olivine tholeiitic basalt and quartz tholeiitic basalt of the northern Hainan was estimated based on fluctuation of MgO and Ni contents. The olivine tholeiitic basalt undergoing 10% olivine fractional crystallization may evolve into the quartz tholeiitic basalt(Fan Qicheng,2004).

3 Maar

3.1 Concept

The word "Maar" came from Latin literature. In 1921, when Steninger was investigating a Quaternary small rounded crater lake in Eifel of Germany, the German geologist identified "Maar" as a kind of volcano. Then MacDonald(1972) used "hydrovolcanism" to describe the volcano, and following Scmincke used the word "hydroexplosion"(1977). The definition of hydroexplosion is: When magma enters aquifer or ice bed, lava flows into water filled basin and surface water comes across magma, the water evaporates drastically and brings about the explosion(hydroexplosion) in the case that steam pressure overwhelms the compression of overlaying rock beds. Fisher classified the hydroexplosion into:(1) phreatic explosion, which is triggered by the aquifer heated by rising magma; (2) phreatic magmatic explosion, when rising magma comes into contact with ground water or wet sediments; (3) subaqueous explosion, occurring when rising magma contacts with water of retention: sea bottom, lake etc. ; (4) littoral explosion, caused by incandescent magma or pyroclastic flow coming into contact with water near the coast. The product from hydroexplosion is usually named base surge deposits. "Base" means the bottom of eruptive column, while the clasts were carried by hot steam-laden pyroclastic flow, so is called "wet surge". Fisher called it as "Base surge".

Hydro-magmatic explosion,phreatomagmatic explosion or emanation magmatic explosion is of the same meaning. Low flat crater tuff ring is a common feature of volcano resulting from phreatomagmatic explosion, and its tuff ring's rim dipped outside, while the bottom cut deeply into wall rocks. A Maar filled with water is called Maar lake. Buchel(1993) defines, the Maar in general sense is a volcanic edifice consisting of a tuff ring wall, crater sediments, a diatreme and a feeder dyke(Fig 19).

3.2 Features

Maars in Leiqiong Geopark in general are characterized by:

1. Most Maars in the geopark are products of phreatomagmatic explosion. When hot magma rises up to contact and interact with cold water, the phreatomagmatic explosion occurs, as shown by Wohletz' modeling(Fig 20).

2. Maars from Middle Pleistocene to the early period of Late Pleistocene are widely distributed in the geopark, becoming a major component of Leiqiong Volcanic Belt.

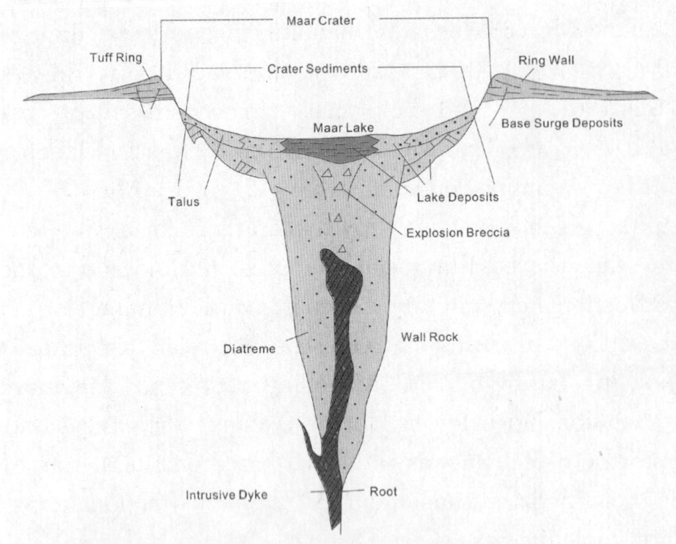

Fig 19 Structure of a Maar

3. Most of Maar volcanoes are developed with circular craters, ring shaped volcanic walls or tuff rings, of which the bedding inclines are outward at dipping angle $<10°$, mostly 3°—8°. Bottom of the deposits directly lies on the early-erupted basalt. The wall steep or inclines are to the center of crater.

4. Typical base surge deposits are developed. Typical geological sections of Maar are described at Mt. Yanghualing etc., which are dominant of thin bedded deposits, comprising surge tuffs, ash air-fall tuffs, with interbeds of lava spatters. Main features are:

(1) Bedding structure is clear, easy to be mistaken as sedimentary rocks or pyroclastic sedimentary rocks, such as tuffaceous sand stone, sedimentary tuff, even sand stone.

(2) There are developed low angle beddings, climbing dunes, long wave beddings, U-shaped groove, flow trough, which are mistaken as storm deposits.

(3) Synchronous slumping structure is formed during phreatomagmatic explosion.

(4) Surge is full of steam, when flowing it mixes condensed water with tephra and made the deposits viscous and plastic, which then bends or is forced to be bended by falling exotic blocks.

(5) The composition of surge deposition is complicated, containing pyroclastic tephra resulting from phreatomagmatic explosion: ash, lapilli and blocks, interrupted by volcanic bombs, driblets, even scoria lava or sheet lava resulting from magmatic eruption. Also wall rock matters including clasts from water bearing rock beds, other rock beds involved in the phreatomagmatic explosion and covering rocks are contained.

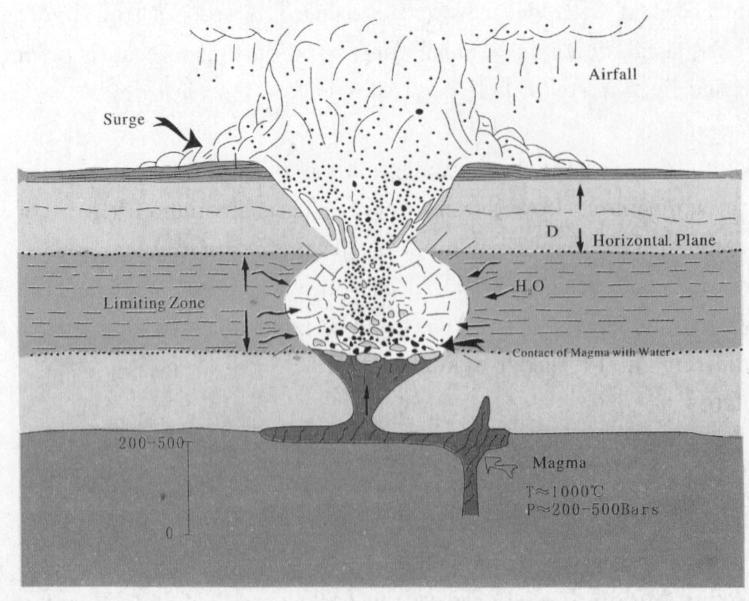

Fig 20 Sketch Showing Volcanic Phreatomagmatic Explosion (Wohletz)

(6) In some beds accretionary lapilli appears that composed of ash, lithic clasts and crystalline clasts, showing concentric structure by color and grain with accretion of clay and siliceous matter in outer crust, which resembles volcanic ash spherules in the airfall deposits.

(7) Volcanic ash formed during basaltic phreatomagmatic explosion is characterized by vitric clasts, sometimes including clasts of palagonite. Lithic clasts depend on basement rocks in composition. Vitric clasts contain minor vesicles, isometric, with arcuate shape.

Above mentioned structures exposed in the park are clear and typical, and comparable to the similar structures in typical sites at home and abroad. R. A. F. Gas & J. V. Wright in their work *Volcanic Successions—Modern and Ancient* referred to photos of Western Victoria of Australia, Hanauma Bay of Hawaii, Tower Hill of Victoria. By comparison with the examples referred the base surge deposits in the park are thought to have complete and typical structures.

3.3 Formation Process of Maar

Eruption Stage:

When artesian ground water comes to interact with uprising magma, a violent explosion occurs resulting in Maar. Magma and water, the two different phases, at the beginning mixed mechanically, then superheated water flashed into steam to form explosive expansion (Zimanouwski et al., 1991), which produced tremendous compression force against the wall rocks, and caused fracture. Meanwhile the mixed torn magma clasts, steam and lithic clasts of wall rocks rose up along a narrow conduit to the surface, then were ejected violently into air or moved along ground surface rapidly. The process may occur repeatedly many times until magma exhausted or no more water fetched.

Post Eruption Stage:

As the Maar eruption process terminated, the crater might collect rainfall or ground water connected with to form a crater lake, called Maar lake. The Maar is an unstable landform. Its post eruption evolution is controlled by exogenic processes. At the beginning, as the Maar had a steep crater wall and a deep crater, under gravity force the deposits might slide or collapse. In consequence, slope of the wall decreased and talus grew up. Rapid sedimentary deposits promoted the lake to be filled, and shallow, peat-marsh facies replaced the lacustrine facies; then by continuous scouring slope the debris and clasts of mud flow covered the peat-marsh, leaving the ring wall above the surface. As the erosion continued, the ring wall and crater sediments were washed out to form a depressing landform, such as Qingtongyang, Jiudouyang and Tianyang Quaternary Maar Lakes(Fig 21).

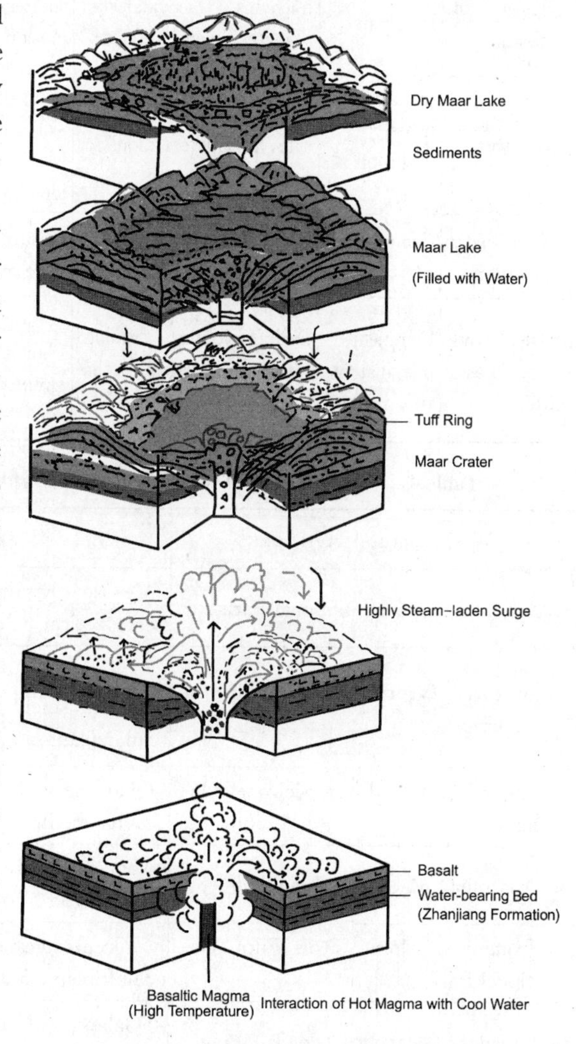

Fig 21 Evolution of Maar and Maar Lake

4 Global Correlation

4.1 Comprehensive correlation

Six world famous rift(and paleorift) volcanic belts with their basic features are shown in Table 3. Nineteen volcanic terrains inscribed on the World Heritage List with their basic features are shown in Table 4.

Table 3 Main Features of Foreign Rift and Paleorift Volcanic Belts

Name	Type	Rock Series/suite	Volcanism	Structure	Landform
1. East African Rift System	Intracontinental	Basalt, trachybasalt 70%, phonolite (Ethiopic basalt), trachyte, rhyolite, nephelinite, andesite(alkali series, bimodal suite)	Fissure effusion, central effusion, extrusion, explosion	Shield, lava plateau, cones, dome (massive), caldera, parasitic volcano	Margin cliff, valley, isolated peak, lava plateau, fall, active volcano, Maar, glacial
2. Baikal Rift System	Intracontinental (collision related?)	Ultrabasic rocks, olivine basalt, alkali olivine basalt, shoshonite, trachyte (alkali, subalkali series)	Effusion, explosion	Shield, lava plateau, cinder cone, mixed cone	Plateau, alternative ridge and valley, cliff
3. Basin and Range Rift System	Continent marginal	Basalt (Columbia basalt), trachyte, trachyandesite, rhyolite(bimodal suite)	Effusion, explosion, spatter, Plinian explosion	Lava plateau, shield, cinder cone, mixed cone, caldera	Plateau, alternative basin and ridge, geothermal phenomenon
4. Rein Rift	Intracontinental (collision related?)	Alkali-olivine basalt, tracyte, phonolite (alkali series)	Effusion, explosion, spatter, Maar, carbon dioxide exhalation	Shield, lava dome, cinder cone, Maar, stratovolcano	Plateau, valley, cliff, Maar lake, mofette (carbon dioxide exhalation)
5. West Indian Coastal Rift	Continental rift, ancient	Basalt (Degan Plateau), rhyolite	Fissure effusion, dyke intrusion	Lava plateau	Plateau, alternative ridge and valley
6. East Australia Coastal Rift	Continent marginal rift, ancient	Dacite-rhyolitic welded tuff, dacite, rhyolite, basalt, alkali basalt	Plinian explosion, (multivent)	Caldera, dyke, sill	

Table 4 Main Features of Volcano-related World Natural Heritages and National Parks

World Natural Heritage	Main Features
1. Argentina, Iguazu National Park	Mesozoic basalt plateau, great waterfall, subtropical rainforest, typical wild fauna
2. Australia, Central Eastern Rainforest Reserves	(Containing national parks, plant reserves) Tertiary resurgent Caldera, shield volcano, resurgent dome, 1 625 species of vascular plant
3. Australia, Heard and McDonald Island	Quaternary basalt flow, tuff, glacier, ice cliff, polar fauna, moss
4. Australia, Macquarie Island	Miocene submarine pillar lava, basalt dykes, peridotite, dolerite, glacier, polar plant
5. Dominica, Morne Trois Piton National Park	6 recent volcanoes, 50 hot springs, boiled water lake, falls, rainforests, 5 000 species of vascular plant, tropical animals
6. Ecuador, Galapogos Islands	(Galapogos Marine Reserve) shield volcano, submarine volcanoes, endemic animals

(Continued)

World Natural Heritage	Main Features
7. Ecuador Sangay National Park	Quaternary active volcanoes, glacier, Amazon tropical rainforest
8. Iceland, Thingvelir National Park	Modern basic volcanic activity, oceanic rift, middle ages culture remains
9. Indonesia, Ujung Kulon National Park	(Krakatoa Natural Reserve) Typical island arc volcanic terrain, resurgent caldera, cone, primitive rainforest, endangered animals
10. Indonesia, Komodo National Park	Modern volcanoes, sheer peaks, dry gullies, tropical grassland, deciduous forest, sandy beach
11. Italy, Aeolian Islands	Modern active volcanoes, classical sites for study of Vulcanian and Strombolian eruptions
12. Kenya, Mt. Kenya National Park	5 199 m Tertiary volcano, mountain glacier, endemic organism and forest zoning, organism in imminent danger
13. The Niger, Airand Tenere National Park	Volcano, desert, locally endemic biota
14. Russia, Volcanoes of Kamchatka	Quaternary stratovolcano, caldera, geothermal basin, island, river, glacier, endemic fauna, birch
15. Russia, Central Sikhotalin	Tertiary and Quaternary basalt-andesite volcano, alternative peak, valley and plateau, temperate ecosystem
16. Britain, Giant's Causeway and Causeway Coast	Tertiary basalt, 40 000 rock columns, legend, geological research base
17. Britain, St. Kilda	Tertiary volcano island, highest cliff in Europe, birds, birds in imminent danger, special cultural landscape
18. The USA, Yellowstone National Park	Quaternary rhyolite caldera, geyser basin, canyon, lake, fall, temperate ecosystem
19. The USA, Hawaii Volcanos National Park	Recent basalt shield volcano, caldera, lava flow, contrast landforms, endemic birds

Comparing Leiqiong Rift and Shishan Volcanic Cluster with the rift volcanic belts in the world, volcanic terrains inscribed on the List of World Heritage and ten Quaternary Volcanic Clusters in China, it is found that they demonstrate following characteristics:

1. Leiqiong Rift Volcanic Belt is located at the special position in global tectonic framework: in the southernmost of Eurasian Plate, facing Indian-Australian Plate to the south and Pacific-Philippine Plate to the east. It is more influenced by the interaction between Eurasian Plate and Indian Ocean Plate and gains general features of a rift volcanic belt, at the same time quite different from intracontinental rift volcanic belt. However it belongs to typical continent marginal rift type.

2. Rock types in the park are mainly tholeiitic basalt and alkali-olivine basalt, while rhyolite, trachyte and alkali rocks are absent. Petrochemical compositions of the rocks are similar to those of middle ocean ridge basalt and oceanic island basalt. Magma came from the mixed source area of depleted mantle and enriched lithosphere, or of depleted mantle and subducted oceanic crust, which is obviously different from magma source area for Wudalianchi basalt, Tengchong and Mt. Changbaishan volcanic rocks.

3. Volcanic rocks of the Leiqiong Rift Volcanic Belt cover an area of 7 295 km^2, including 3 136 km^2 volcanic rocks in Leizhou Peninsula to the north of Qiongzhou Strait and

Beihai, and 4 159 km^2 in northern Hainan(Haikou). The volcanic belt area occupies the foremost place among Quaternary volcanic terrains of China. Mudanjiang—Muling volcanic terrain is about 3 000 km^2, Tengchong and Wudalianchi volcanic terrains, each less than 1 000 km^2, while Datong volcanic terrain less than 150 km^2. Leiqiong Rift Volcanic Belt possesses 177 volcanoes(including 76 from Leizhou Peninsula and 101 from Haikou), and takes the first place amongst Cenozoic volcanic terrains of China. But compared with large scale rift volcanic belts of the world, it's rather small. However, it's characterized by small single bodies and a large number of volcanoes.

4. Leiqiong Rift volcanoes were erupted from Pliocene to Holocene Epoch, and climaxed in Pleistocene. Some of Holocene volcanoes(10. 27 ka, 9. 91 ka, 8. 15 ka) are dormant. There have been traced multistage intermittent eruptions. Well preserved the Holocene volcanic belt is found.

5. In general Leiqiong Rift Volcanic Belt stretches in EW direction. Volcanoes are distributed in both flanks of Qiongzhou Strait and the nearest small islands. However there is migration trend of volcanic activity center. Volcanic clusters are controlled by northwest striking faults and show distribution in northwest direction, like the case of the Northern Leizhou Volcanic Cluster, the Southern Leizhou Volcanic Cluster and Shishan Volcanic Cluster etc., also forming the small scale volcano islands(Weizhou Island, Xieyang Island and Naozhou Island). Landscapes on the background of volcano are variable.

6. Volcanic eruption types include not only magmatic eruptions: Hawaiian and Strombolian, but also phreatomagmatic explosions resulting from interaction between magma and ground water. Volcano type includes pyroclastic cones(spatter cone and cinder cone), lava cone, Maar and Maar lake.

7. Landscapes of volcanic lava structure are rich, grotesque, typical and systematical, including pahoehoe flow, aa flow and block lava. Lava tunnels are developed in the park. They are numerous, very long and complicated in form with rich interior landscapes and derivative landforms. Lava landforms in the park are surely comparable to those from world famous basaltic volcanic terrains.

8. Shishan Volcanic Cluster spreads to the southwest of Haikou, 8 km from downtown, hence the name "City Volcano", which is chosen as an area to study and predict volcanic hazards in China.

9. The volcanic belt(cluster) is within the tropic and the transition zone from tropic to subtropic, in which are developed unique tropic biotic communities, shown natures of tropic volcanic ecology that is clearly different from ecology in the subtropic zone, temperate zone and frigid zone, hence the name "Eastern Hawaii".

10. On the background of volcano and basalt, human activity has created a national volcano culture, including cultivation culture, volcanic rock implement culture, basalt-built ancient village culture, volcano god culture and other folk cultures. Of them the volcanic rock-built ancient village culture is rare both at home and abroad.

4.2 Maar Lake Correlation

World Famous Maars' Feature

Maar is a kind of low and flat crater, resulting from a special kind volcanic explosion. The term was first used to describe the small round crater lakes of Quaternary period in

Eifel District, West Germany. After deep and systematical research has been made on concept, types and forming mechanism of Maar by numerous volcanists, it is confirmed that Maar was originated by phreatic or phreatomagmatic explosions. Buchel put forward the proposal that Maar should be a system, which covers whole structure and process of development, including a ring wall, crater sediments and a diatreme. When the structure is full of water then it's called Maar lake. Compared with ordinary lakes Maars are featured by: ① Small enclosed lakes have catchment's area closing to lake water area. Water level balance is mainly controlled by rain precipitation factor and evaporation factor. ② Bottom of the lake is flat, while water is deep that proportional to the dimension of lake, which favors lamination, in particular the organic lamination, to form and preserve. ③ Lake basin is relatively deep, while sedimentation rate is rapid. In consequence, the sediments have preserved continuous, actual paleoenvironment records with high precision. The particular advantages of Maar lake have earned more and more attention from people. Since late 1980s Europe carried out a series of research projects: GEOMAARS(1986—1989), EUROMAARS(1990—1993), European Lake Drilling Project(ELDP)(1996—2000), while Asia has realized a lake drilling project(ALDP)(1998—2004). All received a series of important achievements, demonstrating a great potential of Maar in study of paleo-climate.

Maars are distributed widely in areas of the world, such as Eifel Volcanic Terrain, West Germany; Massif Central Volcanic Terrain, France; Central-southern volcanic terrain, Italy; Leiqiong Volcanic Terrain and Longgang Volcanic Terrain, China. Besides, reports about Maar and Maar lake came from Alaska(Ukinrek Maars) and Arizona State (Maar in Hopi Buttes volcanic terrain), the United States; Mexico(Maar lake in Valle de Santiago volcanic terrain); Australia(Maar in Newer Volcanic Province); New Zealand (Maar lake in Oakland volcanic terrain); Czech(fossil contained Maar in Eger Rift); Slovak(Princina Maar); Hungary(Pula Maar); East Java(Ranu Klindungan Maar Lake), Indonesia; Antarctic(Maar in Coombs Hills). In spite of so many Maars and Maar lakes distributed in so many countries and regions, there are only a few actually famous Maars and Maar lakes. To become renowned, a Maar except for its own features, should be subjected to detail studies by scientists with results published in the international journals to let more people know. A large volume of scientific research work has been done in Maar distributed terrains, such as West-Eifel Volcanic Terrain of Germany, Central-southern volcanic terrain of Italy, Massif Central Volcanic Terrain of France, Alaska, the United States, Leiqiong and Longgang Volcanic Terrains of China, and they became famous(Table 5).

Table 5 World Famous Maars

Name	Country, Location	Age	Diameter(m)	Area(km^2)	Max depth (m)
Lake Holzmaar	Eifel Volc. area, Germany	>25 000 a	325	0.058	20
Lake Meerfelder	Eifel Volc. area, Germany	>35 000 a	700×500	0.248	18
Eckfelder Maar	Eifel Volc. area, Germany	44—45 Ma	850—950		Dry Maar
Lago Grande di Monticchio	South Italy	0.48—0.13 Ma	850×650	0.405	36
Lago di Mezzano	Central Italy	0.1 Ma	800	0.445	31

(Continued)

Name	Country, Location	Age	Diameter(m)	Area(km^2)	Max depth (m)
Lac du Bouchet	Massif Central, France	0.8 Ma	800×800	0.64	27
Lac Pavin	Massif Central, France	about 6 000 a	750		93
Ukinrek Maars(West Maar and East Maar)	Alaska, the USA	1 977 a	300		70
Huguangyan Maar Lake	Leiqiong, China	0.16—0.14 Ma	1 900×1 400	2.25	20
Sihailongwan Maar Lake	Leiqiong, China	1 Ma	750×700	0.5	50

Eckfelder dry Maar is the oldest Maar in Eifel Volcanic Terrain of Germany. Based on the mammal stratigraphic study, forming age of the Maar is estimated to be Middle Eocene. Why did the Eckfelder Maar become famous? The major reason is the rich fossils that are discovered in oil shale strata.

In the west of Eifel Volcanic Terrain, volcanic eruption started 0.7 Ma B. P., resulting in 250 eruption centers, including 50 Maars, of which 8 full of water. 27 Maars and 8 Maar lakes are concentrated in the south of West-Eifel Volcanic Terrain, the limited area surrounding Daun Town and Manderscheid Town. Of 8 Maar lakes, Lake Holzmaar and Lake Meerfelder are studied in detail and become world famous. The age of Lake Meerfelder (40°56′N, 16°35′E, 656 m a. s. l.) is still unknown, the least estimated age possibly 35 000 years ago. With maximum length 700 m, maximum width 500 m, maximum depth 18 m and surface area about 0.248 km^2, it is considered as the largest Maar lake in West-Eifel Volcanic Terrain. Lake Holzmaar (50°7′N, 6°53′E, 425 m a. s. l.), with maximum width 325 m, maximum depth 20 m, surface area about 0.058 km^2, is a small Maar lake. The age is not determined, but estimated as old as 25 000 years.

Italy is a country abundant of volcanoes, possessing some famous Maar lakes. Lago Grande di Monticchio(40°56′N, 16°35′E, 656 m a. s. l.)is situated at Basilicata district in the southern Italy. It is the larger one of two neighbor Maar lakes with surface area 0.405 km^2, maximum depth of asymmetrical bottom of lake basin 36 m, while 2/3 basin flat and not deeper than 12 m. The lake formed in 480—130 ka B. P. Lago di Mezzano (42°37′N, 11°56′E, 452 m a. s. l.) is a small Maar lake in the central Italy, with a diameter 800 m, maximum depth 31 m and surface area 0.445 km^2, dating from 100 ka B. P.

In the central highland of France, from Tertiary to Quaternary the phreatomagmatic activity occurred everywhere. Recently in scope of Central Highland about 774 edifices resulting from phreatomagmatic processes have been confirmed. In the north of Auvergne about 20 Maars spread in longitudinal direction, mostly very young(160—6 ka), of which Lac Pavin, Lac du Bouchet, Ribains Maars are famous.

Ukinrek Maar of the United States became world renowned, for it is one of a few Maars, whose eruption processes have been seen and described in detail. Ukinrek Maar is located in Alaska. It formed after 11 days'(March 30—April 9, 1977) volcanic eruption, so appreciated as a natural laboratory to study phreatomagmatic processes. Ukinrek Maar includes two Maars: the smaller West Maar formed earlier and the 600 m away East Maar formed later, the latter with diameter 300 m and depth 70 m.

Maars and Maar Lakes of Leiqiong Volcanic Terrain, Rare in the World

Maar lakes in the Leiqiong Cenozoic volcanic terrain mostly formed in Shimaoling Phase of Middle Pleistocene Epoch and Huguangyan Phase of Late Pleistocene Epoch. Shimaoling Phase Maars include Tianyang, Qingtongyang, Jiudouyang of the Northern Leizhou Peninsula, and Luojingpan of the northern Hainan. The volcanic eruptions of this phase are characterized by large dimension and high strength with large and deep craters. The craters were filled with water to form a lake and accepted thick sediments. Later the lakes dried up and were cultivated. Maar lakes formed in Huguangyan Phase of Late Pleistocene include Huguangyan in Zhanjiang City, Shuangchiling in Shishan of the northern Hainan. Compared to those of Shimaoling Phase, these Maar lakes are smaller in area, lake depth and sediment thickness, but have volcanic edifices well preserved, which are enclosed, with regular form, and still remain as lakes. Compared with Maar lakes in other regions of the world and Longgang Volcanic Terrain of Northeast China, the volcanic explosions in Leiqiong Volcanic Belt are distinguished with large dimension and high intensity. Large-dimensional Maars and Maar lakes are rarely seen in other regions. The region, as situated in the low latitudinal tropical zone, influenced by Asian monsoon, is thought to be a good subject to study global climate fluctuation. Drilling in the Tianyang and Huguangyan Maar lakes was finished and complete cores of sediments were taken, and a comprehensive study has been carried out.

5 Research History of the Geopark

Because of the importance of its geologic position and the scientific value of geologic remains, the Geopark has been attracting numerous experts to carry on comprehensive geological survey and thematic researches.

1. Comprehensive geologic survey

   Complete 1 : 500 000, 1 : 200 000, and 1 : 50 000 regional geological survey and mapping
2. Study on Leiqiong Rift and Quaternary Geology
3. Volcanology, Petrology and Geochemistry of Leiqiong Volcanic Terrain
4. Study on sediments of Huguangyan Maar Lake, paleoclimate and paleoenvironment by Liu Dongsheng, Liu Jiaqi, Chu Guoqiang et al.

Huguangyan is the typical site for cooperative study of Maar lake, chosen by German Geoscientific Research Center and Geological Research Institute, China Academy in coordination; also is the area where Chinese scientists first studied Maar lake sediments and global climate fluctuation. Academician Liu Jiaqi, German sediment expert J. F. W. Negendank and other 50 scientists have studied for long and have published more than 60 articles.

Because of the exemplariness of geologic remains in districts, a series of national meetings were held in the Geopark. In 2000, the Society of Maar Lakes was established in Huguangyan; In June, 2001, Symposium on Maar Lake Development was held; In October, 2001, Sister Relationship was set up between Huguangyan Maar Lake and Maar lake in Eifel area of Germany; In December 2002 was held Third National Volcanology Conference at Shishan, Haikou City. Academicians Tu Guangchi, Ding Guoyu, Teng Jiwen, Yu Chongwen and Zhang Benren took part in the conference and put forth a proposal on volcanic hazards prevention and resource development.

地球和行星科学通信

中国海南双池岭玛珥湖沉积物9 000年以来记录的古环境长期变化

杨晓强[1]　Friedrich Heller[2]　杨　杰[1]　苏志华[1]

1. 中山大学地学系，中国广州，510275

2. 地球物理研究所，ETH祖里奇，瑞典祖里奇，8092

摘要：高精度的古环境长期变化图在沉积物定年和理解地磁场地质动力背景的变化特点上起着重要作用。本文使用磁化率对比的方法，根据中国南部海南岛的一个火口盆地——双池岭玛珥湖一根16 m长的岩心(HN-2)和一口8 m深的井(HN-3)，编绘了一张综合沉积剖面图。细粒并且是均一的粉砂质黏土说明一种连续的不受干扰的沉积作用。如果用来自树叶、植物碎片和树木的AMS^{14}C年代学进行制约，并以岩石磁性数据来对比，以U槽为基础的古地磁研究表明，玛珥湖沉积物记录了9 000(计算)年以来可信的古环境变化情况(PSV)。通过双池岭的PSV曲线与碧瓦(日本)、洱海(中国)、贝加尔(俄罗斯)等其他古地磁记录对比可知，在年代学的允许误差范围内磁倾角模型总体上是同步的，说明进一步的PSV记录对于区域范围地层对比会是有效的。

关键词：玛珥湖；地磁场；长期变化；全新世

Paleosecular Variations since ~9 000 yr BP as Recorded by Sediments from Maar Lake Shuangchiling, Hainan, South China①

Xiaoqiang Yang[1], Friedrich Heller[2], Jie Yang[1], Zhihua Su[1]

1 Department of Earth Sciences, Sun Yat-Sen University, Guangzhou 510275, China
2 Institute of Geophysics, ETH Zurich, 8092 Zürich, Switzerland

Abstract: High-resolution paleosecular variation(PSV) can play an important role in sediment dating and for understanding the temporal characteristics of the geodynamo of the Earth's magnetic field. In this article, based on magnetic susceptibility correlation, a composite sediment profile has been compiled from a ~16 m long core(HN-2) and a~8 m deep well(HN-3) in Shuangchiling Maar lake, a crater basin located on Hainan Island, Southern China. Fine and homogeneous silty clay corroborates with a stable, continuous and undisturbed deposition. A U-channel-based paleomagnetic study, constrained by AMS^{14}C chronology derived from leaves, plant debris and woods, and supported by rock magnetic data, indicates that the lake sediments document a reliable paleosecular variation(PSV) record since~9000 cal. year BP. Comparison of our PSV features with other records from lakes Biwa(Japan), Erhai(China), Baikal(Russia) as well as archaeomagnetic records demonstrate that the inclination pattern is generally synchronous within chronological uncertainties, suggesting further PSV dating may be valuable for stratigraphic correlation on a regional scale.

Key words: Maar lake; geomagnetic field; paleosecular variation; Holocene

1 Introduction

For the last few decades, high-resolution paleosecular variation(PSV) records of the earth magnetic field from continuous geological archives and archaeological artifacts around the world have demonstrated that marked millennial-scale PSV features occur, although temporal and spatial departures between different regions exist(Barton and McElhinny, 1981; Hussain, 1983; Brandsma et al., 1989; Sprowl and Banerjee, 1989; Kovacheva, 1997; Frank et al., 2002b; Gogorza et al., 2002; Hagstrum and Champion, 2002; Geiss and Banerjee, 2003; Korte and Constable, 2005; Korte et al., 2005). Thus PSV can serve as a significant tool to correlate regional stratigraphies and determine effectively the sediment ages besides understanding the temporal characteristics of the geodynamo of the Earth's magnetic field(Lund and Banerjee, 1985; Lund, 1996; Stockhausen, 1998; Anker et al., 2001; St-Onge et al., 2003). Some distinctive field features on PSV curves often can be traced for thousands of kilometers without significant change in pattern(Lund,

① 本文发表于 Earth and Planetary Science Letters 2009 年第 288 期。

1996; St-Onge et al., 2003). Regional PSV master curves obtained by analyzing and stacking several paleomagnetic field secular records may serve to eliminate uncertainties of radio-isotope ages and to investigate the consistency of regional to global climatic and environmental change. So far, most PSV investigations focused on Europe and America, and some regional master curves had been established(Turner and Thompson, 1981; Barton and McElhinny, 1981; Lund, 1996). However, our knowledge and understanding of PSV in East Asia is relatively deficient although some records from Japan, China and Siberia had been recovered(Zhu et al., 1993; Peck et al., 1996; Ali et al., 1999; Hyodo et al., 1999; Frank et al., 2002a). Here we report a high-resolution Holocene sediment record from Shuangchiling(SCL) Maar lake in South China, and compare its characteristics with other PSV records in East Asia.

2 Geological setting

The Maar lake Shuangchiling(SCL) is situated on Hainan island in the southeast of China(Fig 1). This island of more than 100 km^2 is covered by Holocene tholeiites and olivine basalts and early Pleistocene tholeiites, erupted from more than 40 Quaternary volcanoes. Early Pleistocene pyroclastic rocks are crop out in the western and southern parts of the island. Mid-Pleistocene sandy clay with fine gravel covers the north-east. Holocene sediments are only present in several Maar lakes, e.g. SCL. The oval shaped SCL lake has a ~90 m elevation a.s.l. and covers an area of ~0.1 km^2 with a diameter of 104 m in NE-SW direction and 231 m in NW-SE direction. The lake is surrounded by pyroclastic rocks forming a 15 m high wall. The crater ring is composed of basalt and tuff, some in distinct layers. The gradient of the outer slope of the crater is gentle(<10°), and that of the inner slope is steep(Zhen et al., 2003). The lake was enclosed until an outlet was dug to drain the lake in the 1970s. Now, the maximum water depth of the lake in the rainy season from April to October is ~1.0 m.

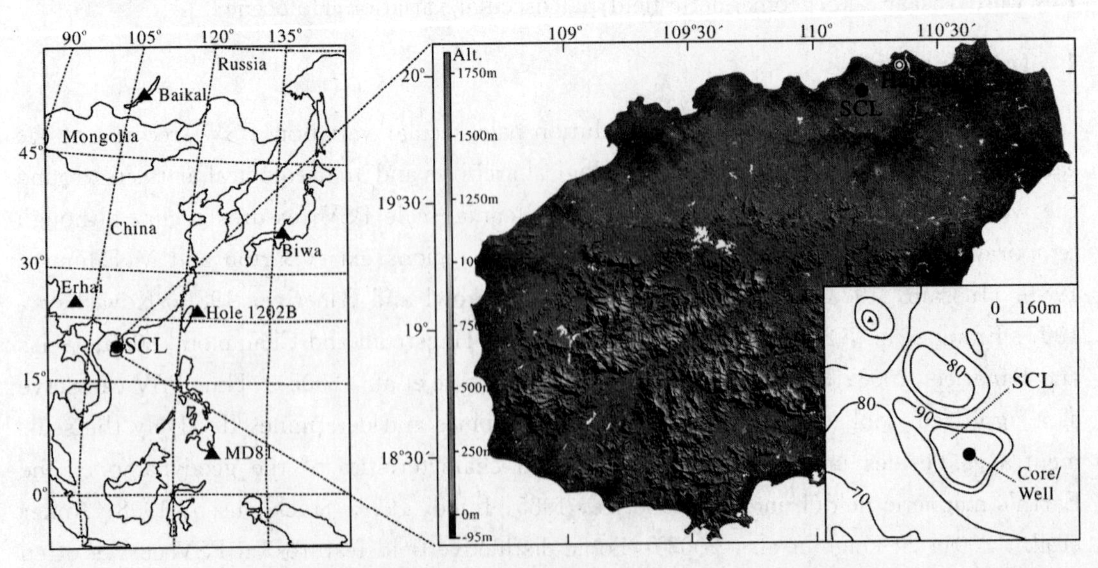

Fig 1 Geographical situation of Maar lake Shuangchiling(SCL). Lakes and marine boreholes which are referred to in the text, have been indicated on the location map as well.

A~16 m long core (HN-2) was drilled at the centre of the lake (19°56′39.2″N, 110°11′22.5″E) in 2007 by vertically pushing the borer consisting of a stainless steel outer tube and a plastic inner tube into the sediments down to the bed rock without rotation. Undisturbed sediments were pushed into the plastic tube. A north mark was set on the mouth of the core and the drill pipe respectively. Core azimuth was determined while the borer penetrated the sediments by aligning the marks of drill pipe and the mouth of core. Meanwhile, a vertical ~8 m deep well (HN-3) was excavated in a distance of 5 m to core HN-2. U-channel plastic tubes were pushed into the sediments along the well wall. A composite sediment profile was obtained from combining the results from the core and well sediments based on the susceptibility correlation. The sediments are horizontally stratified and composed of silty clay except for the uppermost about 23 - 50 cm deep top soil with brownish-yellow color. The colors of the core sediments show some variations: 50 - 600 cm cyan, 600 - 1 250 cm darkgrey-black and below 1 250 cm color varies from gray to cyan. The sediments between about 230 and 450 cm contained more water than in the other depths.

3 Paleomagnetic investigation methods

After the core was split lengthwise, U-channel samples were collected by pushing rigid U-shaped plastic liners, 2×2 cm in cross-section and up to 100 cm in length, into the halved core like in the well for paleomagnetic analysis. Cubic plastic boxes (1.9×1.9×1.9 cm) were sampled at ~2 cm intervals on the other half core for measurement of magnetic low field volume susceptibility and anisotropy of magnetic susceptibility (AMS) using a KLY-3S Kappabridge. For the determination of the directions of the natural remanent magnetization (NRM), the U-channel samples were measured at 2 cm intervals and stepwise demagnetized with a fully automated 2G-760 system using peak alternating fields (AF) in 10 mT steps up to a peak field of 90 mT. About 0.6 g of dried and powdered sediment was prepared for high field measurements from room temperature to 700 ℃ and back to room temperature in argon atmosphere on a Variable Field Translation Balance (VFTP system) with heating and cooling rates of 12 ℃/min, while applying a steady field of 200 mT. Hysteresis loops were measured in fields up to maximum of 1 T using a Micromag 2900. All magnetic experiments were conducted at the Paleomagnetism and Geochronology Laboratory of the Institute of Geology and Geophysics, Beijing, CAS and Beijing University, Beijing (only hysteresis loops).

4 Correlation and ^{14}C chronology

The correlation of the sediments from the core and the well is based on the results of the variations of magnetic susceptibility and sediment color (Fig 2). The consistency between the susceptibility curves in the overlapping intervals is very good, yielding a total of 15 correlating characteristic features. Some of them are marked by dashed lines in Fig 2. Based on this correlation a composite profile has been established.

Some parts of leaves, plant debris, and wood embedded in the sediments were selected and washed repeatedly using high-pure water to determine the radio-carbon age of the sediments (CO_2 was extracted from samples and then deoxidized into graphite in the Guangzhou Institute of Geochemistry (Ding et al., 2007), Chinese Academy of Science; radio-carbon

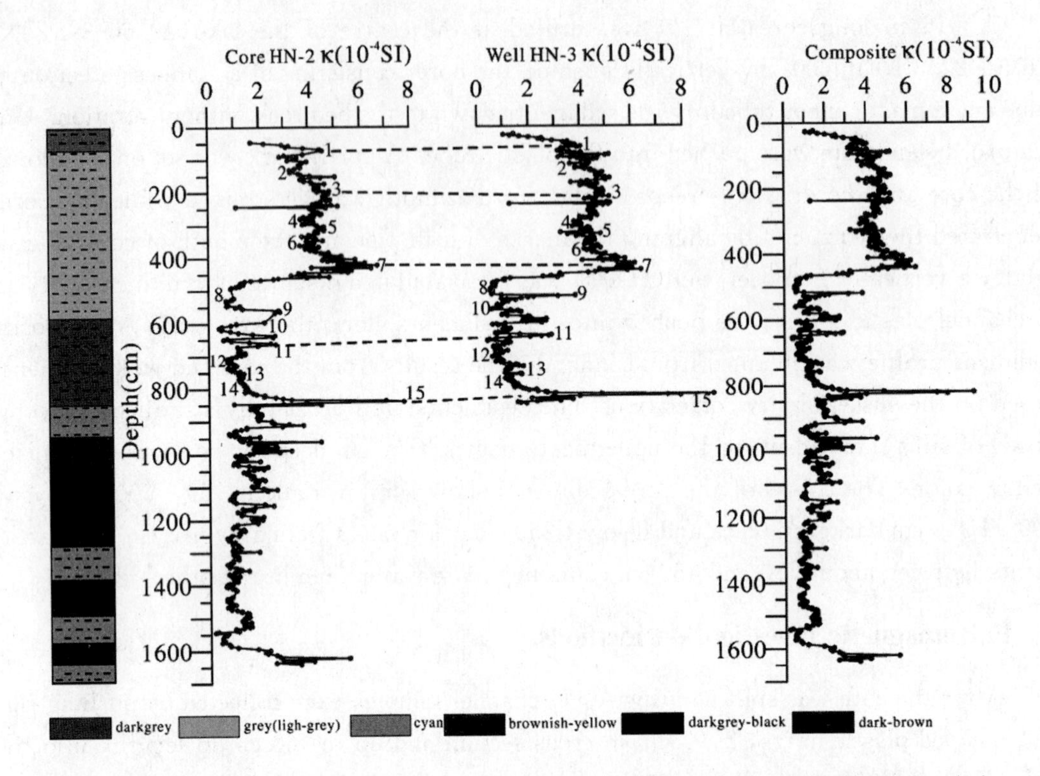

Fig 2 Composite profile from core HN-2 and well HN-3 based on magnetic susceptibility correlation. The different shading of the lithology grayscale represents sediment colors varying from cyan(light gray) to darkgrey-black. The top 23 cm of the composite profile consist of disturbed soils.

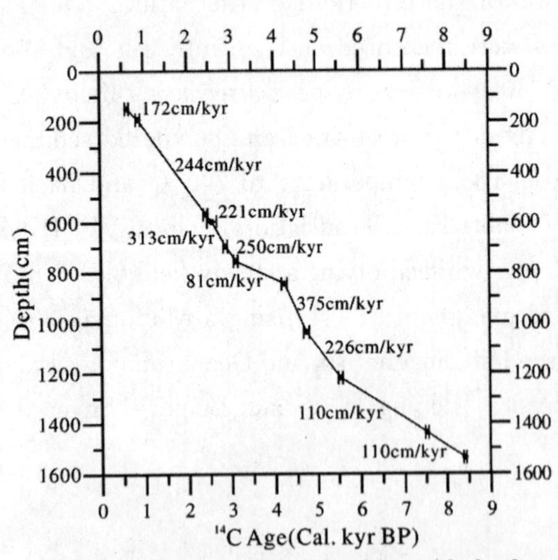

Fig 3 Calibrated radio-carbon ages with depth model. Age error bars are marked by pairs of short vertical lines around solid circle. The deposition rate between two consecutive ages is displayed.

ages were determined in the Key Laboratory of Heavy Ion Physics, Beijing University). For some samples, plant debris was obtained by washing out with heavy liquid(a mixed liquid of Zn powder and potassium iodide). All AMS ^{14}C ages were calibrated using the program CalPal(www. calpal. de) (Table A1 in the Appendix). The chronology for the sediment profile has been derived from these data by linear interpolation between two nearest calibrated data points(Fig3). Sedimentation rates vary between about 3 and 9. 5 year/cm. The sampling interval of 2 cm provides a potential temporal resolution of about 6 - 19 yr.

However, in the depth range 2. 3 - 4. 5 m(where the sediments contained more water), we could not obtain reliable ^{14}C ages. Radio-carbon ages of three samples from this zone(samples HN2-3, HN2-4 and HN2-5) show big differences and even inverse age order. This may be caused by the activity of groundwater in a non-enclosed system.

5 Magnetic results

5.1 Magnetic carrier mineral

The cooling branches of the thermomagnetic curves are commonly slightly above the heating curve while the cooling temperature decreases to around 400 – 420 ℃, suggesting that some fine magnetic minerals (such as magnetite) formed above 400 ℃(Fig4). The magnetization stopped decreasing during heating mainly at around 580 ℃ besides of a small hunch at ~420 ℃ for some samples. This suggests that the magnetic carrier is magnetite with a Curie temperature of 585 ℃, and newly formed magnetite during heating(Dunlop and Özdemir, 1997;Deng et al., 2004). A small magnetization component remaining while heating above 600 ℃ suggests contribution of hematite to the magnetic properties of a few samples, e. g. sample from depth 507 cm.

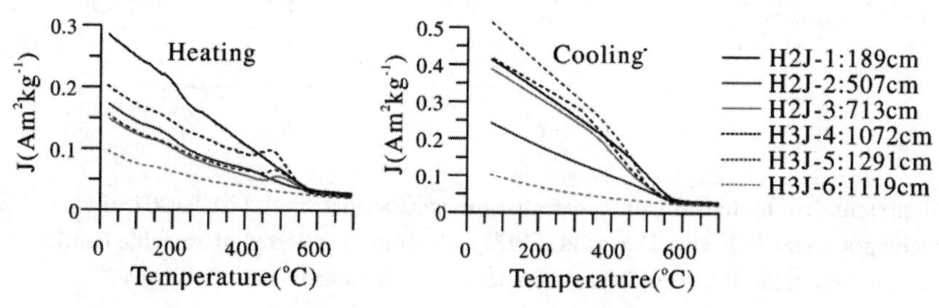

Fig 4 Heating and cooling parts of representative thermomagnetic curves.

After removal of the paramagnetic signal, most hysteresis loops get closed at approximately 400 mT(Fig 5a). The coercivity of remanence (B_{cr}) is less than 60 mT(Fig 5b), suggesting that low coercivity minerals are the predominant carrier of the magnetic properties of the samples(Dunlop and Özdemir, 1997). The saturation magnetization field of a few samples reaches ~800 mT, and B_{cr} is between 60 and 75 mT, giving evidence of some medium coercivity minerals such as hematite or maghemite. Hysteresis ratios plot within the pseudosingle domain(PSD) field(Day et al., 1977; Dunlop, 2002)(Fig 5c). All the rock magnetic results show that PSD magnetite dominates the magnetic properties of the sediments, and some hematite or maghemite exists in some samples.

5.2 Anisotropy of magnetic susceptibility(AMS)

In order to check the reliability of the paleomagnetic signal, the anisotropy of magnetic susceptibility(AMS) was measured before any demagnetization of the natural remanent magnetization. The magnetic lineation (L) is found to be very weak and smaller than the magnetic foliation (F), indicating that the AMS ellipsoid is oblate(Fig6a)(Zhu et al., 2004). The inclinations of the minimum susceptibility axes(K_{min}) are close to vertical and grouped tightly, whereas those of the maximum axes(K_{max}) tend to be horizontal without recognizable preferred azimuthal alignment for most of the samples(Fig 6b)(Tarling and Hrouda, 1993). Thus the original sedimentary environment is considered to have been undisturbed since deposition. However, a few samples with very weak L show shallow K_{min}, which may cause an unreliable natural palaeomagnetic record. These samples were eliminated for the discussion of PSV features.

5.3 NRM directions

All samples subjected to AF demagnetization were analyzed using principal component

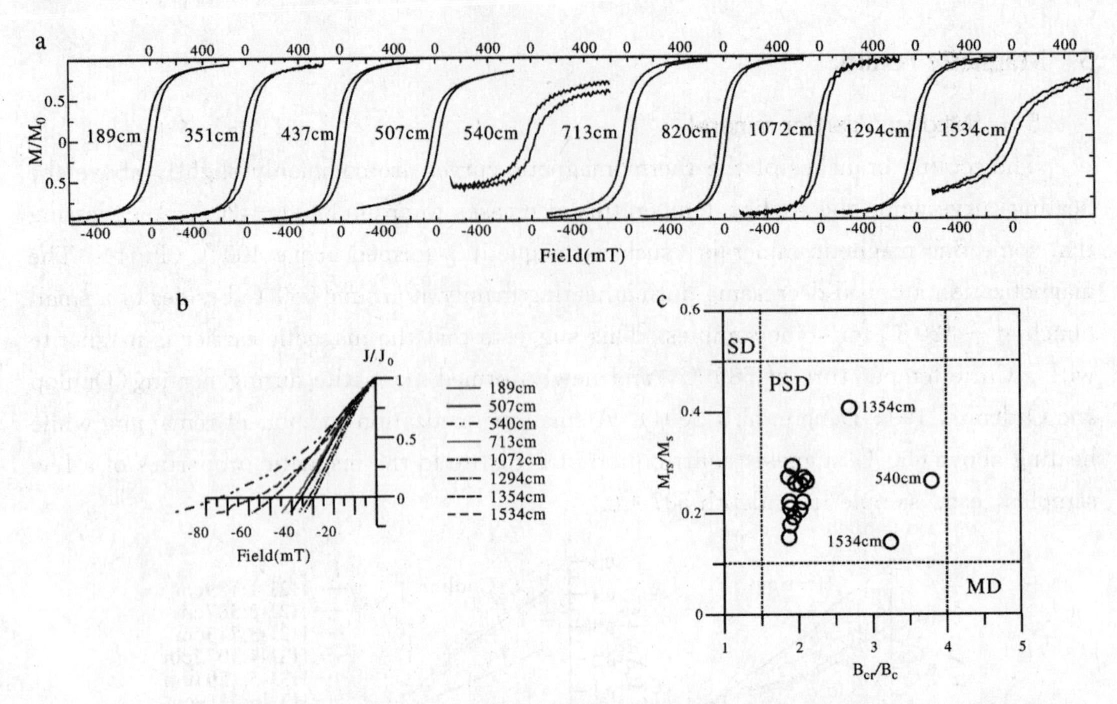

Fig 5 (a) Representative hysteresis loops(corrected for paramagnetism), (b) backfield curves of SIRM and (c) magnetic grain size following Day et al. (1977) of samples collected at variable depths. SD-single domain; PSD-pseudosingle domain and MD-multidomain grainsize.

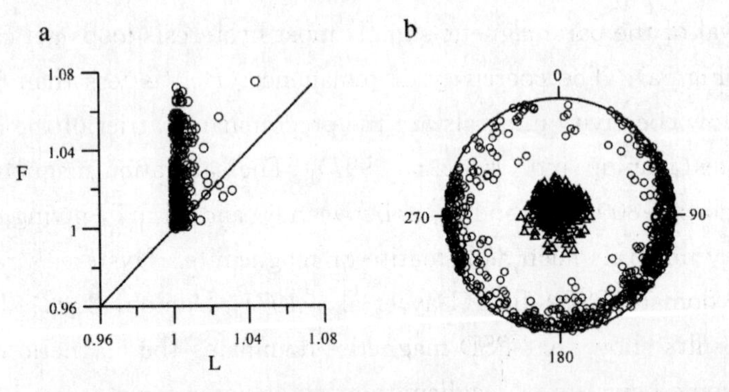

Fig 6 Anisotropy of magnetic susceptibility (AMS). (a) Lineation (L)-Foliation (F) plots; (b) stereographic projection of K_{max} (circles) and K_{min} (triangles) axes.

analysis(Kirschvink, 1980). The AF demagnetization results of some samples are presented in Fig 7. The NRM median destructive field(MDF) is around 20 mT for all samples, and NRM intensities are almost completely demagnetized in fields of 90 mT. For samples with B_{cr}>60 mT about 10%-20% of NRM are left at 90 mT. The orthogonal demagnetisation diagrams show that a viscous remanent magnetization (VRM)—if present at all—is progressively removed between 10 and 20 mT. Further steps revealed highly stable magnetization directions. The characteristic remanent magnetization(ChRM) has been derived from principle component analysis(Kirschvink, 1980) of the results of the demagnetization steps above 20 mT. The inclinations vary mostly between 15° and 45° around a mean of ~28°(expected axial dipole field inclination 35° for the site latitude 19°N). However, a few scattered inclinations(>45° or <0°) are also very stable in direction. For these samples, the inclinations of the minimum susceptibility axes (K_{min}) of magnetic susceptibility anisotropy are not vertical. We suppose that their original sedimentary fabric has been disturbed or influenced by the sample extraction procedure. These samples have been eliminated for the discussion of PSV.

Stable inclinations and declinations without the above mentioned anomalous samples of the composite core HN-2 and well HN-3 have been plotted as a function of depth in Fig 8. MAD values(Kirschvink, 1980) are generally below 5° except of a few samples, indicating that the magnetization components are well defined.

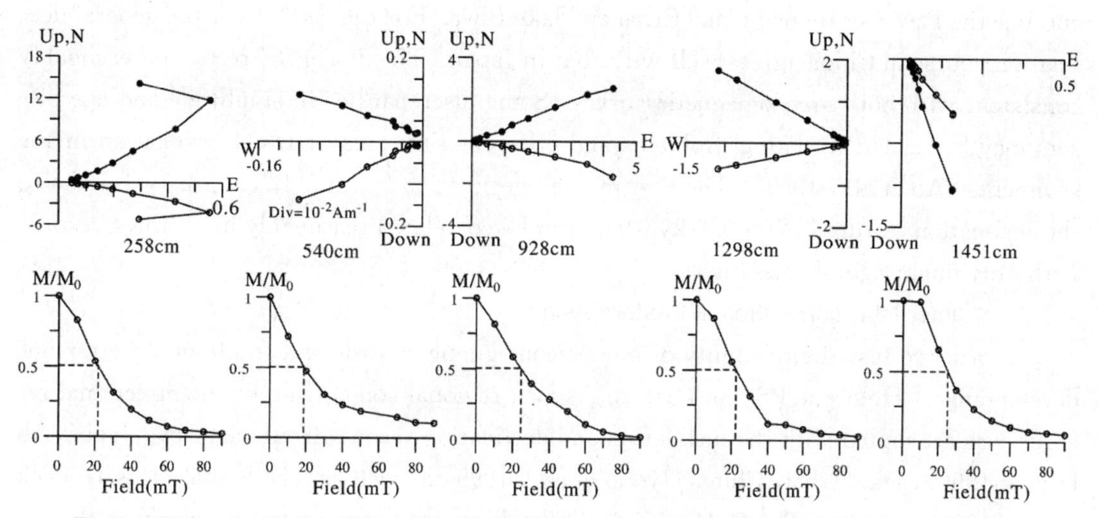

Fig 7 AF demagnetization(bottom) and orthogonal vector plots(top) of representative specimens. Open(solid) circles indicate projection onto the vertical(horizontal) plane.

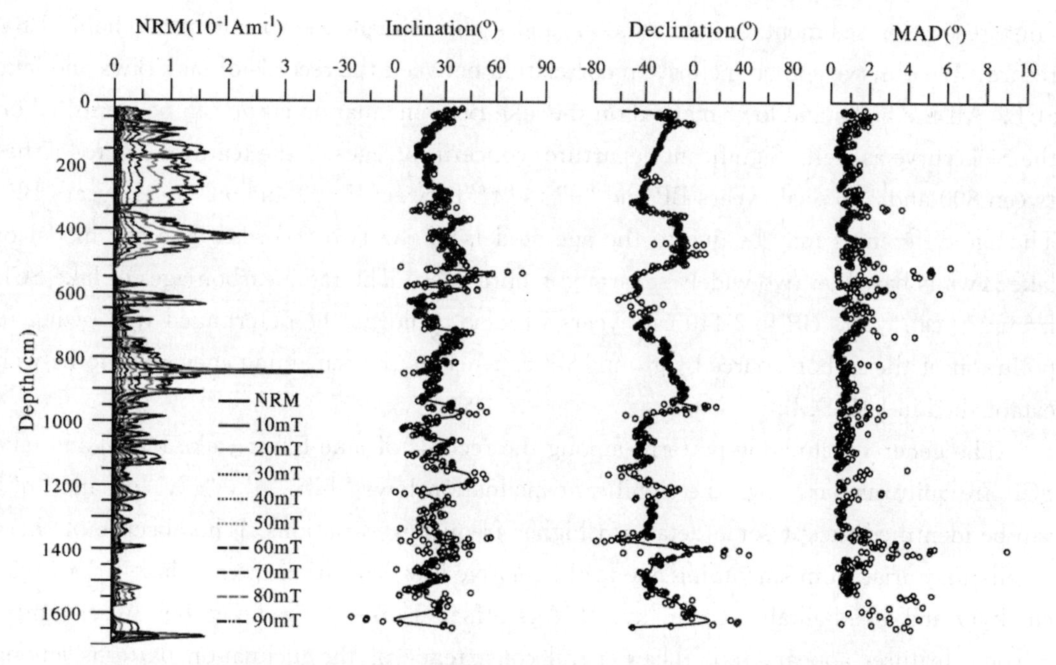

Fig 8 Lake Shuangchiling composite data from left to right: NRM intensities at various AF demagnetization stages, ChRM declinations and inclinations, and MADs plotted along depth.

6 Discussion

Fig 9 shows the composite inclination and declination records of core HN-2 and well

HN-3 on the calibrated ^{14}C age model presented together with other PSV records. Smoothing of our dated PSV curves was performed with a seven-point adjacent-averaging window using software OriginPro 8. 0(www. OriginLab. com). Some major features—directional lows and highs—have been labelled using the symbols "a-t" in inclination and "A-K" in declination.

6.1 Comparison with archaeomagnetic records

Historical and archeomagnetic records of geomagnetic directions in China and Japan were compiled and plotted by Hyodo et al. (1999) and Ali et al. (1999), respectively discussing the PSV variations in lake Erhai and lake Biwa. For the last 2 kyr, the general declination course in China agrees well with that in Japan. The SCL PSV record is reasonably consistent with both archeomagnetic curves. Some discrepancies in amplitude and age offsets may be related to dating problems and different time-lags of DRM acquisition in the sediments (Ali et al. , 1999). The best marked declination feature "B"(~1. 2 kyr) and also the inclination feature "b"(~0. 6 kyr) and can be correlated reasonably in all three records with only minor age offsets(Fig9).

6.2 Inter-lake correlation in Eastern Asia

In order to test the reliability of our paleomagnetic records and to obtain a better understanding of Holocene PSV in Eastern Asia, a regional comparison of the directional records was attempted with the inclination and declination records from lake Biwa, Japan(Ali et al. , 1999), lake Erhai, China(Hyodo et al. , 1999) as well as lake Baikal, Russia(Peck et al. , 1996) (Fig 9). The PSV record of lake Biwa was constructed by stacking the records of three cores, each about 12 m long and constrained in time by two widespread tephra layers, the Kawagodaira(3 150 year BP) and Kikai-Akahoya (7 250 year BP) tuffs. High-resolution sediments(~125 cm/kyr) and stable remanence document a reliable PSV record. We observe a good inclination correlation between the records of lake Biwa and lake SCL. All the highs and lows marked on the lake Biwa inclination curve can be identified on the SCL curve as well. Significant departures concern the ages of the features "c" to "i" between 800 and 3 000 cal. years BP and "q" to "t'"between 7 800 and 9 200 cal. years BP. The age differences may be due to the age models of the two records. The age model of lake Biwa is based on two widely separated tephra ages. The radio-carbon ages of lake SCL from 970 cal. years BP to 2 440 cal. years BP also could not be determined well owing to pollution of the carbon source by ground water whereas the remaining ages seem to be well established in lake SCL.

The general inclination patterns among the records of lake Erhai, lake Baikal and lake SCL are quite similar, e. g. the significant inclination lows "b", "h", "l", "o" and "q", can be identified except some details in higher frequency variations. The absence of these details may arise from smoothing due to the relative low deposition rates in lake Erhai(~50 cm/kyr) and lake Baikal(~13 cm/kyr). Age offsets caused by radio-carbon uncertainties in some features appear, too. The general consistency of the inclination patterns among these records, however, suggests that inclination features which are common for the eastern Asia Holocene PSV, have been recorded indeed.

The declination variations among the four lake records can only be correlated for the past ~3 kyr. Two easterly swings("A" and "C") and a westerly swing("B") are similar in amplitude and pattern and have only little discrepant ages. Although the declination pat-

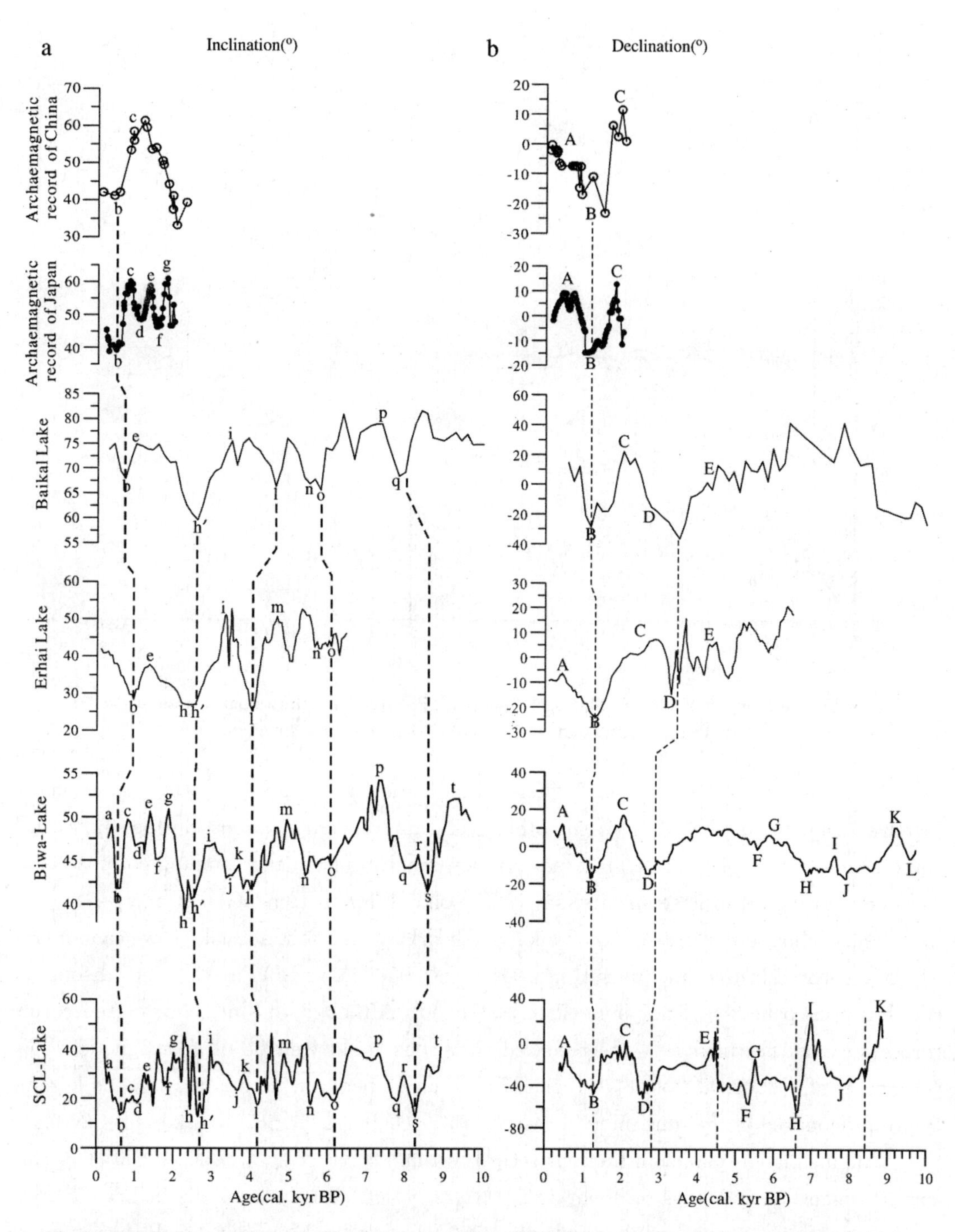

Fig 9 Comparison of East Asia Holocene geomagnetic PSV records. Inclination(a) and declination(b) profiles of lake Shuangchiling(SCL) along with the lake Biwa(Ali et al., 1999), lake Erhai (Hyodo et al., 1999), lake Baikal(Peck et al., 1996) and archeomagnetic records from Japan(Ali et al., 1999) and China(Hyodo et al., 1999).

terns of lake Shuangchiling and lake Biwa have a similar shape, larger differences are observed prior to ~4 000 cal. yr BP. Amplitudes and varying change rates appear to be more prominent in lake SCL than those in the smoother lake Biwa record. Two possible reasons might help to explain the differences: one may be due to the different sedimentation rates. A uniform rate of 1.1 mm yr^{-1} has been reported for lake Biwa before cal. 3 150 yr BP(Ali et al., 1999), whereas in lake SCL the average sedimentation rate before ~4 000 cal. yr BP

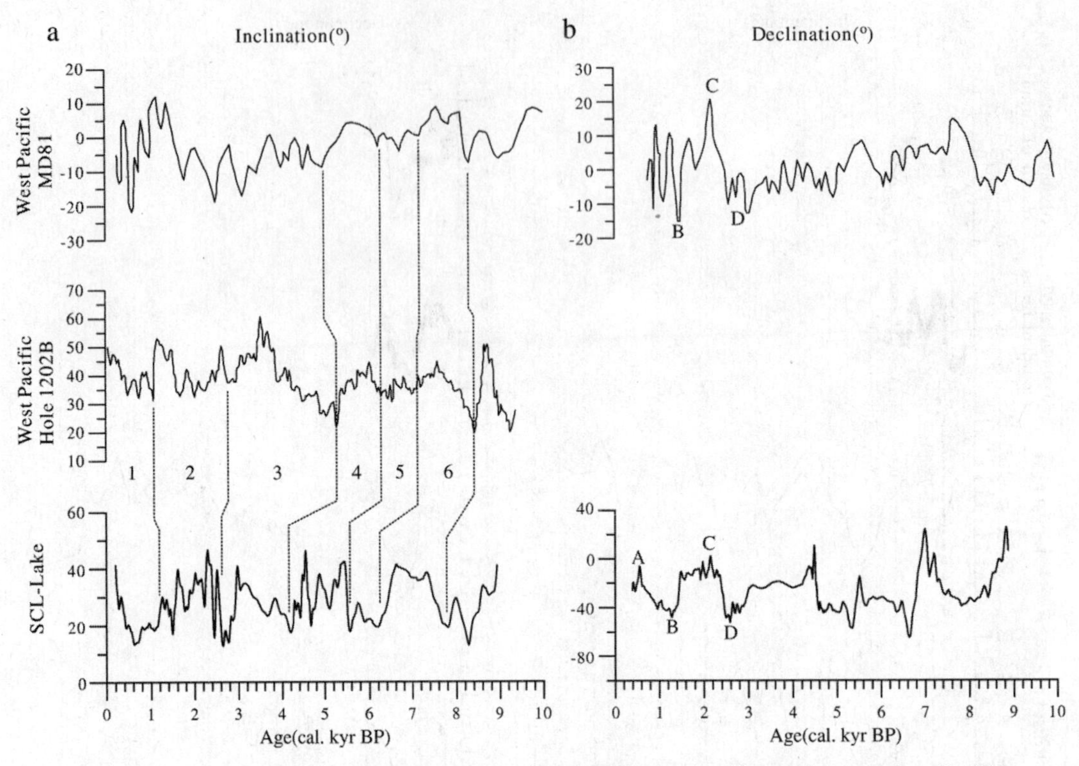

Fig 10 Comparison of the lake Shuangchiling(SCL) PSV record with two dated western Pacific PSV records(Lund et al., 2006; Richter et al., 2006).

is ~1.78 mm yr^{-1} (Fig 3). The higher sedimentation rate may record the variations of earth's magnetic field with less smoothing. Technical complications during the coring process might also play a role. Internal rotation resulting from the spinning core barrel as it is penetrating into the sediments may cause some different trends(Ali et al., 1999).

The declination records of lake Baikal, lake Erhai, lake SCL and lake Biwa cannot easily be compared in the time interval ~4 000 to ~9 000 cal. yr BP(Fig 9). The reasons for the big discrepancies are not immediately at hand. Although the influence of the coring process cannot be ruled out, the recorded variations could well be of geomagnetic origin (Frank et al., 2002a). Possibly, regional differences between declination records became more pronounced in the time interval ~4 000 to ~9 000 cal. yr BP (Frank et al., 2002a).

The inclination minimain the four records around 8 200, 6 200, 4 200, 2 600, 600 cal. yr BP suggest periodicities of about ~2 000 yr. Spectral analysis of the SCL inclination variations shows two preferred periods of ~2 000 year and ~220 year. The PSV of the last 14 000 years at lake St. Croix and lake Kylen(Minnesota, USA) shows also a fundamental period of ~2 400 yr in inclination(Lund and Banerjee, 1985). The spectrum at lake Waiau (Mauna Kea, Hawaii, USA) displays a period of 3 600 year(Peng and King, 1992). The varying millennialscale inclination cycles in different areas might be the consequence of the recurrence of a distinctive regional dynamo source in the outer core. Regional anomalies in temperature, topography or electrical conductivity at the core-mantle boundary might play a role in regionally varying PSV(Peng and King, 1992).

The similarity of inclination patterns among eastern Asia lake records shows that PSV dating can be useful for stratigraphic correlation on a regional scale. The method could help resolve ambiguities in the ages of some high-frequency climate events within different regions and understand their significance in global change.

6.3 Comparison with records from Western Pacific

PSV records were also recovered from a suit of four deep-sea sediment cores(MD62, MD81, MD70 and MD77) in the western Equatorial Pacific by Lund et al. (2006). 44 correlatable directional features constrained by 34 AMS radio-carbon dates among the four PSV records corroborate the reliability of the individual records. Another Holocene marine PSV record, constrained by five AMS radio-carbon ages, was obtained from ODP Hole 1202B in the Southern Okinawa Trough by Richter et al. (2006). The Shuanchiling PSV is compared with these records in Fig 10(taking core MD81 as representative PSV for the western equatorial Pacific). For ease of comparison, we divided the PSV records into six stages. General inclination maxima are clearly visible in stages 4 and 6, and the maximum at the beginning of stage 2 also looks similar in Hole 1202B, MD81 and SCL. The general shape of the inclination curves in stages 1 and 3 in Hole 1202B and SCL, and the oldest inclination minima at SCL and MD81 also have similarities. Although amplitudes and details show some differences among the three records—possibly owing to smoothing effects, the relative consistency of the features seems to lend further support to a common regional PSV source.

Age offsets of common features among PSV records could be due to drifting of non-dipole features, different lock-in depths and dating inaccuracies(St-Onge et al., 2003). We suggest that the ^{14}C age error may be the main cause of the offsets of inclination features. Bulk carbon from lacustrine sediments for radio-carbon dating is generally contaminated (Sprowl and Banerjee, 1989; St-Onge et al., 2003). Carbon ages may be hundreds of years older or younger than the deposition age(Sprowl and Banerjee, 1989). Especially in layers containing more groundwater, carbon ages are very ambiguous. We compared our carbon ages derived from the plant debris or wood with those derived by Zhen et al. (2003) from bulk sediments at a neighboring core in the same basin. The comparison indicated that ages using different dating techniques and material can differ by ~100 to ~1 000 years. The discrepancies become more pronounced with increasing ages.

7 Conclusions

We conclude that the PSV pattern from lake Shuangchiling reliably represents the Earth's magnetic field variations in South China for the last ~9 000 years. High and stable sedimentation provided favorable conditions so that centennial PSV variations can be correlated to other lacustrine and marine records in the west Pacific region. The Holocene PSV inclination patterns at eastern Asian sites show many similarities even if amplitudes and ages present some discrepancies, caused by smoothing effects due to different deposition rates, different sediment grain size and radio-carbon dating inaccuracies. The declination curves between 4 000 and 9 000 cal. yr BP are inconsistent between sites. We propose that these inconsistencies shape may be caused by regional declination differences of the Earth's magnetic field(cf. Frank et al., 2002a), rather than by technical problems of coring procedures. The particular consistency of the inclination patterns in the western Pacific region confirms that PSV dating may be valuable for stratigraphic correlation on a regional scale.

It might provide accurate enough ages for comparing high-frequency climate events within different regions.

Acknowledgements

We acknowledge the encouraging help of journal editor Peter deMenocal. We are grateful to the reviewers who have helped in improving the manuscript substantially by their thoughtful and constructive comments and suggestions. This work was supported by the National Natural Science Foundation of China(grant 40674034), the Natural Science Foundation of Guangdong Province, China(grant 06023110) and the Key Laboratory of Marginal Sea Geology, Chinese Academy of Sciences(Abrupt climatic changes and their driving mechanism in the Pearl River Delta).

Appendix A. Supplementary data

Supplementary data associated with this article can be found, in the online version, at doi:10.1016/j.epsl.2009.07.023.

References

Ali, M.,Oda, H., Hayashida, A.,Takemura, K., Torii, M., 1999. Holocene paleomagnetic secular variation at lake Biwa, central Japan. Geophys. J. Int. 136, 218 - 228.

Anker, S. A., Colhoun, EA., Barton, CE., Peterson, M., Barbetti, M., 2001. Holocene vegetation and paleoclimatic and paleomagnetic history from Lake Johnston, Tasmania. Quat. Res. 56, 264 - 274.

Barton. CE., McElhinny, M. W., 1981. A 10 000 year geomagnetic secular variation record from three Australian Maars. Geophys. J. R. Astron. Soc. 67, 465 - 485.

Brandsma, D., Lund, S. P., Henyey, T,L., 1989. Paleomagnetism of Late Quaternary marine sediments from Santa Catalina Basin, California continental borderland. J. Geophys, Res. 94(B1), 547 - 564.

Day, R., Fuller. M., Schmidt, V. A., 1977. Hysteresis properties of titanomagnetites: grainsize and compositional dependence. Phys. Earth Planet. Inter. 13, 260 - 267.

Deng, C. L, Zhu, R. X., Verosub, K. L., Singer, M. J., Vidic, N. J., 2004. Mineral magnetic properties of loess/paleosol couplets of the central loess plateau of China over the last 1.2 Myr. J. Geophys. Res. 109, B01103.

Ding, P., Shen, C. D., Yi, W. X., Liu, K. X., Ding, X. F., Fu, D. P., 2007. ^{14}C chronological research of ancient forest cosystem in Sihui, Guangdong Province. Quat. Sci. 27(4), 492 - 498(Chinese with English abstract).

Dunlop, D. J., 2002. Theory and application of the Day plot(M_{rs}/M_s versus H_{cr}/H_c): 1. Theoretical curves and tests using titanomagnetite data. J. Geophys. Res. 107 (B3), 2056.

Dunlop, D. J., Özdemir, Ö., 1997. Rock Magnetism: Fundamentals and Frontiers. Cambridge University Press, New York, 523.

Frank, U., Nowaczyk, N. R., Negendank, J. F. W., Melles, M., 2002a. A paleomagnetic record from lake Lama, northern Central Siberia. Phys. Earth Planet. Inter. 133, 3 - 20.

Frank, U., Schwab, M. J., Negendank, J. F. W., 2002b. A lacustrine record of paleomagnetic secular variations from Birkat Ram, Golan Heights(Israel) for the last 4 400 years. Phys. Earth Planet. Inter. 133, 21 - 34.

Geiss, C. E. , Banerjee, S. K. , 2003. A Holocene-Late Pleistocene geomagnetic inclination record from Grandfather lake, SW Alaska. Geophys. J. Int. 153,497 - 507.

Gogorza, C. S. G. , Sinito, A. M. , Lirio, J. M. , Nunez, H. , Chaparro, M. ,Vilas,J. F. , 2002. Paleosecular variations 0 - 19 000 years recorded by sediments from Escondido lake(Argentina). Phys. Earth Planet. Inter. 133, 35 - 55.

Hagstrum, J. T. , Champion, D. E. , 2002. A Holocene paleosecular variation record from ^{14}C-dated volcanic rocks in western North America. J. Geophys. Res. 107 (B1), 2025.

Hussain, A. G. , 1983. Archaeomagnetic investigations in Egypt: inclination and field intensity determinations. J. Geophys. Res. 53,131 - 140.

Hyodo, M. , Yoshihara, A. , Kashiwaya, K. , Okimura, T. , Masuzawa, T. , Nomura, R. , Tanaka, S. , Xing. T. B. , Qing, L. S. , Jian, L. S. , 1999. A Late Holocene geomagnetic secular variation record from Erhai lake, Southwest China. Geophys. J. Int. 136, 784 - 790.

Kirschvink, J. L. , 1980. The least-squares line and plane and the analysis of paleomagnetic data. Geophys. J. R. Astron. Soc. 62,699 - 718.

Korte, M. , Constable, C. G. , 2005. Continuous geomagnetic field models for the past 7 millennia: 2. CALS7K. Geochem. Geophys. Geosyst. 6(1), Q02H16.

Korte, M. , Genevey, A. , Constable, C. G. , Frank, U. , Schnepp, E. , 2005. Continuous geomagnetic field models for the past 7 millennia: 1. A new global data compilation. Geochem. Geophys. Geosyst. 6(2), Q02H15.

Kovacheva, M. , 1997. Archaeomagnetic database from Bulgaria: the last 8 000 years. Phys. Earth Planet. Inter. 102,145 - 151.

Lund, S. P. , 1996. A comparison of Holocene paleomagnetic secular variation records from North America. J. Geophys. Res. 101(B4), 8007 - 8024.

Lund, S. P. , Banerjee, S. K. , 1985. Late Quaternary paleomagnetic field secular variation from two Minnesota lakes. J. Geophys. Res. 90(B1), 803 - 825.

Lund, S. P. , Stott, L. , Schwartz. M. ,Thunell, R. , Chen, A. , 2006. Holocene paleomagnetic secular variation records from the western Equatorial Pacific Ocean. Earth Planet. Sci. Lett. 246, 381 - 392.

Peck, J. A. , King, J. W. , Caiman, S. M. , Kravchinsky, V. A. , 1996. An 84-kyr paleomagnetic record from the sediments of Lake Baikal, Siberia. J. Geophys. Res. 101 (B5), 11,365 - 11,385.

Peng, L. , King, J. W. , 1992. A late Quaternary geomagnetic secular variation record from lake Waiau, Hawaii, and the question of the Pacific nondipole low. J. Geophys. Res. 97(B4), 4407 - 4424.

Richter, C. , Venuti, A. , Verosub, K. L. , Wei, K. Y. , 2006. Variations of the geomagnetic field during the Holocene: relative paleointensity and inclination record from the West Pacific(ODP Hole 1202B). Phys. Earth Planet. Inter. 156, 179 - 193.

Sprowl, D. R. , Banerjee, S. K. , 1989. The Holocene paleosecular variation record from Elk lake, Minnesota. J. Geophys. Res. 94(B7), 9369 - 9388.

Stockhausen, H. , 1998. Geomagnetic paleosecular variation(0 - 13 000 yr BP) as recorded in sediments from three Maar lakes from the West Eifel(Germany). Geophys. J. Int. 135，898－910.

St-Onge，G.，Stoner. J. S.，Hillaire-Marcel，C.，2003. Holocene paleomagnetic records from the St. Lawrence Estuary，eastern Canada：centennial-to millennial-scale geomagnetic modulation of cosmogenic isotopes. Earth Planet. Sci. Lett. 209，113－130.

Tarling，D.，Hrouda，F.，1993. The magnetic anisotropy of rocks. Chapman and Hall，London，160.

Turner，G. M.，Thompson，R. 1981. Lake sediment record of the geomagnetic secular variations in Britain during Holocene times. Geophys. J. R. Astron. Soc. 65，703－725.

Zhen，Z.，Wang，J. H.，Wang，B.，Liu，C. L.，Zou，H. P.，Zhang，H.，Deng，Y.，Bai，Y.，2003. High-resolution records of Holocene from the Shuangchi Maar lake in Hainan Island. Chin. Sci. Bull. 48(5)，497－502.

Zhu，R. X. Gu，Z. Y.，Huang，B. C.，Jin，Z. X.，Wei，X. F.，Li，C. J.，1993. Geomagnetic secular variations and climate changes since 15 000 yr BP，Beijing region，Sci. China Ser B 23(12)，1316－1321(in Chinese).

Zhu，R. X.，Liu，Q. S.，Jackson，M. J.，2004. Paleoenvironmental significance of the magnetic fabrics in Chinese loess-paleosols since the last interglacial(<130 ka). Earth Planet. Sci. Lett. 221，55－69.

海口火山群世界地质公园熔岩洞穴的类型、特征及其保护

杨世火[1]

海口火山群世界地质公园,海南师范大学环境资源与旅游系,海南海口,571158

摘要:海口火山群世界地质公园,面积广达 108 km^2,境内拥有 40 多座各种类型的火山,地下发育 30 多个以熔岩隧道为主的各类熔岩洞穴(简称熔洞)。这些都是火山喷发的地质遗迹。本文着重对熔洞的类型、景物特征及其保护略加叙述,特别在重点熔洞的保护上,提出了针对性的措施,对今后重点熔洞的保护具有重要参考意义。

关键词:熔岩洞穴;熔岩隧道;熔岩钟乳;地质遗迹;熔洞保护

海口火山群世界地质公园,位于海南省省会海口市之西南的石山、永兴两镇境内,地处雷琼裂谷南侧,北邻琼州海峡,为典型的地堑—裂谷型基性火山活动地质遗迹。在 108 km^2 的公园范围内,火山喷发熔岩流冷却凝结过程中,形成了许多大小熔岩洞穴,其中洞穴规模较大的多达 30 多个。重点熔洞之长以及洞内熔岩冷凝物之奇,属我国罕见。

1 熔岩洞穴的类型

本区熔岩洞穴,最长达 2 km 多,其形成的基本机理是,从火山口喷溢出的炽热岩浆(熔岩流),在沿着古地貌上的倾斜面或低谷地流动的进程中,表层接触空气,先逐渐冷却凝结,停止运动,变成了孔穴多的"玄武岩结壳",而其下的熔岩流还处于热的缓慢流动状态,形成"表冷下热、上固内流"的局面。当岩浆的喷溢停止时,已前进的熔岩流末尾段,其流势会出现两种情况:一是继续流动,穿过前面已冷凝而成"玄武岩结壳"的下面,留下一条条长廊式的有穿洞的熔岩地下空间,状如隧道,被称为"熔岩隧道"。此类熔岩地下空间形态是熔洞中多见的类型,并且规模长而大。二是已前进的熔岩流只在"玄武岩结壳"下冷却收缩而"脱壳",不穿出此岩壳,形成仅存熔岩地下空间进洞口或熔岩地下空间封闭及半封闭的熔洞。境内的 30 多个熔岩洞穴,以重点火山群为基点向四周古地形较低的地方展布,主要洞穴群有:七十二洞—仙人洞群,乳花洞—火龙洞群,卧龙洞群,鸦卜洞群,阴南洞群,美玉洞群。由于熔岩流在奔流过程中,受平缓斜坡、起伏斜坡、流水切沟、流水冲沟、陡坎、洼地、盆地、台地和平原等古地形单元的影响,熔岩流冷却凝结时收缩"脱壳"的形式有所不同,故形成熔岩洞穴类型和特征也有差别。现归纳起来,熔洞类型有如下几种:

1.1 隧道状熔岩洞穴

(1) 此类形态占境内熔洞约 78%,在熔洞平面展布上都呈现长度空间远大于宽度空间,是大股熔岩流在平缓的斜坡上运动前进的佐证。因此,窄长而平缓的洞室形态成为熔岩隧道的普遍特点。

(2) 洞穴两侧的洞壁很陡直,洞壁与洞底交角一般为 80°—85°。交角之内呈弧形,有的

---

① 杨世火,70 岁,中国地质学会洞穴研究会早期会员,原中国地理学会理事,海南师范大学地貌学教授。

弧形经过后期地下水的流动侵蚀而消失,使洞壁与洞底几乎成为垂直相交。

(3) 洞顶呈现拱形,酷似隧道内之拱顶。以力学角度而论,此拱形洞顶的岩石稳定性好,岩石不易发生垮落,洞穴不易发生塌陷。

(4) 洞壁及洞顶都有熔岩流动所留下的擦痕。这种可塑性的黏稠体擦痕,仿佛流动体波痕,但与喀斯特的液态波痕不同。前者熔岩流沿途夹带的坚硬石体,四周都存在,故熔岩隧道内的顶板、两壁以及洞底都遗留下擦痕;而后者液态水波痕迹,一般在充水洞底因水夹带坚石所刻蚀的痕迹才存在。

境内熔岩隧道最长的是永兴镇卧龙洞群。1990 年,笔者探测其中高徒洞长达超过 1 820 m,末尾段洞穴塌陷,因坠石堵塞无法进入测量,仅从地表的迹象判断,该洞可延长达 2 200 m;洞底宽 13—15 m,两侧壁高 6—8.5 m,熔岩隧道拱顶最为典型,洞底多数段被外来冲进泥土填平,洞顶因垮落而形成的"天窗"有十多处,洞穴气流运行较畅,熔岩隧道空气质量较好,尤其末尾段洞底很平,宽 15—18 m,长 150 m。解放军部队在 20 世纪 70 年代备战时,曾把此地作为仓库预选洞。

1.2　箱状熔岩洞穴

其特征是:洞底宽,两侧洞壁矮而直,洞顶板较平直且低矮,是熔岩流注入古地形"U"形冲沟后,逐渐冷却收缩而"脱壳"所形成的。此类洞穴形态多为短、矮的熔洞。实测此类 5 个洞,平均一般洞底宽 10—14 m,洞高 1.5—3 m,洞顶熔岩钟乳和熔岩气泡较多。

1.3　巷道状熔岩洞穴

当火山喷发的熔岩流奔流入"V"形谷的古地形,熔岩流冷却收缩的"脱壳"置于狭谷境地而形成的洞穴形态,洞壁高度远大于洞底宽度,底凹,呈现洞室高而窄的特点。洞壁上方有很明显的熔岩流动波痕。七十二洞"地下迷宫"前的一支洞,长约 50 m,洞高 5—6 m,而洞底宽仅 1—2 m,人行其间,犹如步入狭窄的高高岩巷。

1.4　管道状熔岩洞穴

其特征是:洞穴横剖面近似椭圆形,一般高 2—3 m,两侧洞壁中间较大,壁形较内曲,有的呈标准内弧,洞底不宽,整个洞室的岩层稳定性较好。此乃古地形倾斜度较大部位的熔岩流,冷凝时收缩速度较快的缘故。七十二洞的"地下迷宫"内有一条长约 20 m 的管道状熔洞,其横剖面呈椭圆形,直径 0.5—0.8 m,洞室倾斜,人只能匍匐爬行,可谓"洞中洞",别有情趣。

1.5　袋状熔岩洞穴

此类熔岩洞穴虽数量较少,但其利用价值较大,成为当地人提取地下水的"天然井"。其特点是:竖向发育明显,洞室下大上小,有的状如竖袋。此类熔洞,一是由于在原生小型气洞内,高温岩浆气体逸散聚积,压力增大,导致上覆围岩的垂向裂隙或薄弱的玄武岩结壳被冲开,形成竖向排气洞;二是当奔向斜度较大的陡坎地形的熔岩流冷却收缩时,因重力作用产生了玄武岩结壳中的竖向"脱壳"熔洞,一般成为洞口小、洞腹大的竖井状或袋状洞穴,有的深达 20—30 m,底积水成潭,如包子岭火山东北面半山坡的火龙洞,正为此典型。

1.6　熔岩穿洞

穿洞,又称天生桥式熔洞。其成因:① 一小段熔岩洞穴的两头,顶板岩层发生整体塌陷,产生前后两个"熔洞塌陷坑",而中部较短洞室被保留下来,其洞顶岩层成为"天生桥";② 熔岩流穿过玄武岩结壳形成的洞穴,离洞口不远,产生了"熔洞塌陷坑",使洞室不能向源头连贯而出现一段天生桥式洞穴。这类熔洞短,前后两个洞口几乎一样,洞中不仅光线好,而且气流通畅。七十二洞进口处的天生桥式熔洞就是典型穿洞,其态之妙,使熔洞系统更充满神奇。

1.7　熔岩气洞

熔岩流冷却凝结进程中,其内气体逸散,主要在玄武岩体的上层形成若干气泡、气孔和大小气洞。

(1) 有的气洞在形成初期,由于还处于封闭的高温状态,四周冷却收缩的围岩尚有一定塑性,随着洞内气体压力增大,洞穴空间会变形,慢慢增大而成为充气熔洞,里面温度高、湿度大,发育繁多垂向性气孔的熔岩刺。具有观赏价值的海口玄武石,基本上就是在这种气洞特定环境下发育的。

(2) 有的气洞在形成后期,当洞壁围岩抗压性已不能承受洞中气体的压力时,洞中气体首先选择洞顶岩层薄弱处或裂隙多的部位往地面喷发,而形成腹大、口小的葫芦状、袋状熔洞。

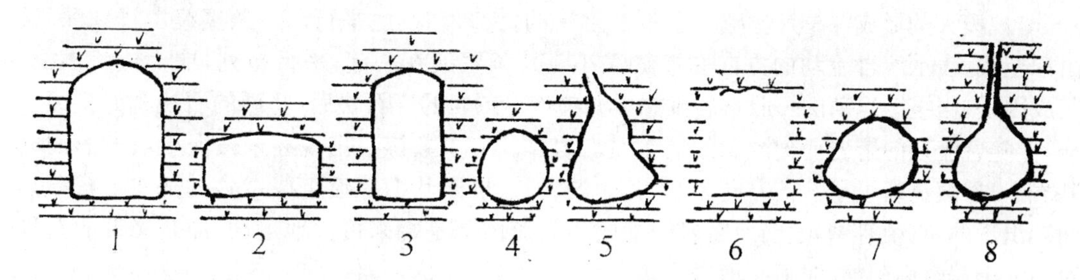

1. 熔岩隧道横剖面 2. 箱状熔岩洞穴横剖面 3. 巷道状熔岩洞穴横剖面 4. 管道状熔岩洞穴横剖面 5. 袋状熔岩洞穴纵剖面 6. 熔岩穿洞纵剖面 7. 熔岩气洞纵剖面 8. 熔岩喷气洞纵剖面

图 1 熔岩洞穴类型的横剖面、纵剖面图

2 熔岩洞穴内景物及其特征

一个较完好的熔岩洞穴的横剖面,大致有这些形态:烘烤硬壳、熔岩钟乳、熔岩流动波痕、熔岩流动擦痕、熔岩流动刻蚀石垅、熔岩石柱、熔岩珊瑚、熔岩凝枝、熔岩石花、熔岩石齿、熔岩凝管、洞壁岩阶、洞脚边槽、洞底流纹(绳状、同心圆状、旋转状)、岩柱、滴蚀石葡萄、气孔、气洞、天窗、坠石堆积、泥沙堆积、水潭和蝙蝠粪堆积等。洞内主要景物及特征如下:

2.1 熔岩钟乳

在火山熔洞空间形成的后期,洞穴顶部或两壁尚未完成冷凝的熔岩流在重力作用下,缓缓向下运动,黏稠流体垂向伸长,在洞穴早冷凝体的形状、阻力、洞穴气流、洞穴水气、洞中温度,以及黏稠体熔岩流自身的冷却收缩程度等综合因素的影响下,发育成形状多姿的"熔岩钟乳"。常见的形态有乳状、锯齿状、珊瑚状、管状、枝状、葡萄状、桃李状、倒铃状、枕状和鼻状等。其中 2007 年发现的"乳花洞"熔岩钟乳,美妙诱人,它们错落有致,彼此辉映,赋予天然熔洞绚丽的光彩,闪烁出火山熔洞的独特风光。

2.2 熔岩气泡

熔岩流在洞内逐渐冷凝时,逸散出其中的水汽、二氧化碳和氧化硫等气体。洞顶或洞壁的熔岩垂向发育的各种冷凝体,特别是钟乳状冷凝体,当其内部的气体压力增至冷凝物外壳不能承受时,气体便会往外冲破凝壳而形成孔洞,其中冲力大的则形成喇叭状钟乳孔洞,击之有音,实为熔洞中一奇观。

2.3 石花

此为熔洞内花蕾状次生物体。附着在洞穴顶部或洞穴两壁上的水珠,内含钙质,当水珠含钙过饱和时,$Ca(HCO_3)_2$内的 CO_2逸散,析出 $CaCO_3$,便会形成含钙的石花沉积物。因玄武岩体含钙质不多,这类沉积物不是很普遍,即使生成,体量也小。七十二洞的石花,中间地下大厅右洞壁上较多,一般长 2—4 cm,分布密度为 25—30 只/10 cm^2,石花茎直径 0.4—0.6 cm。"乳花洞"内的石花繁多而艳丽,石花虽小,但装点洞穴,婀娜妩媚,使洞景生辉。

2.4 流痕

火山熔岩洞穴有两种流痕最明显：

(1) 凹凸不平的流动波痕。凹的深度大的一面，表示熔岩流在冷凝的岩壳中流动的方向。一个波痕，一般长 0.6—1.2 m，宽 0.5—0.8 m。离火山口距离越近的洞穴内，波痕的规模越大，反之则小，表现出洞穴规模与火山口距离成正比的关系；熔岩流是黏稠的半流动熔浆，溢出火山口后其流动速度受古地貌的影响，与古地貌的坡度成正比关系。火山熔岩洞穴内的波痕，是熔岩流动方向和古地貌地势变化的佐证。

(2) 平行擦痕。分布于洞顶和洞壁岩层表面。一般深 2—4 cm，宽 1—2 cm，长 5—10 m，规模大的形成深槽。擦痕几乎都是水平的，大多与洞底平行。一条擦痕由浅到深，又由深至浅，表示熔岩流动的方向和流势大小。几条擦痕在一起，平行排列，成为梳状擦痕。其成因是，当缓缓运动的一股熔岩流掘卷并夹带走围岩的碎石块后，坚硬的石块犹如刻刀一样，伴随着流动的熔岩而刻蚀洞的上下左右岩体。有少数擦痕出现在未被泥土填充的洞底基岩上，擦痕清晰可见。其方向多变，其中漩涡状、椭圆状的擦痕组成奇妙的图案。擦痕是间歇出现的，有稀有密，表明冷凝岩壳下的熔岩流内部是翻来覆去地运动，俘获夹带的石块对洞穴围岩时而刻蚀，时而又消失。

2.5 坠石堆积

普遍分布于洞穴底部。其特征是：堆积体杂乱无章，疏松透水，石块大小悬殊。这是因为洞穴顶部岩层不厚（一般 3—6 m），有的浅层洞穴的顶部岩层仅有 2—4 m，稳定性差，加上1605 年这一带受到琼山大地震（7.5 级）的严重影响，不稳定的洞顶岩石垮落坠地。石山镇神仙洞内的坠石堆积体很大，其洞中段的空间，坠石堆积充填空间多达三分之一；在永兴镇卧龙洞群的高徒洞和美安镇美玉村洞穴群中，坠石堆积堵塞洞穴的地方较多，尤其处在熔洞塌陷坑壁的洞口，其下坠石不仅数量多，而且石块体积大。

2.6 蝙蝠粪堆积

在美玉村的火山熔岩洞穴群中，蝙蝠洞、月亮洞等栖息的蝙蝠较多，特别在洞尾越是黑暗的地方，蝙蝠尤多。有的洞顶上，蝙蝠相互抓住，悬吊成串，构成动物奇特景观。永兴镇广阔果园区，果蝠多，几乎是“昼栖洞、夜出飞”，危害果农，其粪长期排泄堆积洞底。密集蝙蝠的洞穴，蝙蝠粪堆积厚 4—7 cm，有的洞穴蝙蝠粪已被取走作药物或肥料。

3 熔洞塌陷坑

海口火山群世界地质公园境内的熔岩洞穴，大凡洞口出露于地面的都属于地下浅层洞穴，绝大部分熔洞是第四纪晚更新世和全新世火山喷发“雷虎岭期”和“马鞍岭期”的熔岩流冷却收缩而“脱壳”形成的。它们的共同特点都是洞穴顶板不厚。在 1605 年琼山大地震诱发下，一些洞顶玄武岩稳定性差的熔洞，发生整体塌陷而成“熔洞塌陷坑”。

它们是火山地貌的一种形态，成为熔洞系统的组成部分，起着地下与地上有机联系的接换作用。永兴镇卧龙洞群、美安镇美玉村洞群、石山镇七十二洞和乳花洞，洞穴走向上都间嵌着“熔洞塌陷坑”，彼此陷落呈“串珠状”格局。

“熔洞塌陷坑”一般呈椭圆形，直径 20—30 m，而呈长条形的则称为“熔洞塌陷谷”，著名的有仙人洞塌陷谷和卧龙洞群塌陷谷。其特点是：① 谷宽与洞穴宽度相似；② 塌陷不深，一般深度 4—5 m；③ 塌陷岩壁陡峻；④ 塌陷岩壁都有坠石堆积的洞口；⑤ 其内植物茂盛，有的已成地下森林。

4 保护熔洞

目前，在公园范围 108 km^2 之内的 30 多个熔岩洞穴中，凡距离村庄较近而有人进入的熔洞,其内环境不同程度地遭到破坏,突出的表现是:① 当地民众多是举火炬进洞,熔洞内的熔岩钟乳、熔岩石花、熔岩珊瑚以及大部分洞壁都被火炬油烟熏黑,同时,油烟和煤油污染了洞中空气,这种现象尤以阳南洞(过去干旱时村民举火炬进洞挑水)、神仙洞和七十二洞最为严重,特别是七十二洞,从 2007 年 5 月 1 日起,有人在进洞口处"天生桥"下卖火炬,对探洞者每人收一只火炬五元,因而洞穴环境更遭破坏;② 一些熔洞中的熔岩钟乳、熔岩珊瑚和熔岩石花等遭到乱敲乱打,如七十二洞和仙人洞中多处熔岩石花被打烂;③ 近年来,由于熔洞中的熔岩被建筑业、园林业,特别是高档别墅装饰业所采用,一些农民进洞挖掘熔岩出售;④ 多数农民认为自己承包土地下的洞穴,其使用权属于自己所有;⑤ 人们普遍都缺乏熔洞科普知识和自觉保护的意识。

以上几点是保护熔岩洞穴的原因,为了除弊兴利,特建议如下:

4.1 牢固树立保护第一的观念

火山是揭示地球深处奥妙的天然窗口,而熔岩洞穴则是地球深部岩浆喷发溢出地面所形成的地下地质遗迹,它与地面形成的大小火山地貌是一脉相承的。这是不可再生的资源,保护其本来面目,就是保护地球,保护人类自己。因此,在人们的思想意识里,必须牢固树立保护的观念,才能实现资源可持续利用的理念。

4.2 落实具体的保护措施

(1) 2005 年完成的该公园地质遗迹保护规划报告,对境内的仙人洞、七十二洞、火龙洞、卧龙洞群和鸦卜洞等,进行了地质遗迹保护等级评定,均被评定为Ⅱ级保护,并提出了保护措施,但规划操作性欠具体。近两年来,评定为Ⅱ级保护的熔洞,其保护效果欠佳。今后,据规划实行情况和熔洞分布地区实情,应加以适当修改、完善。

(2) 重点突出该公园主体园区内及其周边Ⅱ级熔洞的保护,以适应旅游科普教育和年轻人探险健身的需要,同时,这些熔洞便于主体园区落实具体保护措施。

(3) 建议将 2007 年发现主体园区之内的"乳花洞",经有关专家鉴评,列入Ⅱ级或Ⅰ级保护的熔洞。

(4) 建议地方政府对Ⅱ级保护的熔洞和新增加的"乳花洞",每年要拨一定经费实施保护。

(5) 对于Ⅱ级保护的熔洞和"乳花洞",建议实行四定(定人、定管、定费、定检),每年坚持一次检查;对这些重点保护熔洞,要建立资料档案;Ⅱ级保护熔洞的所在镇、村,应纳入工作议事日程,每年市国土环境资源局对镇、村的保护工作,要开展评比,对其保护成绩显著者,给予奖励。

(6) 根据 108 km^2 全公园的总体规划,除准备作为保护性开发的熔洞——"乳花洞"、"火龙洞"和"七十二洞"外,其余Ⅱ级保护熔洞均实行封闭,以留给子孙后代。

(7) 确定Ⅱ级保护熔洞和"乳花洞"的地面保护范围。凡熔洞顶部地面沿熔洞走向轴线两侧各 30 m(共 60 m),为保护地面环境的范围;要确定边界,打桩定线,树立保护碑,明确保护单位和负责人。

(8) 明确熔洞及其顶部地面保护区的所有权和使用权。根据自然素性,地下熔洞与地上火山一脉相承,是合二为一的地质遗迹。因此,30 多个熔洞的所有权自然归属于国有的火山群世界地质公园;至于与地下熔洞相对应的地上土地,集体或个人虽然拥有使用权,但世界地质公园则有保护其生态环境和合理利用土地的监督权;鉴于目前不少农民认为包产责任地下面的熔洞使用权属于自己使用的错误认识,特建议海口市政府颁布熔洞所有权的有关法规,以法保洞,彻底消除熔洞中乱挖烂采的违法现象;对于单位、集体和个人侵犯熔洞所有权及一切破坏活动,世界地质公园有权上诉,将违法者绳之以法。

(9) 凡保护规划评定的 5 处Ⅱ级熔洞及新发现的"乳花洞",对其相对应的地表及洞内,必须做好“四不三严”，即不准随便修造建筑物，不准乱挖烂采岩石，不准破坏地面植物，不准随意挖塘养鱼和修造蓄水池；严禁在其上放炮取石，严禁在洞内放鞭炮，严禁举火炬进洞。

（10）做好熔洞保护性开发规划。洞穴旅游自然资源，据其周围配景，既可建成独具特色的景区，又可作为一大风景区之内的应衬景点。该公园距主体园区近的“乳花洞”、“火龙洞”和“七十二洞”等三处火山熔洞地质遗迹，只是适宜景区应衬景点，实施保护性开发，不要搞重复性项目，要各有所长，各显其特；因地下洞穴的开发，对洞中通气、游道、灯光以及游客容量的控制等都有特定的要求，所以对熔洞的保护性开发，要求在洞穴专家指导下搞好单独详规，防止以后出现弊端。

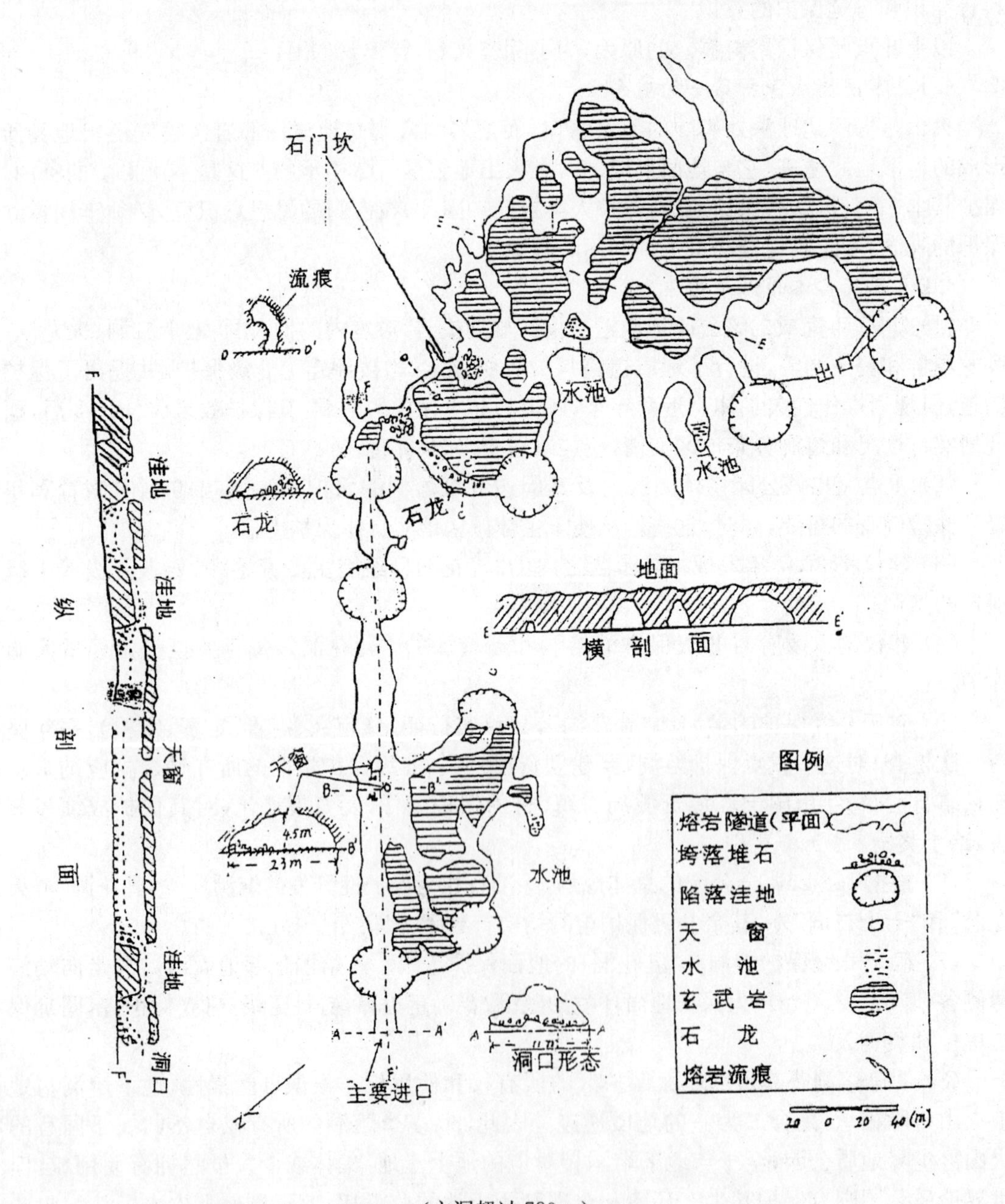

（主洞超过 780 m）

图 2 七十二洞平面示意图

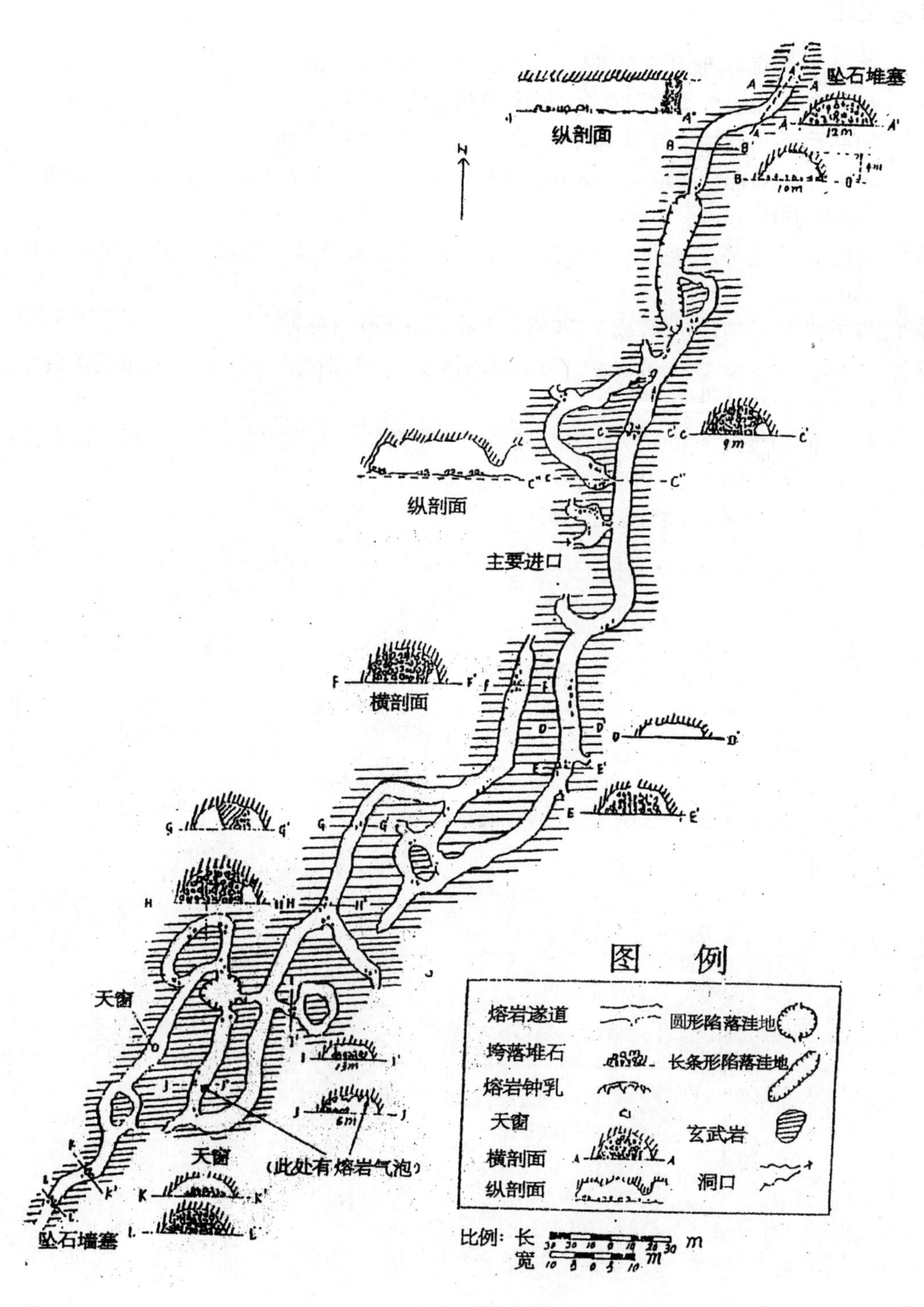

图 3　永兴镇卧龙洞群之一
高徒熔岩洞穴平面示意图(1990 年测)

参考文献

[1] 宋春青,张振春.地质学基础.北京:人民教育出版社,1978
[2] 张英俊.应用岩溶学及洞穴学.贵阳:贵州人民出版社,1985
[3] 陶奎元.火山岩相构造学.南京:江苏科学技术出版社,1994
[4] 海南地质队.海南岛琼山县羊山东部玄武岩地貌及水文地质特征.广东:广东地质科技(内部刊物),1997
[5] 杨世焱.海南省主要洞穴的类型及其特征.海南师范学院学报(自然科学版),1996,V01,9:86-91
[6] 傅子冲.旅游地质初探.成都:四川科学技术出版社,1987
[7] 张寿越,金玉璋.洞穴资源保护与景观的修复——喀斯特与洞穴风景旅游资源研究.北京:地震出版社,1994
[8] 杨汉奎,田维新.游览洞穴的环境变异——喀斯特与洞穴风景旅游资源研究.北京:地震出版社,1994
[9] 林起玉.琼北火山奇观.地球,1988,2

琼北地区晚更新世射气岩浆喷发初步研究①

孙 谦[1,②] 樊祺诚[1] 魏海泉[1] 隋建立[1] 白志达[2]

徐德斌[2] 史兰斌[1] 张秉良[1] 洪汉净[1]

1. 中国地震局地质研究所,北京,100029

2. 中国地质大学,北京,100083

摘要:琼北地区晚更新世射气岩浆喷发形成众多的低平火山口,出露典型的基浪堆积物,在火口垣露头上可清晰地观察到大型低角度交错层理、板状层理和波状层理,以及远源相的球粒状增生火山砾。玄武质岩浆在上升过程中遇水爆炸形成低平火山口及基浪堆积,为认识琼北地区新生代以来的火山活动规律和琼北—雷南地区的构造环境,以及未来火山灾害预测提供了重要的依据。

关键词:晚更新世;射气岩浆喷发;低平火山口;基浪堆积物;琼北

1 琼北火山地质概况

雷州半岛和海南岛北部统称雷琼地区,琼北即为海南岛北部。该地区在构造上属于新生代大幅度沉降的雷琼拗陷的南部,地表为大片玄武岩和第四系所覆盖。琼北火山岩约占海南岛总面积的12%,分布在8个县(市),即琼山大部、临高县北部、澄迈县北部、定安县西南部、文昌县西南部、儋州市西北部、琼海市西北部和海口市南部。从构造格局上看,自新生代以来,琼北地区的近EW向构造在地壳运动中起着明显的控制作用,其中王五—文教断裂是琼北火山岩区的南部边界。NW向的断裂控制着全新世以来最新的火山活动,如最新一期的马鞍岭、雷虎岭火山岩的喷溢及许多火山锥的排列都明显呈NW走向。根据许多研究者对琼北火山分期的意见(汪啸风等,1991;黄镇国等,1993),基本上可以归纳为4期:晚第三纪金牛岭期、早更新世多文岭期、晚更新世东英期和全新世雷虎岭期。

2 更新世—全新世以来的火山活动

据海南省区域地质调查报告(1∶50 000),将晚更新世以来的火山活动划分为更新世道堂组和全新世石山组。根据对更新世以来琼北火山活动的考察发现,在早更新世溢流式岩浆喷发之后,晚更新世有相当大规模的射气岩浆喷发活动,全新世又以典型的中心式喷发为特征。晚更新世是琼北射气岩浆喷发活动最活跃的时期,喷发年代大致与雷南地区的湖光岩等相当。

在道堂村以西的美造水库水坝北坡,出露了可能是早更新世溢流式岩浆喷发与晚更新世射气岩浆喷发的较为典型的剖面,有关的年代学研究正在进行之中。剖面下部为深灰色块状玄武岩(推测为早更新世),往上玄武岩具球状风化特点,顶部发育厚约1.5 m的锈黄色风化壳,以火山碎屑和黏土为主,为一不整合面,表明火山活动有一喷发间断。风化壳之上,

---

① 本文发表于《地震地质》2003年第25卷第2期。

② 孙谦,1969年12月生,2000年6月毕业于中国地质大学,获硕士学位,同年9月进入中国地震局地质研究所攻读博士学位,主要从事新生代以来活动火山的研究。

为灰黄—浅灰色薄层状细粒基浪堆积,以水平层理为主,局部发育斜层理,为典型的射气岩浆成因,属于晚更新世射气岩浆喷发的远源相基浪堆积物。全新世火山活动主要分布在琼北石山—永兴的NW向火山带,该带由几十座中心式火山口/锥组成。具有代表性的火山口是马鞍岭和雷虎岭,雷虎岭火山口即坐落在晚更新世射气岩浆喷发成因的基浪堆积之上。

3 射气岩浆喷发

3.1 射气岩浆喷发的一般特征

玄武质岩浆遇水会立即发生爆炸,并伴随出现基浪,即所谓射气岩浆喷发,形成火山基浪堆积物。基浪云从许多火山喷发柱横向放射状向外扩散,特别是那些正在上升的岩浆柱同地表水或地下水接触的地方,这种现象更为明显。这种火山基浪是含有大量水蒸气、火山灰、火山砾等的喷发柱从侧面掠过造成的。凝结的水蒸气作为火山基浪的一部分,与火山基浪流中的火山碎屑颗粒充分混合,并支撑和稀释了基浪中的火山碎屑。这种有水参与的水成碎屑,多出现在玄武质火山爆发中。在许多细粒水成凝灰层中可出现增生火山砾,并发育独特的层理构造。

基浪常常伴随形成小的低平火山口,这种低平火山口就称为"Maar",它是仅次于火山渣锥较常见的火山地貌。

3.2 关于射气成因的低平火山口(Maar)

"Maar"是居住在德国莱茵地区的人们对当地有水的湖泊和沼泽的称呼。1921年德国科学家Steininger在德国西部Eifel第四纪火山区圆形的小火山湖研究中最早把"Maar"定义为一种火山类型,刘嘉麒等(2000)译为"玛珥湖"。根据该火山口的地质特点称其为"低平火山口"。低平火山口作为射气岩浆喷发形成的产物,因而在形态上与其他一些火山机构相类似。

低平火山口形成的基浪堆积都具有大型低角度板状层理或交错层理,形成似沙丘构造。这种似沙丘构造的纹层峰顶是向基浪的下游方向迁移的,即由火口内侧向外侧爬升。同时,迎流面纹层趋于变薄,颗粒较细,而背流面纹层发育较好,颗粒较粗。有增生火山砾出现,且距喷气口一定范围内,增生火山砾颗粒大,发育完好。

3.3 射气岩浆成因低平火山口在中国的分布

中国典型的低平火山口主要分布在东北龙岗和华南雷琼两个新生代火山区。东北的龙岗火山群分布着第四纪玄武质火山渣锥约170座,其中射气岩浆喷发形成的8个低平火山口已蓄水,当地称为龙湾(大龙湾、三角龙湾、南龙湾、二龙湾、小龙湾、四海龙湾、龙泉龙湾和东龙湾)。其共同特征是主要由基浪堆积物组成(刘祥等,1997),湖垣高度一般几十米,外坡缓而内坡陡。

雷州半岛的低平火山口主要包括田洋、九头洋、青桐洋和湖光岩(黄镇国等,1993;刘嘉麒等,2000)。最典型的湖光岩位于湛江西南14 km处,水深20 m左右,面积约为1 850 m×1 770 m,由多种射气岩浆喷发物组成,成层性较好,具有交错层理和波状层理,说明其是火山基浪喷发的产物。

4 琼北晚更新世射气岩浆喷发

在琼北地区考察期间,观察到的由射气岩浆喷发形成的低平火山口主要包括:罗京盘、龙凤—龙吉、双池岭、双池岭东、美玉南、雷虎岭—永茂岭和杨花等。另外,在海南岛西海岸的峨蔓等地也见到典型的低平火山口。石山一带射气岩浆喷发成因的低平火山口如图1所示,以下就琼北地区几个主要低平火山口作一简要叙述。

4.1 罗京盘

位于琼山永兴南约6 km处,高程93 m,火口内径900—1 000 m。火口内现已干涸,并

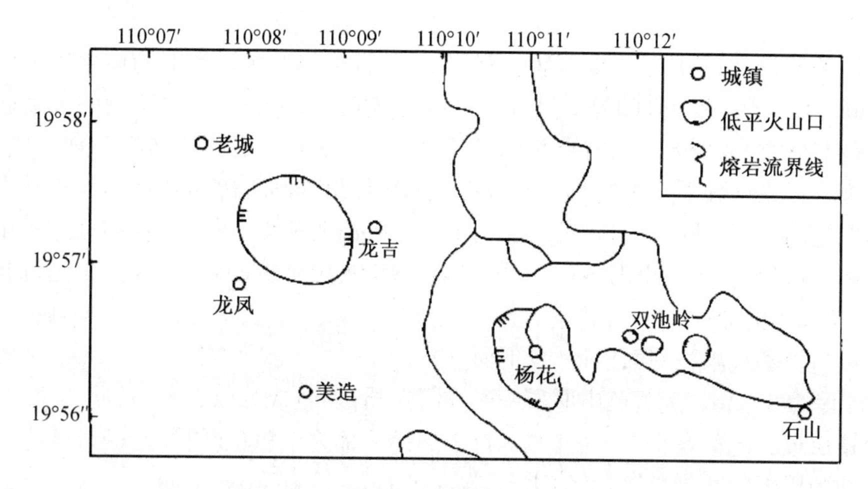

图 1　石山一带射气岩浆成因的低平火山口分布示意图

已开垦为平坦的农田，在中心位置突起 1 个熔岩丘，高 78 m，整个火口的封闭性较好（刘嘉麒等，2000）。火山口内侧可见到火山喷发时抛射出的围岩角砾以及基浪堆积露头和碎块。

4.2　龙凤—龙吉

位于马鞍岭火山口 NW 方向约 8 km 处，其西侧是龙凤村，东侧是龙吉村。面积较大，整体呈椭圆形。长轴为 NW 向，长约 1 500 m；短轴长约 1 100 m，面积约 1.65 km。火口垣残缺，断续出露，口内已开垦了大片农田。其北边远源相基浪堆积物已达老城附近的海口—三亚西线公路边，超覆于北海组地层之上，并见典型的射气岩浆喷发成因的增生火山砾。

4.3　双池岭

位于石山镇西北 2 km 处。双池岭由 2 个低平火口组成，口径较小，直径分别为 50 m 和 200 m，深为 15 m，底部蓄水。最高处高程为 104 m（西岭）和 92 m（东岭）。火口垣外坡平缓，内坡较陡。双池岭以东另有一低平火山口已蓄水，枯水期水深 1.5 m。

4.4　雷虎岭—永茂岭

在雷虎岭火山锥北坡寺庙南侧约 150 m 处，有一近等轴状水坑，直径为 10 m，崖高约 3.5 m。雷虎岭期火山渣直接覆盖在细粒中薄层基浪堆积物之上，两者明显呈喷发不整合接触。同时，雷虎岭和永茂岭之间存在一大型低平火山口，该火口位于雷虎岭东南 1.3 km。

永茂岭西北 0.8 km 处，火口直径约为 1.9 km。火口的西北垣较完整，东北垣残缺不全，缺口长度可达 1 km 以上。火口内部较平坦，已开垦出大片农田。该低平火山口外坡的基浪堆积物已抵达雷虎岭的南坡。

4.5　浩昌岭—美玉岭

根据航片解译和实地考察，笔者发现在浩昌岭的西侧、美玉岭的东南侧有一大型低平火山口，火口直径约为 1.9 km。火口的西北垣较完整，东北侧断续出露，南垣则基本已被破坏。

4.6　杨花

在距永兴石山镇约 3 km 处的杨花村低平火山口规模较大，低平火山口的西南、西、西北方向火口垣保留较完好，其半径在 1 km 左右。在杨花村的西北方向有一垭口，位于火口垣基浪堆积的转折端，堆积物出露高度约 6—7 m，为典型的射气岩浆喷发成因。它具有玄武质的含增生火山砾的灰云浪涌流堆积结构。基本层序特征是：下部相对较粗，碎屑颗粒一般为 2—5 mm，分选较差，为次棱角状—次圆状，基质支撑，成分主要由玄武质火山渣构成。具有正、逆递变层理，低角度板状交错层理和冲刷面。颜色为黄色—褐黄色，上部主要是深灰色中薄层基浪堆积物，其间夹有凝灰质砂砾岩、砂岩。具有面状平行层理、低角度交错层理和波状层理。

在火口的外缘，也就是基浪堆积物的背流面，发育了与老城相类似的增生火山砾(accretionary lapilli)。增生火山砾的外形呈圆形，直径大约2—5 mm。距火口近的火山砾粒径较小，而较远源相的粒径较大。其特点是圈层构造发育，由大小不等的同心圆球组成，其圈层可逐层剥离。形成这种圈层构造的原因是蒸气爆炸炸出的细小碎屑物在涌浪推动下向远离火口的方向运动，在此期间碎屑物表面黏结了细粒火山灰和尘土等，并在滚动过程中形成圆形圈层。离火口越远，滚动距离越长，圈层越多，增生火山砾也就越大，这正是远源相的火山砾发育好、个体大的原因。

杨花火口垣基浪堆积剖面描述(自下而上)：

(1) 层厚为30 cm。灰黄色中厚层中细粒凝灰质砂岩，成分以岩屑、长石为主，发育低角度板状交错层理。内部发育多个韵律层，每个韵律下部为中粗粒砂状凝灰岩，厚约2—3 cm。向上渐变为薄层细砂状凝灰岩，厚约4—5 cm。

(2) 层厚为23 cm。由5个韵律层构成，每个韵律下部为深灰色中薄层含砾粗粒凝灰岩，发育低角度板状交错层理。底部可见下蚀沟，凹凸不平，厚约1—2 cm。向上渐变为中粗粒凝灰岩，与下部一起构成正粒序层理。

(3) 层厚为24 cm。下部为深灰色细粒状火山渣，厚约5—6 cm，砾石大小一般为2—4 mm，大者可达6 mm，为棱角状，分选中等，成分以花岗闪长岩(20%—30%)、玄武岩(40%—50%)为主。向上渐变为粗粒状凝灰岩，与下部一道构成正递变层理，底部界面较平直。

(4) 层厚为25 cm。由2个韵律层构成，下部韵律厚约10 cm，由下而上分别为含砾粗砂状凝灰岩，向上渐变为薄层中粗粒砂状凝灰岩，发育低角度板状交错层理及正递变层理；上部韵律自下而上由中粗粒砂状凝灰岩渐变为含砾粗砂状凝灰岩，具递变层理。

(5) 层厚为25 cm。下部为灰色、灰黄色细粒状火山渣或细砾岩，砾石大小一般为3—5 mm，次棱角状，成分为玄武岩和花岗闪长岩，向上渐变为深灰色粗砂状凝灰岩，发育低角度板状交错层理，底部界限清晰。

(6) 层厚为11 cm。以火山渣为主，呈砂状，发育正递变层理。底界面界限清晰，岩石呈土黄色。

(7) 层厚为35 cm。下部为灰色中厚层火山渣，火山渣粒径一般为7—8 mm，个别可达1 cm以上，次棱角状，发育正递变层理。向上渐变为土黄色中薄层含砾中粗粒—中细粒砂状凝灰岩，发育低角度板状交错层理，每个交错层为1个小韵律，这样的层大致有8—9个，每层厚度大致相等。

(8) 层厚为40 cm。由4个韵律层构成，每个韵律层厚度大致相等。每个韵律底部由深灰色、灰色含砾粗砂状凝灰岩组成，砾石大小一般为2—4 mm，个别达1 cm，厚约6 cm。向上渐变为土黄色中细粒砂状凝灰岩，发育低角度板状交错层理。4个韵律层自下而上颗粒逐渐变小，细砂状凝灰岩有所增加。

(9) 层厚为44 cm。由3个韵律层构成，每个韵律又由级别更低的小韵律叠置而成。第1韵律由2个小韵律构成，总体上为含砾粗砂状凝灰岩，局部夹有火山角砾，发育大型低角度板状交错层理，厚度约7 cm；上部渐变为由土黄色火山灰构成的凝灰岩，局部夹有含砾中粗粒砂状凝灰岩，发育大型低角度板状交错层理、波状交错层理及透镜状交错层理，底面较平直。第2个韵律下部为厚约3—4 cm的凝灰岩，向上渐变为土黄色粉砂状凝灰岩，发育低角度板状交错层理、丘状交错层理、平行层理及透镜状层理。第3个韵律下部为厚度不等的中粗粒砂状凝灰岩，呈深灰色，一般厚度为1—5 cm，向上渐变为土黄色凝灰岩，发育大型低角度板状交错层理，底部可见冲蚀沟，明显切割下伏地层。

(10) 层厚为 42 cm。由 3 个韵律层构成。每个韵律下部为深灰色火山角砾岩，大小一般为 3—5 mm，个别达 7—8 mm，次棱角状，发育低角度板状交错层理，厚约 10 cm。向上渐变为浅灰色含砾状凝灰岩、中细粒状凝灰岩，发育平行和低角度板状交错层理。总体上往上部单元碎屑颗粒减小，上部单元逐渐增厚，火山灰含量增高。

(11) 层厚为 55 cm。大致由 3 个韵律层构成。第 1 个韵律下部为火山渣层，渣的粒径一般为 4—5 mm，呈次棱角状，层厚约 8 cm。向上渐变为灰色、浅灰色中粗砂状凝灰岩，厚约 2—3 cm。第 2 个韵律下部为火山渣层，渣的粒径一般为 3—4 mm，厚约 20 cm。向上渐变为土黄色中细粒砂状凝灰岩，厚约 5—6 cm。第 3 个韵律下部厚为 2—3 cm，上部渐变为灰绿色细砂—粉砂状凝灰岩。

(12) 层厚为 80 cm。下部为中粗砂状凝灰岩，向上渐变为灰绿色细砂—粉砂状凝灰岩，发育中小型低角度板状交错层理，见少量顺层气孔。

(13) 层厚为 30 cm。灰黄色多韵律含砾凝灰岩，由 9 个小韵律构成。

(14) 层厚为 25 cm。底部为深灰色火山渣，向上渐变为灰黄色凝灰岩。

(15) 层厚为 45 cm。下部为 20 cm 厚的灰黑色玄武质火山渣；上部为 25 cm 厚的灰黄色薄层含砾凝灰岩。

(16) 层厚为 30 cm。下部为 10 cm 厚的灰黑色火山渣；上部是 20 cm 厚的灰黄色含砾凝灰岩。

(17) 层厚为 35 cm。下部是 10 cm 厚的灰黑色火山渣；上部为 25 cm 厚的灰黄色含砾凝灰岩。

(18) 层厚为 2 m。下部为 10—15 cm 厚的火山渣；上部为平行层理含砾凝灰岩，发育多个韵律。

5 讨论

(1) 在对雷虎岭、龙凤—龙吉等射气岩喷发成因的低平火山口的研究过程中发现，它们都覆盖在北海组地层之上，其上又被全新世火山渣锥所覆盖。这一现象在雷虎岭火山锥北坡的寺庙南侧表现得最为清晰。海南省区域地质调查报告(1∶50 000)将道堂组分为 4 段，而道堂组第 4 段和第 2 段均为射气岩浆喷发形成的基浪堆积物，层位与雷虎岭等地发现的基浪堆积物层位相当，它们都是晚更新世射气岩浆喷发的产物。

(2) 琼北地区广泛分布着晚更新世射气岩浆喷发形成的低平火山口。除了文中提到的之外，在海南岛西部的峨蔓也发现了规模较大、保存较为完整的低平火山口。另外，在雷州半岛也有湛江的湖光岩等类似低平火口保留。可以肯定的是，雷、琼之间虽有琼州海峡相隔，但在构造上显然为一整体。从宏观上看，雷琼地区的火山岩分成雷南和琼北两片，两者之间以第四纪的其他地层为间隔，在地形上也表现为低地，表明火山活动的地域局限性必有其构造控制的原因。

(3) 雷南和琼北出现大规模的射气岩浆成因的低平火山口，表明了在晚更新世时期该地区的火山活动通常伴有射气岩浆喷发。射气岩浆喷发是由于上升的玄武岩浆遇水爆炸产生基浪，并由基浪堆积物形成低平火山口。可见，雷琼地区在晚更新世时期必定存在大量的地表水或地下水。据此判断晚更新世雷琼地区应该是统一的地质环境，琼州海峡此时还未裂开。

(4) 通过对航片的判读和实地考察发现，在低平火山口的边缘上往往发育多个全新世的火山渣锥，这表明该地的火山活动具有继承性。目前这一现象还有待进一步研究，初步判定与火山裂隙发育有关。

特别感谢海南省地震局火山文化发展中心的胡久常、肖劲平、卢永健等几位同志，本研究的野外考察工作得到了他们的鼎力协助和热情支持。

参考文献

[1] 黄镇国,蔡福祥,韩中元,等.雷琼第四纪火山[M].北京:科学出版社,1993

[2] 汪啸风,马大铨,蒋大海,等.海南岛地质(二):岩浆岩[M].北京:地质出版社,1991

[3] 刘嘉麒,王文远,郭正府,等.中国玛珥湖的时空分布与地质特征[J].第四纪研究,2000,20(1):78-86

[4] 刘祥,向天元.中国东北地区新生代火山和火山碎屑堆积物资源与灾害[M].长春:吉林大学出版社,1997

Preliminary Study on Late Pleistocene Phreatomagmatic Eruptions in the Northern Hainan Island

SUN Qian[1] FAN Qicheng[1] WEI Haiquan[1]
SUI Jianli[1] BAI Zhida[2] XU Debin[2]
SHI Lanbin[1] ZHANG Bingliang[1] HONG Hanjing[1]

1. Institute of Geology, China Earthquake Administration, Beijing, 100029, China
2. China University of Geosciences, Beijing, 100083, China

Abstract: This study focuses on the northern Hainan volcanoes. The volcanic region belongs to the southern part of the Leiqiong depression, which experienced extensive subsidence during the Cenozoic. The surface of this area is covered with basalts and Quaternary sediments. Cenozoic volcanic rocks cover about 12 percent of the whole Hainan Island. In general, NW-trending fractures have controlled the volcanic activities in this area since Holocene. According to the published data, the volcanic activities in the northern Hainan Island since Late Pleistocene were divided into Daotang period (Late Pleistocene) and Shishan period (Holocene). Our field investigation on volcanic activities has revealed that after the effusive eruption in early.

Pleistocene, considerable scale phreatomagmatic eruptions occurred during late Pleistocene, and then the typical central eruptions occurred at the beginning of Holocene. Late Pleistocene is the most active period of phreatomagmatic eruptions in Northern Hainan Island, while phreatomagmatic eruptions were the important eruptive character before the Holocene volcanic activity in this area.

Phreatomagmatic eruptions may produce base-surges, and base-surges are usually accompanied with "Maar". Maar is originally the name that the local people of Rhine, Germany called the lake and swamp filled with water in the region. In 1921, Steininger, a German scientist, defined Maar as a kind of volcanoes when he studied a Quaternary small round crater at Eifel, western Germany. Chinese scholar Liu Jiaqi had researched some Maars within Chinese territory during the past several years. He pointed out that Maar is something caused by phreatomagmatic eruptions, and its shape is similar to some other volcanic apparatus. Maar is a kind of familiar volcanic physiognomy besides volcanic cone. Some typical Maars concentrate in Longgang (Northeast China) and Leiqiong (South China) regions, which are Cenozoic volcanic area. In Longgang region, there are eight Maars caused by phreatomagmatic eruptions. Local people call these Maars as "Longwan", such as big Longwan, triangle Longwan, south Longwan, east Longwan and so on. There are also several Maars located in Leizhou Peninsula, such as Tianyang, Jiu Touyang, Qing Tongyang and Hu Guangyan.

Some native geologists have begun to study Maars and have made remarkable progress. The study of phreatomagmatic eruptions and its products is an important branch of volcanology, while the northern Hainan Island provides a good position to study this phenomenon.

A number of Maars with typical base-surges are caused by late Pleistocene phreatomagmatic eruptions in the northern Hainan Island. Typical phenomena caused by phreatomagmatic eruptions can be observed around these Maars, such as large-scale and low-angle cross bedding, slaty bedding, current-bedding and distal facies accretionary lapilli. If basaltic red hot magma ascends and meets with the ground water near the earth's surface or surface water, explosion must occur, resulting in the formation of base-surge deposits. This process creates base-surge. In order to get better understanding of the modern volcanic activity and tectonic environment in the northern Hainan Island and southern Leizhou Peninsula, great attention should be paid to the study of base-surge in this area. Moreover, the study of base-surge may provide significant evidence about future volcanic hazard.

Key words: late Pleistocene; phreatomagmatic eruptions; Maar; base surge; the northern Hainan Is land

琼北火山群形成的动力学机制及地震现象的新认识①

刘　辉[1,②]　洪汉净[1]　冉洪流[1]　沈繁銮[2]　赵　波[1]　陈会仙[1]

1. 中国地震局地质研究所，北京，100029

2. 海南省地震局，北京，570203

摘要：分析世界火山分布图发现，琼北火山群分布在一南北向的火山带上，应用有限元方法模拟计算双俯冲作用下海南岛所在的雷琼—越东火山带的形成机制，结合海南岛精确定位的地震数据和形变观测结果，认为琼北地区可能存在岩墙侵入或张性断裂膨胀，并根据地震数据模拟分析了岩墙侵入对区域应力场及形变的影响。琼北地区精确地震（2000—2006）定位结果表明地震主要集中在一个垂直面上，并且地震带两端有分叉现象。通过地震时空分布特征推测存在岩墙侵入，并通过数值模拟很好地解释了琼北地区地震的分布特征（狗骨头状）以及地表垂向形变东升西降的特征。

关键词：双俯冲；岩墙侵入；海南岛；有限元；火山

1　引言

琼北火山群位于欧亚板块的东南缘，受到菲律宾板块、印度板块运动和南海海盆扩张的联合作用与影响，构造运动、火山活动和地震活动强烈。琼北地区所在大地构造位置属于华南褶皱系，包含五指山褶皱带和雷琼断陷两个二级构造单元，基底主要是中元古界和古生界变质岩及中生界白垩系砂砾岩。白垩系的沉积盆地主要受北东向构造的控制。在燕山运动之后，由于近东西断裂的作用形成了新生代断陷盆地。古近纪末，该区曾发生过准平原化；新近纪初，琼北地区上地幔隆起，地壳发生拉张使原有的断裂继承性地活动，主要以近东西向断裂的强烈活动为主，整体地貌呈阶梯状向北下降，海水广泛侵入，重新形成近东西向断陷盆地；盆地内部由于北西向断裂的切割，形成垒堑相间的条块构造；新近纪末，盆地上升，发生海退，伴随有多次火山喷发；第四纪，地壳以断块差异升降活动为主，继承性断裂地活动，伴随有大量火山喷发和多次地震活动；现在地壳运动仍然以近东西向和北西向的差异运动为主。

1605 年 7 月 13 日在海口琼山发生了 7.5 级大地震，震后又陆续发生了十余次 6 级左右的余震，琼北沿海地区普遍发生沉陷，72 个村庄沉入海中，沉陷面积超过 100 km^2，沉陷深度一般为 3—4 m，最深达 10 m。全球自有历史地震记载以来，这是唯一一次有如此大面积塌陷和如此多的强余震的大地震。

近年来，很多学者利用不同的研究思路和方法对海南岛地区进行了深入研究。嘉世旭等（2006）认为雷琼地区地壳厚度的减薄以及低波速异常可能与地幔对地壳底部的底侵、拆层和地壳仍处于相对温热状态相关。区域地震层析成像显示，在海南岛下方 600 km 深度之

---

① 本文发表于《地球物理学报》第 51 卷第 6 期。

② 刘辉，男，中国地震局地质研究所硕士毕业生，主要研究方向为地震与火山方面的地球动力学与数值模拟等。

上存在明显的低波速异常。丁志峰等(2004)认为琼北火山区的中下地壳波速偏低，上地幔中的低波速异常区则集中在琼州海峡。胡久常和白登海(2005)通过大地电磁测深认为海南岛下方存在饼状地幔柱。雷建设(2007)通过层析成像的方法认为海南岛下方存在直径为80 km的地幔柱。刁桂苓等(2007)通过精确地震定位发现一个南北向的地震带，且该地震带的端部有分叉的分布现象。可见通过地球物理手段得到了在海南岛下方存在地幔柱的认识，然而该区域下方地幔柱形成的动力学机制是什么？对海南岛的火山和地震活动有何影响？

火山与地震的相互作用是目前研究的热点。研究琼北火山群形成的动力学机制有助于理解南亚的构造特征以及陆内火山成因机制。本文旨在应用数值模拟的方法对琼北火山群的形成机制进行探讨，对琼北区域地震现象的新认识和模拟研究可以为该区地震的成因和机理以及现今该区域的活动性提供参考。

2　琼北火山群形成的动力学机制

琼北火山群位于琼北—越东火山带上，该火山带与腾冲—缅甸火山带和台湾—菲律宾火山带基本平行(图1a)，而后两个火山带的位置恰恰是俯冲带的位置。以往研究对于俯冲区域形成的火山带成因有较为一致的认识，然而板内火山带的成因目前争议很大。为了探讨琼北火山群所处火山带的成因，本文设计了双俯冲有限元概念模型(图1b，模型参数见表1)，本构方程见式(1)、(2)。模型尺度(长、宽、高)为3 600 km×1 500 km×670 km，模型中共有9 000个单元，10 626个节点，模型垂向介质分两层(表1)，浅部地壳为较硬层，深部为较软层，模型底面、顶面垂向固定，两个俯冲带均给定10 mm/a的俯冲速度。模拟结果(图1c)显示形成了两个俯冲对流环，同时双俯冲作用使得两个俯冲带中间区域深部物质上涌，为海南岛所处的板内火山带的成因提供了一种解释。

$$\varepsilon = \varepsilon_{\mathrm{clast}} + \varepsilon_{\mathrm{visco}} = \frac{1}{G}\sigma + \frac{1}{\eta}\sigma, \tag{1}$$

$$G = \frac{\upsilon E}{2(1+\upsilon)}, \tag{2}$$

其中，G为剪切弹性模量，η为黏滞系数，υ为泊松比，E为Maxwell体杨氏模量。由于在模拟对流时模型顶面垂向固定，因此通过应力和形变的关系(式(3))得出地表地形(图1d)，模型表层中部存在隆起区。

$$Z = \frac{\sigma_{zz}}{\Delta\rho g}, \tag{3}$$

其中，Z为地表垂向位移，σ_{zz}为有限元计算结果中模型Z方向主应力，$\Delta\rho$为深层和浅层介质密度差异，g为重力加速度。

表1　有限元模型参数

介质	杨氏模量 E(Pa)	黏滞系数 η(Pa・s)	泊松比 υ	介质厚度 (km)
浅层	6×10^{11}	1×10^{22}	0.25	40
深层	6×10^{10}	1×10^{19}	0.49	630

3　区域地震活动性分析

林纪曾等(1980年)分析了海南东南沿海地区70个震源机制结果，认为该区现代构造应力场的主压应力轴具有扇形分布的特征。东、西两部分的震源错动方式截然相反。对于雷

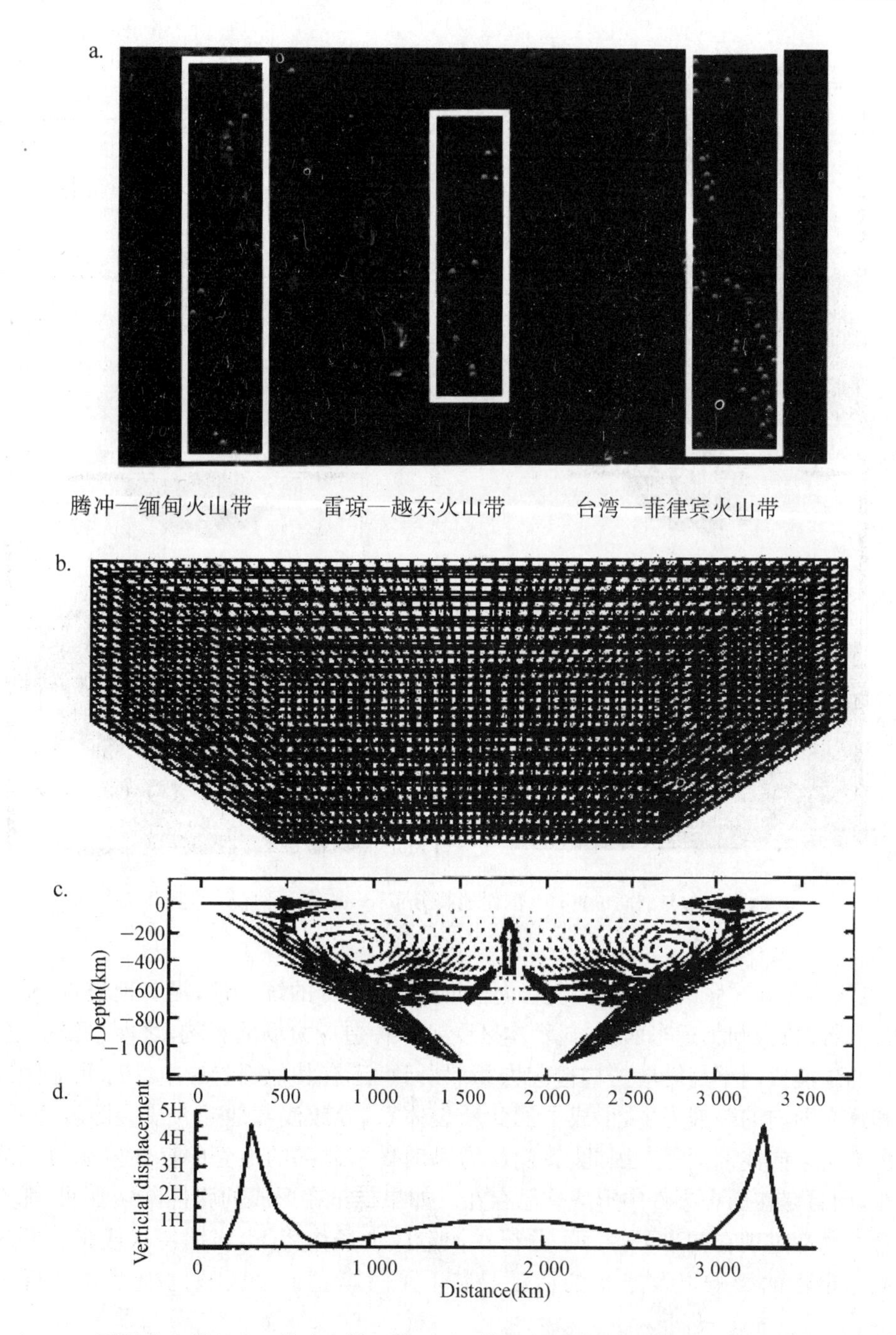

a. 平行火山带；b. 双俯冲有限元模型；c. 模型东西向剖面位移场；d. 地表地形

图 1　平行火山带与双俯冲模型

琼区——包括雷州半岛、海南岛、广西合浦地区及附近海域，主压应力轴的优势方位为近南北向，震源错动方式为北东向节面呈左旋，北西向节面呈右旋、琼北地区最大主应力近南北向（刁桂苓等，2007），并对琼北地震进行了精确定位（图 2），同时得出了最大主应力方向为近南北向，精确定位地震数据有明显特征，主要体现在地震的分布以及地震随时间的变化方面。地震震中分布为近南北向线状分布（图 2a），我们可以称之为一个南北向的地震带，该地震带的端部有分叉的分布现象；地震震源分布为南北方向宽、东西方向窄的特征（图 2b）；如果不考虑分叉部分，地震带几乎在一个垂直面上；随时间的变化地震发生是从深到浅的过程。我们初步认为该地震带区域可能存在岩墙侵入或张性断裂膨胀。为了深入了解该地震带的应力特征，我们绘制了琼北地震震源机制的结果，从 P 轴（图 2c）和 T 轴（图 2d）结果可

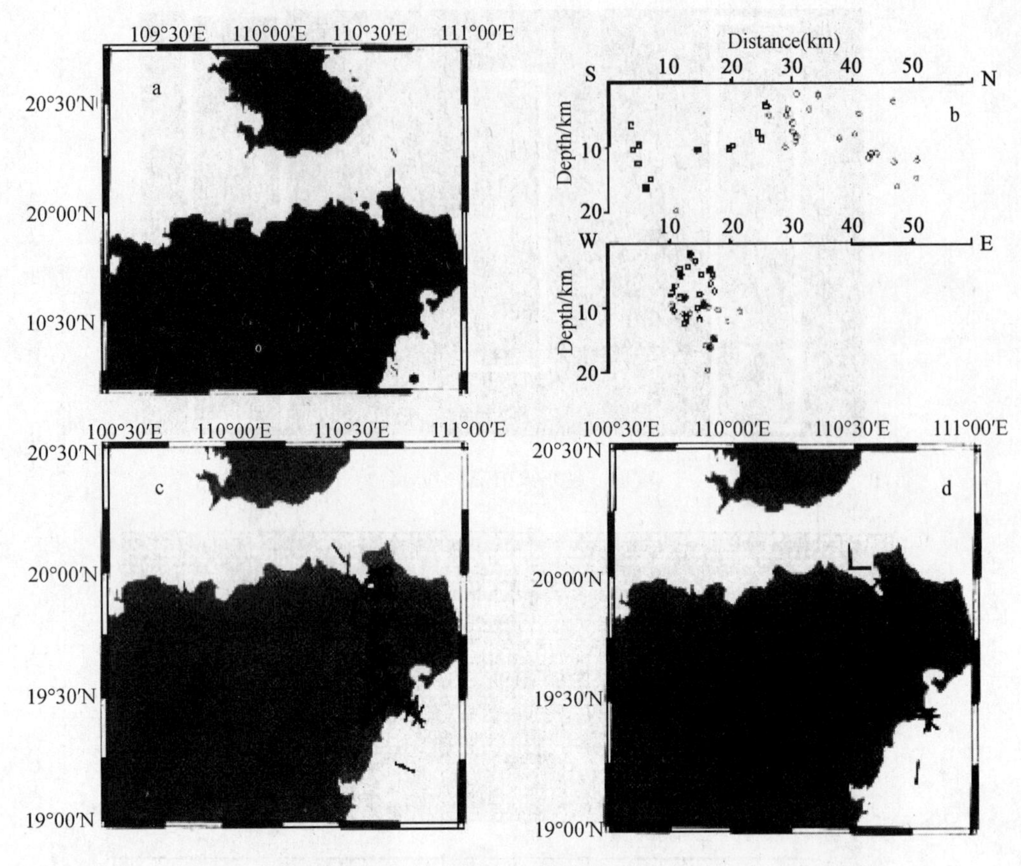

a. 地震分布与剖面位置；b. 剖面地震分布；c. 地震 P 轴；d. 地震 T 轴

图 2 地震分布与震源机制

以看出，虽然挤压和拉张的方向较为复杂，然而还是有部分的统一性，沿着地震带，挤压以近南北向为优势，拉张则为近东西向，显示本区受到了构造应力场的影响，之所以错综复杂，说明本区域的地震成因不是简单的构造应力积累所致，还有其他因素影响。琼北地区以近北北西向和近东西向的断裂为主，形成了网状断裂体系，导致浅部地壳介质裂隙较为发育，比较适合深部岩浆向浅部运移。因此，我们认为海南岛东北部的地壳中存在岩墙侵入或张性断裂膨胀，而且是在历史事件中形成并已存在。如果是正在形成的张性断裂膨胀，那么地震的数量会远远超过现在的水平。为了分析在构造应力场作用下，岩墙侵入或张性断裂膨胀对该区域稳定性的影响以及未来的活动趋势，我们建立了该区域的模型并进行了分析计算。

4 地震现象的模拟与解释

目前，库仑破裂准则是被广泛接受的用于定义岩石中破裂的一个准则，其方程如下：

$$\sigma_f = \tau_\beta - \mu(\sigma_\beta + P), \tag{4}$$

其中 τ_β是剪应力，σ_β即是正应力（挤压为正），P 为孔隙流体压力，μ 为摩擦系数。如果断层方向为 β，可以利用最大、最小主应力来表示正应力和剪应力：

$$\sigma_\beta = \frac{1}{2}(\sigma_1 + \sigma_3) - \frac{1}{2}(\sigma_1 - \sigma_3)\cos 2\beta, \tag{5}$$

$$\tau_\beta = \frac{1}{2}(\sigma_1 - \sigma_3)\sin 2\beta, \tag{6}$$

其中 σ_1 和 σ_3 分别为最大、最小主应力。公式(4)可写为:

$$\sigma_f = \frac{1}{2}(\sigma_1 - \sigma_3)(\sin 2\beta - \mu\cos 2\beta)\cos 2\beta - \frac{1}{2}\mu(\sigma_1 + \sigma_3) + \mu\beta。 \tag{7}$$

根据第 3 节对地震时空分布的分析和推断,我们设计了琼北的岩脉侵入模型,考虑到周边断层的存在会直接或间接地影响地震带的活动性,我们在模型中考虑周围几条主要断裂,并且根据地震带的空间分布认为这条近南北向的张性断裂带赋存深度位于 8—20 km,模型如图 3,区域主应力场方向为北北西(北偏西 10°)。断层面的摩擦系数均为 0.4,初始条件为张性断裂的膨胀,给定了内部 1 m 的膨胀宽度,利用基于 matlab 平台 coulomb 的程序进行计算。

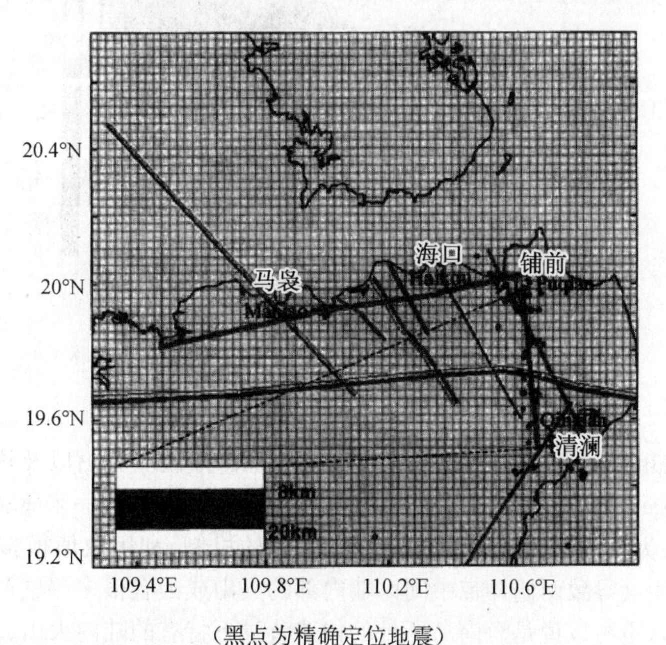

(黑点为精确定位地震)

图 3 主要断裂与张性断裂膨胀模型

剪应力分布如图 4,可以看出在区域应力场的控制下,在岩墙侵入或张性断裂膨胀区域形成了"狗骨头"状的应力增强区,这也很好地解释了地震带南北两端部存在地震分布的分叉现象,并在应力抑制区地震稀少的现象。图 4 左上角的示意图为 Hill(1977)提出的岩脉

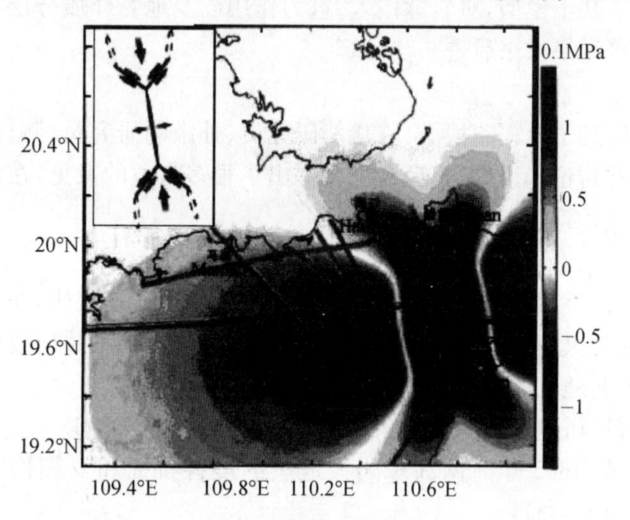

图 4 剪应力分布图

诱发地震模型,本模型的结果可以很好地吻合岩脉模型。另外,实测的形变结果显示该区域存在以长流—仙沟断裂为分界东部抬升西部下降的趋势。从垂向位移模拟结果可以看出(图5),图东部明显抬升,而西部地区则有微弱的下沉趋势,基本以长流—仙沟断裂为分界,东升西降。这个结果与实际观测结果基本吻合。

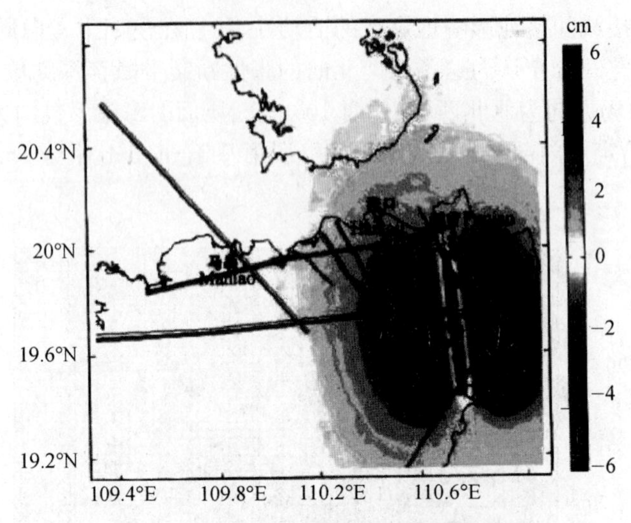

图5 张性断裂膨胀导致的地表垂向形变

5 结论与讨论

(1) 大陆内部的火山成因有很多(裂谷火山、陆缘碰撞区域火山以及热点火山等),双俯冲模式很好地解释了腾冲—缅甸火山带、雷琼—越东火山带、台湾—菲律宾火山带这三条平行火山带的成因,为陆内火山成因提供了一种可能的机制,利用数值模拟的方法得到了印证。双俯冲的作用会导致两俯冲带中间区陆内部的火山成因有很多(裂谷火山、陆缘碰域的深部热物质上涌),也可以说是海南岛所处的构造背景下特有的陆内火山成因。

(2) 通过分析该区域地震的时空分布,结合该区域所处火山带的大背景,认为可能存在岩墙侵入或张性断裂膨胀。数值模拟结果不仅能解释研究区域的地震分布特征,而且能很好地解释琼北地区的形变特征。

(3) 目前该区很多的地球物理资料都不尽相同或存在误差较大的问题,有待更详细的验证。本文仅给出了初步模型,对岩脉侵入、重力作用以及地壳介质分层有待大地测深以及精细地壳速度结构等结果出来后进一步计算。

致谢 成文过程中得到了蔡军涛博士、陈化然研究员、孙谦副研究员、陶玮副研究员、陈晓雨博士和杜龙等的有益讨论和帮助,审者对本文提出了很多有益的意见,在此一并致谢!

参考文献

[1] 冉洪流,等.海口市活断层地震危险性评价与综合制图专题报告,2007

[2] 洪汉净,等.琼北火山探查及喷发危险性研究,中国地震局地质研究所科研报告,2003

[3] 雷建设,等.琼北地区的小震精确定位专题报告,2007

[4] 刁桂苓,等.海口市地震活动断层探测震源机制专题报告,2007

[5] 陈恩民,黄袜茵.1605年海南岛琼州大地震的震害特征和发震构造研究.地震学报,1989,11(3):319-331

[6] 嘉世旭,李志雄,徐朝繁,等.雷琼拗陷地壳结构特征.地球物理学报,2006,49(5):

1385 - 1394

[7] 丁志峰,李卫平,吴庆举,等. 琼北火山区的地震观测与壳幔结构的研究. 中国大陆地球深部结构与动力学研究—— 庆贺滕吉文院士从事地球物理研究50周年. 北京:科学出版社,2004:846 - 857

[8] 胡久常,白登海,王薇华,等. 雷琼火山区地下深部大地电磁探测与电性结构分析. 华南地震,2007,27(1):1 - 7

[9] Lebedev S, Nolet G. Upper mantle beneath Southeast Asia from S-velocity tomography. J. Geophys. Res. ,2003,108,doi:10. 1029/2000JB000073

[10] Friederich W. The S-velocity structure of the East Asian mantle from inversion of shear and surface waveforms. Geophys. J. Int. ,2003,153:88 - 102

[11] Stern R J. Subduction zones Rev. Geophys. , 2002, 40 (4): 1012, doi: 10. 1029/2001RG000108

[12] Lin J Z, Liang G Z, Zhao Y, et a1. Focal mechanism and tectonic stress field of coastal Southeast China. Acta Seismologica Sinica(in Chinese), 1980, 2(3):245 - 257

[13] White D A, Roeder D H, Nelson T H, et a1. Subduction. Geol. Soc. A. , 1970, 81 (11):3431 - 3432 [A]. In:King G C P, Stein RS, Lin J. Static stress changes and the triggering of earthquakes. Bull. Seismol. Soc. Amer. 1994,84:935 - 953

[14] King G C P, Stein RS, Lin J. Static stress changes and the triggering of earthquakes. Bull. Seismol. Soc. Amer. 1994,84:935 - 953

[15] Lin J, Stein R S. Stress triggering in thrust and subduction earthquakes, and stress interaction between the southern San Andreas and nearby thrust and strike-slip faults. J. Geophys. Res. , 2004, 109, B02303, doi: 10. 1029/2003JB002607

[16] Toda S, Stein R S, Richards—Dinger K, et a1. Forecasting the evolution of seismicity in southern California:Animations built on earthquake stress transfer. J. Geophys. Res. 2005,110,B05S16,doi:10. 1029/2004JB003415

[17] Toda S, Stein R S, Sagiya T. Evidence from the AD 2000 Izu Islands swarm that stressing rate governs seismicity. Nature, 2002, 419:58 - 61

[18] Hill D P. A model for seismic swarms. J. Geophys. Res. 1977, 82:1347 - 1352

Dynamic Mechanism of Volcanic Belt and New Understanding from Earthquake Evidence in the Northern Hainan Island, China

LIU Hui[1]　HONG Hanjing[1]　RAN Hongliu[1]
SHEN Fanluan[2]　ZHAO Bo[1]　CHEN Huixian[1]

1. Institute of Geology, China Earthquake Administration, Beijing, 100029, China
2. Hainan Seismological Bureau, Haikou, 570203, China

Abstract: The world volcano map shows that in the northern Hainan Island there is a NS-trending intraplate volcanic belt. In order to understand the mechanism of formation of the volcanic belt zone, finite element method has been applied to simulate the double subduction (Indian Plate subduction and Philippine Plate subduction). The results show that double subduction induces double convection and between the two subduction zones forms an upwelling from the upper mantle to the surface, which is a possible reason of the NS-trending intraplate volcanic belt. Besides this result, the accurate location of earthquakes from 2000 to 2006 shows a vertical earthquake plane. We assume it is due to the magma intrusion in a vertical dyke considering the geological and geophysical information. We get the "dog-bone" shaped distribution of earthquake and stress, also the "rising in east and falling in west" vertical deformation pattern by simulating the dyke intrusion, which are the same as the actual results.

Key words: double subduction; dyke intrusion; Hainan Island; finite element; volcano

海南岛北部更新世道堂组的重新厘定[①]

龙文国[②] 林义华 石 春 周进波 吕嫦艳

海南省地质调查院，海南海口，570226

摘要：根据 1：250 000 琼海县幅区域地质调查最新资料，对《海南省岩石地层》中的第四系道堂组进行了重新厘定，在原道堂组正层型剖面上原一段与二段之间识别出沉积不整合面、超覆不整合面，从而将原道堂组划分为 2 个不同的组级岩石地层单位。按照岩石地层单位的命名原则，超覆不整合面之下的原道堂组一段划归新建立的下中更新统多文组；原道堂组二段、三段、四段厘定为新定义的道堂组，分别定义为新道堂组的下段、中段和上段。新厘定的道堂组的地质时代为中晚更新世。

关键词：道堂组；重新厘定；中晚更新世；海南岛

海南岛北部第四纪火山活动强烈(图 1)。长期以来，众多单位和学者对其进行了岩石

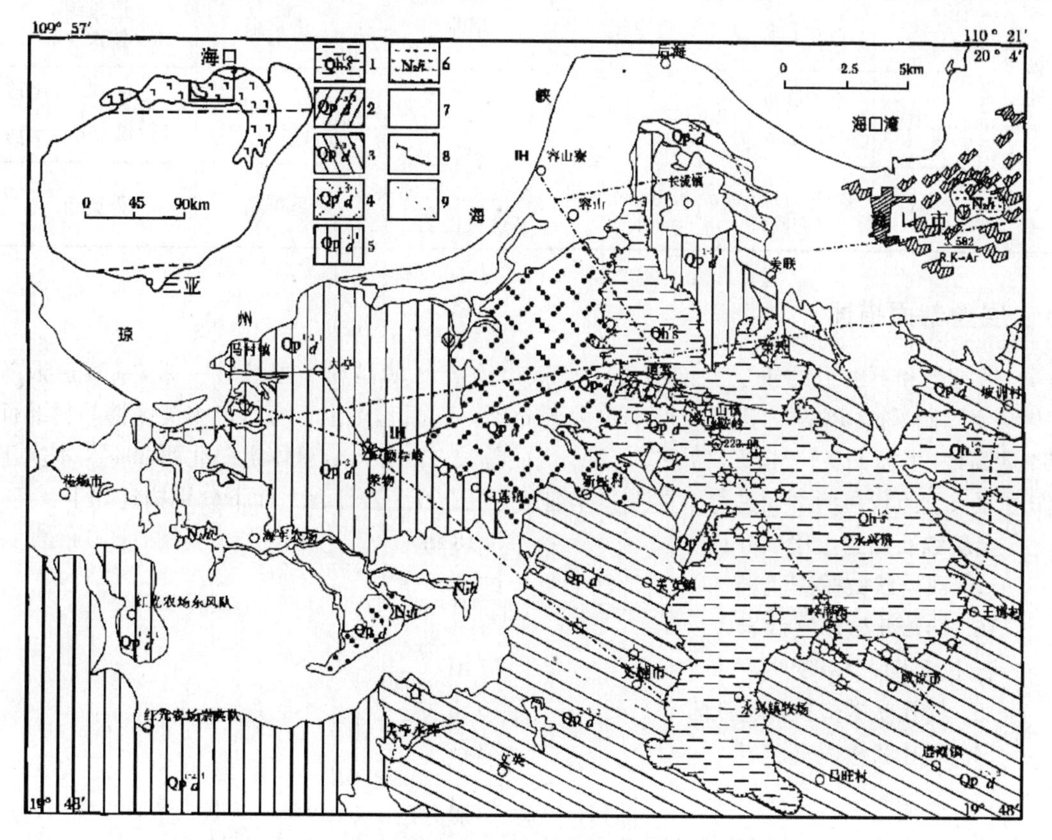

1—全新统石山组；2—中上更新统道堂组上段；3—中上更新统道堂组中段；4—中上更新统道堂组下段；5—中下更新统多文组下段；6—新近系海口组；7—中晚更新世松散沉积；8—剖面位置；9—物探推测断裂

图 1 海口地区区域地质略图

---

① 本文发表于《地质通报》2006 年第 25 卷第 4 期。

② 龙文国，1976 年生，男，副研究员，从事地层古生物学与岩石学研究，E-mail：longwenguo@sina.com。

学、地球化学、同位素年代学研究。海南地质大队(1989)于海口地区进行 1∶50 000 区域地质调查时首次对第四纪火山岩进行了地层学方面的研究，创建火山岩地层单位道堂组、石山组，分别代表晚更新世、全新世的一套基性火山岩、沉火山碎屑岩，陈哲培等[1]作了详细介绍。海南省地矿局进行全岛岩石地层清理时[2]，沿用了上述划分方案。笔者等在海南岛北部进行 1∶250 000 琼海县幅区调时于原道堂组中发现超覆不整合面、平行不整合面，认为原道堂组岩石组合中包含了不同组级岩石地层单位，应予以解体并重新厘定。根据“组内部不应存在长期地层间断”[3]的划分原则，将超覆不整合面、假整合面之下的原道堂组一段的一套基性火山熔岩新建为火山岩地层单位多文组[4]，新厘定的道堂组相当于原道堂组的二、三、四段。原道堂组指“喷发不整合于中更新统北海组之上，被上更新统石山组不整合覆盖，岩性为基性火山熔岩与玄武质火山碎屑沉积岩互层产出，组成 2 个喷发韵律”，厚达 278.0 m[1,2]。经过对层型剖面的重新测定和划分，将原剖面上部层位(第 2—9 层)划归道堂组，将剖面下部(第一层)划归多文组(表 1)。

表 1　琼北第四纪火山岩地层单位划分沿革

<table>
<tr><th colspan="3">地层时代</th><th>邹和平[5]
1987</th><th>海南地质大队
1989</th><th>陈哲培等[1]
1991</th><th>海南地矿局[2]
1997</th><th colspan="2">本文
2005</th></tr>
<tr><td rowspan="5">第四纪</td><td colspan="2">全新纪</td><td>雷虎岭组</td><td>石山组</td><td>石山组</td><td>石山组</td><td colspan="2">石山组</td></tr>
<tr><td rowspan="4">更新纪</td><td>晚</td><td>湖光岩组</td><td>道堂组</td><td>道堂组</td><td>道堂组</td><td colspan="2">道堂组
（新定义）</td></tr>
<tr><td rowspan="2">中</td><td rowspan="2">多文岭期
玄武岩</td><td rowspan="2"></td><td rowspan="2"></td><td rowspan="2"></td><td rowspan="2">多文组
（新建立）</td><td>上段</td></tr>
<tr><td>下段</td></tr>
<tr><td>早</td><td>湛江组，局部夹玄武岩</td><td>湛江组，局部夹基性火山岩</td><td>湛江组，局部夹基性火山岩</td><td>秀英组</td><td colspan="2">秀英组</td></tr>
</table>

1　层型剖面描述

道堂组和石山组的正层型剖面位于海口市秀英区博昌村—国社岭一带，系蔡道冠等 1989 年测制，陈哲培等[1]于 1991 年著文公开介绍。剖面起点位于海口市秀英区博昌村北面 64.5 高地，坐标 110°10′40″E，19°56′55″N。剖面总长 30.42 km，总体走向北西 294°。本次工作对原道堂组正层型剖面进行了重测和详细划分(图 2)。岩性自上而下分别描述如下：

全新统石山组上段($Qh^1\hat{s}^2$)　　>18 m

17. 浮岩状橄榄玄武岩　　约 8 m

16. 熔渣状橄榄玄武岩　　约 10 m

石山组下段($Qh^1\hat{s}^1$)　　77 m

15. 气孔状橄榄拉斑玄武岩　　20 m

14. 气孔状橄榄玄武岩　　23 m

13. 橄榄玄武岩　　30 m

12. 含集块、火山角砾熔渣状橄榄玄武岩　　4 m

～～～～～～喷发不整合～～～～～～

中—上更新统道堂组上段($Qp^{2-3}d^3$)　　85 m

11. 淡黄色薄层状玄武质沉岩屑玻屑凝灰岩，发育波状层理、平行层理。前人发现此层中含有孔虫 Globigerina variantsubbtina(变异抱球虫)，G. triloculinoides Plummer(三室抱球虫)，G. bulloides D' orbigny(泡状抱球虫)，G. trilobus(Reuss)(三叶似

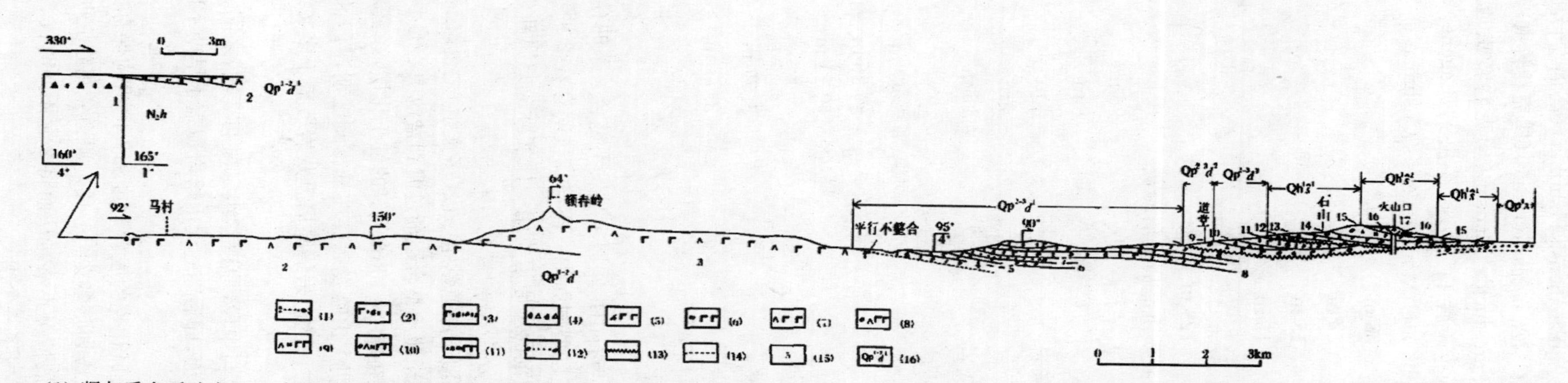

(1) 凝灰质含砾砂岩；(2) 玄武质沉岩屑晶屑凝灰岩；(3) 玄武质沉晶屑玻屑凝灰岩；(4) 沉火山角砾岩；(5) 浮岩状橄榄玄武岩；(6) 熔渣状橄榄玄武岩；(7) 橄榄玄武岩；(8) 气孔状橄榄玄武岩；(9) 橄榄拉斑玄武岩；(10) 气孔状橄榄拉斑玄武岩；(11) 含集块、火山角砾熔渣状橄榄玄武岩；(12) 含砾砂岩；(13) 喷发不整合界线；(14) 平行不整合界线；(15) 分层编号；(16) 地层代号：$Qp^{1-2}d^1$—多文组；$Qp^{2-3}d^1$—道堂组第一段；$Qp^{2-3}d^2$—道堂组第二段；$Qp^{2-3}d^3$—道堂组第三段；$Qh^1\hat{s}^1$—石山组第一段；$Qh^1\hat{s}^2$—石山组第二段；Qp^1x—早更新世秀英组；N_2h—新近纪海口组

图 2 海口市秀英区道堂—石山实测剖面

抱球虫),G. sp.(抱球虫),Ammonia takanabensis(Ishizaki)(高锅卷转虫),A. annectens Parker et Jones(同现卷转虫),A. beccarii(Linne)(毕克卷转虫),Ammonia sp.(卷转虫),Ammonia beccarii. var. lucida Madsen(毕克卷转虫透明变种),Sphaeroidina chilostomata Galloway(唇口水球形虫),Lagene cf. striata (D'orbigny)(线纹瓶虫),Discorbinella aff. Montereyensis Cushman et Martin(蒙特里小圈盘虫近亲种) 63 m

10. 沉火山角砾岩 22 m

道堂组中段($Qp^{2-3}d^2$) 15 m

9. 气孔状橄榄玄武岩 15 m

～～～～～喷发不整合～～～～～

道堂组下段($Qp^{2-3}d^1$) 129 m

8. 玄武质沉岩屑晶屑凝灰岩,中部夹玄武质沉晶屑玻屑凝灰岩、玄武质沉角砾凝灰岩,发育波状层理、平行层理 98 m

7. 凝灰质含砾砂岩 8 m

6. 灰黄色薄层状玄武质沉岩屑晶屑凝灰岩 4 m

5. 暗灰色橄榄玄武岩,呈球状风化 4 m

4. 灰黄色薄层状玄武质沉岩屑晶屑凝灰岩 15 m

———假整合———

下—中更新统多文组下段($Qp^{1-2}d^1$) >47 m

3. 辉石橄榄玄武岩 约26 m

2. 橄榄玄武岩 约21 m

———假整合———

上新统海口组(N_2h) 3.77 m

1. 沉凝灰岩、沉火山角砾岩 3.77 m

2 重新划分的依据

前人已于原道堂组二段与三段间、四段与石山组间厘定喷发不整合关系的存在[1,2]。此次1∶250 000区调工作中,发现原道堂组正层型剖面中一段与二段间存在2种不同性质的沉积界面:超覆不整合面和假整合面。层型剖面上原道堂组一段实际应归属新建立的多文组一段,据此将原正层型道堂组重新进行划分。

超覆不整合界面:原道堂组二段直接超覆于原道堂组一段(多文组)之上,二者间存在明显沉积间断,二者的接触关系由盆地边缘的超覆不整合逐渐过渡到盆地中心的平行不整合。

假整合界面:原道堂组一段顶部普遍存在厚2—10 m不等的红土化层,系玄武岩暴露风化的产物,地表的红土化层存在侵蚀面,说明火山喷发后存在暴露剥蚀期,与上伏沉积之间存在沉积间断。尔后,盆地下沉,原道堂组二段的沉岩屑晶屑凝灰岩覆盖于多文组的古风化层之上(图3)。

喷发不整合界面:新厘定的道堂组下段与中段(原道堂组二段与三段)之间、上段(原道堂组四段)与石山组之间存在喷发不整合界面,即后期的火山熔岩覆盖于早期不同层位的沉积火山碎屑岩之上。

层型剖面上原道堂组一段的岩性特征、风化壳的发育程度和火山机构保存的完整程度及其与上下地层的关系与多文组一段相同,应划归多文组一段。原道堂组建立时,由于受当时条件的局限(图幅面积小,地质体区域延展情况不清),从而将2套不同时代、不同岩性组合、之间存在明显沉积间断的地质笼统地建成了一个组。

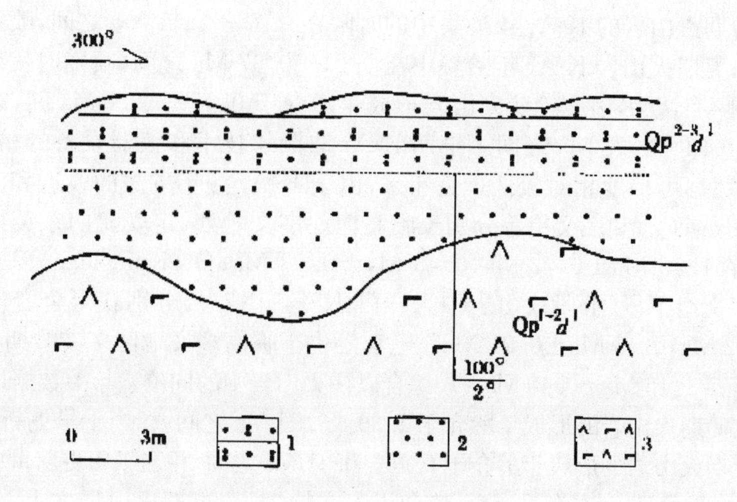

1—沉凝灰岩;2—玄武岩全风化层;3—辉石橄榄玄武岩;$Qp^{1-2}d^1$—多文组一段;$Qp^{2-3}d^1$—道堂组一段

图3 层型剖面上道堂组一段与多文组一段(原道堂组一段)平行不整合关系素描

3 道堂组与多文组的定义

3.1 道堂组的定义

新厘定的道堂组,指喷发不整合于早中更新世多文组之上,被全新世石山组喷发不整合覆盖的一套沉火山碎屑岩夹基性火山熔岩;可分为下段、中段、上段。下段为玄武质沉岩屑晶屑凝灰岩、玄武质沉玻屑晶屑凝灰岩、凝灰质含砾砂岩、玄武质沉凝灰岩,偶夹橄榄玄武岩,主要分布于海口老城、儋州峨蔓、洋浦德义岭一带;下段的沉凝灰岩中发育波状层理、平行层理,并且含有孔虫化石;明显属一定水体下的沉积物,而不是由所谓火山射气岩浆喷发形成的基浪堆积物[1]。中段为气孔状橄榄玄武岩、微气孔状橄榄拉斑玄武岩,主要分布于海口的道堂、安仁、罗京盘、十字路、龙桥一带。上段为沉火山碎屑岩、火山碎屑岩,零星分布于石山北西侧、安仁北西和北东侧及雷虎岭一带低洼处。剖面及区域上全新世石山组为一套基性火山熔岩、火山碎屑岩[1]。

3.2 多文组的定义

早、中更新世多文组系笔者等(海南省地质调查院,1∶250 000琼海县幅区域地质调查报告,2004)新建立的岩石地层单位[4],指喷发不整合覆盖于早、中更新世北海组之上,被中晚更新世道堂组、晚更新世八所组覆盖的一套基性火山岩。进一步划分为上、下段,分别代表更新世多文岭期、东英期形成的一套基性火山岩。

4 时代讨论

道堂组上段中所含有孔虫化石无定年意义,其形成时代需依靠火山岩中同位素年龄和上下地层的时代来确定。

目前,对年轻的基性火山岩测年的合适方法应为K-Ar法,但过剩Ar对年轻的火山岩影响较大[6,7],尤其对形成时代年龄小于0.3 Ma的样品影响更大。考虑到道堂期火山岩的形成时代可能小于0.3 Ma,因此确定道堂期火山岩形成的准确时代有赖于其下伏较老火山熔岩形成时代的研究。

长期以来,许多单位和学者对琼北地区火山岩的时代和分期进行了研究,但由于缺少合适的古生物和准确的同位素年龄数据,以及对火山岩上下地层时代认识的不一致,对火山活动时代及期次划分具较大的分歧。20世纪80至90年代,部分学者[8-11]已于研究区新生代更新世多文岭期、东英期火山岩中获得大量同位素数据。宜昌地质矿产研究所等[12]综合研究认为,多文岭期火山岩的 K-Ar 年龄集中的时限在 0.77—2.11 Ma 之间,喷发时代属早更新世中晚期;东英期火山岩 K-Ar 年龄集中在 0.21—0.67 Ma 之间,喷发时代属中更新世中晚期。樊祺诚等[13]认为,多文岭期火山岩形成年龄介于 0.77—2.11 Ma 间,东英期火山岩形成年龄介于 0.21—0.73 Ma 之间。早期 K-Ar 法测年技术和仪器设备的精度存在局限,因而所获年龄数据可信度相对较低。近年来,由于 K-Ar 测年方法的改进和测试仪器的更新,Ho Kungsuan 等[14]和庄文星等分别于临高博厚多文岭期、定安龙门东英期火山岩中获得了 K-Ar 年龄 1.20 Ma±0.02 Ma,0.43 Ma±0.03 Ma;Ho Kungsuan 等[14]还于海口三江、定安龙门多文组下段、上段火山岩中采样(HK28,HK25),分别获得全岩 Ar-Ar 坪年龄 1.12 Ma±0.02 Ma,0.45 Ma±0.01 Ma。笔者等也于临高多文地区多文岭期火山岩中获得了全岩 K-Ar 年龄 1.16 Ma±0.40 Ma[4]。综合以往火山岩中的同位素年龄数据,结合近年来的测试结果,多文岭期火山岩的形成年龄介于 1.20—0.56 Ma 之间,相当于早更新世晚期—中更新世早期;东英期火山岩的形成年龄介于 0.45—0.21 Ma 之间,相当于中更新世中晚期。

区域地质填图发现,道堂组平行不整合于多文岭期、东英期火山岩之上,其形成年龄应小于 0.20 Ma。海南地质大队(1989)在进行 1∶50 000 海口市幅区调中于道堂组一段(原二段)中获橄榄玄武岩夹层的热释光年龄为(124 291±3 729)a[1,2],海南地质大队水文队也于海口市郊长流新海林场 ZK67 钻孔道堂组三段(原四段)中获碳化木^{14}C 年龄为(16 790±410)a,因此,道堂组形成年龄应在 0.20—0.016 Ma 之间,属中更新世晚期—晚更新世。

5 结论与认识

于原道堂组正层型剖面上一段与二段之间识别出沉积不整合面、超覆不整合面,从而将原道堂组划分为 2 个不同的组级岩石地层单位。经过对层型剖面的重新测定和划分,将原剖面上部层位(第 2—9 层)划归道堂组;将原剖面下部(第 1 层)划归多文组。新厘定的道堂组为一套基性火山岩、沉火山碎屑岩,其形成的地质时代为中晚更新世。基性火山岩形成的环境为比较稳定的板内构造环境。

中晚更新世道堂组的重新厘定,提高了海南岛北部火山岩地层的研究程度,对指导区调工作有重要意义。

致谢:本文是集体劳动的成果,参加项目野外工作的还有李孙雄、谢盛周、莫位任等同志,在成文过程中得到了海南省地矿局丁式江博士、陈哲培教授的指教,在此一并致谢。

参考文献

[1] 陈哲培,钟盛中. 海南省海口地区第四纪火山岩盆地沉积特征[J]. 中国区域地质,1991,(4):313-322

[2] 海南省地质矿产勘查开发局. 海南省岩石地层[M]. 武汉:中国地质大学出版社,1997. 69-112

[3] 魏家庸,卢重明,徐怀艾,等. 沉积岩区 1∶50 000 区域地质调查方法指南[M]. 武汉:中国地质大学出版社,1991. 1-158

[4] 龙文国,林义华,朱耀河,等. 海南岛北部第四纪早中更新世多文组的建立[J]. 地质通报,2006,25(3):408-414

[5] 邹和平. 海南岛北部新生代构造特征及其演化发展[J]. 广东地质,1987,2(2):11-17

[6] 陈文寄,李大明,戴橦谟. 大同第四纪玄武岩的 K-Ar 年龄及过剩氩[A]. 见:刘若新主编. 中国新生代火山岩年代学与地球化学[C]. 北京:地震出版社,1992. 81-92

[7] 穆治国,刘玉琳,黄宝玲. 细粒橄榄石对中国晚新生代橄榄玄武岩 K-Ar 定年的影响[J]. 科学通报,1998,43(7):764-766

[8] Zhou X H, Zhu B Q, Liu R X, et al. Cenozoic Basaltic Rocks in Eastern China[A].

In: Macdougall J D ed. Continental Flood Basalts[M]. Amsterdam: Kluwer Academic Pub. ,1988. 311 - 330

[9] 葛同明,陈文寄,徐行,等. 雷琼地区第四纪地磁极性年表——火山岩钾氩年龄及古地磁学证据[J]. 地球物理学报,1989,32(5):550 - 557

[10] 孙嘉诗. 南海北部及广东沿海新生代火山活动[J]. 海洋地质与第四纪地质,1991,11(3):45 - 65

[11] 朱炳泉,王慧芬. 雷琼地区 MORB-OIB 过渡型地幔源火山作用的 Nd-Sr-Pb 同位素证据[J]. 地球化学,1989,(3):193 - 201

[12] 宜昌地质矿产研究所,海南省地质矿产局. 海南岛地质(二)岩浆岩[M]. 北京:地质出版社,1992. 230 - 310

[13] 樊祺诚,孙谦,李霓,等. 琼北火山活动分期与全新世岩浆演化[J]. 岩石学报,2004,20(3):533 - 544

[14] Ho K S, Chen J C, Juang W S. Geochronology and Geochemistry of Late Cenozoic Basalts from the Leiqiong Area, Southern China[J]. Journal of Asian Earth Sciences, 2000, 18:307 - 324

Revision of the Pleistocene Daotang Formation in the Northern Hainan Island

LONG Wenguo LIN Yihua SHI Chun ZHOU Jinbo LV Changyan

Hainan Institute of Geological Survey, Haikou, Hainan, 570226, China

Abstract: On the basis of the latest data of 1 : 250 000 regional geological mapping, the authors redefine the Quaternary Daotang Formation in *Lithostratigraphy of Hainan Province*. A sedimentary unconformity and an overlap unconformity are recognized between the previously established First and Second Member of the original Daotang Formation, thus dividing the original Daotang Formation into two Formation rank lithostratigraphic units. According to the naming principle of lithostratigraphic unit, the First Member of the original Daotang Formation below the overlap unconformity is assigned to the newly established Duowen Formation while the Second, Third and Fourth Member in the upper part of original Daotang Formation above the overlap unconformity are assigned to the newly defined Daotang Formation, namely Lower, Middle and Upper Member respectively. The age of the redefined Daotang Formation is Mid-late Pleistocene.

Key words: Daotang Formation; revision; Mid-late Pleistocene; Hainan Island

海南岛马鞍岭火山口地区翼手目物种多样性①

李玉春[1,②] 陈 忠[2] 龙育儒[2] 周 锋[2] 钟友仁[2]

1. 西华师范大学珍稀动物植物研究所，四川，637002
2. 海南野生动物保护管理研究中心，海南师范大学生物学系，海口，571158

摘要：马鞍岭火山口为海南岛的重要农业区和旅游地。为了解该地区的动物资源，2004年我们对该地区的翼手目种类进行了调查。结果显示，马鞍岭火山口地区共有翼手目动物10种，隶属4科7属，占海南岛已知翼手目种类(31种)的32.3%，具有较高的翼手目物种多样性，其香农-维纳指数为2.734，均匀性指数为0.823，辛普森指数为0.817。本文还分析了马鞍岭火山口地区翼手目的区系特点，并对其物种的多样性和分布特征进行了讨论。

关键词：翼手目；马鞍岭火山口；多样性；海南岛

马鞍岭火山口地区位于海南岛北部，为海南岛的重要生态农业区和旅游地。它地处北热带，属热带季风气候，区内雨量充足，野生动植物资源丰富。早在18世纪末19世纪初，特别是在1960—1970年期间，国内外的动物学者在海南岛进行过动物资源调查与采集标本的工作，为海南岛的动物分类学和物种多样性研究奠定了基础[1]。然而，至今为止多次开展的海南岛动植物资源调查主要在几个自然保护区及山地林区进行，而地形和地貌结构与其不同的海南岛北部地区一直被忽略，尤其是马鞍岭火山口地区属于海南岛北部的火山岩地区，对翼手目的栖息具有与南部山地林区不同的重要意义。该地区是海南岛北部重要的农业区与旅游观光地，也是海南岛重要的热带水果生产基地，其动植物资源状况和特点的研究也具有一定的社会和经济意义。虽然近年来有学者对该地区的植被类型、生物多样性开展过研究[2]，但未见对生态系统重要成员之一的翼手目物种的研究报道。因此，2004年我们对该地区进行了多次调查，为今后该地区制定进一步的发展规划与保护措施提供基础资料和依据，在生态环境保护与农业及经济果树生产等方面具有重要的意义。

1 研究地点与方法

1.1 自然概况

马鞍岭火山口地区位于海南岛北部，是海南岛火山喷发最晚的地区，火山岩裸露，火山机构保存完好，其喷发中心距海口市区仅15 km，故有“城市火山”之称。整个马鞍岭火山口地区系指海口市西南方向的石山、永兴镇一带，西自美造水库，东至龙桥，南起罗京盘，北迄长流的全新世火山岩分布区，地理坐标为110°06′E—110°27′E，19°48′N—20°01′N，面积约为500 km^2。该地区地貌是华南火山地貌的典型代表[3]，属于热带海洋性气候，年日照量1 752 h，年平均气温23.6 ℃，年降水量1 650 mm(海南省气象局资料)。

1.2 研究方法

调查于2004年7月至12月进行。为了获得马鞍岭火山口地区的全部翼手目种类，按

---

① 本文发表于《动物学杂志》2006年第41卷第3期。

② 李玉春，男，教授，研究方向为动态生态学，E-mail：yuchun@hotmail.com。

不同地点、生境、季节及时间多次设立观察、捕获点,调查翼手目种类及其相对数量。采取白天寻找洞穴、树林、门窗缝隙,采集洞穴型、树林型或房屋型栖居的蝙蝠,同时采用晚上布网等多种方法调查蝙蝠种类。为了便于与其他地区的翼手目物种多样性进行比较,计算了马鞍岭火山口地区翼手目物种的香农-维纳指数(Shannon-Weiner Index)、均匀性指数(Index of Evenness)和辛普森指数(Simpson Index)。对于海南岛翼手目的分类,依据现有文献进行[1,4,5]。

2 结果与讨论

2.1 物种数、相对数量和多样性指数

在马鞍岭火山口地区,观察并采集到了翼手目标本158号,隶属4科7属10种(表1),占全岛7科31种的32.3%,且包括了5个海南特有亚种。本次记录到的翼手目种类中,发现有大足鼠耳蝠(Myotis ricketti),是海南岛的新纪录[1,5]。

从采集强度和收集到的各种翼手目种类数量(丰富度)来看,以大长翼蝠(Miniopterus magnater)、棕果蝠(Rousettus leschenaulti)、小黄蝠(Scotophilus kuhlii consobrinus)、小菊头蝠(Rhinolophus pusillus parcus)为优势种;东亚伏翼(Pipistrellus abramus)、中菊头蝠(R. affinis hainanus)、中蹄蝠(Hipposideros larvatus poutensis)、南长翼蝠(M. pusillus)为常见种;大足鼠耳蝠(Myotis ricketti)和大菊头蝠(R. luctus spurcus)为少见种(表1)。

该地区的香农-维纳指数 $H=2.734$,均匀性指数 $E=0.823$,辛普森指数 $D=0.817$。

2.2 区系和栖居特点

马鞍岭火山口地区的翼手目种类具有以下区系特点:(1) 东洋界种类占优势(8种,80%),南中国型和地中海型各1种(各占10%),缺乏古北界种类。(2) 洞穴型的种类和数量最多,计7种,占70%;房屋型的种类1种,占10%;洞穴-房屋型的种类1种,树林-房屋型的种类1种,各占10%(表1)。

表1 海南岛马鞍岭火山口地区翼手目种数与丰富度

种 名	区系类型	海南亚种	栖居类型	标本数	丰富度
狐蝠科					
棕果蝠	东洋型		洞穴、房屋	37	+++
菊头蝠科					
大菊头蝠	东洋型	V	洞穴	1	+
中菊头蝠	东洋型	V	洞穴	9	++
小菊头蝠	南中国型	V	洞穴	21	+++
马蹄蝠科					
中蹄蝠	东洋型	V	洞穴	5	++
蝙蝠科					
东亚伏翼	东洋型		房屋	11	++
小黄蝠	东洋型	V	树林、房屋	22	+++
南长翼蝠	东洋型		洞穴	5	++
大长翼蝠	地中海型		洞穴	45	+++
大足鼠耳蝠	东洋型		洞穴	2	+

从本次调查的结果来看,海南岛马鞍岭火山口地区共有4科7属10种翼手目动物,且包括中菊头蝠和中蹄蝠等5个海南特有亚种[1,4],说明该地区翼手目物种多样性丰富。本次调查亦发现大足鼠耳蝠在海南岛分布的新纪录[1,6],可见开展海南岛的翼手目调查,特别是几个主要保护区(林区)以外地区的调查,对海南岛的翼手目物种多样性研究是必要的。

马鞍岭地区的洞穴为火山熔岩洞,非常适合洞穴型的翼手目物种栖居。调查过程中,在石山镇发现了一个长约3 km的大型火山熔岩洞,在洞中共采集到大长翼蝠、南长翼蝠、大足

鼠耳蝠、小菊头蝠(图 1a)、中菊头蝠和中蹄蝠 6 种,其中大长翼蝠为该洞的优势种;在其他的岩洞中采集到大菊头蝠、中菊头蝠和小菊头蝠;小黄蝠主要栖息在椰子树的老叶背面(图 1b),也有少部分栖息在屋顶的缝隙中。

虽然棕果蝠被报道为洞穴型及树木型栖息[1],但在调查中发现,有上万只棕果蝠栖息在几间破旧的瓦房中(图 1c,d),而且周围都有居民居住。这是首次发现棕果蝠栖息于房屋中的报道。因此,结果表明棕果蝠应该属于兼洞穴-树林-房屋栖居型种类。

a. 岩洞中的小菊头蝠;b. 椰子树上的小黄蝠;c. 屋檐下的棕果蝠;d. 离巢的棕果蝠

图 1　火山口地区部分蝙蝠

海南岛属于亚热带和热带地区,即使冬季其气温也在 10 ℃以上,一般认为海南岛的动物冬眠现象比较少见。但在调查中发现大菊头蝠、中菊头蝠和小菊头蝠均进行冬眠。所采集的这 3 种菊头蝠,从野外带回到实验室仍未苏醒,尤其是大菊头蝠冬眠程度较重。洞穴内冬眠的小菊头蝠数量较多,冬眠个体经多次刺激才苏醒飞离。另外,11 月中旬在夏、秋季有小黄蝠栖居的椰子树上均没有发现小黄蝠。由此我们认为小黄蝠可能迁移到其他地方过冬,但该种在何种环境中过冬以及是否冬眠仍不得而知。其他 6 种蝙蝠没有发现冬眠现象,但它们的活动模式随季节有一定变化。

参考文献

[1]　广东省昆虫研究所动物室,中山大学生物系.海南岛的鸟兽.北京:科学出版社,1983

[2]　杨小波,吴庆书.海南琼北地区不同植被类型物种多样性与土壤肥力的关系.生态学报,2002,22(2):190-196

[3] 白志达,魏海泉.琼北马鞍岭地区第四纪火山活动期次的划分.地震地质,2003,25(S):12-20
[4] 王应祥.中国哺乳动物种和亚种分类名录与分布大全.北京:中国林业出版社,2003
[5] Simmons N B. Order Chiroptera. In:Wilson D E, Reeder DM, eds. Mammal Species of the World: a Taxonomic and Geographic Reference, Third Edition, Volume 1. John Hopkins University Press, 2005, 312-529
[6] 马杰,张树义.大足鼠耳蝠的分布.四川动物,2003,22(3):155-156

Species Diversity of Chiroptera in Ma'anling Volcano Area, Hainan Island

LI Yuchun[1] CHEN Zhong[2]

LONG Yuru[2] ZHOU Feng[2] ZHONG Youren[2]

1. Institute of Wild Rare Animals and Plants, China West Normal University, Sichuan, 637002, China
2. Hainan Wildlife Conservation and Research Center, Department of Biology, Hainan Normal University, Haikou, 571158, China

Abstract: Ma'anling volcano area is an important region for agriculture and tourism in Hainan Island. In order to understand its species diversity of Chiroptera, the species and population abundance of Chiroptera were investigated in 2004. A total of 10 species of Chiroptera, belonging to 4 families and 7 genera, were recorded in the area, which takes 32.3% of the 31 Chiroptera species in whole Hainan Island. The Shannon-Weiner Index is 2.734, Index of Evenness is 0.823, and Simpson Index is 0.817. The fauna characteristics were analyzed. The diversity and some biological characteristics, such as rooster and winter hibernation of Chiroptera species in this subtropical and tropical island, were also discussed.

Key words: chiroptera; Ma'anling volcano; diversity; Hainan Island

雷琼火山区地下深部大地电磁探测与电性结构分析①

胡久常[1,②] 白登海[2] 王薇华[3] 王立风[4] 何兆海[4] 韩吉民[4]

1. 海南省地震局,海口,570203
2. 中国科学院地质与地球物理研究所,北京,100029
3. 中国地质大学,北京,100083
4. 中国地震局地质研究所,北京,100029

摘要:通过大地电磁探测发现,在海口地区地下深部存在两个低阻体(层)。其一位于马鞍岭火山及其以西地区地下深部约 5 km 以上,为浅部低阻层,推测为火山喷出玄武岩覆盖体、地下水及其他低阻物质,该低阻层以下为一正在退化的岩浆通道;其二位于琼山 7.5 级地震区深部约 15 km 以下,为一直通到上地幔的深部低阻体,推测其为一正在上升的岩浆热源,即岩浆囊。另外还发现,琼州海峡南北两侧的地壳和上地幔结构在电性上具有连续性,推测整个雷琼火山区属于同一地质体,佐证了海南岛属于华南古陆的一部分。

主题词:电性;大地电磁;低阻体;岩浆囊;雷琼火山区

1 引言

雷琼(雷州半岛和海南岛)火山区是我国新生代以来火山活动最强烈、最频繁和持续时间最长的地区之一,也是我国强震活动区之一。探测并研究雷琼火山区地下深部电性结构,对于研究区域火山和地震成因具有重要的地球物理依据。自 2002 年以来,我们先后申请了由科技部社会公益基金资助的"海南琼北火山大地电磁探测"项目,以及由中国地震局地震联合基金资助的"海南琼山 7.5 级地震区深部电性异常及未来地震活动性"项目。两个项目共在雷琼火山区(重点在海口地区)布设了 4 条测线,开展大地电磁探测(MT),部分测点还进行了瞬变电磁探测(TEM)。根据探测结果,我们绘制了雷琼火山区深部电性结构剖面图,并对其进行了分析。

2 大地电磁的野外探测

2002 年 6 月至 7 月、2003 年 10 月和 2004 年 3 月,我们前后 3 次在雷琼火山区布设了 HN1、HN2、HN3 和 HN4 共 4 条测线,测点共 53 个,开展大地电磁探测,见图 1 所示。HN1 测线为北东东向,长约 101.3 km,测点 22 个,平均每 4.6 km 1 个测点;测线 HN2 为北北西向,长约 101.4 km,测点 12 个,平均每 8.4 km 1 个测点;测线 HN3 为北北西向,大致沿雷州半岛长轴方向,长约 96.6 km,测点 10 个,平均每 9.7 km 1 个测点;测线 HN4 为北北西向,

---

① 本文发表于《华南地震》2007 年第 1 期。

② 胡久常,男,40 岁,北京大学硕士,现任海南省地震局火山监测研究中心主任,副研究员。联系地址:海口市白龙南路 42 号万福大厦 6 楼;邮编:570203。

长约 57.5 km,9 个测点,平均每 6.4 km 1 个测点。测点布局以探测目的为标准。海口地区是雷琼地区最后一期火山喷发地和 1605 年琼山 7.5 级地震发生地,因此,布设的测点主要集中在海口地区,在火山区和地震震中区测点加密,最小点距 1—2 km。

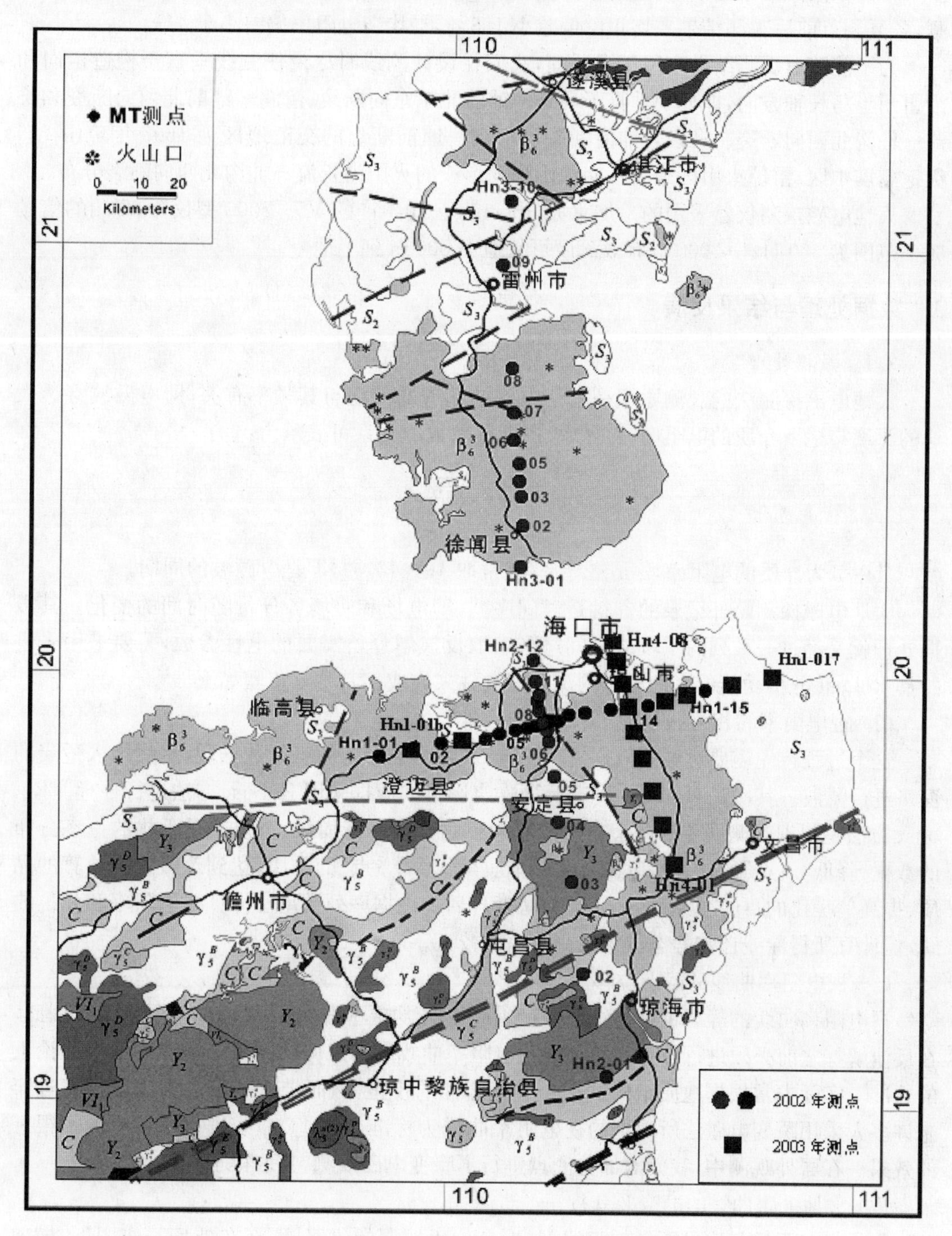

图 1　雷琼火山区地质及 MT 测点位置图

为了保证观测质量和准确性,测点尽量选择在远离干扰源、开阔、平坦的地方;电极和磁探头的方位测量采用森林罗盘仪,保证 x,y,z 分量互相垂直,方位偏差小于 ±1°;电极距采用测绳测量,误差小于 1%。电极埋于地下 30 cm 以下,保证接地电阻小于 2 kΩ。为了减小风、牲畜等外界扰动,所有电、磁信号电缆均采用掩埋或压实措施。为了保证资料长度,有效观测时间最低不少于 8 h,个别存在噪音的地方适当延长观测时间,对于 2 000 s 的信号至少保证在10段以上。为了消除部分测点所存在的静态位移，我们于2005年8月，对存在静态位移的测点进行了瞬变电磁(TEM)观测。

为确保仪器工作正常，观测正确，我们随机选取了3个测点进行了间隔时间约1年的复测，各复测点前后观测结果平均相位偏差小于3%，平均视电阻率偏差小于4%。

为了能够对观测结果应用二维反演，我们在设计测线时尽量使测线垂直于构造走向和沿雷州半岛长轴方向，即分别垂直于马袅—铺前北东东向断裂、清澜—铺前北西向断裂和长流—仙沟北西向断裂。马袅—铺前断裂与清澜—铺前断裂的交汇地区为1605年琼山7.5级地震震中区，雷琼火山区最新一期火山喷发形成的火山沿长流—仙沟北西向断裂分布。

大地电磁探测仪器采用的是加拿大Phoenix公司生产的V5-2000型仪器，观测的信号频率范围为300 Hz—2 000 s，有效深度可从地下500 m到上地幔。

3 数据处理与结果反演

3.1 数据处理

大地电磁探测法的观测原理是基于电磁波穿透的深度与其频率有关，即电磁波穿透大地的深度与地下介质的电阻率、磁导率、周期等参数的关系可表示为：

$$\delta=\sqrt{\frac{2T\rho}{\mu}}$$

其中ρ为介质的电阻率，μ是磁导率(通常取$4\pi\times10^{-7}$)，T是电磁波的周期。

大地电磁探测野外记录的资料是时间序列，即电场和磁场各分量随时间的变化。其数据处理就是经过一系列的手段从时间序列求取反演解释所需要的电性参数，需要采用先进的具Robust分析功能的大地电磁测深处理软件来完成。其主要步骤如下：

(1) 视电阻率和相位曲线的求取

这个过程首先需要对原始数据进行挑选，剔除受强噪音污染的数据段，然后加入适当的窗口进行滤波。其次是对部分受到非高斯噪声影响的数据采用Robust方法进行处理。Robust方法是根据观测误差的剩余功率谱的大小对数据进行加权，重视未受干扰的正态分布的数据，降低“飞点”的权。所以该方法的本质是减少“飞点”的作用，达到改善阻抗估算的品质、提高信噪比的目的。经过Robust方法处理后的数据序列被用于计算视电阻率和相位曲线，但计算所得曲线还需静态位移校正和畸变校正。

(2) 视电阻率曲线的静态位移及其校正

视电阻率曲线的静态位移将给反演产生严重的影响，使解释结果偏离实际情况。因此，在反演解释之前必须进行校正。目前对视电阻率曲线的静态位移的校正还没有一个理论上的标准。实际中常根据地质结构进行一些经验性的校正，因而带有一定的人为因素。近年来许多人采用瞬变电磁法所得到的视电阻率曲线为标准，对MT曲线进行校正取得了很好的效果。在野外观测中，我们对部分测点进行了瞬变电磁观测，并取得了满意的效果。

(3) 大地电磁曲线的畸变及其校正

如果横向不均匀边界不是位于浅部，而是位于较深的位置，那么在外场的作用下，横向不均匀边界附近将产生附加场(附加电流和附加电荷)。这种附加场与频率有关，在不同频率范围对MT曲线的影响不同，从而使曲线发生畸变，而且视电阻率和相位曲线都将发生畸变。如局部的地垒和地堑效应容易引起假薄层。畸变效应一般出现在中、低频段，往往很难判断，校正也比较困难。目前比较有效且实用的办法主要有两种：其一是适用于一维反演的有效阻抗法；其二是适用于二维反演的阻抗张量分解技术。HN2和HN4测线与雷琼火山区的构造走向平行，不满足二维反演的条件，为此我们采用了有效阻抗法，以减小畸变的影响。阻抗张量分解技术仅适用于存在地质噪音的情况，在实际处理中，我们对位于火山区的几个测点进行分解后有明显改善，其他测点改善不明显。

3.2 结果反演

所谓反演解释，就是把视电阻率随周期的变化转化为电阻率随深度的变化，即由大地电磁曲线得到地下的电性结构。大地电磁反演有一维、二维和三维，目前比较成熟的是一维和二维。由一维反演得到的是一个测点的层状模型，由二维反演可得到一条测线的剖面模型。二维反演需要满足两个条件：(1) 地下介质具有二维性，即需要有一个比较明显的主轴方位。这一条件对于具有构造走向的多数地区是可以满足的。(2) 测线应垂直于构造走向。为了能够应用二维反演，我们往往在设计测线时尽量使测线垂直于构造走向。但在多数情况下，由于地形、交通等客观条件的限制，测线无法垂直于构造走向。这时只要测线与构造走向的夹角不是很小(比如大于 60°)，仍然可以采用二维反演进行近似。

雷琼火山区的地质构造走向为近南北向(或北北西向)。在四条测线中，测线 HN1 为近东西向(或北东东向)，与构造走向基本垂直，我们对该测线的解释采用了共轭梯度二维反演，结果见图 2。测线 HN2，HN3 和 HN4 为近南北向(或北北西向)展布，与构造走向近于平行，不满足二维反演的条件，所以这 3 条测线的解释主要依据一维反演。

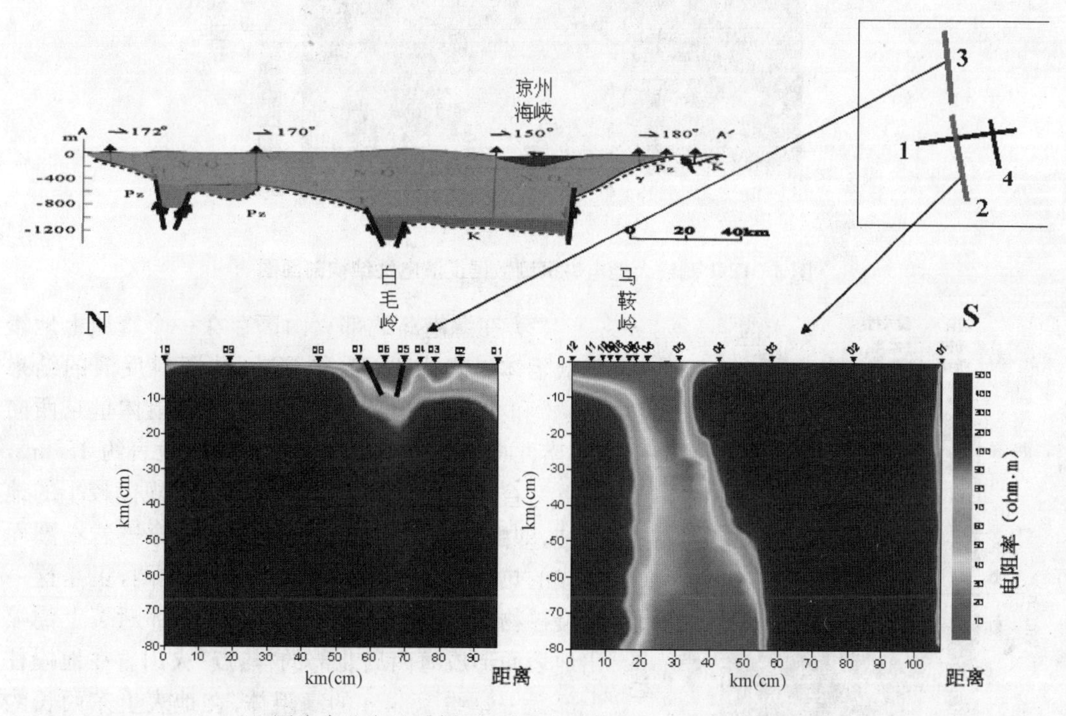

(上图为南北向地质剖面，下图为南北向 MT 电性结构剖面)

图 2 雷琼火山区南北向剖面地壳上地幔电性结构图

4 反演结果分析及结论

通过对雷琼火山区的大地电磁探测和观测数据反演，我们获得了雷琼火山区地下80 km深度范围内的电性结构。

图 2 是测线 HN3 和 HN2 的大地电磁探测资料反演的结果。图中上半部分是一条纵贯雷琼火山区的南北向地质剖面，下半部分是由测线 HN3 和 HN2 所连成的一条与地质剖面近于平行的大地电磁剖面。由图 2 我们可以得到以下两点推论：

(1) 琼州海峡南北两侧的地壳上地幔结构在电性上具有连续性，说明雷琼火山区虽隔琼州海峡，但仍属于同一地质体。因此，关于海南岛的形成，就并非如一些学者所说：海南岛是从其他地方漂移而来的。海南岛应该属于华南古陆的一部分，后由于区域上地幔上升，致使地壳拉张而产生雷琼裂谷，随后海水侵入而形成。雷琼裂谷北以遂溪—安铺断裂为界，南以王五—文教断裂为界。现今裂谷内的陆地，即雷琼火山区是裂谷内火山喷发和第四纪沉积（包括海相沉积和陆相沉积）的产物；琼州海峡是雷琼裂谷内火山活动相对较弱的部分，并成为裂谷内的低洼区，因海水侵入而成为海峡。

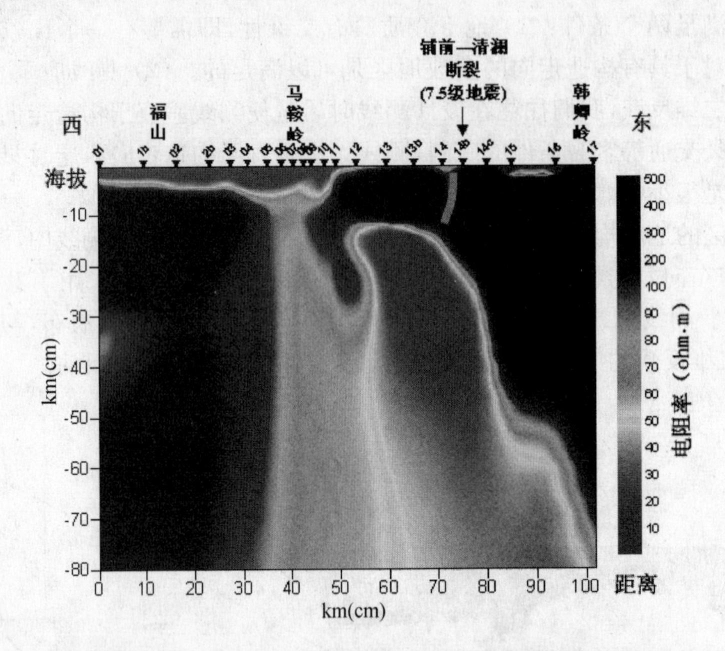

图 3　HN1 测线大地电磁探测数据反演电性结构剖面图

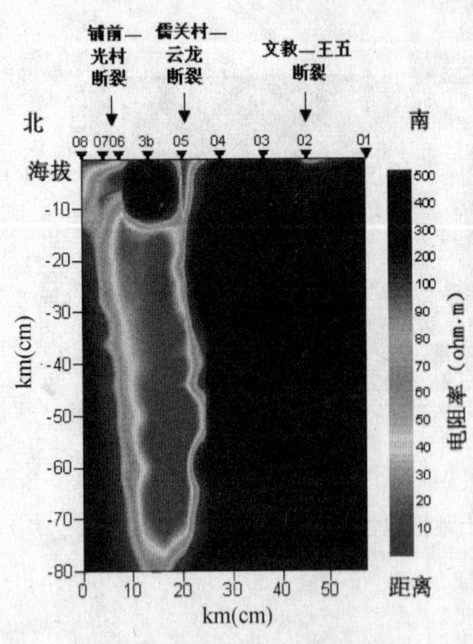

图 4　HN4 测线大地电磁探测数据反演电性结构剖面图

（2）在海南岛北部火山区存在一个直通上地幔的低阻体。测线 HN1 和 HN4 的资料反演的结果（图 3 和 4），更清楚地显示出这一低阻体呈东西向宽、南北向窄的饼形体，其顶部距离地表约 15 km，向下一直通向上地幔。推测其为一个规模较小的地幔柱，即由从软流层或下地幔涌起并穿透岩石圈而形成的热地幔物质柱状体。进一步推测，正是这一地幔柱物质（或称岩浆），早期沿其上部断裂上涌喷出地表而形成海南岛北部的“热点”火山。在地幔柱上部是一厚约 15 km 的高阻体，在地表上东西长约 21 km，南北宽约 12 km，面积约 252 km^2。该高阻体东西两侧分别被清澜—铺前和琼华—莲塘村两条北西向断裂切割，南北两侧则分别被富昌—群善村北东东向断裂和儒关村—三江近东西向断裂切割。其中心正好位于海口美兰机场，因此我们将其称为“美兰块体”。美兰块体四周的断裂在图 3 和图 4 中也有不同程度的显示。根据地形变观测，美兰块体的东寨港地区，目前正以平均每年约 1 cm 的速率下降，而西部正以大致相应的速率上升。推测可能是其地下深部地幔柱缓慢偏西侧上升引起美兰块体西部上抬而东部形成拉张下陷所致。

（3）HN1 测线大地电磁探测数据反演结果（图 3）显示，美兰块体以西的整个火山地区地下浅部则为一低阻层。该低阻层平均厚约 5 km。根据钻孔探测分析，该地区地下 350 m 以上浅层为琼北承压水盆地，地下 350—800 m 为琼北地热田，再往下，目前只在海口市以西的澄迈福山拗陷有深钻孔，井深 1 732 m，井底温度为 83 ℃；井深 3 200 m，井底温度达 147 ℃。由此推测，整个火山区地下浅部的低阻层可能为高温岩体。火山区地下热矿水正是其下部高温岩体加热所致。

参考文献

[1] 地质矿产部宜昌地质矿产研究所，海南省地质矿产局. 海南岛地质[M]. 北京：地质出版社，1992

[2] 张虎男. 新构造运动与地震——张虎男论文集[M]. 北京：海洋出版社，2000

[3] 黄镇国，蔡福祥，韩中元，等. 雷琼火山[M]. 北京：科学出版社，1993

[4] 李红阳，牛树银，王立峰，等. 幔柱构造[M]. 北京：地震出版社，2002

[5] 朱运海. 琼北地区地壳垂直形变场[A]. 丁原章，李坪，时振梁，等. 海南岛北部地震研究文集[C]. 北京：地震出版社，1988. 72－77

[6] 赵阳升，万志军，康建荣. 高温岩体地热开发导论[M]. 北京：科学出版社，2004

[7] 刘嘉麒. 中国火山[M]. 北京：科学出版社，1999

[8] 海南百科全书编撰委员会. 海南百科全书[M]. 北京：中国大百科全书出版社，1999

[9] 陈恩民，黄咏茵. 1605 年海南岛琼州大地震及其发震构造的初步探讨[J]. 地震地质，1979，1(4)：37－44

[10] 徐起浩. 琼山大地震沉陷机理讨论[J]. 华南地震，1985，5(4)：30－37

[11] 徐起浩. 1605 年琼山强地震导致的同震海岸快速下沉、可能紧随的海啸及其证据[J]. 华南地震，2006，26(1)：17－27

[12] 李志雄，赵文俊，刘光夏. 1605 年琼山大地震深部构造和应力状态研究[J]. 华南地震，2006，26(1)：28－36

[13] ТИХОНОВ，Т. Н.，Об определении злектрических характеристик глубоких слоев земной коры[J]，Докл. Акад. Наук. СССР，1950，Том 73，2，295－297

[14] Cagniard L. Basic theory of the magnetotelluric method of geophysical prospecting [J]. Geophysics, 1953，18(3)：605－635

Magnetotelluric Surveying and Electrical Structure of the Deep Underground Part in Leiqiong Volcanic Area

HU Jiuchang[1] BAI Denghai[2] WANG Weihua[3] WANG Lifeng[4] HE Zhaohai[4] HAN Jimin[4]

1. Earthquake Administration of Hainan Province, Haikou, 570203, China
2. Institute of Geology and Geophysics, Chinese Academy of Sciences, Beijing, 100029, China
3. China University of Geosciences, Beijing, 100083, China
4. Institute of Geology, China Earthquake Administration, Beijing, 100029, China

Abstract: It is discovered there are two kinds of objects (layers) with low resistance by means of magnetotelluric surveying. One of them is located in the place within 5 km far below the earth's surface in Ma'anling volcano and its west area. It is a shallow layer with low resistance and consists by inference of basalt cover ejected by volcano, underground water and other substances with lower resistance. There is a degenerating magma channel. Another of them is located in the place over 15 km far below the earth's surface in the M7. 5 Qiongshan earthquake area. It is a deep layer with low resistance which connects the upper mantle, and is by inference an ascending magma heat source. In addition, it is found there is electrical continuity from the crust to the upper mantle in the north and south sides of Qiongzhou Straits. It is accordingly inferred that the whole Leiqiong volcanic area belongs to a same geological unit and proved that the Hainan Island is one part of the South China ancient continent.

Key words: electricity; telluric electromagnetism; low resistance; magma bursa; Leiqiong volcanic area

琼北火山区流体地球化学特征及近期火山喷发危险性评估[①]

上官志冠[1,②]　高清武[1]　刘　伟[2]　胡久常[2]

1. 中国地震局地质研究所，北京，100029

2. 海南省地震局，海口，570203

摘要：琼北火山区地下流体地球化学调查结果显示，目前马鞍岭火山附近较大范围内深层地下水仍有一定强度的深源 CO_2 释放活动，火山口附近地下水的 Na 含量也相对偏高。地球化学异常指示马鞍岭、雷虎岭等火山可能仍属于休眠火山，应继续关注。但从整体上看，琼北火山区深源流体释放活动的强度较弱，因此区内近期尚没有火山喷发活动的危险。

关键词：琼北火山区；地下流体；地球化学；火山喷发危险性评估

1　琼北地区新生代玄武岩分布概况

琼北地区第四纪玄武岩覆盖面积约 4 160 km^2（黄镇国等，1993），西起北部湾沿海的洋浦，东至铺前—清澜断裂，南部在定安以西被限制在王五—文教断裂以北，定安以东越过 EW 向断裂向 SW 方向延伸至龙塘附近，北部直至海滨（图 1）。

琼北地区火山喷发活动始于新近纪晚期，从中更新世至全新世共有 4 期大的喷发，形成了 9 个玄武岩岩被，其中雷虎岭—马鞍岭一带的橄榄玄武岩属于全新世（曾广策，1984）。据 K-Ar 年龄测定结果（陈文寄等，1992），该区玄武岩的喷发时代绝大部分属于更新世，其中早更新世玄武岩分布面积最广，包括多文岩被（约 940 km^2）和龙发岩被（约 1 400 km^2）；中更新世玄武岩分布面积较小，晚更新世玄武岩喷发活动又趋强烈。琼北地区第四纪玄武岩是在南海盆地停止扩张后形成的，因此又被称为“扩张后玄武岩”（Flower et al.，1992）。野外调查结果显示，在海口西南的荣山—岭南断裂两侧，北起石山附近的双池岭，南至岭南东南的永茂岭，长不过 15 km，分布有 30 余座火山口，区内最新的马鞍岭、雷虎岭火山均位于此（图 1）。

2　琼北火山区现代地下流体释放特征

调查结果显示，目前琼北第四纪火山区内没有天然温泉出露，外围地区则有大量温泉分布。据石油钻探资料，琼北火山区所在的“雷琼拗陷”最大沉降深度达 5 000 m，地下热水资源丰富，含水层稳定。钻井资料揭示，海口地区地下约 700 m 深度以上有 7 层含水层，第 2—7 层含水层平均厚度约 50 m。海南水文工程研究院一个最新供水钻孔深度为 830 m，揭示的自流地热水达 45 ℃，被称为第 8 层水。这表明该区地下仍大量赋存地热水。有的研究者认为，雷琼地区第四纪更新世火山岩浆余热已全部散失（陈墨香等，1991）。作者认为，这里不是

---

① 本文发表于《地震地质》2003 年第 25 卷增刊。

② 上官志冠，男，1945 年出生，1969 年毕业于中国科学技术大学近代化学系，1981 年于北京大学地质系地球化学专业获硕士学位，研究员，博士生导师，现主要研究方向为火山流体地球化学和稳定同位素地球化学。电话：010－62009087，E-mail：Z. Shangguan@263. sina. com

一般的地热增温，构造因素可能是重要原因，但研究区内全新世火山活动的影响也不能完全排除。

2.1 采样泉点的分布和样品测试

本次研究的泉点主要集中在区内最新的马鞍岭、雷虎岭火山口附近地区，其中包括天然冷泉3个、冷热水钻孔水样6个；此外，为了解火山区可能存在的深部岩浆活动的影响，对火山区外围的7个温泉点的流体样品也做了采集。采样泉点的分布见图1。火山区地下水主要离子含量测试由中国科学院自然资源综合考察委员会分析实验室完成，研究水样的溶解二氧化碳含量及氢、氧、碳同位素样品由中国地震局火山流体实验室制备，中国科学院地质与地球物理研究所测试，结果见表1。

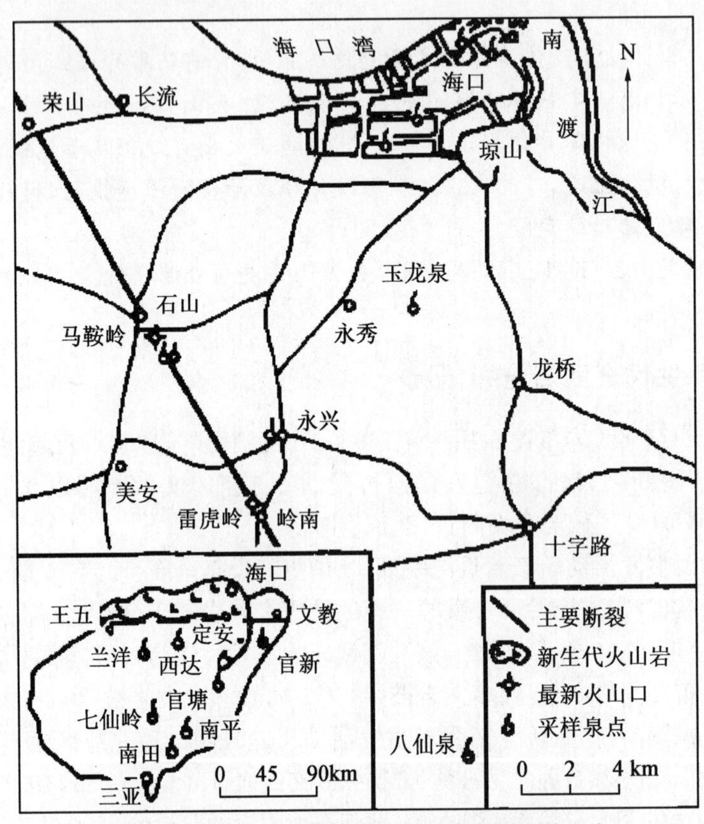

图1 琼北火山区第四纪玄武岩和采样泉点的分布

表1 地下水及外围温泉氢、氧及溶解碳同位素组成

泉点名称	温度(℃)	井深(m)	主要离子含量(mg/L)				δD	$\delta^{18}O$	TCD-CO_2 (g/L)	$\delta^{13}C$ (‰, PDB)
			Na	Ca	Cl	HCO_3	(‰, SMOW)			
荔湾深井	27.0	701	63.36	12.17	22.87	83.71	−43.7	−8.0	0.15,0.23	−7.1,−7.6
荔湾浅井	25.0	300	52.53	20.90	23.82	165.8	−48.3	−7.8	0.07	—
永兴水厂	27.0	30	23.25	64.66	28.61	178.1	−47.2	−7.9	0.02	−19.8
地矿局井	27.1	165	58.48	55.26	50.51	197.7	−38.0	−7.2	0.13	−15.3
电大井	33.2	300	59.22	24.12	58.96	179.3	−47.5	−7.6	0.08	−9.5
水工院新井	45.0	830	781.9	5.05	274.5	1 192	−45.0	−8.4	0.94	−9.5，−9.3
八仙泉	25.5	冷泉	12.13	41.77	23.82	100.2	−49.0	−7.4	0.11	−18.5
玉龙泉	23.8	冷泉	14.82	11.19	20.52	48.13	−45.9	−7.4	0.12	−20.5
省府宿舍	27.4	冷泉	62.58	66.22	44.73	200.0	−44.7	−6.7	0.22	−14.9
兰洋	84.3	温泉	129.6	14.79	25.71	78.26	−50.6	−8.4	0.08	−12.8

（续表）

泉点名称	温度(℃)	井深(m)	主要离子含量(mg/L)				δD	$\delta^{18}O$	TCD-CO_2 (g/L)	$\delta^{13}C$ (‰, PDB)
			Na	Ca	Cl	HCO_3	(‰, SMOW)			
西达	53.8	温泉	130.8	12.72	40.98	148.8	−50.6	−8.3	0.11	−13.4
官新	69.6	温泉	1 174	361.0	2 098	83.72	−42.2	−7.1	0.06	−15.7
官塘	71.6	温泉	225.3	67.43	95.30	190.7	−41.4	−7.6	0.13	−13.9
南平	70.0	温泉	154.0	17.64	96.56	106.4	−48.7	−8.2	0.11	−15.2
七仙岭	90.1	温泉	86.51	2.38	18.66	64.18	−52.8	−9.1	0.03	−13.2
南田	55.6	温泉	581.1	235.1	941.5	46.51	−56.4	−8.2	—	—

2.2 地下水的氢氧同位素组成

琼北火山区地下水与冷泉的δD值变化范围较小，从−44.7‰～49.0‰；而其$\delta^{18}O$值变化范围相对较大，为−6.70‰～7.42‰；海口地区地下水的$\delta^{18}O$值还有随深度逐渐降低的趋势(图2b)。在δD-$\delta^{18}O$值关系图上，该区大多数泉点位于大气降水线的左上方(图2a)。比较国内4个活动火山区地下水、冷泉和温泉水δD-$\delta^{18}O$值的关系，琼北火山区泉点的氢氧同位素组成比较特殊，大部分位于全球大气降水线的左上方(图3)。其他火山区的绝大多数泉点基本上沿大气降水线分布，而腾冲热海火山地热区的大多数泉点则位于大气降水线的右下方(上官志冠，2000)。

我们知道，世界上绝大多数地下水都源自大气降水，在δD-$\delta^{18}O$值关系图上，它们大多沿全球大气降水线分布。在特殊情况下，如不平衡的蒸发、气体释放等可使其不同程度地偏离大气降水线。一般来说，高温地热水在迁移释放过程中的蒸发作用将使其向右偏离(上官志冠，2000)；地下水$\delta^{18}O$值发生“负漂移”，即琼北火山区、腾冲火山区、五大连池火山区、天池火山区在δD-$\delta^{18}O$值关系图上，泉点位置向大气降水线左上方偏离的情况较少见。在我们测试过的国内200余个不同类型的泉点中，比较典型的仅有2个泉点，一个是腾冲火山区的扯雀塘，另一个是位于红河断裂中段的南涧温泉。其$\delta^{18}O$值发生“负漂移”的原因可能都与泉水中长期存在大量的游离CO_2释放，地热水与游离CO_2发生氧同位素交换有关，随着富含^{18}O的CO_2的不断释放导致了温泉$\delta^{18}O$值的降低，即泉水$\delta^{18}O$值出现“负漂移”现象(上官志冠等，1991)。

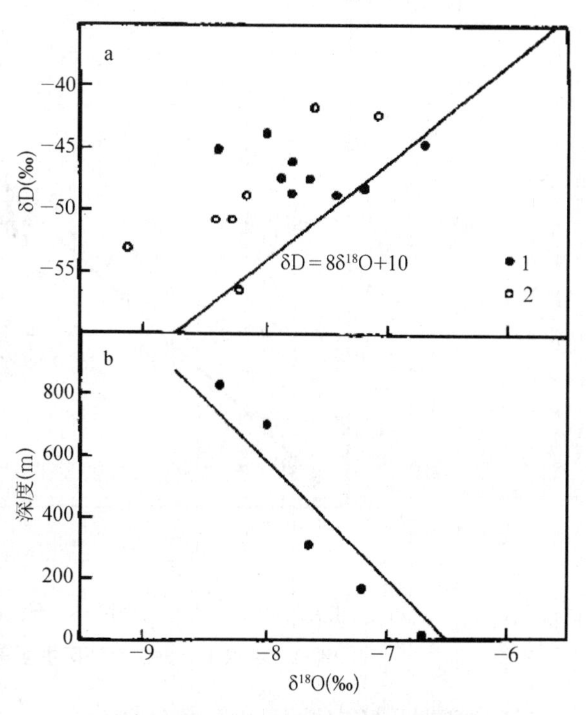

1. 琼北火山区泉点；2. 外围地区温泉

图2 琼北火山区及外围泉点δD-$\delta^{18}O$值的关系(a)；火山区泉点$\delta^{18}O$值随井孔深度的变化(b)

图2a显示，研究区内大多数泉点分布在大气降水线的左侧，其中包括外围地区温泉。因此从整体上看，这可能与区内特定的大气降水机制有关，但也不排除局部存在火山气体CO_2释放的影响。一般认为，流量比较稳定的天然冷泉的氢氧同位素组成能可靠代表本地

区大气降水同位素组成的平均值。本次研究我们测试了海口附近3个典型地面天然冷泉，其中离最新火山口较远的八仙泉、省府宿舍冷泉大致沿大气降水线分布；而在最新的马鞍岭火山口附近玄武岩分布区内的天然冷泉玉龙泉，虽然其δD值介于八仙泉、省府宿舍冷泉之间，但其$\delta^{18}O$值却相对低于上述2个泉点（表1）。这种现象在马鞍岭火山南侧荔湾深井（702 m）和区内最深钻孔（830 m）的地下水中表现得更突出。它们的δD值均介于上述2个典型冷泉点之间，而其$\delta^{18}O$值则大大低于这2个冷泉点。在海口地区，地下水的$\delta^{18}O$值还有随含水层的深度增加而逐渐降低的趋势（图2b）。这可能暗示，区内最新火山口及附近地区深部地下水中在较长的历史时期内可能一直存在一定强度的游离CO_2释放活动，而且这种CO_2释放活动可能越往深处越强烈。

2.3　火山区地下水的溶解CO_2含量（TCD-CO_2）及其D^{13}值

我们的测试结果显示，琼北火山区及附近地区浅部地下水中溶解CO_2含量通常较低，不同构造位置和深度的地下水其含量有明显差异。表1显示，马鞍岭火山口南侧荔湾深井（701 m）水的溶解CO_2含量较荔湾（300 m）和附近永兴自来水厂（30 m）浅井水要高得多；火山区内海口开发区（830 m）深井自流地热水中溶解CO_2含量甚至高达0.94 g/l；在天然泉水中，省府宿舍附近地区一断层泉的溶解CO_2含量也较另2个地面大冷泉的相应值高出约1倍。这些数据表明，琼北火山区深部地下水中可能仍普遍存在着CO_2的释放活动。

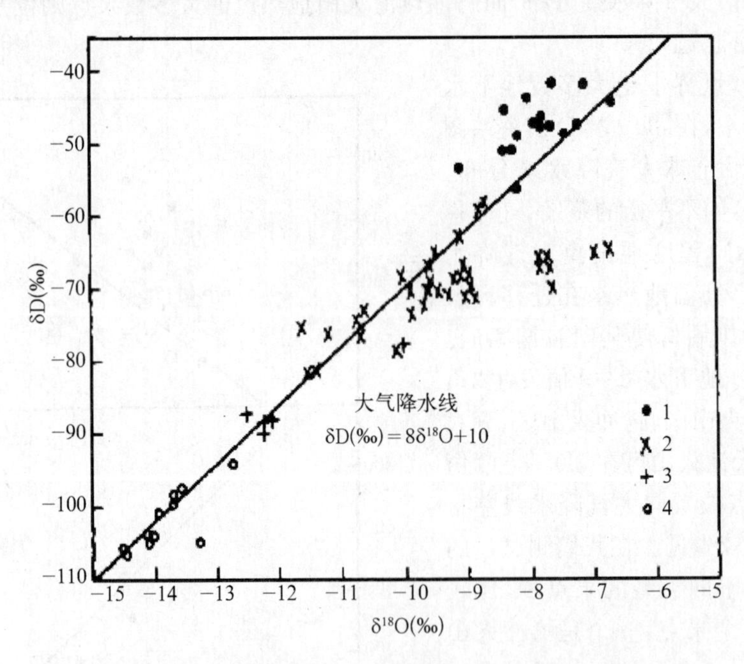

1. 琼北火山区；2. 腾冲火山区；3. 五大连池火山区；4. 天池火山区

图3　中国4个火山活动区主要泉点δD－$\delta^{18}O$的关系

我们知道，火山气体的最主要成分是CO_2，典型深源CO_2的$\delta^{13}C$值为－4.7‰～8.0‰（PDB标准，下同）（Pineauet al.，1976；Mooreet al.，1977）；而生物成因碳和沉积碳酸盐的$\delta^{13}C$平均值分别为－25‰和0‰左右。表1显示，在整个海南无论是琼北火山区泉点，还是外围地区的温泉都没有明显的沉积碳酸岩来源的CO_2释放。值得注意的是，琼北火山区最新活动的马鞍岭火山口南侧荔湾酒家701 m深井水中的溶解CO_2具有典型的深源CO_2的$\delta^{13}C$值（平均值－7.4‰）；附近地区较深层的地下水，如海口电大井和水工院新井溶解CO_2的$\delta^{13}C$平均值为－9.4‰，也比较接近深源CO_2的值。而区内其他浅层地下水以及冷泉的溶解CO_2不仅含量低，而且其$\delta^{13}C$值也很低，平均值为－17.8‰，最低值达－20.5‰。显然这些CO_2大都为浅部生物成因。如果设定深部火山来源（幔源）和浅部生物成因CO_2的$\delta^{13}C$

值分别为－7‰和－25‰，按二元混合模型计算，马鞍岭火山口南侧荔湾酒家701 m深井水中的溶解CO_2基本上都为火山来源(98%以上)；海口电大井和水工院新井的溶解CO_2中大约87%为火山来源；海口地区其他泉点深部幔源CO_2的含量变化范围为25%～56%，平均约为40%，远远高于一般的地下水，也高于外围地区温泉。从海口地区800 m以下地下水溶解CO_2含量迅速增加的情况看，目前琼北火山区最新火山口附近地区深层地下水中仍有一定强度的深源CO_2的释放活动，而浅层地下水深源CO_2释放水平较低，可能与第四纪以来雷琼拗陷的巨厚沉积物覆盖有关。

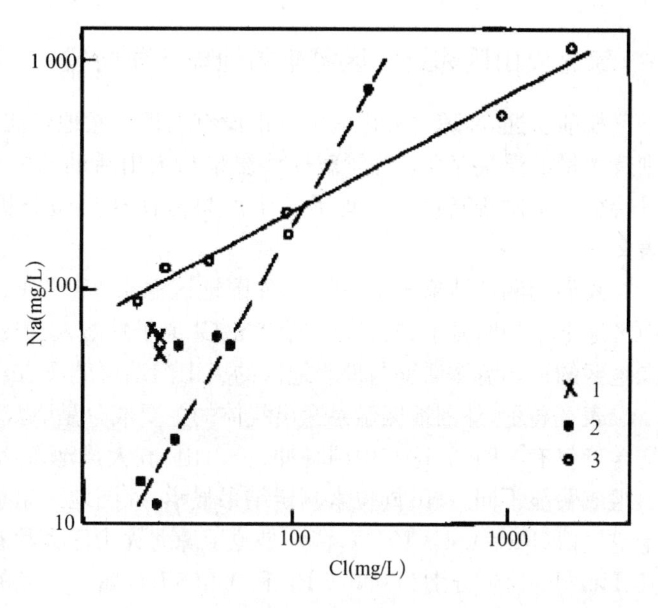

1. 马鞍岭火山口附近地下水；2. 琼北火山区地下水；3. 邻近地区温泉

图4　琼北火山区地下水及邻近地区温泉水Na-Cl含量关系

2.4　马鞍岭火山口附近地下水的Na含量异常

Na是地下水中最保守的组分之一，深源流体或火山流体上涌常常导致地下水出现明显的Na含量异常。一般来说，同一地区同类地下水中Na和Cl的含量存在正相关关系，这在琼北地区地下水和邻近地区温泉水中有正常的反映。图4显示，在马鞍岭火山口附近的地下水，无论深浅井都明显偏离区内的Na-Cl相关线，显示Na含量相对偏高，其原因可能与火山活动带来了大量的深部Na有关。另外，海口电大井也存在类似的情况。该井不仅有较高的Na含量异常，而且也存在深源CO_2释放异常(图5)，表明该地热井可能与区内某个深源流体上涌通道相连。我们认为，马鞍岭火山口附近深浅井的地下水都存在Na含量相对偏高的异常情况，而且与深源CO_2的异常释放同时存在时，这种现象应该不会是偶然的，它至少指示该火山口附近地区的深源流体活动要强于区内其他地区。

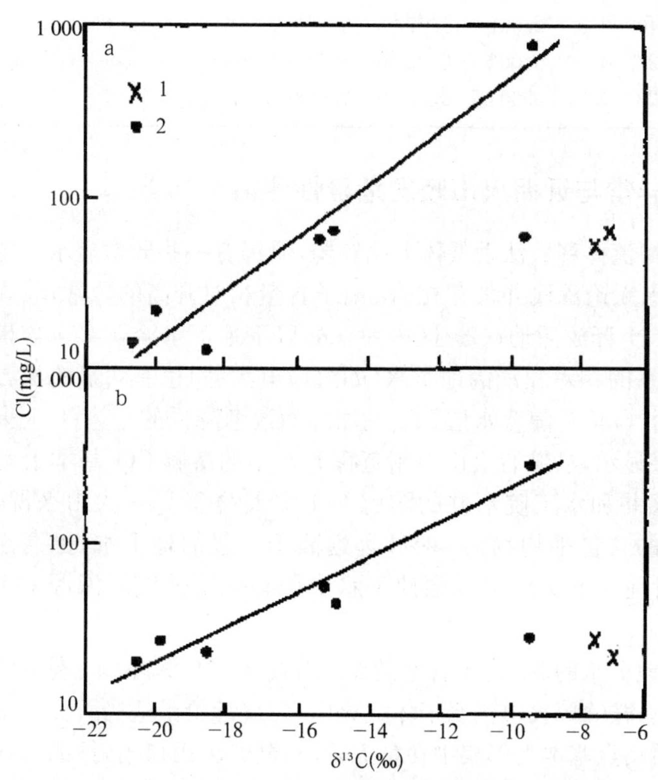

1. 马鞍岭火山口附近地下水；2. 琼北火山区地下水

图5　琼北火山区地下水Na,Cl含量与溶解CO_2的$\delta^{13}C$值关系

3 琼北火山区邻近地区温泉的地球化学特征

如前所述，在琼北火山区内目前没有发现天然地热流体释放活动，但在火山区外围地区则有大量的温泉存在。为了解这些温泉与火山活动的关系，有必要研究其流体地球化学背景特征。本次研究我们采集了 7 个温泉流体样品做分析测试，气体及同位素测试结果见表 2。

我们的测试结果显示(图 4)，外围地区温泉 Na 和 Cl 含量之间的相关线斜率与琼北火山区地下水的明显不同，显示二者 Na,Cl 离子的溶入和迁移机制是不相同的。这意味着，周围地区的地热流体活动与琼北地区的火山活动可能没有直接的成因上的联系。

表 2 显示，外围地区温泉逸出气体的主要成分是 N_2，平均含量高达 96%以上，而 CO_2 平均含量仅有0.84%。这与中国腾冲、长白山、五大连池等活动火山区地热流体逸出气体的化学组成明显不同。He 同位素测定结果显示，外围地区温泉逸出气的 $^3He/^4He$ 比值均大大低于空气值($Ra=1.4\times10^{-6}$)，特别是位于琼北火山区大片玄武岩南部边缘的兰洋、西达温泉，其 $^3He/^4He$ 比值分别为 0.076 Ra 和 0.066 Ra，属于典型的壳源 He。温泉溶解碳的 $\delta^{13}C$ 值介于－12.8‰～15.2‰之间，平均值为－13.8‰，大大低于深源 CO_2 的 $\delta^{13}C$ 值。氦、碳同位素证据都表明，外围地区温泉逸出气体属于正常的构造活动成因的气体释放，逸出气体中的 He 和 CO_2 均为壳内气体，与琼北火山区内的深源气体释放活动无关。

表 2 琼北火山区外围温泉逸出气体的化学和同位素组成

采样点	温度(℃)	气体化学组成(%)							$^3He/^4He$ ($\times10^{-7}$)(R/R_a)	$\delta^{13}C_{CO_2}$ (‰, PDB)	TCD-CO_2 (g/L)
		CO_2	N_2	Ar	O_2	CH_4	H_2	He			
兰洋	84.3	1.79	94.58	1.35	0.35	0.34	0.354 0	0.323 7	1.068(0.076)	－12.8	0.08
西达	53.8	0.43	98.18	1.14	1.40	0.39	0.007 3	0.372 6	0.925(0.066)	－13.4	0.11
官塘	71.6	0.57	96.24	1.34	0.27	0.60	0.002 0	0.334 6	8.402(0.600)	－13.9	0.13
南平	70.0	0.57	95.09	1.29	0.23	0.04	0.004 5	0.121 0	2.608(0.186)	－15.2	0.11

4 琼北火山区地下流体释放异常与近期火山喷发危险性评估

综上所述，琼北火山区现今深源流体释放活动整体上比较弱，但仍有一些异常显示。主要有：(1) 马鞍岭火山口附近地下水无论深浅井都存在 Na 离子含量相对升高的异常，较深层的地下水还有一定强度的深源 CO_2 释放活动；(2) 区内 800 m 以下地下水溶解 CO_2 含量迅速增加，甚至一些与深断裂有联系的相对较浅的地下水(如海口电大井)也有明显的深源 CO_2 释放活动；(3) 火山区地下水 $\delta^{18}O$ 值有随含水层深度的增加而逐渐降低的趋势；(4) 火山区溶解 CO_2 的碳同位素测试结果显示，马鞍岭火山口附近深井水中的溶解 CO_2 基本上都为火山来源(98%以上)，海口电大井和水工院新井的溶解 CO_2 中大约 87%为火山来源，海口地区其他泉点深部幔源 CO_2 的含量平均约为 40%，远远高于一般的地下水，也高于外围地区温泉。上述事实表明，目前琼北火山区深层地下水中仍有一定强度的深源 CO_2 的释放活动。

我们认为，马鞍岭火山口附近地下水的 Na 离子含量的相对升高异常与深源 CO_2 释放活动同时存在，可能指示琼北火山区马鞍岭等火山仍属于休眠火山，应继续给予适当关注。由于琼北火山区现今深源流体异常活动点基本上都集中在雷虎岭、马鞍岭火山口附近(高清武等，2003)，因此该区域应列为琼北地区未来火山活动的重点监视区。与长白山、腾冲等国内其他休眠火山相比，研究区内深源流体释放活动的强度相对较弱。本项研究结果认为，琼北地区近期尚没有发生火山喷发活动的危险。

野外工作得到海南省地震局胡金文等同志的大力支持，气体测试由范树全副研究员协助完成，特此致谢。

参考文献

[1] 陈墨香，夏斯高，杨淑贞. 雷州半岛局部地热异常及其形成机制[J]. 地质科学，1991，26(4)：369－383

[2] 陈文寄，葛同明，李大明，等. 雷琼地区新生代玄武岩的 K-Ar 磁性地层年代学[A]. 见：刘若新主编. 中国新生代火山岩年代学与地球化学. 北京：地震出版社，1992. 239－245

[3] 高清武，上官志冠，胡金文. 琼北火山及断裂的活动性：氡钍气体放射性示踪[J]. 地震地质，2003，25(2)：280－287

[4] 黄镇国，蔡福祥，韩中元，等. 雷琼第四纪火山[M]. 北京：科学出版社，1993. 1－7

[5] 上官志冠. 腾冲热海地热田热储结构与岩浆热源的温度[J]. 岩石学报，2000，16(1)：83－90

[6] 上官志冠，张忠禄. 滇西实验场区温泉的稳定同位素地球化学研究[A]. 见：国家地震局地质研究所. 现代地壳运动研究(5). 北京：地震出版社，1991. 87－95

[7] 曾广策. 海南岛北部第四纪玄武岩岩石学[J]. 地球科学，1984，9(1)：63－72

[8] Flower M F G, Zhang M, Chen C Y, et al. Magmatism in the South China Basin: 2 post-spreading Quaternary basalt from Hainan Island, South China[J]. Chem Geol, 1992, 97: 65－87

[9] Moore J G, Bachelder J N, Cunningham C G. CO_2-filled vesicles in mid-ocean basalt [J]. Jour Volcanol Geothermal Res, 1977, 2: 309－327

[10] Pineau P, Javoy M, Bottinga Y. $^{13}C/^{12}C$ ratios of rocks and inclusions in popping rocks of the Mid-Atlantic Ridge and their bearing on the problem of isotopic compositions of deep-seated carbon[J]. Earth Planet SciLett, 1976, 29: 413－421

Geochemical Characteristics of Subsurface Fluids and Volcanic Hazard Assessment in Northern Hainan Volcanic Region

SHANGGUAN Zhiguan[1] GAO Qingwu[1]
LIU Wei[2] HU Jiuchang[2]

1. Institute of Geology, China Seismological Bureau, Beijing, 100029, China
2. Seismological Bureau of Hainan Province, Haikou, 570203, China

Abstract: The results of detailed investigation on the chemical and isotopic compositions of subsurface fluids in Northern Hainan Quaternary volcanic region indicate that the Ma'anling and Leihuling volcanoes would be the dormant volcanoes, and great attention should be continuously paid to them. Near the Ma'anling crater the sodium content of underground water is anomalously higher, and also the releasing activity of deep-seated CO_2 is visible. Moreover, the determined results of hydrogen and oxygen isotopic compositions indicate that $\delta^{18}O$ values of the underground water tend to decrease with the depth of water-bearing strata. Among them the $\delta^{18}O$ values of Liwan and Shuigongyuan deep wells are significantly lower than that of the normal groundwater. Such a feature may reflect long-term effect of CO_2 discharge in the studied area. However, these anomalies are relatively weaker than those observed in the other dormant volcanoes in China, such as the Tengchong and Changbaishan volcanoes. Therefore, we consider that there is no immediate danger of volcanic eruption in the near future.

Key words: Northern Hainan volcanic region; subsurface fluid; geochemistry; volcanic hazard assessment

琼北马鞍岭地区第四纪火山活动期次划分①

白志达[1,②] 徐德斌[1] 魏海泉[2] 胡久常[3]

1. 中国地质大学，北京，100083

2. 中国地震局地质研究所，北京，100029

3. 海南省地震局，海口，570203

摘要：琼北马鞍岭地区第四纪火山活动具有多期性。据火山作用方式、火山形貌及风化程度、火山喷发产物与沉积地层以及火山机构之间的相互叠置关系，结合同位素年龄，可分为德义岭、道堂、杨花、雷虎岭、昌道和马鞍岭等6期，其中德义岭期为中更新世，道堂和杨花期为晚更新世，雷虎岭、昌道和马鞍岭期属全新世。不同期次具有不同的火山活动方式、喷发强度及火山结构类型。德义岭期火山活动以溢流为主，火山锥为低缓的熔岩穹丘。杨花期为射气岩浆爆发作用形成的低平火山。雷虎岭与马鞍岭期主要形成由碎屑锥和熔岩流组成的夏威夷式火山，熔岩流构造类型以结壳熔岩为主。

关键词：第四纪火山；活动期次；活动方式；琼北马鞍岭

0 引言

琼北是中国第四纪以来火山活动最为强烈和频繁的地区之一，而马鞍岭地区又是琼北火山喷发最晚的地区。火山岩裸露，火山机构保存完好，喷发中心距海口市仅15 km左右，故有“城市火山”之称。因此，深入研究其火山活动规律，对火山喷发危险性的评价及防灾减灾具有重要意义。

马鞍岭地区系指海口市西南石山、永兴镇一带，西自美造水库，东至龙桥，南起罗京盘，北迄长流的全新世火山岩分布区，地理坐标为19°48′N—20°01′N，110°06′E—110°27′E，面积约500 km^2。本文仅对区内第四纪火山喷发期次及火山作用特征作一初步论述。

1 火山活动期次的划分

火山活动期次的划分是了解火山活动时空演化规律的基础，许多学者和单位对琼北火山活动的时代及期次进行了研究（边兆祥，1958；傅秀银，1981；袁宝印，1984；陈上福等，1985；孙建中，1988；张仲英等，1989）。其划分意见不一，划分方案颇多，各自都有一定的依据，但大多数人都认为马鞍岭地区存在最新的火山活动，并多称其为雷虎岭期，其时代为更新世晚期—全新世（王惠基，1981；黄坤荣，1986；孙建中，1988；刘若新，1992，2000；黄镇国等，1993；陈沐龙等，1997）。本文在系统的1∶50 000火山地质调查及关键地段重点解剖研究的基础上（1∶10 000大比例尺填图），并结合1∶10 000航片解译，依据火山作用方式、火山岩浆系列、火山地貌及风化剥蚀程度、火山岩与沉积地层以及火山机构之间的相互叠

① 本文发表于《地震地质》2003年第25卷增刊。

② 白志达，男，1956年生，1993年在中国地质大学（北京）获硕士学位，副教授，主要从事火山岩、火山学和区域地质的教学与研究工作，电话：010-82322032。

置关系，同时参考同位素测年结果，将马鞍岭地区地表出露的第四纪火山活动划分为德义岭、道堂、杨花、雷虎岭、昌道和马鞍岭等6期喷发(表1)，但未涉及埋藏的火山岩。德义岭期为中更新世喷发，道堂与杨花期为晚更新世喷发，雷虎岭与马鞍岭期属全新世喷发。

表1 琼北马鞍岭地区第四纪火山喷发序列

时代	时代界线年龄(Ma)	岩性柱	期次	同位素年龄(ka)	代表性火山
全新世		Qhf	Qhf 现代湖泊沉积物		
		Qhm^2 Qhh	Qhm^2 马鞍岭晚期喷溢拉斑玄武岩 Qhh 浩昌拉斑玄武岩		浩昌、儒洪、儒群、马鞍岭
		Qhm^1	Qhm^1 马鞍岭期早期喷溢拉斑玄武岩		马鞍岭
		Qhc	Qhc 昌道期碱性橄榄玄武岩	古地磁推算 1) 8.155±157	美社、昌道
		Qhl^3 Qhg	Qhl^3 雷虎岭期晚期碱性橄榄玄武岩 Qhg 国群碱性橄榄玄武岩	热释光 9.91±8.4 1)	雷虎岭、阳南、国群
		Qhl^2	Qhl^2 雷虎岭期中期碱性橄榄玄武岩		雷虎岭
		Qhl^1 Qhy	Qhl^1 雷虎岭期早期碱性橄榄玄武岩 Qhy 阳南碱性橄榄玄武岩	热释光 10.27±8.50 1)	雷虎岭西南
		Qhm	Qhm 海成Ⅰ级阶地:含贝壳亚砂土		
晚更新世	0.01	$Q_p^3y^3$	$Q_p^3y^3$ 杨花期晚期涌浪堆积：火山砂、砾层		双池岭
		$Q_p^3y^2$	$Q_p^3y^2$ 杨花期中期涌浪堆积：火山砂、砾层		杨花
		$Q_p^3y^1$	$Q_p^3y^1$ 杨花期早期涌浪堆积：火山砂、砾层	热释光 124.29 2)	北征水库
		$Q_p^3d^2$	$Q_p^3d^2$ 道堂期晚期拉斑玄武岩		道堂
		$Q_p^3d^1$	$Q_p^3d^1$ 道堂期早期拉斑玄武岩		永茂岭、卜亚岭
中更新世	0.15	Q_p^2d	Q_p^2d 德义岭期拉斑玄武岩	K-Ar 610±1.0 1) 热释光199.6 2)	
		Q_p^2b	Q_p^2b 北海组:紫红、褐红色含砾亚砂土	球玻璃陨石裂变径迹706±2.7 2)	
上新世	2.43	N_2s	N_2s 狮子岭期拉斑玄武岩		狮子岭

注:1) 据樊祺诚等①;2) 据区域地质调查报告②;古地磁测试属布容正向极性时，反映玄武岩的形成应在距今8—10 ka的哥德堡事件之后。

1.1 德义岭期

本期火山岩主要为橄榄拉斑玄武岩，广泛分布于研究区西侧外美造水库和白莲一带，区内分布零星(图1)，玄武岩覆盖在中更新世北海组紫红、褐红色含砾亚砂土之上，其上被杨花期射气岩浆喷发物覆盖。下伏北海组顶部球状玻璃陨石裂变径迹年龄为(706±2.7)ka(严正等，1983)。本期玄武岩K-Ar表面年龄为(610±1)ka①，烘烤层TL年龄为199.6 ka②，因此，该期喷发应属中更新世。

风化壳厚度及火山剥蚀程度与母岩的年龄密切相关(汪啸风等，1991；黄镇国等，1993)，它们是划分火山活动相对期次的客观依据之一。但风化壳厚度的确定还要考虑它们在火山机构中的空间位置，并要区分母岩是熔岩还是火山碎屑物。同一火山中火山碎屑物较熔岩更易风化，风化层要厚得多。德义岭期火山活动以溢流为主，火山锥保存差，仅见低缓的熔

① 樊祺诚等，2002，琼北第四纪火山喷发历史与岩浆演化，未刊资料。

② 海南省地质矿产局，1993，1∶50 000长流幅等区调报告，内部出版。

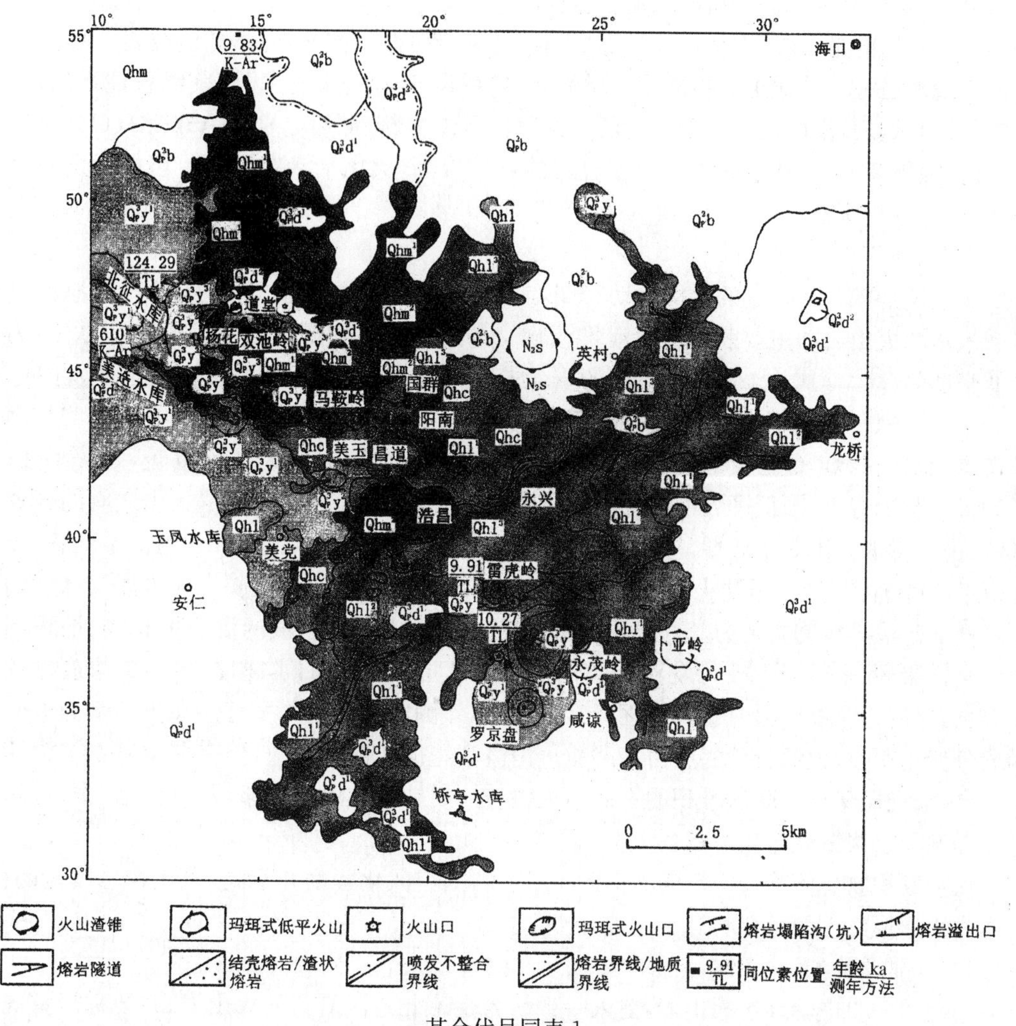

其余代号同表 1

图 1 琼北马鞍岭地区第四纪火山地质略图

岩穹丘。熔岩流顶部风化壳发育,普遍出现红土型风化,红土厚约 2 m,如美造水库发育的风化壳结构由下而上依次为块状玄武岩—裂隙状玄武岩—球状风化玄武岩(50—60 cm)—玄武岩残积碎屑层—铁质风化层(30 cm)—红色黏土(1.5—2 m),这种特征的风化壳暗示着该期玄武岩形成较早。

1.2 道堂期

“道堂期”源自海南省地质矿产局(1993)1∶50 000 长流幅等区调报告的道堂组,相当于汪啸风等(1991)划分的木棠亚期,也相当于孙建中(1988)和黄镇国(1993)划分的峨蔓岭期。因道堂村在研究区内,且区调报告已建有道堂组,故称为道堂期。本期玄武岩广泛分布于研究区边部(图 1),区外向东延伸至南渡江西岸。呈喷发不整合覆盖于北海组和德义岭期玄武岩之上。据火山保存面貌及喷发产物的叠置关系又可分为早、晚两期喷发。早期喷发强烈,熔岩分布广,主要为橄榄拉斑玄武岩(曾广策,1984)。岩流顶部存在风化壳,但厚度小,一般为 30—50 cm,如永兴市东国相村一带自下而上为球状风化层(80—100 cm)—红色含大量玄武岩碎块的砂土、亚砂土(30—50 cm)。火山锥遭受剥蚀较强,火山口基本剥蚀殆尽,部分仅保留了喷火口位置,如永茂岭火山。晚期喷发局限,仅分布于长流一带,相当于黄镇国等(1993)划分的长流期,K-Ar 年龄为 9.83 ka(黄镇国等,1993)。玄武岩覆盖在早期岩流之上。岩流表面风化物少,火山锥保存基本完好,火口清楚,火口深度仍有数十米,但渣锥上风化明显，土壤层较厚，均能耕种，如道堂岭火山。

值得一提的是，该期玄武岩在东部龙塘以北地带已注入南渡江，熔岩流覆盖在南渡江Ⅰ级河流阶地之上。阶地沉积物遭受了烘烤，烘烤层厚约1—3 cm。岩流前缘曾注入河水中，形成了枕状熔岩，由此可见该期火山活动的时代可能更新，虽然全岩K-Ar年龄((110±0.3) ka)支持晚更新世，但从地质体间相互叠置的顺序推断，火山活动时限更有可能为全新世早期，值得进一步研究。

1.3 杨花期

杨花期是本次新确定的火山活动时期，前人未曾分出，并认为堆积物是火山间歇的沉积岩系。本期火山活动主要表现为基浪堆积物。基浪是火山碎屑涌浪堆积的类型之一，为一种低密度的火山碎屑流，是地下炽热的岩浆与水相互作用而形成的射气岩浆爆发的产物(Cas et al.,1987)，是马鞍岭地区一期重要的火山喷发事件。喷发物分布于杨南—安仁市东和雷虎岭南等地，覆盖在道堂期玄武岩之上，又被全新世玄武岩所覆盖，出露面积约300 km^2，至少有11个低平火山，构成独具特征的玛珥式火山群落。依据火山之间的叠置关系，可进一步区分出3个亚期，每个亚期火山活动都形成完整的低平火山，但由早到晚，火山规模逐渐减小(图1)。早期火口直径约1—2 km，晚期仅10余米，反映出火山爆发强度的逐渐降低。基浪堆积物主要为基底岩系碎屑和玄武质火山碎屑组成的混合堆积物，堆积物中大型交错层理、平行层理极为发育，并有正、反递变层理，层理下陷构造和气囊构造也较发育，火山碎屑物粒度自火口垣向外逐渐变小，锥体外侧增生火山砾发育。在垂向剖面上碎屑物成分变化明显，大部分碎屑层由玄武质火山渣和花岗质碎屑组成，但有些层基本全为花岗质碎屑，个别层又全为降落堆积的玄武质火山渣。反映了在射气岩浆爆发的过程中，也间有射气爆发和岩浆爆破作用过程。

该期堆积物总体为较松散的火山砂，易于风化，但风化程度并不高，风化物总体呈褐色，基本尚未形成红土型风化物。

1.4 雷虎岭期

马鞍岭—雷虎岭地区火山岩，前人一致认为是琼北地区最新的火山岩，并统称为雷虎岭期(袁宝印，1984；张仲英等，1989；黄镇国等，1993)。本文在大比例尺火山地质调查基础上，将其进一步分为雷虎岭期、昌道期和马鞍岭期。本文所指的雷虎岭期不同于传统意义上的雷虎岭期，系指全新世早期的火山活动。本期主要形成雷虎岭盾片状火山系统，火山由碎屑锥和盾片状熔岩流组成。火山锥包括雷虎岭、群修岭、群众岭、杨南、儒洪、美宁和唐休等。熔岩流规模大，流动距离远，岩流向NE流经永兴、薄片村直至龙桥，向SW流至昌甘、美杏村等地，最长可达15 km。熔岩流属结壳熔岩，后期熔岩流多继承、沿袭早期熔岩隧道运移。熔浆自溢出口溢出后，先限定性流动，后呈非限定性流动，形成近源相呈宽带状、远源相呈扇状展布的熔岩流。熔岩流覆盖在杨花基浪堆积物和道堂期玄武岩之上。岩石类型属碱性橄榄玄武岩。砂岩包体的热释光年龄为(10.27±0.85)—(9.91±0.84)ka。熔岩基本未风化，部分锥体火山渣有一定风化。据火山之间的叠置关系，可进一步分为3个亚期(图1)。第1亚期喷发形成群修岭、群众岭和杨南、儒洪等火山锥及其熔岩流。锥体规模小，且已遭受剥蚀，形态不甚完整。熔岩流以群修岭溢出的熔岩为代表，熔岩自锥体东南溢出，向SE流淌，然后又分为2个支流，一支流流入昌钗低平火山口，形成“熔岩湖”，另一支流向SE漫溢，形成面状熔岩流。第2亚期喷发形成群众岭和雷虎岭早期锥体，熔岩流向NE和SW流淌。第3亚期喷发形成雷虎岭主锥，熔岩流主要向NE流淌。

1.5 昌道期

本期火山产物主要分布于昌道岭一带，形成美社、昌道岭火山和风炉岭早期火山锥，火山由碎屑锥体和熔岩流构成。锥体规模大，保存完好，为复合锥体，由早期的降落渣锥和晚期的溅落锥叠置复合而成。如昌道岭晚期溅落锥，火口直径为 200 m，火口坑深 70 m，坑底(喷火口)直径 60 m。锥体陡峻，主要由焊接集块岩和碎成熔岩构成。美社岭锥体南侧有明显豁口，为美社岭南部熔岩流的溢出口。昌道岭西侧发育熔岩溢出塌陷坑，熔岩自溢出口涌出先向 S 流动，遇雷虎岭晚期熔岩流阻挡后向 E，W 两侧流动，流动距离约 8 km。熔岩流覆盖在雷虎岭晚期熔岩之上。不同期熔岩流地貌表现尤为清晰，昌道期熔岩流前缘高出雷虎岭晚期熔岩流 2—3 m，局部可达 5 m 左右。

该期火山岩为碱性橄榄玄武岩，岩石基本上未遭受风化。

1.6 马鞍岭期

马鞍岭期是本区全新世最晚的火山活动。形成风炉岭晚期溅落锥、熔岩流和浩昌单成因火山系统。风炉岭锥体早期为降落堆积的岩渣锥，碎屑物主要为刚性浮岩渣，锥体西缘还发育 2 个寄生火山锥。晚期溅落锥叠置其上，陡峭的锥体主要由焊结集块岩组成，火口缘狭窄，火口坑深而陡直，坑底基本无后期充填物，是本区最新火山作用的产物。早期熔岩流向 NW 方向长距离运移，熔岩隧道对岩浆搬运起着重要作用。晚期岩流主要分布于风炉岭东侧，岩浆溢出率低，形成短而窄的条带状熔岩流。浩昌单成因火山系统包括浩昌岭、儒群岭等火山。锥体主要由焊结集块岩组成，时有薄而短的复合层状熔岩流发育。儒群岭锥体东侧发育有规模较大的熔岩溢出塌陷坑。熔岩流流动距离短，岩浆溢出率低，但调解频率高，熔岩堆积单元厚度仅 10—30 cm，显示火山活动已接近尾声。

本期火山岩为橄榄拉斑玄武岩，熔岩流覆盖在昌道及雷虎岭期熔岩之上，向北运移的熔岩流经荣堂、文明村到龙头一带覆盖在海成Ⅰ级阶地之上，熔岩顶部不发育风化层。由于缺乏有效的测年样品，故年龄资料很少。玄武岩古地磁测试属布容正向极性时(古地磁推算年龄为(8.155±0.157)ka)，表明形成时限应在距今 8—10 ka 的哥德堡事件之后(刘若新，2000)。

2 火山活动过程

马鞍岭地区火山活动始于上新世，但强烈活动时期为第四纪。中更新世德义岭期和晚更新世早期道堂期火山喷发类型以中心式喷发为主，裂隙式喷发为辅，且以玄武质熔岩流溢出式喷发为特征，形成琼北玄武岩台地。晚更新世晚期，即杨花期，火山活动方式发生了根本性的变化，火山活动以射气岩浆喷发为主，间有射气和岩浆爆破作用，形成了极具特色的玛珥式火山群。火山活动阶段性明显，初步调查至少形成 3 期低平火山，低平火山的规模由早到晚逐渐减小。进入全新世后，火山活动又以岩浆作用为主，火山喷发主要为中心式，且以爆破式造锥喷发和熔岩流溢出式喷溢为特征，并具多期次、多旋回喷发特点。每一喷发旋回有其自身的物质组成及火山机构面貌。雷虎岭期为碱性橄榄玄武岩，主要形成盾片状火山，早期火山活动基本波及整个马鞍岭地区，数座火山几乎同时自多个喷发中心喷发，形成雷虎岭南侧的群修岭、群众岭和杨南、唐休等火山。中期形成雷虎岭主峰降落渣锥和向 E，S 流淌的熔岩流。晚期火山活动局限，仅形成雷虎岭主峰晚期溅落锥和 NE 向的熔岩流。马鞍岭东侧的国群火山也可能是这一时期的产物。雷虎岭期喷发后，火山活动暂时停息，火山锥体遭受了一定的剥蚀。昌道期火山活动中心主要集中在马鞍岭一带，形成昌道、美社大型火山锥和风炉岭早期降落渣锥及其熔岩流，熔岩流广泛覆盖在雷虎岭期熔岩之上，构成马鞍岭熔岩台地。昌道期火山喷发之后，马鞍岭地区的火山活动强度明显减弱，马鞍岭期火山喷发中心仅限于风炉岭和浩昌一带，形成风炉岭晚期溅落锥及其向 E 流淌的熔岩流和浩昌单成因火山。喷发产物为橄榄拉斑玄武岩，熔岩流上叠在雷虎岭期和昌道期玄武岩之上。火山活动以溢流为主，且岩浆的质量溢出率很低，但调解频率很高，形成短而薄的复合熔岩流，单个流动单元的厚度仅 10—30 cm。马鞍岭晚期浩昌单成因火山的形成，标志着马鞍岭地区全新世火山活动暂时停息。

3 结论

(1) 马鞍岭地区第四纪火山活动频繁，具多期次、多旋回喷发特点，可划分为6期，其中道堂期又包括2个亚期，杨花期和雷虎岭期分别包含3个亚期，马鞍岭期包含2个亚期，每个亚期都发育有独特的火山系统。

(2) 单纯岩浆作用和岩浆与近地表水体爆炸式混合作用形成的射气岩浆喷发是本区晚更新世以来两种重要的火山作用方式。

(3) 熔岩流构造类型以结壳熔岩占绝对优势。火山活动早期岩浆溢出率高，形成大体积熔岩流，近源相主要为限定性熔岩流，远源相多转变为非限定性熔岩流。熔岩隧道对岩浆的远距离运移起着重要作用。火山活动晚期，岩浆溢出率低，但调解频率高，形成短而薄的带状复合层状熔岩流。

(4) 火山结构类型在晚更新世杨花期均为低平火山，全新世各期火山主要由碎屑锥和盾片状熔岩流组成，锥体结构多为复式火山锥，早期为降落渣锥，晚期为溅落锥或混合锥。马鞍岭晚期形成的浩昌火山为单成因火山。

熔岩流和射气岩浆喷发是本区最重要的火山灾害类型。

参考文献

[1] 边兆祥. 海南岛第四纪火山[J]. 中国第四纪研究，1958，1(1)：250－251
[2] 曾广策. 海南岛北部第四纪玄武岩岩石学[J]. 地球科学，1984，9(1)：63－71
[3] 陈上福，张世良. 从卫星影像上分析海南岛第四纪玄武岩的分期[J]. 地震地质，1985，7(2)：65－70
[4] 陈沐龙，黄正壮，陈哲培. 海南省洋浦地区第四纪火山地层划分对比[J]. 海南地质地理，1997，1：18－24
[5] 傅秀银. 海南岛第四纪火山及火山岩的航空像片判读[A]. 见：海南岛航空像片判读文集. 北京：测绘出版社，1981. 44－49
[6] 黄坤荣. 华南沿海的新生代火山[J]. 华南地震，1986，6(1)：33－41
[7] 黄镇国，蔡福祥，韩中元，等. 雷琼第四纪火山[M]. 北京：科学出版社，1993
[8] 刘若新. 中国新生代火山岩年代学与地球化学[M]. 北京：地震出版社，1992. 239－245
[9] 刘若新. 中国活火山[M]. 北京：地震出版社，2000. 75－81
[10] 孙建中. 琼北地区第四纪地层年代学研究[A]. 见：丁原章，等. 海南岛北部地震研究文集. 北京：地震出版社，1988. 17－25
[11] 孙建中，樊祺诚，陈文寄. 琼北地区第四纪火山活动研究[A]. 见：丁原章，等. 海南岛北部地震研究文集. 北京：地震出版社，1988. 26－33
[12] 王惠基. 广东雷琼地区新生代地层的划分[J]. 地层学杂志，1981，5(3)：221－225
[13] 汪啸风，马大铨，蒋大海，等. 海南岛地质(一、二、三)[M]. 北京：地质出版社，1991. 167－183
[14] 严正，袁宝印，叶莲芳. 海南岛玻璃陨石和第四纪玄武岩氧同位素特征[J]. 地质科学，1983，18(4)：387－391
[15] 袁宝印. 海南岛北部第四纪玄武岩分期[A]. 见：中国地理学会第一次构造地貌学术讨论会论文选集. 北京：科学出版社，1984. 182－187
[16] 张仲英，刘瑞华. 海南岛第四纪火山岩的分期[J]. 地质科学，1989，24(1)：69－76
[17] Cas R A F, Wright J V. Volcanic Successions: Modern and Ancient[M]. London: Unwin Hyman, 1987. 349－361

Division of the Active Period of Quaternary Volcanism in Ma'anling, Northern Hainan Island

BAI Zhida[1] XU Debin[1] WEI Haiquan[2] HU Jiuchang[3]

1. China University of Geosciences, Beijing, 100083, China
2. Institute of Geology, China Seismological Bureau, Beijing, 100029, China
3. Seismological Bureau of Hainan Province, Haikou, 570203, China

Abstract: The Quaternary volcanism in Ma'anling area, northern Hainan Island is characterized by multi-periodic activity. Based on several factors, such as the active manner of the volcano, volcanic morphology, weathering degree, volcanic eruptive cumulus deposition, sedimentary stratigraphy, mutual superimposition relation between the volcanic apparatus, and isotope age, the Quaternary volcanic activity in Ma'anling area can be divided into Deyiling stage of mid-Pleistocene age, Daotang and Yanghua stages of late Pleistocene age, Leihuling, Changdao and Ma'anling stages of Holocene age. Different stages have different volcanic regimes, eruptive intensities and volcanic structural types. Volcanic activity at Deyiling stage was dominated mainly by overflowing, and the resulted volcanic cone is lava dome. The Yanghua stage was dominated by phreatomagmatic explosion that resulted in Maars. Volcanism at Leihuling and Ma'anling stages resulted in Hawaii-type volcano, which consists mainly of pyroclastic cone and pahoehoe lava.

Key words: Quaternary volcano; active stage; active regime; Ma'anling volcano in the northern Hainan Island

琼北全新世火山区火山系统的划分与锥体结构参数研究①

魏海泉[1] 白志达[2] 胡久常[3] 史兰斌[1]
张秉良[1] 徐德斌[2] 孙 谦[1] 樊祺诚[1]

1. 中国地震局地质研究所，北京，100029
2. 中国地质大学，北京，100083
3. 海南省地震局，海口，570203

摘要：根据琼北全新世火山区内火山作用产物的成因类型与喷发物理过程的野外考察结果，结合航片解译资料，确定了该区火山作用的发育特征、形成期次与规模，并以此作为进一步评价火山灾害的基础；根据锥体形成后物理降解作用与时间的关系，讨论了琼北全新世火山区众多锥体结构参数之间的关系。研究结果为：琼北全新世火山区分为4个火山系统，即西北部的马鞍岭台地火山系统、东南部的雷虎岭盾片状火山系统、夹于二者之间的浩昌单成因火山系统和NW向裂隙式喷发系统。工作区内琼北新生代火山共计59个，火山结构类型可分为火山锥、熔岩穹、熔岩湖与低平火山口等。在火山锥中，依据锥体组成与结构的差异又可进一步分为岩渣锥、溅落锥和混合锥等碎屑锥。琼北近代火山锥体高度多小于40 m，绝大多数锥体的底部直径小于500 m。锥体底部直径和火口坑深度之间具有明显的正相关关系。由锥体底部直径与火口缘直径的差值与锥体高度投点图可以明显地区分出早期的低平火山口和晚期的不同类型锥体。

关键词：琼北全新世火山；火山系统划分；锥体结构参数

0 引言

琼北新生代火山岩分布于海南岛北部的EW向王五—文教断裂以北，面积约4 000 km^2。该火山岩穿过琼州海峡与北部的雷州半岛南部新生代火山岩共同组成中国第四纪十大火山群之一——雷琼火山群（黄镇国等，1993）。随着海南经济建设的发展，琼北全新世火山区内的人口密度与经济产值快速增加，其火山灾害与减灾对策问题也就显得越来越突出。特别是海口市离最近的全新世火山区仅8 km，由此可将其称为“火山之上的城市”。而这些“城市火山”自上个世纪末开始，已经越来越引起国际火山学界的重视。隔年一次的城市火山与减灾研讨会突出强调了这种高危火山区内人与火山如何共处的问题。

20世纪50—80年代在本区开展了火山地质、遥感解译与岩石学研究工作（边兆祥，1958；陈述彭，1981；傅秀银，1981；严正等，1983；王贤觉等，1984；陈上福等，1985；黄坤荣，1986；朱炳泉等，1989；张虎男等，1990），火山岩年代学工作主要于80—90年代进行（王惠基，1981；袁宝印，1984；王慧芬等，1988；孙建中，1988a，1988b；张仲英等，1989；黄镇国等，1993），但由于测试手段的限制，所测年龄样品几乎全部都是针对全新世以前的火山岩。1993年，海南省地质矿产勘查开发局测绘队完成了1∶50 000地质图，把本工作区划为全新

① 本文发表于《地震地质》2003年第25卷增刊。

世火山区(海南省地质矿产勘查开发局测绘队,1993)。本次野外调查工作中,未进一步发现碳化木等样品,故参照海南省地质矿产勘查开发局的年龄测试结果:全新世石山组火山岩下伏道堂组火山岩最上部的底浪堆积物中所含碳化木的年龄结果为(16.79±0.41)ka,石山组火山岩年龄肯定比此年龄更年轻;在道堂组靠下部的玄武岩及底浪堆积物中还分别测到了距今98.3ka 的 K-Ar 年龄和(124.291±3.729)ka 与(199.609±5.988)ka 的热释光年龄;虽然测到的石山组火山喷发的热释光年龄值为(32.119±0.964)ka,已超过了全新世年代范围,但考虑到热释光年龄本身的局限性,还是可以接受由地质等其他方法所确定的石山组属全新世火山喷发的认识。本项目工作中樊祺诚测到了石山组距今 10 ka 左右的热释光年龄,张秉良则通过玄武岩风化物蚀变矿物定年法得到了 6—12ka 的火山喷发年龄,从而进一步验证了工作区内的火山岩大部分属全新世火山喷发产物的认识。

对于火山灾害研究工作而言,最为基本的就是要区分出不同火山作用产物的形成机制与形成过程,并通过对已有火山作用过程的研究,来模拟、探讨未来可能发生的火山灾害类型与规模,进而制定出可供政府决策者与公众参考的减灾方案与措施(Blong,1984;Cas et al.,1987;Scarpa et al.,1996;魏海泉,1991;魏海泉等,1991,1997,1998)。

为了保证海南经济特区建设和国民经济可持续发展战略的实施,由中国地震局火山研究中心负责组织实施了科技部"琼北火山探查及喷发危险性研究"项目。本文将对琼北全新世火山作用集中发育区内的火山喷发过程、火山作用特征与火山锥体结构参数加以论述。

1 地质概况

区内第四系主要表现为近代海湾沉积物、近代河流冲积物、河流Ⅰ级阶地沉积物、海成沙堤、沙地沉积物和一系列基性火山喷发物(何铭文,1999)。新近系、古近系表现为灰、灰绿色黏土、亚黏土、亚砂土、砂、砂砾岩及煤层、煤线与油页岩等。上白垩统报万群为紫红、褐红与棕色页岩、砂岩与砾岩。下志留统陀烈组为灰色千枚岩、片岩与石英岩等。

工作区位于琼北新生代断陷盆地中,所包含的次级构造是福山地堑的东南伸出部分和云龙地垒。王五—文教深大断裂从本区南部通过。褶皱构造不发育,仅在长昌盆地出露小规模褶皱,表现为长昌向斜。该向斜分布于长昌盆地中,南段轴向近 SN,北端向东弯曲呈 NE 向。地层属新近系、古近系,核部是渐新统瓦窑组长石石英砂岩与砂砾岩。两翼不对称,平缓开阔。西翼是始新统长昌组页岩、油页岩夹褐煤,东翼是长昌组和昌头组灰色与棕红色泥岩、页岩、细砂岩与砂砾岩。向斜东翼有一次级背斜和向斜,轴向近 SN。断裂构造发育,有近 EW 向、SN 向、NW 向和 NE 向 4 组断裂,但主要隐伏分布于第四系和火山岩盖层之下。据史书记载,区内及邻区历史地震有 28 次(何铭文,1999)。我们认为,其中 1605 年 7 月 13 日的琼州大地震触发了琼山沿海岸线广大面积的地下流沙,致使"管房、民舍、祠堂、城郭、田地等都下沉成海千顷","沉陷村庄 72 处"。

2 琼北全新世火山活动期次与火山作用特征

前人在 1∶50 000 区域地质调查工作中,在全新世火山区范围内划分出石山组二段岩渣锥和石山组一段玄武质熔岩流两部分(海南省地质矿产勘查开发局测绘队,1993)。本次工作把原全新世火山石山组分为 4 个单元,即把琼北全新世火山结构类型划分为 4 个火山系统(图 1)。

2.1 马鞍岭台地火山系统

马鞍岭台地火山系统由 4 个火山锥系统和向西北、西南及东北方向的熔岩流系统组成,一系列岩渣锥组合构筑起 1 个玄武岩台地,包括风炉岭、包子岭(马鞍岭即由此 2 锥组合而

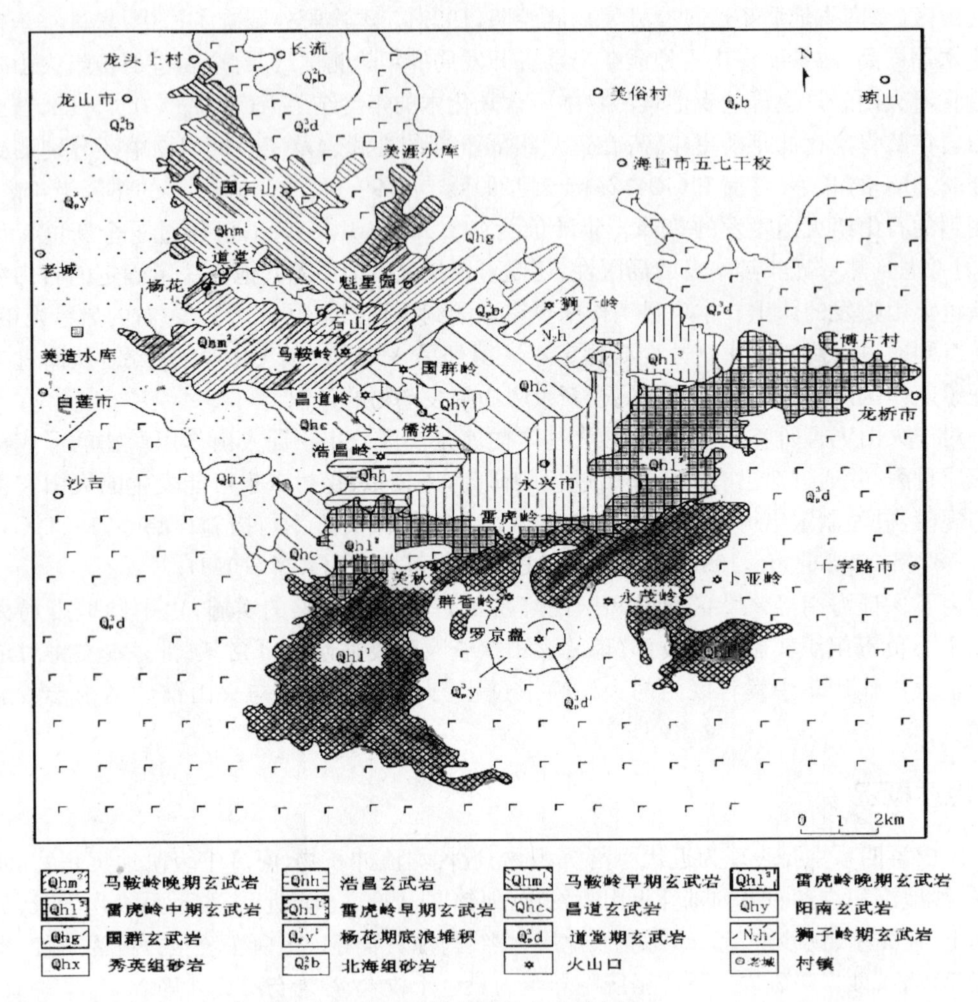

图1 琼北全新世火山分布图

成)、国群岭、阳南岭、昌道岭、美社岭等主体火山锥及眼镜岭、儒黄岭与吴洪岭等次级火山锥。熔岩流向北偏西流到荣堂、美楠、文明与龙头上村等地，向 NE 流到玉库、富教与永庄北村等地。马鞍岭台地火山系统的火山锥体包括岩渣锥和溅落锥两大类型。岩渣锥堆积物以刚性岩渣碎屑为主，有时塑性—半塑性岩浆饼也比较发育，显示火山作用主要以一套夏威夷式喷发过程所形成的火山喷发产物为特征。溅落锥中以塑性饼状与带状岩浆碎屑为主，碎成熔岩与复合层状熔岩流也时有发育。焊接作用通常较强，表现为火山地貌上常保存较好的尖棱状、陡峭锥体结构。

在马鞍岭台地火山系统的 4 个火山锥体系统中，锥体下部通常都由刚性岩渣锥组成，而锥体近顶部则常常见到由明显呈塑性的岩浆团块组成的溅落锥，从而在锥体顶部保留了陡峭的火山地貌和明显的不同阶段锥体切割地貌，如美社岭火山锥体所示，多期次锥体相互叠加、切割，最终形成了不规则尖棱状复合锥体形貌，这与野外考察时所见的锥体顶部的由强熔结岩浆团块焊接的集块岩相符合。马鞍岭台地火山系统锥体的喷发时间排序为：国群火山锥—官良火山锥—阳南火山锥—美社火山锥—昌道火山锥—早期风炉岭与包子岭火山锥—晚期风炉岭火山锥。

2.2 雷虎岭盾片状火山系统

岩锥包括雷虎岭、群修岭与群众岭等，其熔岩流规模在工作区内为最大，NE 向流至永兴、博昌、沙坡水库、薄片村与龙桥等地，SW 向则流至昌甘、美秋、凤凰与美杏村等地。

雷虎岭火山锥体结构分 2 期，下部碎屑锥，低而宽缓；上部溅落锥陡峭，位于锥体南部。锥体内火口坑较宽缓,已开垦为农田。火口缘南高北低,高差 30 m 以上,西北侧有早期锥体火口缘残留。南侧向东自锥体流出的岩垅短而宽。陡倾锥体的长轴 NW 向位于近圆形缓倾锥体的东北侧。近缘相熔岩盾片近 EW 向展布,其中包含雷虎岭东南方向 2 个小型锥体。在雷虎岭火山系统东南,还有晚更新世火山作用所形成的低平火山口、熔岩坑及火山锥。

雷虎岭昌钗村低平火山口:昌钗村低平火山口规模较大,近圆形,直径约 2 km。东北侧火口缘被破坏,雷虎岭熔岩流自此流入昌钗村低平火山口,呈面状覆盖。雷虎岭昌钗村低平火山口中央部位有 3 片穹丘状早期喷发物呈孤岛状与条带状残留于面状熔岩流之中。

罗京盘熔岩湖:火口缘呈圆形,直径 1 km,火口坑深 45 m,中央有一直径 50 m、高 6 m 的熔岩湖晚期蒸气爆破的中央锥。熔岩湖的湖面塌陷,其主体呈 EW 向,由现在火口坑底 2 个落差均 1 m 左右的台阶限定出原始熔岩湖表面的塌陷范围。熔岩湖与低平火山口的几何形状差异以纵横比的差异为代表。由图 2 可以看出,罗京盘熔岩湖的纵横比(火山口直径与火口坑深度的比值)明显小于昌钗低平火山口的纵横比。罗京盘熔岩湖现在的火口坑内地形坡度东陡南缓,西、北两侧位于其间,而西侧偏陡,北侧偏缓。

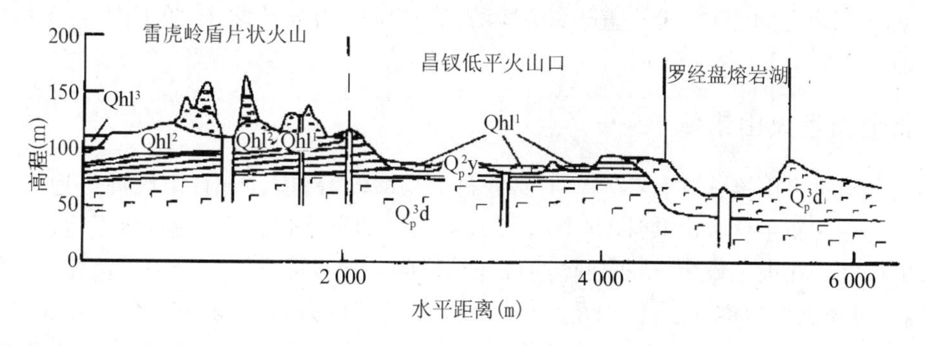

图 2　雷虎岭火山系统剖面结构图

雷虎岭火山锥体形成的次序:根据野外考察和航片解译结果,雷虎岭火山系统的形成过程可分为 4 期。昌钗低平火山口为第 1 期;罗京盘熔岩湖为第 2 期,群香岭及东南方 2 个小锥体与之相当;雷虎岭早期底座、儒钟岭及儒钟岭西、儒钟岭南 2 个小锥体为第 3 期;雷虎岭主锥体为第 4 期。其中第 1,2 期为晚更新世,第 3,4 期为全新世。雷虎岭主锥体的形成早于马鞍岭,而昌钗低平火山口可能为晚更新世早期(Q^3pd^1)。

2.3　浩昌、儒群单成因火山系统

浩昌、儒群单成因火山系统由浩昌、儒群与那墩大岭火山锥和浩昌南熔岩塌陷坑及相应的熔岩流组成。该火山系统北侧被马鞍岭台地火山系统和儒洪、唐休裂隙式喷发系统的熔岩流所覆盖,南侧则被雷虎岭熔岩流覆盖。该系统 3 个火山锥的形成次序为:那墩大岭锥体最早,儒群锥体最新,而浩昌锥体形成的时间居中。那墩大岭锥体的形成可分为两期:早期形成宽缓的熔岩丘,长轴近 EW 向,长度大于 600 m;晚期形成小的中央岩渣锥,近 NW 向岩脊可能与原始喷发裂隙有关。那墩大岭熔岩流构成浩昌、儒群单成因火山系统熔岩流的主要部分,现在主要出露于该火山系统的东侧与西南侧。其中东侧熔岩流 2 个堆积单元之南被雷虎岭熔岩流覆盖,之北被儒洪、唐休火山系统覆盖。浩昌、儒群单成因的火山系统中最新的熔岩流源自儒群火山锥体西侧,弧形条带状向西南流再拐向东南,覆盖于早期那墩大岭熔岩流之上,并被雷虎岭熔岩流覆盖。浩昌熔岩流源自浩昌火山锥西南,熔岩流向西南流出后一部分向北拐流入儒符熔岩湖,另一部分继续向西南流动覆盖于那墩大岭熔岩流之上,其中还有 1 条源自熔岩隧道出口的弧形带状熔岩流。在浩昌、儒群单成因火山系统靠西北侧,保留着 2 个早期塌陷的熔岩湖:其一为儒符熔岩湖,直径约为 1 km;另一个熔岩湖为美本熔

岩湖,呈 NW 向展布,长轴椭圆状,长短轴分别为 1 000 m 和 600 m 左右。美本熔岩湖北侧边界附近有后期的火山锥,即美本火山锥。美本火山锥锥体已有明显的风化剥蚀,顶部无坑,西北侧有塌陷。少量源自美社或昌道火山锥的熔岩流从西北豁口流入美本熔岩湖。儒符和美本熔岩湖的火口缘相连,锥体外坡相对平缓,锥体底部也平缓,低洼处有洪泛冲积扇的堆积物。儒符、美本熔岩湖的锥体表面也可见到底浪堆积物,均为晚更新世火山作用的产物。

2.4 儒洪、唐休喷发裂隙系统

该系统包括儒洪、美宁与唐休等后期喷发的锥体和向 NE,SW 向流出的熔岩流。儒洪、唐休裂隙式喷发火山系统表现为一系列 NW 向排列的火山锥和向 NE,SW 向溢出的熔岩流。其代表性火山锥包括儒洪、美宁及唐休火山锥。儒洪火山锥为 EW 向孪生火山锥,锥体形成时间晚于西北侧的阳南火山锥。儒洪熔岩流向西南被阳南熔岩流覆盖,而向东北、向北的熔岩流则长距离大面积流动。岩石中橄榄石斑晶极为丰富,显示出岩浆房内的结晶作用特征。美宁火山锥与其西面的美宁西锥体和东南面的唐休小型锥体紧密共生,熔岩流主要向东溢出 2 个大的流动单元。而最晚期自美宁西锥体溢出的小股熔岩流呈条带状向东南方向流动,西侧盖于儒洪熔岩流与阳南熔岩流之上,东侧则盖于儒洪、唐休熔岩流之上。

3 琼北全新世火山锥体

琼北全新世火山锥体共有 27 个,主要分布于马鞍岭、昌道、阳南、雷虎岭等地。工作区内所涉及的琼北新生代火山共计 59 个(表 1),火山结构类型包括火山锥、熔岩穹、熔岩湖与低平火山口等。在火山锥中,依据锥体组成与结构的差异又可进一步分为岩渣锥、溅落锥等碎屑锥,还可见到熔岩锥、混合锥以及经后期改造所形成的残留锥、驮移锥等。由图 3 可见,琼北近代火山锥体高度多小于 40 m,多呈较宽缓的规则正态分布。最低锥体的高度小于 5 m,多分布于喷发裂隙两侧,也可称为“喷气锥”。最大锥体高度小于 80 m,为马鞍岭火山锥体所在地,最高锥体与最新喷发相吻合,火口缘陡峭。锥体高度多集中在 10—40 m 之间,除了风化剥蚀使得锥体高度降低以外,主要因素是喷发时的爆发能量不是很大,所形成的岩渣锥本身高度就不大。野外考察时常见的溅落锥,其锥体高度一般也都小于 40 m,这也与喷发时较弱的爆发性有关。琼北近代火山火口坑深度绝大部分都小于 40 m,其中又以深度小于 20 m 的火口坑占多数。

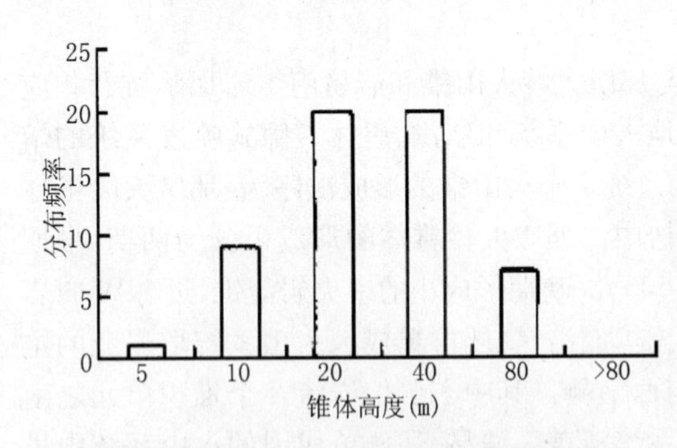

图 3 琼北近代火山锥体高度分布频率图

琼北近代火山区火口缘直径分布频率最高者为 100 m,火口缘直径为 100—400 m 的锥体数量随着火口缘直径的增加而迅速减少,500 m 以上的锥体数量分布则趋于平稳。岩浆爆破性喷发时炸出的火口缘直径多在 500 m 以下。

琼北近代火山区绝大多数锥体底部直径都小于 500 m,随着锥体底部直径增加至大于 500 m 时,锥体数量的分布趋于平稳。当锥体直径大于转变点处的直径数值时,锥体直径分布与锥体数量无相关性,而当锥体底部直径小于拐点处的直径数值时,锥体直径分布与锥体数量分布有明显的线性相关关系。

琼北全新世火山分布区锥体底部直径与火口坑直径有较明显的正相关关系,两者随爆破性的增强和喷发持续时间的加长而呈正消长关系。由火口缘直径和火口坑直径的关系可见，锥体底部直径与火口坑直径相关直线的斜率及截距均大于火口缘直径和火口坑直径相关直线的斜率和截距。

表 1　琼北全新世火山区火山分布简表

编号	火山名称	坐标(X)	坐标(Y)	火山结构	特征描述
7	儒钟村	2 198.35	19 422.75	碎屑锥	早期渣锥，晚期溅落锥，东南豁口
8	雷虎市北	2 198.20	19 422.50	碎屑锥	早期渣锥，晚期溅落锥，南豁口，有熔岩
9	雷虎岭东南	2 198.50	19 422.00	碎屑锥	早期渣锥，晚期溅落锥，北豁口大，东南豁口小，西侧熔岩洞
13	浩昌	2 201.15	19 418.50	溅落锥	早期渣锥，晚期溅落锥，西侧豁口
16	昌道	2 203.20	19 418.20	溅落锥	西低且有坑，环仍完整
17	美社	2 203.45	19 417.70	碎屑锥	东早渣锥，西晚溅落锥，主豁口南
20	博任	2 200.90	19 419.50	混合锥	东豁口，东火口坑，北西垅状
21	儒群	2 201.30	19 419.50	溅落锥	北豁口，规划圆形
22	唐休	2 202.40	19 420.50	残留锥	小，西半部残留
23	美宁	2 202.70	19 420.25	混合锥	北豁口
24	美宁西南	2 202.70	19 420.00	混合锥	西豁口
25	儒洪南	2 202.45	19 419.80	碎屑锥	小，低缓
26	儒洪	2 203.00	19 419.70	混合锥	1 锥 2 坑，西坑有豁口，东坑小豁口
27	阳南	2 203.10	19 419.25	岩渣锥	
28	阳南西	2 203.10	19 419.15	残留锥	
29	阳南西北	2 203.35	19 419.15	残留锥	西北豁口，西北部缺失
30	阳南北	2 203.55	19 419.30	残留锥	低缓，东南豁口
31	阳南北北西	2 203.55	19 419.15	残留锥	小，西豁口
36	儒黄	2 204.35	19 418.15	岩渣锥	小，西豁口
37	荔湾	2 204.95	19 418.30	驮移锥	
38	马鞍岭	2 204.55	19 417.70	碎屑锥	早降落锥，晚溅落锥，北东豁口，南小豁口
39	马鞍岭西南	2 204.35	19 417.60	碎屑锥	早渣锥，双锥
40	马鞍岭西	2 204.55	19 417.50	碎屑锥	早渣锥，双锥
41	包子岭	2 205.10	19 417.65	岩渣锥	东北岩垅，有隧道
42	儒才	2 204.80	19 416.25	残留岩渣锥	小，南豁口
55	官良	2 204.50	19 419.15	溅落锥	北东豁口
56	国群	2 204.30	19 419.20	岩渣锥	西南豁口，有火口坑

注：编号为工作区内的火山编号；坐标数值采用海南坐标系统。

4　讨论

图 4 给出了琼北近代火山区 39 个锥体底部直径和火口坑深度之间的投点图。顶部 3 个投点是罗京盘熔岩湖、儒符与杨花低平火山口，中部 3 个投点来自昌平、美本南低平火山口和卜亚岭熔岩穹的资料，而最常见的岩渣锥的投点图多位于图中最靠下的位置。锥体底部直径和火口坑深度之间具有明显的正相关关系。根据碎屑物粒度、组成及结构特征分析，岩渣锥喷发时的能量释放率是相近的。造锥喷发持续时间越长，喷发形成的锥体体积越大，锥体底部直径和对应的火口坑深度也越大。由此可见，琼北近代火山区锥底直径与火口坑深度的关系揭示了其与造锥喷发持续时间的内在联系。依据火山锥体降解作用的规律，锥体形成后经历了风化、剥蚀、搬运与堆积作用。随着喷发后时间的推移，锥体高度逐渐变小，火口坑深度也逐渐变小(因为自火口缘不断有碎屑物垮塌、落入火口坑之内，在火口缘高度降低和火口坑底升高的过程中，使得火口坑深度逐渐变小，火口坑底部直径则不断增加)，锥体表面坡度也变小，而火口缘直径与锥体底部直径则在不断地增加(图 5)。由于锥体底部直

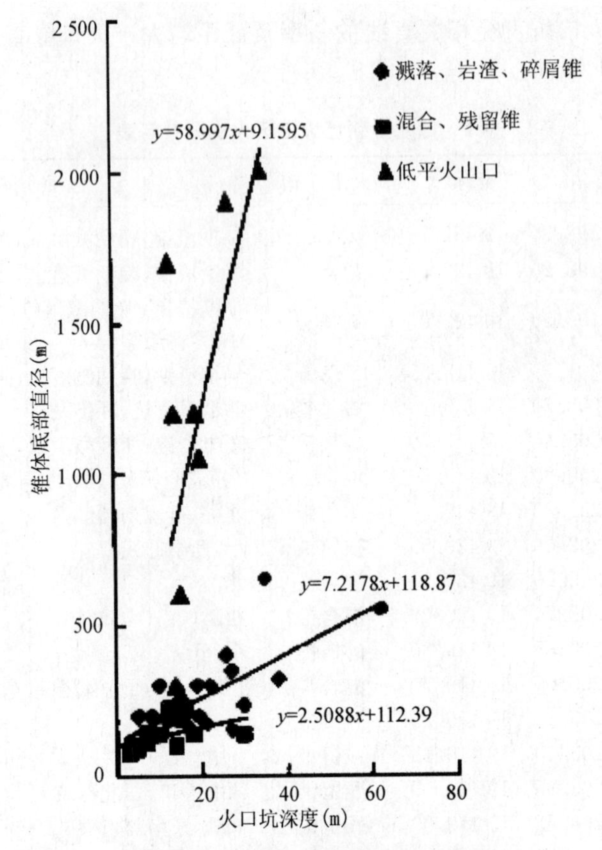

图 4 琼北近代火山锥体底部直径和火口坑深度的关系

径增加速率大于火口缘直径的增加速率，使得锥体底部直径与火口缘直径的差值随着时间的推移也是增加的。由此可见，根据锥体高程和锥体底部直径与火口缘直径差值的统计投点图，就可以把不同时间所形成的锥体区分开来。锥体底部直径与火口缘直径的差值与锥体高度投点图可以明显地分出早期的低平火山口和晚期的不同类型锥体。在早期低平火山口和晚期锥体里还可进一步分出各自的早、晚两期(图 6)。这种锥体结构参数对喷发时代的判定和野外地质考察时锥体相对年代的确认统计上有 75%的吻合率，由此也可以表明锥体结构参数测量对判断喷发时代的可信性。

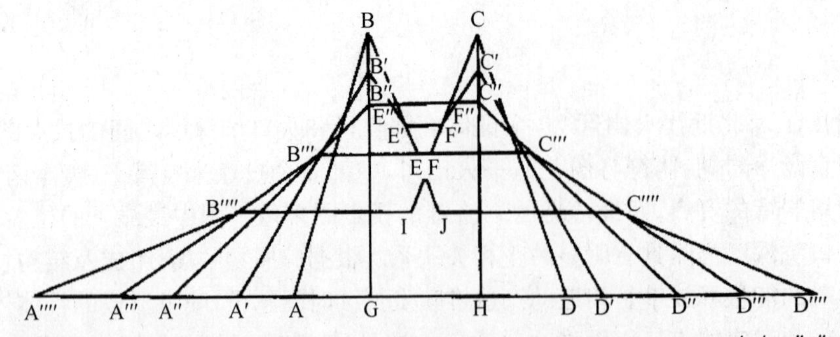

原始锥体剖面结构为多边形 ABFECD，风化降解时第 1 阶段坑底内径加大至 E′F′，E″F″，B″C″，坑深减小至 0，锥体底径加大至 A″B″，锥高减小至 B″G 或 C″H，形成无坑锥体 A″B″C″D″；第 2 阶段锥顶径加大至 B‴C‴，底径加大至 A‴B‴，此时开始有火山通道被剥露；第 3 阶段降解时形成低而平的火山锥体，由于火山通道难于被剥蚀而残留中央较高的位置，如不规则多边形 A‴B‴IJC‴D‴所示。

图 5 典型玄武质火山锥降解过程与锥体结构参数的变化

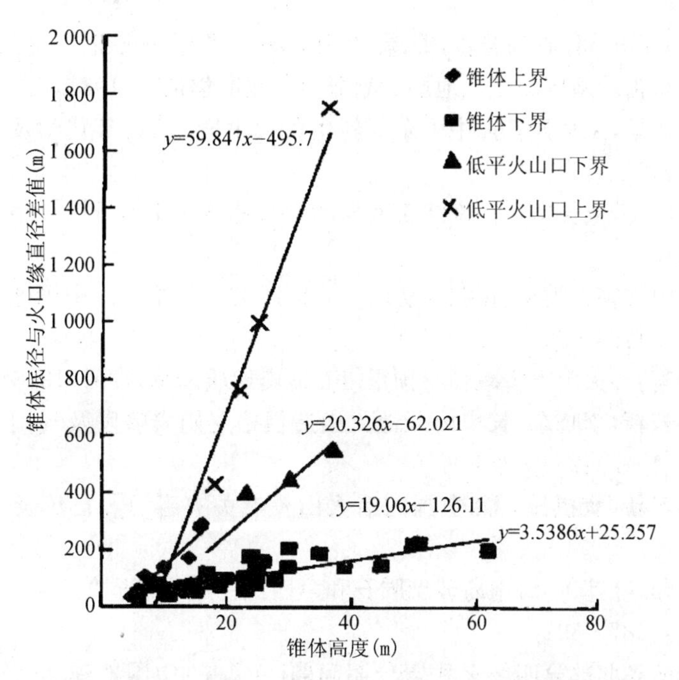

图 6 锥体底部直径与火口缘直径的差值与锥体高度的关系

5 结论

琼北全新世火山区由马鞍岭台地火山系统,雷虎岭盾片状火山系统,浩昌、儒群单成因火山系统和儒洪、唐休裂隙式喷发系统组成。火山锥体结构参数之间显示出一定的线性关系,这些线性关系可用于判断火山喷发的相对时序。

致谢 本工作中得到了海南省地震局有关领导和同事的大力帮助,洪汉净研究员对论文初稿作了十分有益的修改,刘培洵、郑秀珍等同志帮助绘制了部分图件,在此一并感谢。

参考文献

[1] 边兆祥.海南岛第四纪火山[J].中国第四纪研究,1958,1(1):250-251

[2] 陈上福,张世良.从卫星影像上分析海南岛第四纪玄武岩的分期[J].地震地质,1985,7(2):65-70

[3] 陈述彭.海南岛西北部的地貌结构[A].见:海南岛航空像片判读文集.北京:测绘出版社,1981.15-28

[4] 傅秀银.海南岛第四纪火山及火山岩的航空像片判读[A].见:海南岛航空像片判读文集.北京:测绘出版社,1981.44-49

[5] 黄坤荣.华南沿海的新生代火山[J].华南地震,1986,6(1):33-41

[6] 黄镇国,蔡福祥,韩中元,等.雷琼第四纪火山[M].北京:科学出版社,1993

[7] 长流幅、白莲市幅、海口市幅、灵山市幅 1∶50 000 区测报告[Z].中华人民共和国地质图集.北京:地图出版社

[8] 何铭文.琼山县志[Z].北京:中华书局,1999

[9] 孙建中.琼北地区第四纪地层年代学研究[A].见:海南岛北部地震研究文集.北京:地震出版社,1988a.17-25

[10] 孙建中.琼北地区第四纪火山活动的研究[A].见:海南岛北部地震研究文集.北京:地震出版社,1988b.26-33

[11] Scarpa R, Tilling R I;刘若新,等译. 火山监测与减灾[M]. 北京:地震出版社,2001
[12] 王惠基. 广东雷琼地区新生代地层的划分[J]. 地层学杂志,1981,5(3):221-225
[13] 王慧芬,杨学昌,朱炳泉,等. 中国东部新生代火山岩 K-Ar 年代学及其演化[J]. 地球化学,1988,19(1):1-11
[14] 王贤觉,吴明清,梁德华,等. 南海玄武岩的某些地球化学特征[J]. 地球化学,1984,15(4):332-339
[15] 魏海泉. 火山灾害的类型、预测与防治[J]. 地质灾害与防治—中国地质灾害研究会学报,1991,2(2):94-96
[16] 魏海泉,刘若新. 火山灾害减轻与预报[J]. 地震地质译丛,1991,13(6):4-10
[17] 魏海泉,刘若新,李晓东. 长白山天池火山造伊格尼姆岩喷发及气候效应[J]. 地学前缘,1997,4(1—2):263-266
[18] 魏海泉,刘若新,樊祺诚,等. 中国的活火山及有关灾害[J]. 自然杂志,1998,20(4):196-200
[19] 严正,袁宝印,叶莲芳. 海南岛玻璃陨石和第四纪玄武岩氧同位素特征[J]. 地质科学,1983,18(4):387-391
[20] 袁宝印. 海南岛北部第四纪玄武岩分期问题[A]. 见:中国地理学会第一次构造地貌学术讨论会论文选 30 地震地质 25 卷,1984
[21] 张虎男,陈伟光,黄坤荣,等. 华南沿海新构造运动与地质环境[M]. 北京:地震出版社,1990. 34-40
[22] 张仲英,刘瑞华. 海南岛第四系火山岩的分期[J]. 地质科学,1989,24(1):69-76
[23] 朱炳泉,王惠芬. 雷琼地区 MORB-OIB 过渡型地幔源火山作用的 Nb-Sr-Pb 同位素证据[J]. 地球化学,1989,20(3):193-201
[24] Blong RJ. Volcanic Hazards: a Source Book on the Effects of Eruptions[M]. Sydney: Academic Press,1984
[25] Cas RAF and Wright J V. Volcanic Successions: Modern and Ancient[M]. London: Allen and Unwin,1987

Nomenclature of the Holocene Volcanic Systems and Research on the Textural Parameters of the Scoria Cones in the Northern Hainan Island

WEI Haiquan[1] BAI Zhida[2] HU Jiuchang[3]
SHI Lanbin[1] ZHANG Bingliang[1]
XU Debin[2] SUN Qian[1] FAN Qicheng[1]

1. Institute of Geology, China Seismological Bureau, Beijing,100029,China
2. China University of Geosciences, Beijing,100083,China
3. Seismological Bureau of Hainan Province, Haikou,570203,China

Abstract: The Holocene volcanoes in the northern Hainan Island can be divided into 4 systems. These 4 systems include Ma'anling plateau volcanic system in the northwestern part, Leihuling shield volcanic system in the southeast, Haochang monogenic volcanic system in between, and the NW-trending fissure eruption system. The Ma'anling plateau volcanoes consist of 4 cones and the related lava flows that flow to the northwest, southwest, and northeast, respectively. The Leihuling volcanoes are composed also of cones and lavas. The cones are located in Leihuling, Qunxiuling, and Qunzhongling, while the lava flows are the largest in the whole region, extending northeastward to Yongxing, Bochang, Shapo Reservoir, Baopiancun and Longqiao, and southward to Changgan, Meiqiu, Fenghuang and Meixingcun. There are 59 Cenozoic cones, the volcanic texture of which may be classified into cone, dome, position and texture differences of the cones. The cones have been subdivided into scoria cone, spatter cone and mixed cone. The height of the cones is generally less than 40 m, and the diameter of most of the cone bases is less than 500 m. There is a linear relation between the cone base diameter and the depth of the crater. We can thus distinguish the different cones that were formed at different times by plotting the height of the cone versus the difference between the crater rim diameter and cone base diameter. We have successfully distinguished the early-formed Maars from the later-formed cones of different types.

Key words: Holocene volcanic system in the northern Hainan Island; nomenclature of volcanic systems; textural parameter of cone

琼北全新世火山区熔岩流流动速度的恢复与火山灾害性讨论[①]

魏海泉[1] 白志达[2] 李战勇[3] 孙谦[1] 樊祺诚[1] 史兰斌[1]
张秉良[1] 徐德斌[2] 胡久常[3] 肖劲平[3] 卢永健[3]

1. 中国地震局地质研究所,北京,100029
2. 中国地质大学,北京,100083
3. 海南省地震局,海口,570203

摘要:琼北全新世火山区分为4个火山系统,熔岩流流动距离集中在4—8 km之间,而熔岩流宽度则以1.5 km左右为常见。根据琼北全新世火山区内熔岩流不同流动单元表面坡度、岩流厚度的调查,结合熔岩流温度与密度等物理参数计算恢复的琼北全新世火山区熔岩流流动速度众值在0.5 m/s左右,底部剪切力约为5 000 Pa。对于厚度巨大的熔岩流(流动单元厚度大于15 m)流动速度可加快至5 m/s,而底部剪切力则可加大至50 000 Pa。对于一条8 m厚的熔岩流,其地表流动时间均在100 h以内,而以流动时间在1 d以内为常见。根据熔岩流长度与体积恢复的喷发持续时间对于不同火山系统短至2个月,长达2年。8 km预期熔岩流长度可以作为未来火山喷发时熔岩流火山灾害影响范围的重要参照系数,制定的相应减灾措施应该以此作为重要依据之一。琼北近代火山区火山灾害主要表现为熔岩流对农田、林地、道路的毁坏及引发的火灾。

关键词:全新世;熔岩流;流动速度;持续时间;火山灾害;海南岛

琼北全新世火山区分为4个火山系统(魏海泉等,2003),火山区离海口市最近的距离仅8 km,这些"城市火山"自上个世纪末开始已经越来越引起国际火山学界的重视。本文将讨论琼北全新世火山作用集中发育区内火山喷发过程与有关灾害类型,并首次对琼北全新世火山区熔岩流的流动速度、流动时间、喷发持续时间等喷发物理参数作了限定。

前人研究资料中,火山地质、遥感解译与岩石学研究工作主要限于20世纪50—80年代(边兆祥,1958;丁国瑜等,1964;陈述彭,1981;傅秀银,1981;严正等,1983;王贤觉等,1984;陈上福等,1985;黄坤荣,1986;韩中元等,1987;朱炳泉等,1989),火山岩定年工作主要开展于20世纪80—90年代(王惠基,1981;袁宝印,1984;王惠芬等,1988;孙建中,1988a,1988b;张仲英等,1989;黄镇国等,1993;陈沐龙等,1997)。由于测试手段的限制,所测年龄样品几乎全部针对全新世以前的火山岩样品。1993年,海南省地质矿产勘查开发局测绘队完成的1∶50 000火山区填图,把本工作区划为全新世火山区(海南省地质矿产勘查开发局测绘队,1993),其年龄测试结果为:全新世石山组火山岩下伏道堂组火山岩最上部底浪堆积物中所含碳化木年龄为(16.79±0.41)ka;道堂组靠下部玄武岩及底浪堆积物中还分别测到了98.3 ka的K-Ar年龄和(124.3±3.7)ka与(199.6±6.0)ka的热释光年龄。虽说石山组火山喷发热释光年龄值为(32.12±0.96)ka,业已超过全新世年代范围,但考虑到热释光年龄本身的局限性,还是可以接受由地质等其他方法确定的石山组属全新世火山喷发的认识。本项目执

① 本文发表于《地质论评》2005年第51卷第1期。

行期间，本文作者之一樊祺诚得到了石山组一万年左右的热释光年龄；张秉良则通过玄武岩风化物蚀变矿物定年法得到6—12 ka的火山喷发年龄，由此可以进一步证实工作区内火山岩大部分属全新世火山喷发产物的认识。

火山灾害研究工作中最为重要的是区分出不同火山产物的喷发机制与喷发过程(Canxn，2000；Itoh et al.，2000)，通过对已有火山作用过程的研究，模拟(Palumbo，1983；Gudmundsson et al.，1999；Maeda，2000)、探讨未来可能发生的火山灾害类型与规模(Palumbo，1999)，进而制订出可供政府决策者与公众参考的减灾方案与措施(Blong，1984；魏海泉等，1991，1997)。

因此，本文选择琼北全新世火山集中发育区内熔岩流动速度与灾害性加以讨论。

1 工作方法

工作思路是以现代火山学研究为指导，首先根据区内火山作用产物的成因类型与喷发物理过程野外考察结果，填制出详细的火山地质图与火山灾害图。结合航片解译资料，确定研究区火山作用发育特征、形成期次与喷发规模。依据不同熔岩流结构参数、表面坡度、厚度与体积以及熔岩温度、黏度等资料确定熔岩流流动速度与地表流动时间。以这两个参数作为琼北火山区未来火山灾害减轻时所考虑的重要依据。

熔岩流最大流动距离与熔岩溢出率有明显的相关关系，Walker(1973)给出了几十个世界上不同成分火山喷发熔岩流长度与溢出率的资料，Kilbern(1996)也给出了熔岩流最大长度与溢出率的关系 $L_F = CQ_F^{1/2}$(其中 L_F 是单一熔岩流的最大长度，Q_F 是岩浆溢出速率，C是常数)，由此可以根据琼北火山熔岩流出露长度资料限定喷发时岩浆溢出率等有关参数。

根据一个层流流体中的速度剖面(Allen，1997)的基本理论，在一个倾斜的平面上稳定均一流体内，边界剪切力是与作用在流体之上的重力向下分量相平衡的力。基本阻力方程是：

$$\tau_0 = \rho g S d$$

其中 τ_0 是单位面积底板对流体施加的拖曳力，它等于重力的下坡分量 $\rho g S d$，并与之方向相反。ρ 是密度，g 是重力加速度，S 是坡度，d 是流体厚度。流体中与底板平行的平面上的剪切力必须要等于其上高度为 $d-y$ 的流体柱的重量的下坡分量：

$$\tau_y = \rho g S(d-y)$$

因此，$\tau_y = \tau_0\left(1-\frac{y}{d}\right)$

对于一个层流，阻力方程为：

$$\frac{\mathrm{d}u}{\mathrm{d}y} = \frac{\rho g S(d-y)}{\mu}$$

其中 u 为速度，μ 为黏度，y 为自熔岩流底面向上垂直方向上的高度，积分得到边界之上任一点的速度。由于流体速度和黏度不随高度变化，所以：

$$u = \frac{\rho g S}{\mu}\left(yd - \frac{y^2}{2}\right) + C$$

非滑动条件得到边界条件：在 $y=0$ 时，$u=0$，因此积分常数等于0。速度剖面呈抛物线式向着自由表面速度增加。

为了验证计算结果的可信性，把不同参数条件下的熔岩流流速计算结果与世界现代火山喷发观测记录到的熔岩流速结果作了对比，并参照了与琼北全新世火山类似的意大利埃特纳火山1971年喷发的经验公式(Booth and Self,1973)。结果显示计算结果与实测结果基本相当,表明计算结果具有一定的可信度。

2 工作结果

2.1 琼北全新世火山熔岩流平面几何特征

琼北近代火山熔岩流构造类型以结壳熔岩占绝对优势,它反映了喷发时相对较低的质量溢出率,并形成了本区广为发育的熔岩隧道。熔岩流流动距离符合正态分布特征,岩流长度多集中在4 000—8 000 m之间(图1a)。琼北近代火山熔岩流宽度呈比较规则的正态分布。熔岩流宽度自100 m的线状限定性流体至3 200 m的面状非限定性流体。宽度1 600 m的熔岩流占据熔岩流宽度的主要部分。

纵横比是研究熔岩流流动时流动方式与地形条件的一个重要指标(Walker,1973)。我们把琼北近代火山区熔岩流的纵横比定义为熔岩流总长度与平均宽度的比值。琼北近代火山熔岩区内不同火山系统具有不同的熔岩流纵横比,但集中分布频率在4左右(图1b)。

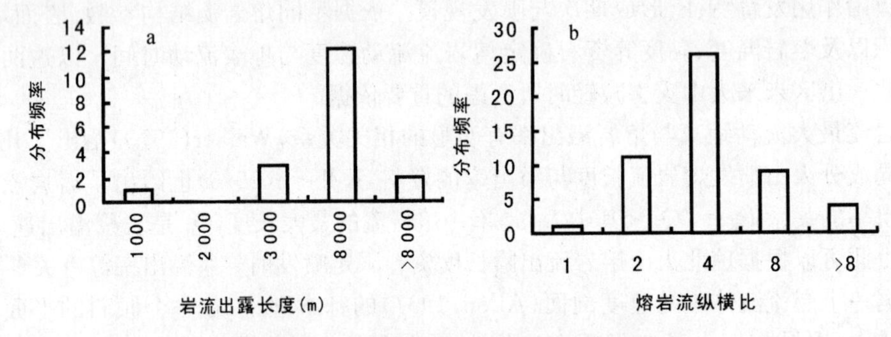

a. 琼北近代火山熔岩流出露长度分布频率直方图;
b. 琼北近代火山熔岩流纵横比分布频率图

图1 琼北全新世火山熔岩流长度与纵横比分布特征

与世界上其他火山类似,琼北近代火山熔岩流表面坡度与火山口的距离呈反消长关系。如在雷虎岭火山(图2),随着离开火山口距离增加,熔岩流表面坡度在开始时迅速降低。经过几百米后,随着距火山口距离增加,熔岩流表面坡度减小幅度明显变小。就总体上坡度减小幅度而言,以雷虎岭熔岩流系统为最小;以国群、阳南、浩昌熔岩流系统为最大;马鞍岭熔岩流系统较小;而昌道熔岩流系统较大。

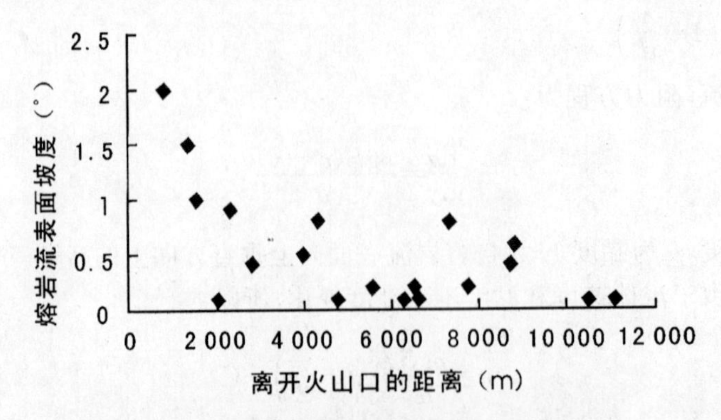

图2 雷虎岭熔岩流表面坡度与火山口距离的关系

参照通常熔岩流动速度估算方法,笔者对琼北全新世火山熔岩流动速度作了估算,并计算熔岩流动到最远距离时所经历的时间。据公式 $u=\frac{\rho g S}{\mu}\left(yd-\frac{y^2}{2}\right)$,首先在野外测量不同流动单元离火山口不同位置上的地表坡度 S(表 1)和熔岩流厚度 d(表 2),然后选取不同岩浆物理参数,如岩浆温度取 1 200 ℃,熔岩黏度取 5 000 kg/sm,50 000 kg/sm,熔岩密度取 2 600 g/cm^3。再按照不同熔岩流厚度分别计算相应的流动速度与熔岩流底部剪切力(表 3),最后计算出不同流动单元的熔岩流的各自总流动时间。野外考察时发现,琼北全新世熔岩流厚度大多数集中于 5—20 m 之间,计算时选取熔岩流厚度 d=8 m 和 d=16 m 的熔岩流动速度作为琼北全新世火山熔岩流动速度的估算值。计算得到不同厚度熔岩流流动速度与底部剪切力如图 3 所示。图 3a 指示了对于琼北全新世火山区内 8 m 厚的熔岩流,其流动速度在 0.05—5 m/s 之间,总体上属于偏正态分布,流速众值为 0.5 m/s。由图 3b 可以看出,当熔岩流厚度加大至 16 m 时,熔岩流流动速度明显加大,速度高达 5 m/s 的熔岩流流速也很常见。熔岩流底部剪切力的分布特征与熔岩流流速分布特征量类似,图 3c 指示 8 m 厚的熔岩流底部剪切力基本上属于正态分布,频率众值为 5 000 Pa。图 3d 则表明 16 m 厚的熔岩流底部 50 000 Pa 左右的剪切力较集中。

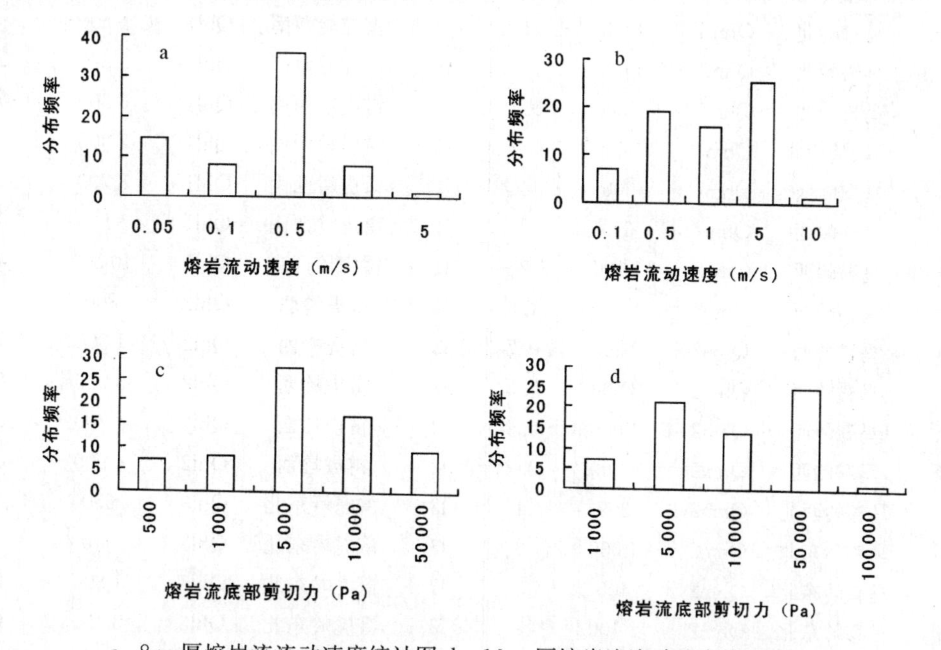

a. 8 m 厚熔岩流流动速度统计图;b. 16 m 厚熔岩流流动速度统计图;
c. 8 m 厚熔岩流底部剪切力统计图;d. 16 m 厚熔岩流底部剪切力分布图

图 3 琼北全新世火山区熔岩流流动速度与底部剪切力分布特征

图 4 给出了不同单元熔岩流流动时间。由图可见:对于琼北全新世火山区 8 m 厚的熔岩流,不同流动单元的流动时间均在 100 h 以内,其中大部分流动时间又都集中在 20 h 左右。这也指示了琼北全新世火山区未来喷发时,8 m 厚的熔岩流很有可能在 1 d 之内就达到或接近了它的最大流动距离。

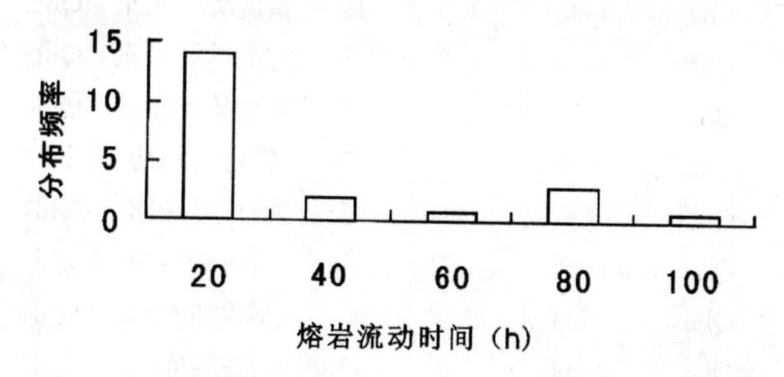

图 4 琼北全新世火山区 8 m 厚熔岩流流动时间分布图

表1　琼北全新世火山区熔岩流地表坡度测量

熔岩流编号	位置	时代期次	离火山口距离(m)	坡度(°)	熔岩流编号	位置	时代期次	离火山口距离(m)	坡度(°)
m1	马鞍岭西北	Qhm1	750	4	c3	昌道东	Qhc	5 800	0.4
m1	马鞍岭西北	Qhm1	1 100	2	y1	阳南东南	Qhy	1 000	2
m1	马鞍岭西北	Qhm1	1 500	1	c2	昌道西南	Qhc	500	1.5
m1	马鞍岭西北	Qhm1	3 300	0.7	c2	昌道西南	Qhc	2 000	0.6
m1	马鞍岭西北	Qhm1	5 500	0.2	c2	昌道西南	Qhc	2 700	0.2
m1	马鞍岭西北	Qhm1	7 500	0.5	h1	浩昌	Qhh	600	1.5
m1	马鞍岭西北	Qhm1	9 000	0.2	h1	浩昌	Qhh	1 600	0.8
m2	马鞍岭北	Qhm1	750	4	h1	浩昌	Qhh	2 600	1
m2	马鞍岭北	Qhm1	1 100	2	l7	雷虎岭西北	Qhl1	4 700	0.6
m2	马鞍岭北	Qhm1	1 500	1	l1	雷虎岭西南	Qhl1	1 500	1
m2	马鞍岭北	Qhm1	4 000	1	l1	雷虎岭西南	Qhl1	2 800	0.4
m3	马鞍岭北	Qhm1	5 300	0.1	l1	雷虎岭西南	Qhl1	6 300	0.1
m4	马鞍岭西北	Qhm1	4 400	0.2	l1	雷虎岭西南	Qhl1	7 300	0.8
m9	马鞍岭西	Qhm2	300	4	l1	雷虎岭西南	Qhl1	8 700	0.4
m9	马鞍岭西	Qhm2	600	3	l1	雷虎岭西南	Qhl1	8 800	0.6
m9	马鞍岭西	Qhm2	1 100	2	l1	雷虎岭西南	Qhl1	10 500	0.1
m9	马鞍岭西	Qhm2	1 400	1.5	l2	雷虎岭西	Qhl2	800	2
m9	马鞍岭西	Qhm2	3 200	0.7	l2	雷虎岭西	Qhl2	1 300	1.5
m9	马鞍岭西	Qhm2	3 500	0.5	l2	雷虎岭西	Qhl2	3 000	0.2
m9	马鞍岭西	Qhm2	4 900	0.9	l2	雷虎岭西	Qhl2	4 700	0.1
m9	马鞍岭西	Qhm2	5 900	0.2	l2	雷虎岭西	Qhl2	4 900	0.1
m5	马鞍岭西北	Qhm2	300	4	l3	雷虎岭东北	Qhl3	650	2
m6	马鞍岭东北	Qhm2	1 000	2	l3	雷虎岭东北	Qhl3	900	1
m7	马鞍岭东北	Qhm2	400	3	l3	雷虎岭东北	Qhl3	1 800	0.9
m7	马鞍岭东北	Qhm2	1 100	2	l3	雷虎岭东北	Qhl3	2 100	0.8
m7	马鞍岭东北	Qhm2	1 900	1	l3	雷虎岭东北	Qhl3	2 700	0.5
m8	马鞍岭东北	Qhm2	2 700	1	l3	雷虎岭东北	Qhl3	3 200	0.8
m8	马鞍岭东北	Qhm2	3 200	1	l3	雷虎岭东北	Qhl3	5 300	0.1
g1	国群岭东北	Qhg	200	8	l3	雷虎岭东北	Qhl3	7 300	0.5
g1	国群岭东北	Qhg	800	1.5	l3	雷虎岭东北	Qhl3	9 100	0.8
g1	国群岭东北	Qhg	3 000	1.5	l4	雷虎岭北东东	Qhl2	2 300	0.9
g1	国群岭东北	Qhg	3 800	1.5	l4	雷虎岭北东东	Qhl2	4 300	0.8
g1	国群岭东北	Qhg	4 800	1.5	l4	雷虎岭北东东	Qhl2	5 600	0.2
c1	昌道北东东	Qhc	3 300	0.6	l4	雷虎岭北东东	Qhl2	7 800	0.2
c3	昌道东	Qhc	250	5	l4	雷虎岭北东东	Qhl2	11 100	0.1
c3	昌道东	Qhc	300	4	l5	雷虎岭东南	Qhl2	2 000	0.1
c3	昌道东	Qhc	700	2	l5	雷虎岭东南	Qhl1	4 000	0.5
c3	昌道东	Qhc	1 800	1.5	l5	雷虎岭东南	Qhl1	4 800	0.1
c3	昌道东	Qhc	2 800	0.4	l5	雷虎岭东南	Qhl1	6 600	0.1
c3	昌道东	Qhc	4 300	0.4	l6	雷虎岭东北	Qhl1	6 500	0.2
c3	昌道东	Qhc	3 900	0.8					

表 2　琼北马鞍岭、雷虎岭全新世火山区火山岩厚度与水文地质特征参数

钻孔编号	岩流单元	地点	地面标高(m)	水位降深(m)	单位涌水量(t/(d·m))	火山岩厚度(m)	钻孔编号	岩流单元	地点	地面标高(m)	水位降深(m)	单位涌水量(t/(d·m))	火山岩厚度(m)
ZK113	Qp2b	天尾	2.24	1.35	275	无资料	ZK288	Qp3d	龙桥镇	35.36	0.1	5 084.6	28.69
ZK112	Qp2b	后海	6.94	0.57	129.2	无资料	ZK318	Qp3d	玉符村	26.76	无资料	无资料	无资料
ZK114	Qp2b	大效村北	9.16	0.3	243.6	无资料	ZK321	Qp3d	儒鸿村	25.96	2.51	81.2	19.85
ZK116	Qp2b	联昌东北	11.67	4.35	26.9	无资料	ZK319	Qp3d	玉仙东村	25.16	8.82	0.21	3.34
ZK143	Qp2b	新安村北	1.14	无资料	无资料	(QP1x,1.86)	ZK277	Qp3d	坡尹外村	21.77	3.46	7.3	9
ZK455	Qp2b	海口市	2.78	无资料	无资料	无资料	ZK320	Qp3d	北庄村	36.25	3.65	1.8	28.09
ZK81	Qp2b	东园	2.68	2.16	102	无资料	ZK283	Qp3d	道育	87.92	9.45	27.3	58.57
ZK119	Qp2b	荣山寮	3.68	0.97	459.3	(Qhx,3.254)	ZK281	Qp3d	安仁	85	6	71.7	64.04
ZK123	Qp2b	龙头西	0.46	无资料	无资料	(Qh3m,9.039)	ZK304	Qp3d	卜亚岭	71.87	2.8	67.9	54.8
ZK221	Qp2b	儒宗	4.27	3.88	26.1	无资料	ZK360	Qp3d	道贡村	50.56	1.31	235.4	36.82
ZK129	Qp2b	龙头	3.9	0.65	160.9	无资料	ZK310	Qp3d	泰盈村	35.81	2.06	88.2	27.63
ZK126	Qp2b	长流	23.48	6.82	93	无资料	ZK302	Qp3d	道斐村西	37.7	0.11	8 804.2	34.12
ZK122	Qp2b	昌明	13.49	4.42	23.2	无资料	ZK329	Qp3d	美秀村	26.96	0.15	2 441.7	26.9
ZK136	Qp2b	永桂	28.94	9.44	95.1	无资料	ZK367	Qp3d	十字路镇	30.25	2.88	128.1	32.66
ZK170	Qp2b	秀英北	1.56	无资料	无资料	(BN,1.35)	ZK332	Qp3d	本良村	46.63	3.97	59.6	40.2
ZK173	Qp2b	侨中村	1.38	无资料	无资料	(BN,1.242)	ZK393	Qp3d	岭脚岭	60	5.55	22.3	40.13
ZK198	Qp2b	琼山市	7.36	4.49	9	无资料	ZK325	Qp3d	北坡村西南	42.71	5.08	57.6	39.87
ZK84	Qp2b	下本岛	4.44	1.22	302	无资料	ZK326	Qp3d	北坡村东北	24.9	6.4	22.9	26.3

（续表）

钻孔编号	岩流单元	地点	地面标高(m)	水位降深(m)	单位涌水量(t/(d·m))	火山岩厚度(m)	钻孔编号	岩流单元	地点	地面标高(m)	水位降深(m)	单位涌水量(t/(d·m))	火山岩厚度(m)
ZK225	Qp2b	文森	34.54	3.08	17.9	无资料	ZK334	Qp3d	北山村	36.03	22.5	0.09	31.16
ZK246	Qp2b	赵村	5.37	4.95	无资料	无资料	ZK312	Qp3d	罗京盘北	85	无资料	无资料	72.7
ZK89	Qp2b	国社岭西南	14.39	1.15	29	无资料	ZK110	Qp3d	昌用村	61.44	6.52	98.4	71.26
ZK81	Qp2b	国社岭	18.35	3.5	无资料	无资料	ZK225	m1	文盛	18.31	10.92	47.9	16.7
ZK219	Qp3d	文大村	13	20.32	无资料	无资料	ZK232	m9	马鞍岭	126.21	1.35	101.7	91.39
ZK26	Qp3d	老城	16.54	13.95	无资料	无资料	ZK230	m4(d1)	石山	102.6	8.1	63.1	55.5
ZK226	Qp3d	文明西北	20.16	16.6	无资料	无资料	ZK254	g1	狮子岭北	43.46	9.9	6.4	21.54
ZK100	Qp3d	颜春岭	82.91	4.55	72.5	无资料	ZK261	l4	薄片村西	41.48	0.95	1 120.1	28.7
ZK46	Qp3d	美傲	45.27	6.7	无资料	无资料	ZK294	l3	永兴镇	89.28	24.81	1	85.6
ZK257	Qp3d	羊山水库	30.61	6.46	24.5	23.89	ZK265	l3	博昌村	58.13	2.8	无资料	无资料
ZK258	Qp3d	白水塘	18.02	1.78	15.6	17.6	ZK109	l7	玉安	93.98	1.54	46.4	25.9
ZK259	Qp3d	昌学村	22.58	0.32	1 139	18.01	ZK306	l1	岭南镇	97.3	0.65	1 007.1	84.3
ZK260	Qp3d	育沃村	21.36	0.38	2 334.4	19.89	总平均	65 个		34.39	4.93	599.11	37.9
ZK274	Qp3d	北坡村	18.19	2.03	39.2	4.05	北海平均	22 个		9.19	3.14	132.81	3.35
ZK278	Qp3d	美月南	29	294.38	无资料	无资料	道堂平均	34 个		40.07	5.35	947.02	33.96
ZK296	Qp3d	儒关村	51.06	0.3	3 023.1	40.24	马鞍岭平均	4 个		72.65	7.57	54.78	46.28
ZK287	Qp3d	抚善村	39.8	0.26	1 620.7	37.16	雷虎岭平均	5 个		76.03	6.15	543.65	56.13
							石山平均	9 个		74.53	6.78	299.21	51.2

表 3　不同地点、不同厚度熔岩流流动速度计算结果

单元	距离(m)	$d=4$	$d=8$	$d=16$	$d=32$	剪切力 8	剪切力 16	单元	距离(m)	$d=4$	$d=8$	$d=16$	$d=32$	剪切力 8	剪切 16
黏度 $\mu=5\ 000$ 时								c3	250	2.3	9.1	36.4	145.5	17 766	35 532
m1	750	1.8	7.3	29.1	116.5	14 219	28 438	c3	300	1.8	7.3	29.1	116.5	14 219	28 438
m1	1 100	0.9	3.6	14.6	58.3	7 114	14 228	c3	700	0.9	3.6	14.6	58.3	7 114	14 228
m1	1 500	0.5	1.8	7.3	29.1	3 558	7 115	c3	1 800	0.7	2.7	10.9	43.7	5 336	10 672
m1	3 300	0.3	1.3	5.1	20.4	2 490	4 981	c3	2 800	0.2	0.7	2.9	11.7	1 423	2 846
m1	5 500	0.1	0.4	1.5	5.8	712	1 423	c3	4 300	0.2	0.7	2.9	11.7	1 423	2 846
m1	7 500	0.2	0.9	3.6	14.6	1 779	3 558	c3	3 900	0.4	1.5	5.8	23.3	2 846	5 692
m1	9 000	0.1	0.4	1.5	5.8	712	1 423	c3	5 800	0.2	0.7	2.9	11.7	1 423	2 846
m2	750	1.8	7.3	29.1	116.5	14 219	28 438	g1	200	3.6	14.5	58.1	232.4	28 369	56 738
m2	1 100	0.9	3.6	14.5	58.3	7 114	14 228	g1	800	0.7	2.7	10.9	43.7	5 336	10 672
m2	1 500	0.5	1.8	7.3	29.1	3 558	7 115	g1	3 000	0.7	2.7	10.9	43.7	5 336	10 672
m2	4 000	0.5	1.8	7.3	29.1	3 558	7 115	g1	3 800	0.7	2.7	10.9	43.7	5 336	10 672
m3	5 300	0.05	0.2	0.7	2.9	356	712	g1	4 800	0.7	2.7	10.9	43.7	5 336	10 672
m4	4 400	0.1	0.4	1.5	5.8	712	423	y1	1 000	0.9	3.6	14.6	58.3	7 114	14 228
m9	300	1.8	7.3	29.1	116.5	14 219	28 438	h1	600	0.7	2.7	10.9	43.7	5 336	10 672
m9	600	1.4	5.5	21.8	87.4	10 668	21 336	h1	1 600	0.4	1.5	5.8	23.3	2 846	5 692
m9	1 100	0.9	3.6	14.6	58.3	7 114	14 228	h1	2 600	0.5	1.8	7.3	29.1	3 558	7 115
m9	1 400	0.7	2.7	10.9	43.7	5 336	10 672	黏度 $\mu=5\ 000$ 时							
m9	3 200	0.3	1.3	5.1	20.4	2 490	4 981	m1	750	0.18	0.73	2.91	11.65	14 219	28 438
m9	3 500	0.2	0.9	3.6	14.6	1 779	3 558	m1	1 100	0.09	0.36	1.46	5.83	7 114	14 228
m9	4 900	0.4	1.6	6.6	26.2	3 202	6 404	m1	1 500	0.05	0.18	0.73	2.91	3 558	7 115
m9	5 900	0.1	0.4	1.5	5.8	712	1 423	m1	3 300	0.03	0.13	0.51	2.04	2 490	4 981
m5	300	1.8	7.3	29.1	116.5	14 219	28 438	m1	5 500	0.01	0.04	0.15	0.58	712	1 423

（续表）

单元	距离(m)	$d=4$	$d=8$	$d=16$	$d=32$	剪切力 8	剪切力 16	单元	距离(m)	$d=4$	$d=8$	$d=16$	$d=32$	剪切力 8	剪切 16
m6	1 000	0.9	3.6	14.5	58.3	7 114	14 228	m1	7 500	0.02	0.09	0.36	1.46	1 779	3 558
m7	400	1.4	5.5	21.8	87.4	10 668	21 336	m1	9 000	0.01	0.04	0.15	0.58	712	1 423
m7	1 100	0.9	3.6	14.6	58.3	7 114	14 228	m2	750	0.18	0.73	2.91	11.65	14 219	28 438
m7	1 900	0.5	1.8	7.3	29.1	3 558	7 115	m2	1 100	0.09	0.36	1.46	5.83	7 114	14 228
m8	2 700	0.5	1.8	7.3	29.1	3 558	7 115	m2	1 500	0.05	0.18	0.73	2.91	3 558	7 115
m8	3 200	0.5	1.8	7.3	29.1	3 558	7 115	m2	4 000	0.05	0.18	0.73	2.91	3 558	7 115
l1	1 500	0.5	1.8	7.3	29.1	3 558	7 115	m3	5 300	0.005	0.02	0.07	0.29	356	712
l1	2 800	0.2	0.7	2.9	11.7	1 423	2 846	m4	4 400	0.01	0.04	0.15	0.58	712	1 423
l1	6 300	0.05	0.2	0.7	2.9	356	712	m9	300	0.18	0.73	2.91	11.65	14 219	28 438
l1	7 300	0.4	1.5	5.8	23.3	2 846	5 692	m9	600	0.14	0.55	2.18	8.74	10 668	21 336
l1	8 700	0.2	0.7	2.9	11.7	1 423	2 846	m9	1 100	0.09	0.36	1.46	5.83	7 114	14 228
l1	8 800	0.3	1.1	4.4	17.5	2 135	4 269	m9	1 400	0.07	0.27	1.09	4.37	5 336	10 672
l1	10 500	0.05	0.2	0.7	2.9	356	712	m9	3 200	0.03	0.13	0.51	2.04	2 490	4 981
l2	8 000	0.9	3.6	14.6	58.3	7 114	14 228	m9	3 500	0.03	0.09	0.36	1.46	1 779	3 558
l3	1 300	0.7	2.7	10.9	43.7	5 336	10 672	m9	4 900	0.04	0.16	0.66	2.62	3 202	6 404
l4	2 300	0.4	1.6	6.6	26.3	3 202	6 404	m9	5 900	0.01	0.04	0.15	0.58	712	1 423
l4	4 300	0.4	1.5	5.8	23.3	2 846	5 692	m5	300	0.18	0.73	2.91	11.65	14 219	28 438
l4	5 600	0.1	0.4	1.5	5.8	712	1 423	m6	1 000	0.09	0.36	1.46	5.83	7 114	14 228
l4	7 800	0.1	0.4	1.5	5.8	712	1 423	m7	400	0.14	0.55	2.18	8.74	10 668	21 336
l4	11 100	0.05	0.2	0.7	2.9	356	712	m7	1 100	0.09	0.36	1.46	5.83	7 114	14 228
l5	2 000	0.05	0.2	0.7	2.9	356	712	m7	1 900	0.05	0.18	0.73	2.91	3 558	7 115
l5	4 000	0.2	0.9	3.6	14.6	1 779	3 558	m8	2 700	0.05	0.18	0.73	2.91	3 558	7 115
l5	4 800	0.05	0.2	0.7	2.9	356	712	m8	3 200	0.05	0.18	0.73	2.91	3 558	7 115

（续表）

单元	距离(m)	$d=4$	$d=8$	$d=16$	$d=32$	剪切力 8	剪切力 16	单元	距离(m)	$d=4$	$d=8$	$d=16$	$d=32$	剪切力 8	剪切 16
l5	6 600	0.05	0.2	0.7	2.9	356	712	l1	1 500	0.05	0.18	0.73	2.91	3 558	7 115
l6	6 500	0.1	0.4	1.5	5.8	712	1 423	l1	2 800	0.02	0.07	0.29	1.17	1 423	2 846
c1	3 300	0.3	1.1	4.4	17.5	2 135	4 269	l1	6 300	0.005	0.02	0.07	0.29	356	712
c2	500	0.7	2.7	10.9	43.7	5 336	1.672	l1	7 300	0.02	0.07	0.29	1.17	1 423	2 846
c2	2 000	0.3	1.1	4.4	17.5	2 135	4 269	l1	8 700	0.02	0.07	0.29	1.17	1 423	2 846
c2	2 700	0.1	0.4	1.5	5.8	712	1 423	l1	8 800	0.03	0.11	0.44	1.75	2 135	4 269
l1	10 500	0.005	0.02	0.07	0.29	356	712	c3	1 800	0.07	0.27	1.09	4.37	5 336	10 672
l2	800	0.09	0.36	1.46	5.83	7 114	14 228	c3	2 800	0.02	0.07	0.29	1.17	1 423	2 846
l3	1 300	0.07	0.27	1.09	4.37	5 336	10 672	c3	4 300	0.02	0.07	0.29	1.17	1 423	2 846
l4	2 300	0.04	0.16	0.66	2.62	3 202	6 404	c3	3 900	0.04	0.15	0.58	2.33	2 846	5 692
l4	4 300	0.04	0.15	0.58	2.33	2 846	5 692	c3	5 800	0.02	0.07	0.29	1.17	1 423	2 846
l4	5 600	0.01	0.04	0.15	0.58	712	1 423	c3	500	0.07	0.27	1.09	4.37	5 336	10 672
l4	7 800	0.01	0.04	0.15	0.58	712	1 423	c3	2 000	0.03	0.11	0.44	1.75	2 135	4 269
l4	11 100	0.005	0.02	0.07	0.29	356	712	c3	2 700	0.01	0.04	0.15	0.58	712	1 423
l5	2 000	0.005	0.02	0.07	0.29	356	712	g1	200	0.36	1.45	5.81	23.24	28 369	56 738
l5	4 000	0.02	0.09	0.36	1.45	1 779	3 558	g1	800	0.07	0.27	1.09	4.37	5 336	10 672
l5	4 800	0.005	0.02	0.07	0.29	356	712	g1	3 000	0.07	0.27	1.09	4.37	5 336	10 672
l5	6 600	0.005	0.02	0.07	0.29	356	712	g1	3 800	0.07	0.27	1.09	4.37	5 336	10 672
l6	6 500	0.01	0.04	0.15	0.58	712	1 423	g1	4 800	0.07	0.27	1.09	4.37	5 336	10 672
c1	3 300	0.03	0.11	0.44	1.75	2 135	4 269	y1	1 000	0.09	0.36	1.46	5.83	7 114	14 228
c2	250	0.23	0.91	3.64	14.55	17 766	35 532	h1	600	0.07	0.27	1.09	4.37	5 336	10 672
c2	300	0.18	0.73	2.91	11.65	14 219	28 438	h1	1 600	0.04	0.15	0.58	2.33	2 846	5 692
c2	700	0.09	0.36	1.46	5.83	7 114	14 228	h1	2 600	0.05	0.18	0.73	2.91	3 558	7 115

注：$d=4,8,16,32$ 为 4 m,8 m,16 m,32 m 厚度熔岩流的流速；剪切力 8、剪切力 16 为 8 m,16 m 厚度熔岩流底部剪切力；距离指离开源区的直线。

3 讨论

3.1 喷发持续时间的判定

除了熔岩流流动时间的恢复以外，火山灾害评价时还需要了解火山喷发持续时间。根据将古论今的原则，通过对不同火山过去喷发持续时间的恢复，可以推测未来喷发的持续时间。了解了不同火山的平均喷发速率和喷发物体积，就可求出喷发持续时间。根据 Walker (1973)的研究成果，熔岩流流动长度和喷发速率之间有很好的对应关系，长距离的熔岩流往往都与较高的喷发速率有关(Kilbern,1993;Kilbern et al.,1994)。因此，我们可以根据对琼北全新世火山岩出露长度的测量来恢复喷发时的溢出速率。结合不同火山系统熔岩体积的确定，就可计算不同火山系统的喷发持续时间，计算结果如表 4。

表 4 琼北全新世火山区不同火山喷发持续时间

火 山	熔岩流长度平均值 (m)	熔岩体积 (km^3)	最大平均溢出率 (m^3/s)	喷发持续时间 (d)
雷虎岭	8 029	5.40	180	347
马鞍岭	4 522	2.23	33	782
昌 道	5 700	1.15	60	222
阳 南	2 200	1.13	7	187
浩 昌	2 800	2.25	10	260
国 群	5 000	2.46	50	57

由表 4 可见，琼北全新世不同火山系统火山喷发持续时间大约在 2 个月至 2 年之间。对于单一流动单元的国群熔岩流，火山喷发持续时间约为 2 个月；对于多个流动单元的雷虎岭火山系统，火山喷发持续时间达 1 年左右。马鞍岭火山系统喷发持续时间最长，因为它具有较大的熔岩体积和较小的喷发速率，它的喷发持续时间可能超过 2 年。对于昌道、阳南、浩昌等火山系统，喷发持续时间都在几个月的熔岩中心岛范围内，没有直接受到熔岩流的灾害，但却完全有可能受到熔岩流引发的火灾的影响。因为熔岩中心岛规模都很小，不足以躲避一场火灾的袭击。由此可见在琼北近代火山分布区内，对于某一特定的火山系统的熔岩流分布范围内，人员与财产的迁移是必要的减灾措施。

3.2 溢流性火山灾害

琼北近代火山区熔岩流灾害主要表现为熔岩流动时对农田、林地、道路的毁坏及引发的火灾。熔岩流动速度与流动范围的预测研究是制定减灾措施时必须开展的工作(Tilling, 2002;Peterson and Tilling,2000;Wei et al.,2003)。熔岩流动速度的预测可以参照琼北近代火山玄武质熔岩流有关物理参数特征和火山周围地形特征(主要是熔岩流流经范围的坡度)开展工作。

琼北近代火山区制定未来火山喷发熔岩流减灾措施时，4—8 km 预期长度很可能是熔岩流流经的距离，沿途则可能需要采取必要的减灾措施。不同火山系统未来喷发时是呈线状分布的限定性熔岩流，还是呈面状展布的非限定性熔岩流，很大程度上取决于现今火山地形条件，另外也与未来喷发时岩浆的质量喷发率有关。

熔岩流向前流动遇到局部高的地形障碍时，在重力作用下岩浆会自两侧绕过障碍物(正地形)，从而形成面状熔岩流里分散的熔岩中心岛。琼北近代火山熔岩流熔岩中心岛尺寸如图 5a 所示。在这些熔岩中心岛范围内，没有直接受到熔岩流的灾害，但却完全有可能受到熔岩流引发的火灾的影响。因为熔岩中心岛规模都很小，不足以躲避一场火灾的袭击。由此可见在琼北近代火山分布区内，对于某一特定的火山系统的熔岩流分布范围内，人员与财产的迁移是必要的减灾措施。

琼北近代火山区熔岩隧道很大程度上加大了岩浆流动与火山灾害的范围，同时也引发了一种重要的次生灾害类型：熔岩隧道塌陷坑灾害。特别是在塌陷坑集中区里，对熔岩喷发之后遗留下的潜在灾害是必须考虑的灾害类型。塌陷坑严重地影响了熔岩区内有关人工建筑的稳定性。在野外调查时发现，很多民房就建在熔岩隧道之上，在民房周围已经发生了明显的塌陷，从而揭示了现在的建筑与居民处于明显的隧道塌陷灾害影响范围之内。更有甚者，设计中的海口—三亚中线高速公路在火山区内就多次从熔岩隧道上方通过，在很多地段已经发生了熔岩隧道顶板的塌陷。如此显示了待建的高速公路需要加强对熔岩隧道表壳塌陷——塌陷坑的治理。从调查得到的塌陷坑集中区规模来看(图 5b)，高速公路建设时应避开塌陷坑集中区是一项可以考虑的减灾措施。

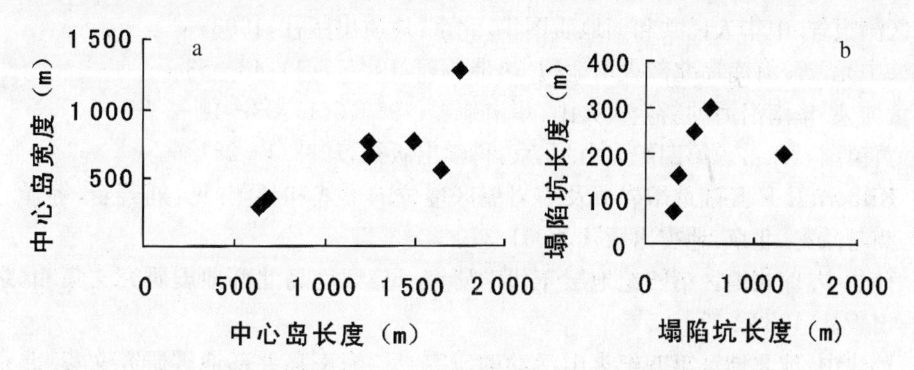

图 5 琼北全新世火山区熔岩流残留中心岛和塌陷坑规模统计

4 结论

琼北全新世火山熔岩流构造类型以结壳熔岩占绝对优势，它反映了喷发时相对较低的质量溢出率，并形成了本区广为发育的熔岩隧道。琼北近代火山熔岩流流动距离多数集中在 4—8 km 之间。8 km 预期长度可以作为制定未来火山喷发熔岩流减灾措施时熔岩流流动距离的参数。琼北近代火山区熔岩流灾害主要表现为熔岩流动时对农田、林地、道路的毁坏及引发的火灾。

琼北全新世火山喷发时，地表岩浆的流动速度一般都在每秒几米或每秒一米以下。离火山口距离较近时，地形坡度一般也较陡，最大流速可以大于 10m/s。而远离火山口的流体前锋部位，流动速度一般都小于 1 m/s。琼北全新世火山区未来喷发时，8 m 厚的熔岩流很可能在 1 天之内就达到或接近了它的最大流动距离。琼北未来火山喷发时不同火山系统持续时间可能在 2 个月至 2 年之间。

致谢：本文工作思路得益于第一作者受英国皇家学会资助在英国布里斯托尔大学访问学者进修期间对熔岩流流动速度恢复的学习成果。野外工作中得到了海南省地震局、海南省旅游局有关领导和同事的大力支持，海南省地震局林镇、马林、曾海军同志参加了部分野外工作，中国地震局火山中心刘培洵、郑秀珍协助绘制了有关图件，洪汉净教授对论文初稿提出了十分有益的修改建议，工作中和英国布里斯托尔大学 R. S. J. Sparks 教授和 J. Phillips 博士进行了有益的探讨，在此一并感谢。

参考文献

[1] 边兆祥. 海南岛第四纪火山. 中国第四纪研究，1958，1(1)：250 - 251
[2] 陈沐龙，黄正壮，陈哲培. 海南省洋浦地区第四纪火山地层划分对比. 海南地质地理，

1997,(1):18-24

[3] 陈上福,等.从卫星影像上分析海南岛第四纪玄武岩的分期.地震地质,1985,(2):65-70

[4] 陈述彭.海南岛西北部的地貌结构.见:海南岛航空像片判读文集.北京:测绘出版社,1981.15-28

[5] 丁国瑜,等.海南岛第四纪地质的几个问题.见:第四纪地质问题.北京:地质出版社,1964.207-233

[6] 傅秀银.海南岛第四纪火山及火山岩的航空像片判读.见:海南岛航空像片判读文集.北京:测绘出版社,1981.44-49

[7] 海南省地质矿产勘查开发局测绘队.长流幅、白莲市幅、海口市幅、灵山市幅1:50 000区测报告.中华人民共和国地质图集.北京:地质出版社,1993

[8] 韩中元,等.海南岛北部火山地貌.热带地理,1987,7(1):43-53

[9] 黄坤荣.华南沿海的新生代火山.华南地震,1986,6(1):33-41

[10] 黄镇国,等.雷琼第四纪火山.北京:科学出版社,1993.1-281

[11] Kilbern C R J.陆地熔岩流及熔岩流区侵位的形式和预测.见:刘若新,等译.火山监测与减灾.北京:地震出版社,2001.379-415

[12] 孙建中.琼北地区第四纪地层年代学研究.见:海南岛北部地震研究文集.北京:地震出版社,1988a.17-25

[13] 孙建中.琼北地区第四纪火山活动的研究.见:海南岛北部地震研究文集.北京:地震出版社,1988b.26-33

[14] 王慧芬,杨学昌,朱炳泉,等.中国东部新生代火山岩K-Ar年代学及其演化.地球化学,1988,(1):1-11

[15] 王惠基.广东雷琼地区新生代地层的划分.地层学杂志,1981,5(3):221-225

[16] 王贤觉,吴明清,梁德华,等.南海玄武岩的某些地球化学特征.地球化学,1984,(4):332-339

[17] 魏海泉.火山灾害的类型,预测与防治.地质灾害与防治——中国地质灾害研究会学报,1991,2(2):94-96

[18] 魏海泉,刘若新.火山灾害减轻与预报.地震地质译丛,1991,13(6):4-10

[19] 魏海泉,刘若新,李晓东.长白山天池火山造伊格尼姆岩喷发及气候效应.地学前缘,1997,4(1—2):263-266

[20] 魏海泉,白志达,胡久常,等.琼北全新世火山区火山系统的划分与锥体结构参数研究.地震地质,2003,25(增刊):21-32

[21] 严正,等.海南岛玻璃陨石和第四纪玄武岩氧同位素特征.地质科学,1983,(4):387-391

[22] 袁宝印.海南岛北部第四纪玄武岩分期问题.见:中国地理学会第一次构造地貌学术讨论会论文选集.北京:科学出版社,1984.182-187

[23] 张仲英,刘瑞华.海南岛第四系火山岩的分期.地质科学,1989,(1):69-76

[24] 朱炳泉,王慧芬.雷琼地区MORB-OIB过渡型地幔源火山作用的Nb-Sr-Pb同位素证据.地球化学,1989,(3):193-201

[25] Blong RJ. Volcanic Hazards: a Source Book on the Effects of Eruptions[M]. Sydney: Academic Press,1984

[26] Cas R A F and Wright J V. Volcanic Successions: Modern and Ancient[M]. London: Allen and Unwin,1987

Flow Velocity and Hazard Assessment of the Holocene Lava Flows in the Northern Hainan Island

WEI Haiquan[1] BAI Zhida[2] LI Zhanyong[3] SUN Qian[1]
FAN Qicheng[1] SHI Lanbin[1] ZHANG Bingliang[1]
XU Debin[2] HU Jiuchang[3] XIAO Jingping[3] LU Yongjian[3]

1. Institute of Geology, China Seismological Bureau, Beijing, 100029, China
2. China University of Geosciences, Beijing, 100083, China
3. Hainan Seismological Bureau, Haikou, 570203, China

Abstract: Lava flows in the Holocene volcanic territories in the northern Hainan Island, which is divided into four volcanic systems, may move over a distance up to 8 km from their sources with a flow velocity about 1—10 m/s. The total duration of their eruptions may last for months or years, but some lava flow that is 8 m thick may reach its distal location in one day. Volcanic hazards due to lava flows in the future from the four volcano systems are destructive to farm lands and roads and may cause fire disaster.

Key words: Holocene; lava flows; flow velocity; duration; volcanic hazards; Hainan Island

中国雷琼世界地质公园(海口)①

——回顾与展望

陶奎元

1 世界地质公园的背景和意义

1.1 世界地质公园提出的背景

地质遗迹是人类重要的遗产,全球许多国家的地质学者强烈要求加强地质遗迹保护工作。在联合国教科文组织现有的所有计划中,均没有包含推进地质遗迹保护和国际普遍认可的这一内容,无论是"世界遗产公约"还是"人与生物圈计划"都没有这样的内容,无法使更多的世界级地质遗址进入世界遗产名录。鉴于上述情况,在1998年11月召开的联合国教科文组织第29届全体会议上通过的"创建独特地质特征的地质遗址全球网络"的决议中,联合国教科文组织地学处(UNESCO Division of Earth Science)和国际地质科学联合会(IUGS)共同提出了创建世界地质公园(UNESCO Geopark)的倡议。在1999年3月23日召开的联合国教科文组织执行局会议上,正式通过了第334项临时议程"世界地质公园计划"(UNESCO Geopark Programme),筹建"全球地质公园网"的新倡议。"世界地质公园"成为和"世界遗产"具有同等法律地位的特定区域从而走向国际舞台。世界地质公园计划由联合国教科文组织直接领导。该计划将密切与联合国教科组织世界遗产中心(UNESCO World Heritage Centre)、联合国教科文组织人与生物圈计划(UNESCO's MAB)进行合作。今后,每年在全球建立20处世界地质公园,以期将来实现在全球建立500处世界地质公园的远景目标。

联合国教科文组织建立世界地质公园有两项重要目的:一是要保护环境,二是要加强区域社会经济的发展,即可持续发展。在保护环境工作中,首先是保护好珍贵的地质遗迹,向公众普及地球历史知识和环境知识,使公众增强对地质遗迹价值的认识,增强环境保护意识,使地质遗迹切实得到保护。建立世界地质公园也是取得国际社会对全球性重要地质遗产价值的承认和支持的最好方式。在保护地质遗迹的同时,强调要利用地质公园开展地质旅游活动,促进地方经济发展。

1.2 世界地质公园的意义

(1) 世界地质公园是一个有明确边界并且有足够大的使其可为当地经济发展服务的表面面积的地区。公园是由一系列具有特殊科学意义、稀有性和美学价值的地质遗址所组成,它也许不只具有地质意义,还可能具有考古、生态学、历史或文化价值。

(2) 这些遗址彼此有联系并受到正式的公园式的管理及保护;制定了采用地方政策以区域性社会经济可持续发展为方针的官方地质公园规划。

(3) 世界地质公园支持文化、环境上可持续发展的社会经济发展;可以改善当地居民的生活条件和农村环境,能加强居民对居住地区的认同感和促进当地的文化复兴。

(4) 可探索和验证对各种地质遗迹的保护方法(如代表性的岩石、矿床、矿物、化石和地貌景观等)。

---

① 该文为2006年在"中国雷琼—海口火山群世界地质公园可持续发展论坛"上的发言。

(5) 可用来作为教学的工具,进行与地学各学科有关的可持续发展教育、环境教育、培训和研究。

(6) 世界地质公园始终处于所在国独立司法权的管辖之下,公园所在国政府必须依照本国法律、法规对公园进行有效管理。

1.3 世界地质公园提名推荐准则

(1) 一个世界地质公园须包含多个地质遗迹(规模不限)或者合并成一体的多个地质遗迹实体。这些遗迹必须具有特殊科学意义、稀有性或者优美性,且能代表一个地区及该地区的地质历史、事件或演化过程。

(2) 必须为其所在地区的社会经济可持续发展服务。例如在考虑环境的情况下,可以开辟新的收入来源(如地质旅游、地质产品等),刺激新的地方企业、小商业、乡村别墅业的兴建,并创造新的就业机会,为当地居民增加补充收入,并且吸引私人资金。

(3) 世界地质公园要在国家法律或法规框架内,为保护主要的、能提供地球科学各学科信息的地质景观做出贡献。这些学科包括固体地质学、经济地质和矿业、工程地质学、地貌学、冰川地质学、水文地质学、矿物学、岩相学、沉积学、土壤科学、地层学、构造地质学和火山学。地质公园管理机构须采取充分措施,保证有效地保护园内地质遗迹,必要时还要提供资金进行现场维修。

(4) 公园须制订大众化的环境教育计划和科学研究计划,要确定好教育目标(中小学、大学、广大公众等)、活动内容及后勤支持。

(5) 地质公园管理机构必须提供包括下述内容的详细管理规划:a. 地质公园本身的全球对比分析;b. 地质公园属地的特征分析;c. 当地经济发展潜力的分析。

(6) 要做好园区内各类机构、团体的协调安排工作。它将涉及行政管理机构、地方各阶层、私人利益集团、地质公园设计、科研和教育机构、地区经济发展计划和开发活动。要促进协商,鼓励获既得利益的不同集团之间建立合作伙伴关系,鼓励与全球网络中的其他地质公园建立密切联系。

(7) 有关机构在提名某区作为世界地质公园时,须进行适当宣传并加以推动,还须定期向联合国教科文组织报告该地质公园最新进展与发展情况。

(8) 如果申报地与"世界遗产名录"或"人与生物圈"保护区相同或某处相重叠,应在提交推荐书前,获得有关机构对此项活动的许可。

2 雷琼世界地质公园申报成功缘由

第一,海口石山火山群地质公园的价值和意义。

地质公园火山带是板块相互作用,南海盆地扩张,雷琼裂谷发生与演化的火山学与岩石学记录,是陆缘裂谷型火山带的典型代表,具有极重要全球性大地构造学意义。

公园内玄武岩火山是揭示在特定大地构造范围内岩石圈的"超深探针",是探索深部岩浆作用过程具有示踪意义的天然样品。

公园内火山地质遗迹具多样性、系统性、典型性,在国内外同类地质遗迹中是优秀的、罕见的,是名副其实的第四纪火山的天然博览大观园。它几乎涵盖了玄武质火山岩浆作用形成火山的所有类型,特别是蒸气岩浆喷发火山与岩浆喷发的火山共存一区,这对于研究火山作用过程和古环境具有重要的科学意义。

公园内发育众多玛珥火山具全国、全球的典型性,为研究火山作用的过程及环境,特别是其沉积物成为研究全球气候变化的对比标准,被视为气候环境的天然年鉴,科学意义重大。

以全新世为主的石山火山群为研究火山灾害,预测未来发生火山灾害的类型、特点,提供真实可参照的重要资料。

公园玄武岩蓄水层是该区一个天然的地下水库，具有独特的玄武岩地下水的水文地质环境。研究地下水富集规律、补给途径、理化特征，对于保护利用地下天然矿泉水和地下热水具有关系到民生的重大价值。

总之，地质公园是一个典型陆缘裂谷发生、演化历史的完整记录；是我国大陆最亏损的地幔区，为研究深部壳幔作用的一个天然窗口；是我国第四纪火山分布面积最大、火山数量最多的一个火山带；是我国玛珥火山湖研究的始发地，是全球气候变化对比的一部天然年鉴；是将古论今研究预测火山灾害的重要参照区；这对于全球大地构造、区域火山学、火山学、岩相学、岩石学与地球化学、水文地质学、火山灾害学和地貌学等学科具有重要的科学意义。

生态价值

它代表我国热带及向南亚热带过渡生物群落典型地之一。第四纪火山融合于热带海岛生态环境之中构成了“热带城市火山生态”，“热带南亚热带海岛火山生态”的个性。这明显不同于我国乃至全球北方第四纪火山的生态风貌。就其所处纬度与火山主题而言，被称为“东方夏威夷”。

历史与文化价值

火山与玄武岩成为自人类活动以来生存与发展的地学背景。数年以来，人们创造了富有民族性的火山文化。

公园积淀了浓厚的具有民族性的火山文化，被誉为“中华火山文化之经典”。

公园属地海口市(所属原琼山市)为国家历史文化名城，原住民的土著文化与南移古越、闽文化相互交融渗透，形成具有地方特色的文化。人类活动与火山(玄武岩)、和谐发展的火山文化构成公园的独特的、浓厚的文化底蕴。

教学、科研与科普价值

公园第四纪火山，特别是海口全新世火山，由于它的典型性、系统性、保存的完整性，历来是各大学与研究机构专业人士研究的重点地区。

公园是地质学家开展多学科研究的一片热土，是看得见、摸得着的地学普及大课堂。

审美学价值

海口园区山体形态奇特，几十座呈圆锥形山体呈北西向排列。在高空俯视之，如在大地上打开一扇洞察地球的天窗；近视之，犹如风炉、天湖、圆形跑马场。在热带植被的覆盖下，火山群被誉为镶嵌在海南大地上的一串珍珠。不同形式的火山、熔岩隧道、熔岩景观极为丰富、奇特，为大自然塑造的神奇美景。

千姿百态的火山、大海、蓝天、海岛、沙滩，是大自然留给人们的宝贵财富，给人们以无限遐想和对火山之崇敬，感受火山震撼人心的威力，享受红(火山)、蓝(大海)、绿(热带生态)描绘的自然之美。

旅游价值

海南为中国旅游大省，拟建雷琼世界地质公园处于泛珠江三角洲，为我国热带—南亚热带过渡区的旅游热点区。雷琼世界地质公园是集成群的火山、风光秀丽的火山口湖、奇特的熔岩隧道和引人入胜的热带海岛、迷人的沙滩以及地热矿泉于一体，具有重要科学与文化内涵的大型地质公园。它的建设不仅在海南省旅游发展中具有不可替代的作用，而且具有建成世界一流旅游区的基础与条件。

第二，火山公园 17 年来的建设为公园申报奠定了基础。

我在 20 世纪 80 年代曾三次到海南做地质考察研究，也曾到海口马鞍岭火山口两次。那时火山口杂草丛生，荒山乱石岗。2004 年我与北京的几位专家考察火山口，发现乱石岗已变成一座公园。它的意义在于保护这个8 000多年前喷发的,也是华南地区最年轻的一座火山,同时也是为成功申报国家地质公园准备了条件。地质公园既有地质属性,也必须具备公园的属性,缺乏公园功能也不能成为地质公园。为此,我钦佩陈耀晶先生17年来精心的经营。

第三,2004年成功申报国家地质公园之后,得到各方面支持。经过两年的建设,公园发生明显变化,朝着一个合格的地质公园迈出了一大步,也为申报世界地质公园作了准备。

公园的变化很大程度上在于观念的变化:(1) 大大提升了公园管理者的理念,懂得地质公园的意义与价值,而尽力去落实在保护基础上开发,在开发中保护。(2) 企业非常重视专家们的意见,建设眼光从一个一般的公园,朝着国家的、世界的地质公园迈进,按照地质公园建设要求去做了。

这三年具体来说:

(1) 多次调查研究发掘公园的科学与文化内涵,并力求在公园内展现公园地质景观。调整建设了公园内26个景点和玄武岩块雕造主碑,突出公园地质学、生态学展示,使它从一个市郊一般的公园转变为真正的地质公园。

(2) 为体现地质公园应具备的功能,加强科普教育与环境教育。公园内建立30多块图文解说牌,充实火山科普馆,培训导游的地质知识,有效吸引众多中小学生走进公园解读科学故事,为海口中小学生提供一个露天大教室,取得良好的社会效益。

(3) 公园收集整理了外围已废弃采石场中玄武岩大型标本,这些标本是难得珍贵的。一方面,这些标本得到了保护,否则将作碎石材料而不复存在;另一方面,标本被展示出来让人欣赏,得到了社会各界的重视与兴趣。中国观赏会理事长到公园考察对此极为赞赏,并提出写文章发表。《初识海口玄武岩》一文发表了,文中提出它是种新型的观赏石,提升了它的价值。

(4) 建立地质公园主碑,采用当地玄武岩建主碑及国家地质公园园徽,完善的综合介绍,在地质公园主碑中颇具特色。建设了一个功能齐全,环境和谐,建筑有文化的游客中心。按4A级旅游区的要求加强规范了服务设施。

(5) 编印了公园旅游与科普的材料,其中包括宣传折页、2006年挂历、《走进火山口》(旅游指南)、《带你玩火山口》(卡通式儿童读物)、拍摄"火山之魂"等2部DVD片,全部材料为中英对照,按照国家或世界地质公园要求标准。这些材料不论对申报工作还是对社会大众宣传都起到良好作用。

(6) 公园派出代表参加一些重要的会议,起到良好作用,如去中国云台山举行的世界地质公园研讨会,为此撰写了《中国雷琼地质公园——地质景观与环境教育》;参加在爱尔兰举办的世界地质公园大会,撰写了《雷琼地质公园——地质学家在建设地质公园中的作用》;在《中国观赏石》杂志上发表《初识海口玄武岩》。参加会议论文均为中英对照,附有大量彩图。这些对国内外人士了解海口公园起到了作用。

(7) 举办"专家论坛"和"香港—海口火山生态地质之旅"。在专家论坛上,专家提出很好的建议,其中建议在海口建立中国火山景观研究会作为中国旅游地学研究会的分会,这是对海口火山地质公园充分肯定与器重。香港生态旅游培训中心组织海口之旅,对于扩大公园在香港知名度起到了实效。

这两年来,邀请或接待各方面领导与专家学者,其中包括韩国前总理、联合国教科文组织官员以及台湾地区的地质学家、民俗学家、从事温泉开发顶级人物均考察了火山口。

(8) 市政府规划局与椰湾集团共同主办地质公园总体策划,邀请大陆与台湾地区从事公园规划专家考察研究。

(9) 市政府、省市有关部门十分重视公园申报与建设,成功地举办国家地质公园开园仪式和迎接联合国教科文组织派专家现场考评。海口市市长和其他几位副市长十分重视地质公园的申报。

(10) 参与申报技术性文本图件、画册等文件，有申报书、综合考察报告、总体规划、解说规划及博物馆建设方案、画册、申报陈述多媒体，其十万字、百余图件与照片，均全部彩色、中英本印出。在短期内完成上述工作，满足了申报的要求。

3 公园发展的展望

公园发展的总目标：建成一流的、高水准的世界地质公园(海口园区)。

主题品牌：着力打造我国唯一的、有知名度的热带海岛城市火山、生态、文化旅游精品，并成为海口市后花园，大陆赴海岛之旅的重要选项；具有观光游览、休闲度假、体验性科普科考和农业生态、火山民俗文化寻踪等功能的旅游区。

它应具备世界地质公园的诸多功能，其中包括重点三项功能，即保护、教育、旅游。一两年内在海口建立中国火山景观和旅游研究中心与研究协会，作为中国旅游地学研究会的分会。就此作为平台开展国际交流，准备世界火山景观与旅游论坛。

第一，旅游功能目标

公园做足旅游功能，热带城市火山观光、休闲度假、康身健体、文化寻踪、科普与科考、热带农业生态等，面向不同层次、不同需求的游客的要求；以长三角珠海、环渤海湾为核心客源地，以及大陆赴岛旅游商务会议探视的客源分流，以本岛的居民为主要客源市场。大力拓展香港、台湾、澳门地区以及东南亚、东北亚诸国市场。到 2008 年游览人数超过 58 万人次。

第二，教育功能目标

大力发展环境友好教育和科学普及教育，建立特色博物馆作为教育基地，将公园建成露天大教室。科普教育中突出可参与性、互动性，可以与建立绿色学校相结合建成全国性面向青年学生，以实现“寓游于学，寓游于教”的全国性乃至国际性教学基地。每年有 20 万学生进公园。

第三，保护功能目标

实行保护基础上开发，开发中保护，按照规划分级保护，保护大部分，有序地开发一部分。对一些重要火山口进行保护措施，确保火山带的完整性、典型性，以利永续保存与利用。

第四，社区参与性目标

作为带动羊山地区社会经济发展的推动力，公园建设与社会主义新家村建设相结合。公园建设可以改善生态与生活环境，增加就业机会，预计已有 3 000 多岗位获得就业，发展生态农业、旅游纪念品、特色农业产品，增加农民收入。

第五，建设目标

在总体规划的基础上，对重点发展区进行控制性详规，有序地分片、分期建设。

(1) 在风炉岭火山口景区的基础上，拓建成为公园中心游览区。风炉岭—寄生火山—包子岭—熔岩隧道—火山石古村落，作整体开发，形成大景区。

(2) 紧靠中心游览区建立世界火山博览园。以博物馆为主体，露天与室内相结合，充分利用现代展示方法，使公园火山景观变活，变得生动，能吸引游客，体现可看性、可参与性、互动性、趣味性、科学性与艺术性，与之同时可考虑建立青年会所或论坛会馆或与绿色学校相结合配套。

(3) 大型游客中心与熔岩舞台上的演艺广场，可演示火山喷发、熔岩流动和几台精心制作的艺术表演，并建立露天特色餐馆，体现公园既能日游也能夜游的功能。

(4) 精心策划，严密规划发展“火山文化·火山石文化”游览项目，充分展现地方文化、民族文化。

(5) 将绿色长廊建成公园入口形象带，建立标志性大门(入口)，既体现绿色，也体现文化。长廊两侧塑造火山地质文化、海南文化。

上述5项有机地结合、融合成为世界地质公园内近期开发建设的目标性项目。

(6) 沿火山带逐步建立科学考察、生态旅游路线。双池岭、杨花岭、雷虎岭、罗京盘建立科学考察点(站)。

(7) 条件成熟的可建设以火山地热水为依托的休闲度假、娱乐、健身、康体为一体的休闲园。

深信，一个具有影响力的世界地质公园，一个具有广阔客源市场的旅游区，一个能起到保护、教育、旅游并带动地方经济发展的公园，在未来几年内将在海口茁壮成长。

统筹保护与利用　谋求可持续发展

——海口石山火山群地质遗迹成为世界知名品牌后的两大热点问题探解

杨冠雄[①]

中国雷琼世界地质公园海口园区专家委员会，海南海口，570203

摘要：本文内容，一是通过运用6大火山地质遗迹主体景观特征加上2大叠加生态景观特征的内涵阐释揭示方法，解读海口石山火山群地质遗迹能够成为世界知名品牌的内在原因、特殊重要性及其得天独厚的旅游开发利用价值，以期能够进一步引起社会各界，特别是当地政府领导对做好保护建设工作的重视，采取有力措施解决当前亟须解决的问题；二是在总结10多年来实践经验的基础上，遵照科学发展观、构建和谐社会和可持续发展的要求，为实现保护地质遗迹与发展特色旅游的"双赢"发展战略，提出现阶段做好海口园区保护与建设的思路，即"严格保护、统一管理、适度开发、社区参与"。其具体办法，可表述为"政府主导＋政策支持＋特定企业经营＋社区参与＋专家指导"的模式。

关键词：中国雷琼世界地质公园；海口园区；火山地质；遗迹保护；适度火山旅游开发

1　引言

海口石山火山群国家地质公园前不久已同湛江湖光岩国家地质公园一道成功申报成为中国雷琼世界地质公园，从此其知名度又得到了进一步的提升——从一个国家公园跃升到了世界公园的层面上！

在这种情况下，怎样才能做好这一世界级地质遗迹珍品的保护建设工作，这个问题现在就格外引人关注了。

鉴于直到目前为止，尚有人还没有对海口石山火山群地质遗迹及与其共生的火山生态和火山文化的特殊重要性建立起应有的认识，屡有使其受到不同程度损害或者破坏的事情发生；加之在世界地质公园正式开园前，按照联合国教科文组织提出的要求，也有一系列准备工作亟待推动，笔者感到很有必要从以下两个层面分析有关问题，希望能够引起各有关方面的高度重视。

2　究竟怎样解读海口石山火山群地质遗迹的特殊重要性？

据国土资源部南京地质矿产研究所陶奎元教授等人所做的研究，中国雷琼世界地质公园内火山类型之众多、熔岩构造之丰富、熔岩隧道之巨大且它们基本上又都保存完整，这在我国第四纪火山带当中雄踞首位，在世界上也堪称为一种罕见的地质景观。因此，人们都把它视作一处极其难得的第四纪玄武岩火山天然博物馆。

根据对有关资料所作的分析，海口石山火山群地质遗迹的特殊重要性主要有以下6个方

---

① 杨冠雄，中国科学院地理研究所研究员，曾任海南省国土资源厅副厅长。

面:① 它是我国著名的琼北火山岩分布区的精华所在,而该火山分布区面积广达 4 150 km^2,在全国第四纪火山岩分布区中遥居榜首;② 它拥有由 40 座火山组成的火山群——大约是每 2 km^2 有 1 座火山,而在其区域背景上同时又簇拥有 61 座火山,这在我国新生代火山分布区当中实属首屈一指;③ 它发育有多条巨型的熔岩隧道,这些隧道不只数量众多——计有 5 群 30 多条,而且长度也相当长——最长的有 1 200 m 以上,在国内外均属罕见;④ 由于曾经经历过多期次的和断续的火山爆发(整个琼北地区大约历经距今 300 多万年的中新统至 8 000年前的全新世火山爆发期),在它这里也就拥有比较完整的火山家族,例如闻名遐迩的马鞍岭火山,在大约 2 km^2 的范围内就有主火山、副火山和寄生火山等多个不同类型的火山,火山景观的多样性十分突出;⑤ 这里由火山喷发、熔岩溢流等形成的火山岩浆溅落物和结壳熔岩等十分丰富,极具科学研究和观赏价值;⑥ 这里由复杂多变的构造力形成的各种熔岩构造景观千奇百怪,有人认为完全可以与世界著名的玄武岩火山区的熔岩景观相媲美。

以上只是从地质学的角度来审视海口石山群地质遗迹的特殊重要性,现在还可以从叠加在海口石山火山群地质遗迹上的其他景观特征进一步分析其特殊重要性和生态—人文旅游价值。

(1) 以特殊类型的热带森林为主体景观的热带火山生态系统

海口石山火山群地质遗迹地处热带海洋性季风气候区,这里一年之中有 9 个月均属夏季,其余 3 个月则为春秋季。由于没有真正意义的冬季,这里既不下雪也不结霜,这就为动植物的生长繁衍提供了优越的条件。

这里生长的植物多为乔、灌木一类,其中尤以荔枝等果类树木特别繁盛,从而构成了一幅独树一帜的热带火山森林景观图景。这样的一种森林景观,不用说在我国的其他地方找不到,就是在海南岛的非火山岩分布区同样也找不到。

十分有意思的是,尽管具备着热带季雨林的气候条件,但由于受到台地、低丘等低海拔地形地貌和火山岩风化物及由其发育的土壤以及地表水源和土壤水分分布等条件的制约,同时又加上人类活动的影响,这里发育的森林植被与海南岛其他地区的热带季雨林有着明显的不同,无论是在森林的结构上还是在林相景观的组成上均是如此。对这样一种在琼北火山岩分布区所独有的森林植被类型,我们权且称之为热带火山森林植被。

石山地区民间有一种说法,这里出产的"瓮羊"所以能够成为一种远近闻名的美食,就与这里的黑山羊吃的主要是火山森林中灌木类叶子有关。这也就凸显出海口石山火山群地质遗迹分布区特有森林生态的神奇性了。

(2) 依存于热带火山生态系统中的人文社会及其火山文化景观

千百年来,由于人类深入石山火山分布区居住和生活,人们的衣食住行样样都与火山紧密相关,从而构成了一种十分独特的热带火山人类生态系统。

值得注意的是,由于覆盖地表的火山岩大多年代晚近,来不及风化分解形成深厚的土壤层。因此,这里的土地基本上都是石头遍布(当地人都称之为石地),其水分涵养程度很低,能用作农耕者十分有限,故其开发程度一直都很低弱,不足以(或者是来不及)对原有火山自然环境和原生生态造成明显的破坏。这就是大部分火山地质遗迹能够较完整地保存至今的原因。

在这里,人与自然环境的关系主要表现为依赖和利用,而不是其他地方人们津津乐道的那种征服和改造,因此也就形成了人类历代的生存都融入于自然环境的这样一种火山文化景观图景。

还需要特别指出的是,以石山、永兴和遵谭等三个圩镇为中心的石山—羊山地区,在海南岛北部是属于居民点分布最稀的地区。长期以来,其他地区的土地开发大多都在一波一波地不断向前推进着,而这里却几乎是早已凝固了似的。除了几处圩镇外,方圆百里范围内仿佛全都与世相隔绝，其所发生的一切，包括盛衰演变在内，很少能够引起外界的关注。因此，对这里现在所见到的森林生态景观和人文生态景观何以会与海南其他地方明显不相同，至今都还有许多谜团，没有人能够解开。这无疑也反证出这里包括自然和人文在内的生态景观特征具有极耐人寻味的神奇性。

应当说，海口石山火山群地质遗迹正是因为叠加有这种具有历史价值的，特别是在人类亲近大自然上又具有典型象征意义的火山文化（若用当地的说法，这就是石山文化），其特殊重要性又得到了进一步的提升。

可以认为，海口石山火山群地质遗迹能够先后被接纳为国家地质公园和世界地质公园，也是因为人们十分赞赏这里人与自然之间的关系在历史的长河中曾经是那么和谐的缘故吧！

如果要对以上的特殊重要性作一个概括，这样的一句话相信大家都会乐于接受：海口石山火山地质遗迹是大自然特意留给海口市和海南省人民的一份饱含神奇魅力的大礼，我们一定要倍加珍惜才是！

3 应当如何推进海口园区的保护与建设

在海口石山火山群地质遗迹已成为雷琼世界地质公园的一个主要组成部分的现阶段，人们也进一步注意到这是一个很值得加以开发利用的世界级知名品牌，因为这对海口市乃至海南省发展火山特色旅游都具有特别重要的意义。

笔者认为，在严格做好保护的前提下，对火山群地质遗迹景观以及附生于其中的火山生态、火山文化景观资源进行适度的开发利用应当是没有疑义的，这不仅不会使火山地质遗迹受到损害，而且实际上还会起到一种积极意义的保护作用。关键是如何处理好保护与开发利用两者的关系。

这里，笔者愿针对当前需要解决的问题提出十六个字的思路与大家讨论。这十六个字即：严格保护，统一管理，适度开发，社区参与。

（1）“严格保护”是指要把对海口石山火山群地质遗迹及与其共生的火山生态环境和具有历史价值的火山文化遗迹的保护作为中心任务，其管理机构的设置、管理制度的建立、保护规划的编制等都要满足世界地质公园高规格保护的要求。

在园区的三级功能分区中，一、二级区分别属于核心的保护区域和缓冲性质的保护区域，它们都须继续保持自然原生状态；三级区是可以适当进行实验性开发利用的一般性保护区域，但这种试验性的开发利用仅限于科学研究、科普教育以及与火山地质地貌、火山生态、火山文化主题有关的特种观光和休闲等层面，而且其开发利用的强度必须受到限制，必须服从于可持续发展的需要。

园区内除了已长期与其形成共生融合关系的农村和小城镇及为其服务的各项生产活动和建设外，原则上不宜允许建设其他无关的各种项目，特别是那些不利于火山地质遗迹和火山生态、火山文化保护的开发项目。对于已造成明显不协调的开发建设，应当有计划地进行整改。当然，园区内既有农村和小城镇的发展问题也不应当被忽略，可以通过全园区统筹规划所作的安排来加以解决，以便使其发展能够与园区的整体保护较好地协调起来。

（2）“统一管理”是指由政府设立园区管理委员会并按有关规定授权其对园区进行管理。

管委会的职责，一是负责管理园区内的自然资源及与其共生的生态环境，组织编制园区的保护建设规划，审核园区内的开发建设项目并依有关程序上报审批；二是负责园区内的社会事务管理，维护园区的社会安宁和工作秩序，同时也组织实施社区的基础和公共建设，推进园区的社会、经济有序健康发展并使社区与园区的关系更加协调。

应当指出,建立园区管委会是当前最亟须解决的一个紧迫问题,因为园区当下要开展的一系列工作都必须由这样的一个机构来领导并提供各种必要的支持和帮助。

例如,由海口市政府和海南省国土环境资源厅共同任命组建的海口园区专家委员会在举行园区授牌仪式时已正式成立,并且也举行了第一次会议,这对在联合国教科文组织规定的期限内按世界地质公园的要求做好园区的保护建设是一个十分重要的举措——据说在我国已获准设立的世界地质公园中这是一个创举!但该专委会仅仅是一种专家咨询和参谋性的工作机构,没有园区管委会的支持并创造基本条件,它将很难具体运作起来,更不用说要发挥实际作用。

又如,当务之急是要组织开展对原海口石山火山群国家地质公园总体规划进行修编,以便能够按照世界地质公园的标准做好园区的保护建设工作。而这样的一项重要工作也须由园区管委会来主持和组织才有可能推展开来。但考虑到时间已相当紧迫,不能再等了,眼下可由政府指定地质公园主管部门牵头先把此事张罗起来。

至于目前需要解决的其他一系列现实问题,诸如园区内社区规划、经济发展、产业结构及其空间布局等等,如何根据世界地质公园的总体要求进行调整,无一例外地都有待园区管委会来统筹安排和推动。做好这些工作,同样是做好园区保护建设工作的重要组成部分。

(3)"适度开发"指的是为配合开展火山科普教育以及发展以火山地质遗迹景观、热带火山生态景观和火山文化景观为主题的旅游而在三级功能区内进行的适度开发。

由于过去工作上的关系,笔者对石山火山群地质遗迹分布区在短短的十几年间,从原先默默无闻的一群山野到建立起石山火山口风景区,以及其后更是接连跨上省级地质公园、国家级地质公园和世界级地质公园的发展台阶的整个过程,一直都是相当关注的。可以认为,适度开发不仅成功地启动了石山火山地质遗迹的保护建设进程,而且对其后各阶段的发展也都起了十分重要的推动作用。笔者注意到,这种适度开发之所以能够取得成功,主要是因为在实践中逐渐形成了3个"一定要"的成功做法的缘故。

这3个"一定要",即:① 一定要在政府的主导和支持下——从原琼山市政府到海口市政府先后都发挥了这方面的作用,从省国土环境资源厅到国土资源部也给予了多方面的支持和帮助;② 一定要选好真正热心于火山地质遗迹保护的企业——原琼山市政府根据当地的实际情况一开始就委托海南椰湾集团作为经营主体来进行适度开发,而当琼山并入海口后,海口市政府也同样明确该集团是适度开发的经营主体;③ 一定要有一批高水平的地学科学家的支持、指导并给予具体帮助。海口园区从默默无闻的一个石山火山口公园晋升为省级地质公园、国家级地质公园,再跃升到世界级地质公园,并且能够较好地处理保护地质遗迹与适度旅游开发的关系,这与省内外许多资深专家长期来给予大量的具体指导、支持和帮助密不可分。海南椰湾集团的老总对此更有非常深刻的体会。

笔者认为,在现阶段,从有利于动员各有关方面参加园区的保护建设工作考虑,在上述3个"一定要"的基础上,还有必要再加上2个新的"一定要"。这就是:④ 一定要有社区的参与;⑤ 一定要相应出台鼓励各方积极参与园区保护建设的政策措施。

(4)"社区参与"指的是社区参与园区的保护建设并从中获得发展机会。

园区内的社区是火山文化的主要组成部分,它们在历史的长河中是自然形成并发展演变的,与火山地质遗迹环境和火山生态基本上都处于一种依存式的融合过程。这是其火山文化之所以独具迷人特色和魅力的主要原因。

但随着人口的不断增长、经济的加快发展和居民点规模的膨胀,社区对环境造成的污染和生态破坏已越来越凸显了出来,社区与火山地质遗迹和火山生态保护之间的不协调,甚至是矛盾和冲突也越来越多了起来。如果现在不下决心妥善地进行疏导、调整和处理,势必要对这一世界级地质遗迹的保护造成极为不利的被动局面,今后将无法向海口市乃至全省和全国人民做出交代！

为了能够较好地化解这些矛盾并为社区能够较为顺当地纳入园区的保护和发展中，有必要在统筹规划和制定相应政策的基础上，采取企业与村民合作的方式，让社区直接参与到园区的和保护园区的适度旅游开发中，并从园区的发展中得到实惠。这样一来，社区与园区的协调发展就更加有保障了，而园区内的社会和谐建设也将会做得更有成效。

若是把上述5个"一定要"整合在一起，则海口园区的保护与建设可以用以下的公式来表达：

海口园区保护与建设＝政府主导＋政策支持＋特定企业经营＋社区参与＋专家指导

在结束本文写作时，笔者想提出一个建议，即请有关方面牵头申请政府拨款支持组织开展热带火山生态及火山文化科学考察，为园区填补这两方面科学调查成果的空白，使其所蕴含的热带火山生态和火山文化的丰富内涵也能够十分清晰地向世人展示出来，以进一步增强海口市乃至海南省火山特色旅游的吸引力。但愿这个建议能够被有关方面采纳！

雷琼海口火山群世界地质公园发展旅游大有可为

杨冠雄

中国雷琼世界地质公园海口园区专家委员会，海南海口，570203

1 引言

在海口火山群地质遗迹成功申报成为世界地质公园后，笔者曾就如何做好该园区的保护与建设作过探讨，写成《统筹保护与利用　谋求可持续发展——海口石山火山群地质遗迹成为世界知名品牌后的两大热点问题探解》一文。该文尽管也涉及如何利用地质公园的景观资源来发展旅游的问题，但由于主题侧重于讨论怎样处理好地质遗迹的保护与利用的关系，不可能对发展旅游问题作专门的探讨，作为一个旅游地理学者，对此自然也感到留下了一些不足。现在由于参加雷琼海口火山群世界地质公园工作会议（原定是专家座谈会，后因情况紧急临会前改为现议题），笔者可以有机会了却这份心愿了。

2 雷琼海口火山群世界地质公园旅游资源基本评价

雷琼海口火山群世界地质公园拥有的火山群遗迹，至少具有两个方面的重要意义：第一，它是大自然特意赠与海南人民的一份极其珍贵的自然奇观文化遗存，联合国教科文组织地质公园局也已经确认这是具有全球意义的一处典型地质遗迹；第二，它所拥有的众多类型的火山与熔岩结构等地质景观充分展现了大自然的神奇魅力，无论是从研究火山科学、普及火山科学知识来看，还是借助其来发展火山特色旅游，都为我们提供了十分有价值的丰富内涵。

按照旅游地理学的分析方法，雷琼海口火山群世界地质公园主要是以其独有的景观存在构成为一种特殊类型的旅游资源，具体可称之为海口火山群地质遗迹及其热带生态和人文景观。实际上，这也是一种典型的火山复式景观存在形式，因为其中主要包含有三个大类的奇观：一是火山群地质奇观；二是热带火山生态奇观；三是火山人文奇观。

在雷琼海口火山群世界地质公园的这种特有的复式景观结构中，以火山群地质景观构成为核心组成部分——它是由一系列火山喷发与熔岩溢流而形成，具有最鲜明的原始性特点，为雷琼海口火山群世界地质公园的景观主体所在，可称为原生型景观；而热带火山生态景观则是以与火山地质遗迹环境相适应的森林植被为主的生物界附生于火山群地质遗迹之上，构成为一种叠加的和扩展型的自然景观，并使火山地质遗迹环境展现出顽强的生命力，可称为叠加型景观；至于火山人文景观，它是千百年来人类以逐渐植入的方式生息繁衍于热带火山生态环境之中而形成，从而创造出了一种紧密依托于热带生态环境的十分独特的火山文化，权且可以称之为植入型景观。

雷琼海口火山群世界地质公园的旅游资源主要就是由以上三大景观共同组成的。其中作为主体的火山群地质遗迹景观，其十分丰富的内涵在世界上众多的火山地质遗迹中也堪称是典型的一个。它包括一系列的火山口景观，例如主火山、副火山、寄生火山、玛珥火山等等；也包括千奇百怪的熔岩流及其结构景观，例如各种产状形态的熔岩流、各种不同结构形式的结壳岩以及规模大小不等的各种熔岩隧道等等。所有这些无疑都会引起国际火山地学界的浓厚兴趣。这表明海口火山群地质遗迹具备着成为世界火山地学考察基地的有利条件。

人们置身于海口火山群地质遗迹当中，面对着由火山喷发和熔岩涌流等所形成的各种带有神奇色彩和美学韵味的自然现象，往往很容易引发出种种奇妙的幻想来，也很容易激发起探求火山地学奥秘的兴趣。不难想象，这对海内外地学科普界以及广大的青少年将会产生怎样强烈的吸引力！在这里建设全国乃至世界的一处火山地学科普基地也是完全有可能的。

至于这里在火山群地质遗迹基础上形成的热带火山生态景观并由此而衍生出来的火山人文景观，它们不只都充分展现出各自独有的特色，而且经过千百年的融合也展现出了一派和谐共生的迷人景象，这同样可以说是世界上所少有的一种奇特景观。这种奇观一旦受到海内外的高度关注，那就不只是火山地学界、科普学界和青少年范围的人们了，其他更加广泛的各种人群，特别是喜欢生态旅游、乡村休闲度假旅游、风情文化旅游、火山探奇旅游、特种观光旅游、特种餐饮品尝旅游以及其他特色旅游的旅游者也都会被吸引过来。因此，海口火山群地质遗迹不仅可以申报成为世界地质公园，而且整个世界地质公园经过精心的旅游策划建设和周密的市场推展，也是完全有可能成为我国乃至世界品牌的一处旅游胜地。

3 雷琼海口火山群世界地质公园发展旅游总体策划

第一，明确主角与配角的关系，充分发挥雷琼海口火山群世界地质公园三大景观资源在发展旅游上的不同作用。

雷琼海口火山群世界地质公园的三大景观是完全可以用来为发展旅游服务的，只是在具体发挥作用上它们各有所长而已。

如果这里借用一台戏来进行比喻，那就是火山群地质遗迹景观应当担当起主角的角色，而热带生态景观资源和火山人文景观资源则分别担当起不同配角的角色。这就是说，雷琼海口火山群世界地质公园在利用本身所拥有的三大景观来发展旅游上，应当着力于充分发挥主角的作用，并在这个基础上让两个配角围绕主角尽力发挥各自的作用。此乃是演好雷琼海口火山群世界地质公园发展旅游这场戏的要诀。

要不是这样，不根据主题的要求突出主角的地位并充分发挥其作用，也不要求配角围绕主题发挥好自己的配合作用，而是任由其取代主角，或者是任其背离主题的要求只顾演自己的戏，甚至是还让与主题毫不搭界的戏外“名角”来进行所谓的“友情客串”，那么这台戏不止是演不好的问题，肯定是要给演砸的。君不见前些年中，我们海南新建的一些旅游景区便是由于主观片面、急功近利、浅尝辄止的商业追求而把握不住建设方向，结果都相告落败，或者是使其特色大受损害，风光不再。这种情况实在是太令人感到可惜了，我们应引以为戒！

第二，在以宽阔视野精心创意策划的基础上高水平地也独树一帜地做好雷琼海口火山群世界地质公园的旅游建设。

要让雷琼海口火山群世界地质公园的旅游发展起来，肯定少不了要进行必要的旅游建设。笔者认为，雷琼海口火山群世界地质公园旅游建设的定位不妨把目光放到更高的层位和更宽阔的视野上，例如建设全国一流的火山科学博物馆、全国性的火山科普教育基地、集纳世界火山奇观及其风情文化的艺术馆、世界性的火山科学文化论坛以及富有火山文化魅力的演艺中心和其他各类辅助设施等。同时还要精心挑选、设计火山科学考察路线、火山科普教育路线、火山历险旅游路线、热带火山生态旅游路线、热带火山森林旅游路线以及火山乡村风情休闲旅游和火山特色餐饮旅游等专线，并做好相应的辅助性设施建设，其中包括建立各种必要的游览便道、栏杆、解说牌、告示牌以及其他标志等。从做好旅游接待考虑，还可建设热带火山生态度假旅游、火山森林休闲健身旅游、火山温泉康体旅游、火山乡村风情休闲旅游、火山果蔬观光与尝鲜旅游、火山乡村名吃旅游等服务接待设施。

不过,所有这些都必须要求在科学发展观的指导下做好规划安排才行,切不可随任何人的旨意去进行各种建设。一定要注意不能让雷琼海口火山群世界地质公园内一、二级功能区景观的主体性遭到损害,三级功能区应要求对与其功能相适应的建设控制好建设规模、强度以及整体的外观和色调等。要特别注意严格筛选入园项目,以防止造成喧宾夺主的被动局面。

在这方面,九寨沟、武夷山等世界遗产以往都曾发生过环境遭受建设性严重破坏的深刻教训,后来不得不痛下决心进行整改。这很值得我们引为借鉴。

第三,通过统筹规划让雷琼海口火山群世界地质公园内社区的经济发展逐渐转型到服务于发展火山文化旅游和热带火山生态旅游的需要,促成园区与社区的共赢发展。

雷琼海口火山群世界地质公园范围内的社区是千百年来逐渐形成和发展起来的,已经成为火山文化的主要组成部分,即所谓的石山文化。其中除了石山镇区等一些较大型的居民点由于发展上缺乏控制而显得有些不大协调外,其他许多农村居民点与火山地质遗迹景观和热带火山生态景观基本上仍然处于一种依存式的融合当中。这是雷琼海口火山群世界地质公园之所以特别独具迷人特色和魅力的一个重要原因,也是可以用来发展火山特色旅游的重要的人文环境基础。

但随着人口的不断增长、经济的加快发展和居民点规模的膨胀,社区对环境造成的污染和生态破坏(其中包括过度开垦、开山采石和砍伐树木等)已越来越凸显了起来,社区与火山地质遗迹和火山生态保护之间的不协调,甚至是矛盾和冲突也越来越多了起来。

如果现在不下决心妥善地进行疏导、调整和处理,势必要对这一世界级地质遗迹的保护造成极为不利的被动局面,不仅今后将无法向海口市乃至全省和全国人民做出交代,而且对发展火山特色旅游同样也将非常不利!

为了能够较好地化解这些矛盾并为社区能够较为顺当地纳入园区的保护和发展中,有必要在统筹规划和制定相应政策的基础上,采取企业与社区合作的方式,让社区直接参与到园区的旅游发展中(其中主要是火山文化旅游和热带火山生态旅游),并从中分享到发展的成果。这样一来,社区与园区的协调发展就更加有保障了,而园区内的社会和谐建设也将会做得更有成效。

4 雷琼海口火山群世界地质公园当前需要解决的问题

(1) 当前必须抓紧解决的问题:设立雷琼海口火山群世界地质公园管理机构。

由于雷琼海口火山群世界地质公园的管理机构直到现在都没有建立,园区的各项工作至今都很难全面开展起来。例如,揭碑开园前的准备工作本应由管理层面上进行统一布置、具体支持、检查督促才行,可是在已经过去的一年多时间里,实际上只有专家委员会在运作。尽管专委会已十分主动地承担起好多工作,也提出了许多推动工作的建议,但由于它不过是参谋辅助机构,毕竟不可能替代管理机构发挥作用,因此,对揭碑开园前必须完成的几项工作,例如总规修编等,它就只能隔靴抓痒而无法推动,结果耽误了好多宝贵的时间。

考虑到目前要建立管理机构确实有一定的难度,为了不致影响到揭碑开园这个大局,同时也为了便于做好园区的全面工作并着手推进园区和社区的共同发展,笔者建议目前可采取过渡办法来解决这个问题,即:设立市一级的雷琼海口火山群世界地质公园管理委员会,由市主要领导兼任主任,其他有关部门及椰湾集团领导为成员;管委会下设办公室,可暂时挂靠在国土资源主管部门内,由其主要领导兼任办公室主任。

(2) 应当尽快解决的问题:组织开展雷琼海口火山群世界地质公园热带火山生态调查和火山文化调查。

开展这两项调查旨在全面掌握园区热带火山生态和火山文化的基本情况。其中主要包括:植物、动物的种类和结构及生态特征和评价等,并提出热带生态旅游策划建议;人文历史、土地开发、种植、养殖、土特产、工艺、风俗民情、服饰、餐饮、居住、文化特征及其演变等,并提出火山文化旅游策划建议。

(3) 需要及早解决的问题:组织编制雷琼海口火山群世界地质公园社区生态文明村(社会主义新农村)建设规划。

编制此项规划的着眼点主要是通过文明生态村(社会主义新农村)建设,使社区的农村经济通过转型升级而得到进一步的发展。这种转型升级的主要着力点是使社区的农村经济与园区的旅游发展形成紧密的连接与配合,从而使社区能够分享到园区旅游发展带来的实惠,同时也更主动地参与对园区三大景观的保护。

5 结语

最后,笔者觉得有必要指出:海口火山群地质遗迹既然能够从原先荒僻的山野历经省级、国家级的建设后而成为世界品牌的地质公园(笔者很荣幸能够见证到这种阶梯式发展的全过程),那么在雷琼海口火山群世界地质公园的基础上也更应当有理由把它建设成为世界品牌的火山旅游胜地。

应当看到,借助雷琼海口火山群世界地质公园这个品牌,海口市是完全有可能把旅游业的发展做大起来并因此而成为一个重要旅游目的地。当前正面临着这样一种大好的机遇!相信一旦看到了这个前景,海口市方面肯定是会下定决心解决有关问题并采取措施大力推进的。但愿我们大家都能共同为此而做出努力,让海口火山群地质遗迹这份大自然馈赠海南人民的厚礼大放异彩!

香港生态旅客对海口石山火山群国家地质公园的观感与评价

张定安　吴振扬[①]　张　奎[②]

香港生态旅游专业培训中心

1　引言

生态旅游为近来兴起的旅游活动，无论发达国家或发展中国家都积极地利用自己国内的天然资源去发展生态旅游。生态旅游这个范畴在旅游业中实在是举足轻重，亦被视为增长最快的一部分(Buckley，2004；Hawkins，2004；Dowling and Fennell，2003)。世界旅游组织(World Tourism Organization)于1997年的生态旅游研讨会中指出生态旅游的价值为200亿美元一年。虽然这个数字比较整个旅游业约2.4万亿的贡献实在只是小数目，但是其年增长速度实在是远高于一般旅游活动。生态旅游以每年20%的速度增长，这大约是旅游业平均年增长率的6倍(WTO，1998)。

生态旅游被誉为一种可持续发展的旅游项目，旨在利用大自然作为旅游活动的主题。国际上生态旅游的定义各有不同，Fennell于1999年所发表的定义是参考十多个不同国家及机构的生态旅游定义而成，Fennell(1999)将生态旅游定义为：

"生态旅游以保护大自然资源为目的，是一种有利环境持续发展的旅游方式，主要着重体验和认识大自然；同时，以符合公德的方式举办，设法减少影响以及消耗资源，并以认识旅游地点的风土文化为主。生态旅游活动通常在大自然环境进行，并应有助于护理或保育旅游地点的环境。"

香港生态旅游专业培训中心导师张定安对国际上不同的定义作了深入的研究，并指出各生态旅游的定义都离不开以下四个原则：

(1) 低影响的自然旅游；

(2) 经济上资助自然保育及增加当地居民经济收益；

(3) 可持续生态旅游地点管理；

(4) 有教育元素的旅游活动。

根据以上这四个原则，生态旅游定义可以定为：

"生态旅游是一种对大自然低影响而又负责任的旅游模式，借着生态旅游，可教育参加者的环境保育的重要性及能够提供资助以作环境保育及生态旅游地之可持续管理，亦可为当地居民带来收入来源。"

事实上，香港并没有太多的旅游机构所举办的旅游活动是完全符合以上生态旅游的原则(图1)。本文欲探讨：

(1) 香港生态旅游专业培训中心所举办的海口石山火山群国家地质公园之旅能否符合生态旅游的理念。

(2) 了解参加活动人士的特征。

---

① 吴振扬，香港岩石地貌协会主席，澳大利亚悉尼大学博士。

② 张奎，香港生态旅游专业培训中心总裁。

(3) 参加者参与活动的感受及对地质公园的意见。

(4) 活动是否能够启发公园于生态旅游开发上带来正面的影响。

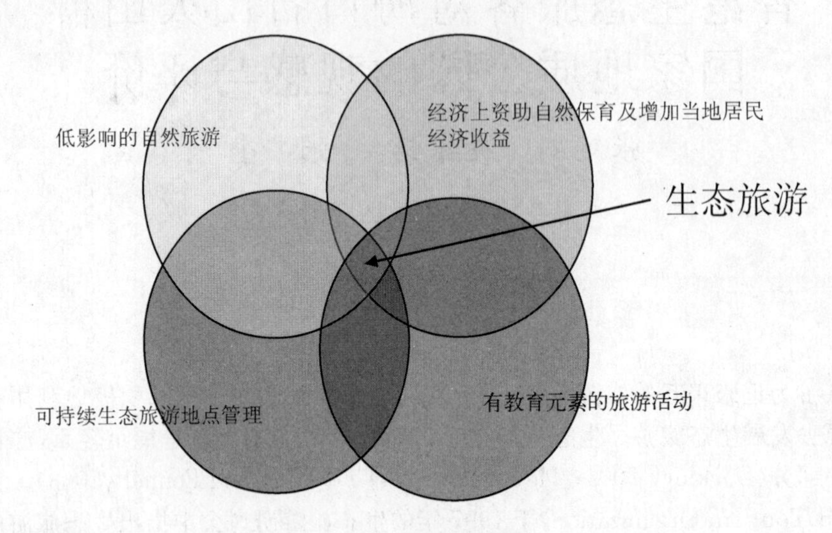

图1　生态旅游的原则

2　活动背景

香港生态旅游专业培训中心一向着重在推展生态旅游的过程中,参与者能与目的地有互动的元素。强调在行程中,让参加者透过为社区服务、农村生活体验,如农耕、制作传统小吃、与村童游戏,并教授简单技能及联谊活动等不同形式的互动体验式活动,从而认识当地的生活文化、习俗、信仰、传统礼仪等。此举不但能令参与者有一种返璞归真的感觉,暂时放下城市的急促节奏,全情投入当地生活;同时,当地的社区亦因为旅游活动带动当地的经济发展,改善居住环境,提升生活素质。更重要的一点,透过推展生态旅游,亦令居民明白保护自然环境、本土文化的重要性及改变其对生态旅游资源的价值观。自2004年成立以来,在香港地区筹办不同种类的生态旅游相关活动及培训课程,旨在提高市民对生态旅游的认识及加强市民环境保护的意识。

自2006年以来,香港生态旅游专业培训中心每年均筹办火山生态文化考察活动,至今已成功举办了3次,共131位参加者参与活动。

表1　参加者背景特征

第一批次(2006年5月)	第二批次(2007年4月)	第三批次(2008年3月)
合共50人(有博士研究生2名、7名硕士毕业生,参加者有教师、特区政府公务员、律师、会计师、社会服务员及心理辅导员等专业人士),其中39人曾接受专业生态旅游课程培训,热爱大自然,自然生态摄影爱好者	合共46人(有博士研究生1名、7名硕士毕业生,参加者有教师、特区政府公务员6名、律师1名等专业人士),其中30人曾接受专业生态旅游课程培训,热爱大自然,自然生态摄影爱好者	合共35人(有博士研究生2名、5名硕士毕业生,参加者有教师、特区政府公务员、会计师、社会服务员及心理辅导员等专业人士),其中7人曾接受专业生态旅游课程培训,热爱大自然,自然生态摄影爱好者

参加者当中,大部分都曾接受大专教育,超过一半的参加者具大学或以上学历,当中亦不乏硕士毕业生及博士研究生。大部分参加者都为专业人士,如律师、教师、会计师等,主要为香港中产人士。超过58%的参加者曾参加过相关生态旅游的培训课程,故他们一般对生态旅游已有相当程度的认识。我们相信这群参加者是追求高素质的生态旅游活动的一族,他们愿意付出更多的金钱以满足他们的求知欲。这次考察活动的费用每位参加者约3 000

元港币，远比一般去海南岛的旅行团所收的团费高出 3 至 4 倍，由此可见他们是高消费一族。

总括而言，参加者的特征正与外国所作的研究极为吻合。过去一些国外生态旅客的研究指出，生态旅客有以下的特征(TIES，2000；Wunder，2000)：

(1) 年龄介乎 35 岁至 55 岁之间；

(2) 学历水平一般比较高；

(3) 收入一般比较高；

(4) 有较高的环境保育意识；

(5) 愿意付出更高的金钱以参加生态旅游活动；

(6) 对知识及导赏的要求高。

3 参加者对本次生态之旅的意见及评价

这次 5 日 4 夜的考察活动，我们主要参观了两个生态旅游活动地点：(1) 海口市石山火山群国家地质公园；(2) 东寨港自然保护区。

通过这次 5 日 4 夜的考察活动，我们欲对海口市一带的生态旅游资源及一切的配套设施作一次全面的评估。通过问卷调查，向所有参加这次考察活动的参加者收集对于以下方面的意见：

(1) 自然景观的吸引力(Natural Attraction)——包括地质地貌多样性、动植物品种的多样性及其他有关景观。

(2) 文化历史的吸引力(Cultural Attraction)——火山文化、古村落、海南岛少数民族风俗传统，包括建筑、音乐、手工艺、饮食等。

(3) 通达度(Accessibility)——包括道路基建、道路、景点导赏道的质素等。

(4) 基建配套(Supporting Infrastructure)——设施及整体配套，包括展览馆、岩石廊、展品、会议厅的质素，休息台椅、洗手间及伤残人士使用设备等。

(5) 软件配套(Supporting Software)——整体管理、导赏解说、数据小册。

(6) 对环境的破坏(Level of Environmental Degradation)——地貌侵蚀、植被的践踏、野草、垃圾问题及景观自然度。

3.1 自然景观的吸引力(Natural Attraction)

大部分参加者认为火山地质及地貌具一定的吸引力，不但能吸引生态旅客，对学生及科研人员来说，这也是一个户外学习及研究的地点。除火山地质及地貌外，周边的生物多样性亦十分丰富，包括多种蝴蝶及野鸟。90%以上的参加者对自然景观吸引力的评价甚高。

3.2 通达度(Accessibility)

大部分参加者认为所参观的景点的通达度高，景点之间的距离不远，不用花太多时间于交通上。有部分参加者认为道路质素可以改善，但不应大规模兴建道路而造成环境破坏。

3.3 基建配套(Supporting Infrastructure)

参加者一般认为地质公园的基建配套十分完善，可惜缺乏伤残人士所用的配套设施。有些参加者甚至认为基建配套过分完善，令自然度或自然景观被破坏。他们认为基建设施的设计应和大自然相配合，如利用火山岩做建筑材料。有关景点导赏道，一般都认为安全及良好，但大部分参加者认为应该利用火山物料来兴建景点导赏道，而物料需与大自然环境配合。

3.4 对环境的破坏(Level of Environmental Degradation)

参加者一般认为旅游景点的开发对大自然有一定的影响及破坏，一些地点应禁止游客进入，例如熔岩流，以免造成破坏。此外，杨花岭的凝灰岩地质景观应加以保护。旅客对岩石的接触，加剧了风化及侵蚀作用，导致景观受一定程度的破坏。

4. 参加者对公园设施及景观的评价

图2 崎岖不平的岩石路

图3 利用火把照明，为旅客带来新鲜感

4.1 配套设施

地质公园的配套设施十分充足，基本建设良好，如展览馆及一切陈设。但是景观自然度不够，如继续以现在的方式去开发地质公园其他地方，相信只能吸引一般的旅游游客。高质素的生态旅游旅客对这些人工化的景观不太感兴趣。生态旅游旅客对景观的自然度要求特别高，他们不但喜爱大自然，亦刻意追求一些冒险活动或经历。大部分参加者对七十二洞的观感比仙人洞好，因为在七十二洞，参加者需在崎岖不平的岩石路上走(图2)，为参加者带来冒险的经历。此外利用火把作照明工具(图3)，能提高参加者冒险或探险的兴趣。因大部分发达国家的旅客，完全没有利用火把照明的经验，这感觉比用电筒照明更新鲜，但是要注意火把的重量及安全。

公园内的数据板介绍十分详尽，若希望拓展海外市场，数据板内容可加入其他语言以方便不同国家的游客(图4)。亦有参加者建议利用热气球来观赏火山口，因为从高点观赏火山口使参加者能够观赏火山口的全貌。

图4 没有其他语言作介绍及提示

4.2 解说服务及环境教育

解说是一种能够激励游客学习更多、收获更多的信息提供方式。因此，解说不但是信息与事实的展示与提供，它还包括将游客组织起来，使他们理解、欣赏建立保护区的价值(图 5)。例如：(1) 自然小道和小道的标志；(2) 野外导游，小道介绍活页、地图；(3) 导游向导的游览或导赏；(4) 交互式的展示及游客中心。

图 5　图解与实地照片相结合的户外解说牌

在较富裕的国家，很多保护区都提供某些类型的解说数据；在发展中国家，除基本的解说数据外，几乎没有其他信息服务。在很多地方，私营旅游企业通过一些特殊项目提供一些解说。

有效的解说项目最基本的收益就是一定数量游客获得对保护区的理解，而有助于减少游客对保护区的影响并获得更广泛的公众支持。此外，解说服务亦可增加保护区的收入，导赏服务亦是很多保护区一个主要就业及收入来源。

其次，主要的导赏服务由陶奎元教授、胡主任及李主任提供。导赏素质当然具专业水平，亦能满足大部分参加者的需要。建议可为一般参加公园的旅游提供定时的公园导赏活动，例如每 2 小时一次，这样可提高参加者对地质公园及地质保育的认识。导赏员不单只为旅客提供火山地质及地貌的知识，亦借此提高参加者对自然保育及地质保育的意识。外语的导赏活动亦建议提供。地质公园应投放资源作导赏员培训，导赏员的培训可根据不同旅客的需求而分成不同等级。初级导赏员为一般旅客提供导赏服务，且收费最便宜。相反，高级导赏员可为高要求的生态旅客提供导赏服务，且收费较高。在国外一般的专业生态旅游导赏活动的收费，每位参加者往往高达 100—150 美元，当然这亦需要根据当地的生活指数高低而定。相信大部分的国内参加者愿意付出约 20—40 美元 1 天，而一般外国游客愿意付出约 40—50 美元 1 天(包括专业的外语导赏)，去参加一次考察质素较高的地质旅游活动。如欲培训高级导赏员，可考虑招募修读相关学科的大专毕业生，如修读地理学、生态旅游、地质学等。

4.3　景观保护

有需要找工程人员去作风险评估，特别是熔岩隧道的安全评估，以免引致意外及可能的赔偿而导致公园的损失。关注附近特色村落的保护工作，建设成旅游点时亦需要尊重当地居民。古村居民的生活文化，对高素质旅客有极大的吸引力。可考虑培训当地居民作古村的导赏，或利用现有古屋，经卫生及一些简单设施的改善，变为供旅客短住的民宿。一方面可增加旅客参观及体验古村文化的趣味，另一方面亦可为居民提供就业机会。旅客对荒废的古村感兴趣，对有生气的古村更感兴趣。因为旅客不但可欣赏古村的建筑特色，更可以了解居民的日常生活文化，故发展古村作文化旅游地点时，没有必要把所有居民迁居他处。

5　生态旅游景观的开发

位于火山口公园周边的古村的开发，是生态旅游发展的重要一环。传统地区文化对国外旅客具一定吸引力，故可考虑开发更多古村作文化旅游景点。

6 保护区旅游政策与编制旅游规划

在制定保护区旅游政策与编制旅游规划时,可参考以下几点:

● 保护区的自然与文化环境是各种开发利用的基础,是影响公园及其管理的重要因素,是最基本的资产,不能使之陷于险境;

● 保护区的旅游发展有赖于保护区内高质量的环境和文化条件的维持,这些高质量的环境和文化也是可持续地从旅游中获得经济利益和保证生活素质的根本;

● 保护区管理机构的设立是为了价值保护,除了建立保护区以外,还通过其他一些措施来实现保护区价值保护:积极管理旅游与旅游者,与当地社区、旅游企业、游客共同分担管理责任,并且为旅游发展创造潜在的经济发展机会;

● 保护区的游客希望在保护区找到设施、项目以及游憩和学习机会,但并非他们的所有要求都能得到满足,因为他们的一些期望与保护区的目标不一致;

● 游客积极寻找的是在他们购买力范围内最好的服务质量,而并不一定要寻找最便宜的服务;

● 游客对游憩机会的需求是多样的,但并不是所有的公园能够或应当提供他们所需的一切;

● 规划应该接受并考虑与邻近保护区的关系,认识到其他保护区所能提供的游憩机会也是规划过程的一部分,一个保护区的旅游规划应该考虑邻近保护区的游憩机会供给与需求情况;

● 对预期的管理(Management Expectation)是公园管理者与其他旅游营商者的共同责任。

7 人力资源开发

人力资源开发的目的是通过在个人、方法和组织三个层面的学习和表现来提高人力资源的能力。人力资源开发包括三个方面;培训与开发(Training and Development)、组织发展(Organizational Development) 和职业发展(Career Development)。

7.1 培训与开发

培训是对员工的重要投资。保护区应该有员工培训的战略规划,以便为新老员工和志愿者们提供富有意义的学习经历。培训与开发应该以培养员工个人素质与能力为核心,以保证员工把工作尽量做好,无论是现在还是将来。保护区人力资源培训中要特别注意以下几个方面:

● 游客与社区的关系;
● 环境教育;
● 解决冲突的方法;
● 生态环境研究与监测;
● 沟通及表达技巧。

7.2 组织发展

组织发展主要是探讨员工合作时的工作动力问题,且有利于改进工作期质量、促进团队建设及实现类似目标的项目,都可以创造员工忠诚感的环境。这里所给的建议只是概括性的,但它却和与保护区游客打交道这种挑战性工作有着紧密关系。

7.3 职业发展

职业发展通常包括考取证书、获得教育文凭与学位、学徒或实习,以及利用培训课程来继续职业发展。国外利用生态旅游从业员的认证计划来提高员工的专业水平。此外,不同程度的认证,为员工职业发展提供了更多的机会。

8 总结

石山火山群国家地质公园有潜力发展成海南岛最热门的生态旅游地点,但在开发这片宝地时,最重要的是作深入的规划及环境评估。若规划得宜及有合适的建设,相信石山火山群国家地质公园可成为国内主要的、真正的生态旅游热点。

参考文献

[1] Buckley, R. Environmental impacts of ecotourism(eds). London: CABI Publishing, 2004

[2] Fennell, D. A. Ecotourism: an introduction. New York: Routledge, 1999

[3] Fennell, D. A. & Dowling, R. K. Ecotourism policy and planning(eds). London: CABI Publishing, 2003

[4] Hawkins, D. E. A protected areas ecotourism competitive cluster approach to catalyse biodiversity conservation and economic growth in Bulgaria. Journal of Sustainable Tourism, 2004, Vol. 12(3): 219 - 244

[5] The International Ecotourism Society(TIES). Ecotourism statistical fact sheet. Washington D. C.: TIES, 2000

[6] Wunder, S. Ecotourism and economic incentives—an empirical approach. Ecological Economics, 2000, Vol. 32(3): 465 - 479

生态旅游新体验、乐在自然

——海口火山文化、生态寻幽探秘之旅

吴振扬　张　奎

香港生态旅游专业培训中心

一、考察团细则

日期：2008年3月21日至25日

合办/协办单位：雷琼世界地质公园海口园区

考察目的：

● 探索考察目的地如何将地质旅游与生态旅游的概念双结合。

● 识别中国内地与香港地区的生态旅游及地质旅游的不同之处。

● 分享、交流两地生态导赏员/生态解说员及生态旅游业者的工作经验。

● 拓阔生态导赏员/生态解说员及生态旅游业者的工作网络，从而促进生态旅游业的专业发展步伐。

接待单位：椰湾集团

团友数目及背景：

合共35人(有博士研究生2名、硕士毕业生5名，参加者有教师、特区政府公务员、会计师、社会服务员及心理辅导员等专业人士)，其中7人曾接受专业生态旅游课程培训，是热爱大自然、自然生态摄影爱好者。

二、行程综合意见

行程安排：

● 行程内容丰富、轻松，有鲜明导赏主题并具农家乐体验活动。主题主要围绕火山地貌、岩石、熔岩隧道、火山文化及人文生活为主。

● 大部分行程按照原定计划完成，唯因时间关系，省略了一个导赏点——儒豪古村。

建议：

1. 可多加插生态元素，如生物与生境的关系。

2. 导赏逗留时间适宜，能让参加者有充足的时间细心考察其成因、环境与人的关系，欣赏及拍摄独特的火山资源。

3. 在每一个考察点开始与完结前，作一个简单的讨论与总结，从而加强参加者对考察点的认识，分享其感受和即时作出回应与反馈。齐集所有团员才开始进行讲解，或分批进行定点讲解。

4. 能为参加者提供简单易明的路线图、路线主题、地质特征图鉴，如岩石图鉴、特色植物。若可以加强当地生物图鉴更佳，如常见蝴蝶、昆虫生物多样性图鉴等。图鉴可以自行由参加者自愿购买或计算于团费之中。

5. 于每一个考察点开始前，应给予参加者适当的思考问题或工作。

6. 能充分展示当地之生活文化特色，于整个行程中加入“火山人”的生活文化、乡耕体验活动，如进行小型的耕作活动、收割及处理蔬果，给予参加者一种返璞归真的感觉，并能体

验及反思村民的辛劳和境况。

7. 社区互动元素：让参加者与村民、小学生一起进行学习交流。

8. 下一团可以适当地加入与村民的活动，如由村民教授参加者一些农村知识（如破柴、生火、起炊、防虫、保鲜、废物利用、再生能源）或小工艺（如木器、石器、工具）、农家特色菜、乡土小吃等制作。或由参加者与当地的小朋友一起学习英文、西方礼仪，讲故事、唱儿歌，进行互动游戏及带领生态导赏活动。为当地有需要的长者粉饰、添置、修补家居。可拜访当地学校。

交通安排：

要根据小路或道路安全问题而定，尤其是吉安岭。

食宿：

食宿安排非常好，极具当地特色。每餐所安排的食物分量适宜，没有造成不必要的浪费。

工作团队：

工作人员合作紧密，态度认真，工作专业，被每一位参加者所欣赏，使他们备受感动。

解说员能够有效地与参加者产生互动，但可多加入以下元素：图解解说，现场示范手绘图解，加强参加者的注意力和解说成效。

表 1 解说员/导赏员调查表

	满意程度			
	非常专业	好	一般	可加强
整体解说人员比例（1∶22）				
主题解说员	√			
高级解说员	√			
活动协调	√			√
公园导游				√
考察助理		√		
当地村民或代表	√			

三、公园管理综合意见

整体管理

- 综合感觉非常好
- 各环节有妥善安排及指示
- 分工职责清楚

员工态度

- 相当满意
- 非常有礼及专业

员工形象

- 高效率团队
- 非常专业

整体卫生

- 整体园区卫生条件非常高，值得高度评价

厕所

- 卫生条件极优
- 近纪念品店附近的较大厕所，为森林树木外墙，设计独特并与四周环境一致，值得高度赞赏

餐厅

● 环境一流

● 卫生条件堪优

● 服务员态度诚恳有礼、训练有素、够专业

● 食物品种多种多样、质量高

● 综合感觉极佳，给各团留下深刻印象

小卖部

● 食品有当地特色

● 服务员态度极好

纪念品

● 民间食品最具吸引力，如茶、粗粮等

● 缺乏有关地质、地貌书籍可买

休息设施

● 坐椅充足

安全设施

● 整体安全措施理想

保安条件

● 园内保安非常理想

● 园外保安不清楚

四、主办单位对考察项目的综合意见

碎屑火山

● 马鞍岭火山喷道口是新体验，如果展板可直接介绍这个火山口之喷发过程会更精彩。

● 加插火山喷口之各类植被会更吸引人。

● 近山顶火山渣及碎屑剖面观察处缺少了解说牌。

● 因雾关系看不见寄生火山有些可惜。

玛珥火山

● 罗京盘最具吸引力，除面积大外，农民之耕作方式、当中多种水果及其他农作物都引起团友极大兴趣。缺少罗京盘解说牌，若有简单介绍各类农产品（如种类、特性、土壤、水分要求等）会更为精彩。

● 能在更高处观看，整个罗京盘地貌会更清楚。筑建木制高台或热气球观赏是好的建议。

火山灰流剖面

● 可观性高，层理分明。

● 缺乏解说牌解释发生过程及各种地质结构特征。

● 剖面阔大，但没有指明哪一部分最具代表性，要自己寻找。

熔岩隧道

● 七十二洞、仙人洞最具吸引力。阔大的入口、天山桥、内部巨大熔岩洞大堂壮观。步行内进容易。自然原始味浓。流动纹理清楚易见，容易引起熔岩流动的联想，增加团友对火山活动的兴趣。

● 安全措施需加强，例如防止崩塌措施。

● 探洞不建议用火把照明。火把除污染洞内空气，产生有毒气体一氧化碳外，还会影响洞内生态环境，例如蝙蝠生活、低等植物生长等。

● 可长些时间逗留及走深些会更佳。

熔岩流

● 园内实地展示清楚,欣赏用围栏保护防止破坏。

● 岩石摆设非常有效,具代表性,视觉效果优。

玄武岩

● 岩石摆设非常有效。

● 清楚特显玄武岩之特质。

● 大小皆有,非常满意。

火山展览环

● 将不同类别的火山岩石集中。

● 挑选岩石摆设,非常有心思。

● 解说牌很吸引,亦非常清楚。

地质博物馆

● 展品丰富,亦具代表性。

● 缺乏动画式的火山爆发过程,有电脑,但没有启动,不知功能如何。

● 可增强互动游戏以介绍地质历史及火山爆发情况。

解说牌

● 可以,清楚易明。

● 解说牌的解说简单易明,并配合实际环境设计,如自然环境的天然色彩。

● 园外各景点有解说牌,非常易明及专业。

解说员

● 可以,亦有充分的火山知识训练。

● 动植物知识较弱。

● 缺乏生态系统及生态旅游概念的认识,能加入这些元素会更完美。

五、总结

1. 整体团友对以上各点之综合意见

● 简介很有层次、简浅、有趣味性、生活化,节目及食物编排有心思。

● 考察活动极具趣味性,令参加者对火山印象深刻,即使对火山没有认识者亦开始感兴趣。

● 会继续支持并参与主办单位的活动。

● 行程编排,事前准备充足。

● 食物安排与主题分明。

● 领队安排,照顾各团友细心、热忱。

● 解说牌简单易明。

● 人群控制,在某些点应加强分流讲解。

● 行程招待紧密且精彩,眼界大开,独有的火山地貌,具体验性,与众不同。

● 专业导游,有趣,信息丰富。

● 考察手册制作详细精美,能令参加者从文字中理解考察的目的、意义和考察前需要准备的事项。

● 联欢晚宴热闹好玩,互动性强,能打破两地朋友之间的隔膜,有些环节更令在场人士主动参与,把活动气氛推至高潮。

● 讲解员知识丰富,对考察路线的主要内容及周边景物都有认识,能满足参加者的求知欲。

● 随团导师讲解详细，能完全解答参加者的疑问，而内地的专家讲解生动，说服力强，能深入浅出地解说有关地质及生态的知识。

2. 团友分享

● 杨时钦，2008 年 4 月 1 日

我从未有过如此经验，今次跟旅家去海南岛，本以为只是普通的旅行，特点是无需像其他的旅行社一样去购物及要另付小费。我去旅行的目的很简单，除了陪父母外，便只是想游历，增广见闻，并轻轻松松地享受几日假期。考察团的名字先已吓怕了我。考察什么？要有先决条件吗？有什么资历要求吗？经过查询，带着紧张的心情报了名。也不知是否太紧张，到出发前两天，忽然感冒，还发烧。我问过保险代理，如果因病不能上机，是可以取医生开的证明，有得赔。如此这般我却顺利出发了，到达海口宝华酒店，第一眼便被这面横条吸引。

意外地，我发现同团除有经验丰富的带队外，还有有学问的专家，内地更派出教授讲解，我有受宠若惊的感觉。团友有的是学员，不住地做笔记，又拍照。我却什么也不做，只抱着旅游的心情，希望享受几日的假期。

由于带队的丰富经验及轻松手法，没有令我感觉压力。专家学者的深入浅出的讲解，使离开学校已久、步入中年的我，重拾少年的情怀，孜孜不倦地学习，增益良多。

原来火山有不同的形态，海南岛的环境又特殊，各式各样的火山都集中在这里，可以同时间欣赏多种火山，甚至站立在火山口上。什么玛珥、喷爆、流岩，又有大小不同的火山，又是什么寄生的、子母的、相连的，不一而足。熔岩的爆破流程，清楚易见，看后令人回到 8 000 年前的环境，想象得见当时的情况。看见熔岩隧道的宏伟，感慨造物的神化，大自然的力量何其之大。

这次旅行，我们品尝到当地的特产，如黑豆制的豆腐。不像一般的旅行社，只会介绍一些名贵的菜色。对于这点我特别满意，虽然有些食品口味不太喜好。

现借女儿的得奖照片，祝大家都能“两情相悦”。

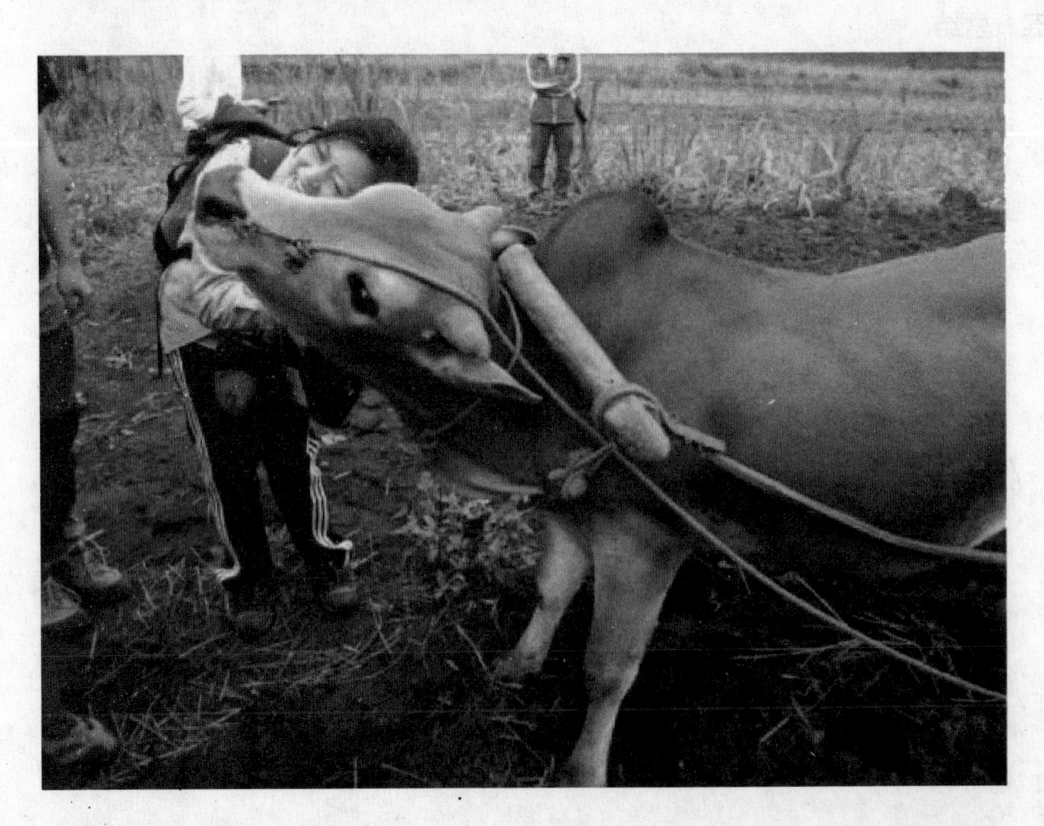

● 李秉信(Frank),2008 年 4 月

从"海口火山文化、生态考察之旅"说起

参加了由香港生态旅游专业培训中心举办的 2008 年复活节的"海口火山文化、生态考察之旅",正如团友口中所形容,是一个"不一样"的旅行团。旅行中的所见所闻和由此引起的所思,是丰盛和多方面的。例如,它大大地加深了我们对火山地质地貌、火山区内动植物生态和火山区内人的生活模式等方面的认识,它亦让我们亲身体会当地人民在地质生态保育上所持的理念和努力。在芸芸收获中,令我一再思考的是大自然与人的互动关系。

海口市火山群在距今约一万年前喷发,它们所带来的熔岩和火山渣覆盖了大部分的地表,造成了土壤稀少,无法留住地表水资源,不利农耕的地质。就如居民所描述,当地的农田是"田无三尺宽,土无三寸深"。但在这种严酷的条件下,生长在当地世世代代的人并没有退缩放弃,他们在火山山坡上,以双手把石块一一挖起,堆叠成梯田的挡土墙,然后在那剩余下来的薄薄的土壤层上,种上如木薯、甘蔗、玉米、橡胶树等耐旱粗生的农作物,并赖之养活繁衍族群。除了食物外,他们的居所和日常生活所需,亦与火山紧密相连。例如,当地房屋的墙壁多由火山石所建成,而由石头制成的打壳的、磨米的、储存食物及饮水的工具和器皿等等,更比比皆是,随处可见,甚至于在族群中人离世后,所用的棺椁也以火山石雕琢而成。

现在,在人类开始重视、保护自然遗产的新时代,海口火山群对人的互动和赐予,正以一种崭新的形式出现。"海口石山火山群国家地质公园"的成立,标志着海口人与火山群的互动关系进入了另一篇章。我们可以预见海口人的生活水平将因"海口石山火山群国家地质公园"的成立和由此而来的旅游业而改善,与此同时,我们亦可以预见海口人将面临如何在经济发展与保护大自然之间作出平衡的难题。我想,难题并不如想象的简单,发展与保护之间的取舍亦非容易,但只要海口人没有忘记这样一句话——大自然能够满足人类的"Need",不能够满足人类的"Greed",那么,他们必定能够找到解决难题的方法。

这次由香港生态旅游专业培训中心主办的"海口火山文化、生态考察之旅",确实令我们这些久居都市的团友能够借此"寻幽探秘,开拓知识,由浅入深,终身受用"。

童话世界般的景致，静待有心人去发现和欣赏！

石头为大地之母，淡然地诉说着一个远古的故事！

没有华丽的装饰，一切以朴实自然为主。

用相机记录走过的足迹，留下美好的回忆！

走向世界的火山公园

——中国雷琼世界地质公园海口园区发展历程

张朝扬[1]　沈加林[2]　柳其强[1]

1. 海南椰湾集团有限公司，海南，570125

2. 南京地质矿产研究所，江苏南京，210016

中国雷琼世界地质公园海口园区在政府主导下，由海南椰湾集团有限公司经营，历经14年的发展，由一个普通的郊野火山公园发展成为世界地质公园。这是一个不断探索和实践的过程，取得了可喜的成绩，也有很多经验和教训。

坚持两大原则，实现四次飞跃

海南椰湾集团有限公司在建设管理海口火山公园的14年里，一直坚持两大原则，一是“在保护中开发，在开发中保护”，二是“政府主导，专家把关，规划先行，企业运营”，并在实践中不断完善和提升两大原则的内涵，实现火山公园四次质的飞跃。

总结海口火山公园发展历程，不得不提到以下重要事件：一是1996年正式开始建设火山口公园，同年9月27日举办世界旅游日主会场活动；二是2002年被批准为省级地质公园；三是2004年1月被批准为国家地质公园，2006年1月28日国家地质公园正式揭碑开园；四是2006年9月被联合国教科文组织批准为世界地质公园网络成员，10月被批准为国家4A级景区，12月世界地质公园授牌及专家委员会成立等。这些事件分别标志着海口园区四次大的飞跃，也是海口园区发展历程中四个重要分水岭，标志着一个历程的结束和一个新的历程的开始。虽然在四段历程中，都没有离开两大原则，但在每一历史阶段，两大原则的内涵是不一样的。

从上个世纪90年代初至2002年，是以政府旅游部门为主导，指导专家也是以旅游方面为主，规划也是以旅游规划优先，这一阶段对火山地质资源的科学性、稀有性还没有一个明确充分的认识。虽然在1995年，以涂光炽、於崇文、丁国瑜、张本仁、滕吉文等多位中国科学院院士为主的地质学专家考察后联名向海南省政府提出保护和开发的建议，但在此后较长的一段时间里没有具体明确的保护规划作指引，是按一般景区来建设，但旅游发展的起点和定位都有一定高度。

2002年，“石山火山口公园”通过了海南省国土环境资源厅的评审，正式升级为海南省省级地质公园。2004年1月，经海南省国土环境资源厅的推荐，海口石山火山群以其火山成因的典型性、类型的多样性、形态的优美性、矿产的珍稀性和火山生态的完整性，而成为国家级的重要地质遗迹，被国土资源部批准建立“国家地质公园”。

来不及庆祝，火山公园又迎来了一个重要的发展契机。2004年6月27日，由中国国土资源部和联合国教科文组织共同主办的第一届世界地质公园大会在北京开幕，这是联合国教科文组织决定在全球推进世界地质公园网络建设后召开的首次大会。

世界地质公园是一个与世界自然遗产有着同等地位的品牌，如果火山公园能够成为世界级地质公园，将对保护海口火山群起到极为重要的作用，实现“在保护中开发，在开发中保护”的良性循环。为了更好地保护海口火山群这个宝贵的地质财富，海南省国土环境资源厅及有关专家向海口市政府提出了申报世界地质公园的建议。这一建议很快就得到海口市政府的认同。

2006年,火山公园双喜临门。1月7日,海口石山火山群国家地质公园正式揭碑开园。9月18日,在联合国教科文组织于英国北爱尔兰首府贝尔法斯特召开的第二届世界地质公园大会上,以海口石山火山群与广东湛江湖光岩整合为一体申报的雷琼地质公园,在会上通过专家的评审,加入世界地质公园的行列,正式成为与世界自然遗产具有同等地位和意义的品牌。此时的石山火山口公园,已经成为了一座集地质、生物、人文历史多样性为一体的地质公园,有了长足的进展。2006年9月,联合国教科文组织确认公园地质遗迹具有突出和重要价值,并批准加入世界地质公园网络,成为海南唯一的世界级旅游资源品牌。这不仅引起政府对地质遗迹保护的重视,同时为公园旅游发展树立了新的标杆,品牌效应促进了公园的旅游发展。

2006年9月至今,作为世界地质公园,园区规划面积达108 km²,园区内有20多个村庄,跨石山、永兴两镇,生活着7万多居民。另外,海口市区的发展也给公园的保护和开发带来了深刻的影响,对公园管理提出了新的挑战和更高要求。根据两大原则,从2006年起,海口市政府先后成立跨部门的公园管理委员会和各领域专家组成的专家委员会,并制定公园的总体规划、地质遗迹保护规划、主园区的控制性详规等。目前公园总体规划和地质遗迹保护规划已通过评审,并开始修编控制性规划。一系列规划的制定对公园的保护和开发起到巨大的促进作用。

表1列出了海口火山口公园成为世界地质公园的发展历程。

表1 海口火山群世界地质公园发展历程大事记

时 间	事 件
1995年	椰湾旅业(后变更为椰湾集团)向琼山市人民政府呈报了《关于开发琼山市石山火山口风景区的可行性研究报告》
1996年	琼山市人民政府批准椰湾旅业建设火山口公园,公园成功举办"世界旅游日"主会场活动
1997年	马鞍山火山口公园被列为省重点旅游项目
1998年	琼山市人民政府批准兴建马鞍岭生态经济示范区(占地600 hm²,约合6 km²),并确定椰湾旅业为该示范区的投资主体
1999年	椰湾旅业变更为海南椰湾集团有限公司(简称椰湾集团),公园于同年被海南省科学技术协会评为"海南省青少年科技教育基地"
2000年	琼山市规划局琼山土字[2000]257号《关于陈耀晶代表"关于火山口旅游资源的保护和合理开发利用的建议"提案的意见》提出:要结合原同济大学1992年编制的《石山风景名胜区总体规划》合理划定保护范围,以现状建设为基础,本着保护第一、合理开发的原则进行修编,经费由海南椰湾集团有限公司帮助解决
2001年	琼山市人民政府批准椰湾集团为海南岛火山地质公园项目法人(琼山府函[2001]136号文);6月海南省发展计划厅批准椰湾集团编制的海南岛火山地质公园主体园区项目建议书,正式批准建设海南岛火山地质公园主体园区
2002年	5月琼山市发展计划局、省计划厅批准椰湾集团呈报的《海南石山火山群地质公园可行性研究报告》,确定该地质公园的规划面积为108 km²;琼山市国土资源局向省国土厅申报成立省级地质公园,省国土厅[2002]11号文作出《关于建立海南石山火山群省级地质公园的批复》;在省国土环境资源厅和琼山市政府的大力支持下,椰湾集团一直以项目业主单位身份承担总体策划、总体规划、资源保护、公园管理和开发建设
2003年	行政区划调整,琼山市并入海口市,公园更名为"海口火山群地质公园",并正式申报"国家地质公园"
2004年	国土资源部批准海口火山群地质公园为国家地质公园;5月公园被省旅游发展促进委员会授予"海南省十佳旅游景区"

（续表）

时间	事件
2005年	1月7日，海口市国土局和椰湾集团举办国家地质公园揭碑开园活动；海口市国土局正式确定申报世界地质公园，提出鉴于申报省级以及国家级地质公园的主要工作都是海南椰湾集团有限公司承担的，因此申报世界地质公园工作继续由该公司承担，并由椰湾集团提出《申报世界地质公园工作计划方案》；10月海口火山群国家地质公园经评审获得进入申报雷琼世界地质公园推荐名单
2006年	1月国家地质公园揭碑开园，并举办专家研讨会；5月联合国教科文组织委派评审专家现场考评；9月联合国教科文组织举办会议批准雷琼世界地质公园（海口、湛江）；10月批准为国家4A级旅游区；12月举行海口园区授牌仪式并成立公园专家委员会
2007年	1月公园专家委员会建议依托马鞍岭景区建设世界地质公园主体园区；6月海口市政府批准椰湾集团作为主体园区控制性详规的编制单位；7月省国土资源厅同意建立世界地质公园主体园区；公园获得“文明景区”称号
2008年	1月海口市人民政府、湛江市人民政府成立第一届雷琼世界地质公园协调领导小组；同月成立雷琼世界地质公园海口园区管理委员会（市政府办公厅）；9月5日公园总体规划通过评审；12月市发改局发文[2008]936号文，同意海口火山群世界地质公园博物馆项目立项；12月26日博物馆总体设计方案完成
2009年	1月15日至16日首届中国世界地质公园年会在海口召开，全国22家世界地质公园齐聚海口，发表中国首个地质旅游宣言；3月10日主园区控制性详规初步完成；5月国土资源部批准海口火山群世界地质公园成为第一批国土资源科普基地
2010年	7月22日至23日联合国教科文组织地质公园执行局专家马里佐·布兰多和查雷兰普斯·法索拉斯对公园进行中期评估考察

在各发展历程中，按照海口市领导的指示，公园发展重大决策首先要听取专家委员会的意见。实践的过程中，在陈安泽、陶奎元、杨冠雄等人的直接指导下，专家委员会起到极为重要的作用。

继往开来，三大宗旨指导公园新时期的发展

世界地质公园三大宗旨“保护、教育、旅游发展”与“在保护中开发，在开发中保护”原则不谋而合，但三大宗旨对地质公园的使命阐述得更加明确和具体，更加突出保护和教育在公园发展中的地位，对指导公园在新时期的发展发挥了重要作用。

一、公园保护工作成效显著

海口火山地区人多地少，石头多，还缺水，特殊的地质环境使当地居民过着原始的耕作生活，给地质遗迹和生态环境带来很大的影响。特别是上世纪90年代中期，随着海南房地产市场的不断升温，看中火山岩材料的人越来越多了。于是，在石山地区生活的人们开始“靠山吃山”，不断地炸毁火山台地上的玄武岩，然后再以低廉的价格卖出去。海口火山是休眠不到一万年的新生代火山，火山台地的厚度不大，如果当地村民大面积开采玄武岩石，海口的火山遗迹将很快不复存在。但对于当地居民来说，保护这些火山，远远不如填饱自己的肚皮重要。禁采火山石，将给他们的生活带来严重影响。

怎么办？禁是必须的，不能任由人们为了一时的利益而破坏宝贵的地质遗迹。但要怎么禁，才能解决这个发展与保护的矛盾呢？

在政府的支持和专家委员会的指导下，公园在充分对有关项目要求进行地质遗迹现状调查的基础上，依据规划，制订地质遗迹保护方案，并经省国土资源部门审定后实施。几年

来共实施的保护项目主要有迎接联合国专家复查准备工作、马鞍岭火山口地质遗迹保护、包子岭地质遗迹保护、生态旅游路线(A线)地质遗迹保护、火龙洞(熔岩隧道)保护性开发前期地质调查等30多项,投入保护经费1 000多万元。由于方案科学可行,资金到位,狠抓落实,公园的地质遗迹保护工作成效显著。

为了落实火山地质遗迹保护措施,海南省、市各级国土资源部门不仅给予业务指导和经费支持,还积极协调各级政府和各级公安、林业、宣传部门等工作,开展地质遗迹保护宣传教育工作和破坏地质遗迹专项整治行动,先后关闭景区内40家采石场,并进行生态复育,植树绿化面积约102 hm^2,设立了200多块地质遗迹和生态保护碑牌、解说牌。海口市国土局还成立专门机构对地质遗迹保护随时监察,发现地质遗迹被破坏或有破坏威胁时及时通报各级政府,督促有关部门及时采取行政、司法等手段处理。海口市政府为了更好地做好火山地质遗迹保护工作,正在制定地方性《地质遗迹保护条例》。特别值得一提的是,对公园内村民进行长期持续性的宣传教育,发放宣传材料,召开村民座谈会,举办10多次培训班,请专家委员会专家给村镇干部和村民讲课,使公园内村民的地质遗迹保护意识和积极性在逐步地提高,出现部分村民主动保护地质遗迹的可喜现象。

海口火山群世界地质公园对地质遗迹与生态环境的保护得到社会与公众的认可,在海南琼州百景大型公开评选活动中,被选为十大自然生态景观之首和网络投票人气十强景区之首。

二、积极探索科普教育与旅游发展和谐之路

公园是全国科普教育基地、中国青少年科普教育基地、国家国土资源科普教育基地、国家防震减灾科普教育基地,也是香港生态旅游专业培训中心在内地的首家培训基地。如何通过发展旅游促进科普教育以及科普教育可否促进旅游发展这一课题,火山公园已基本有了答案。

(一)建立科学规范的科普解说系统是基础

海口火山群世界地质公园设立了100多块各类中英文解说牌和保护碑牌,以及20块公益性宣传牌,教育前往参观的民众珍惜环境,保护地质资源。

公园编印宣传折页,书籍《带你去玩火山口公园》、《地质·生态旅游指南》和光盘《中国雷琼世界地质公园海口园区》,广泛向社会发放。公园还有专门宣传科普知识的季刊《火山公园报》(1万份/期)及官方网站(www. hnhsq. com)。

公园内导部门的专(兼)职的讲解、接待、辅导人员,均接受每年不少于80小时的专业培训。导游人员较全面地掌握了地学、生态学、民俗学等方面的知识。

(二)将科普教育与旅游有机结合,使科普旅游成为海口园区的亮点

公园结合自己拥有丰富的科普展教资源的优势,将科普教育与旅游有机结合,培育出独具特色的火山地质生态科普游。公园经常组织学生到公园进行校外科普活动,并为残疾青少年举办公益性游园活动,通过寓教于乐、寓学于玩的方式对青少年进行地质科普教育。上海合作组织成员国青年学生交流营将公园作为定点科普基地,俄罗斯部分学校每年也组织冬令营学员前来考察学习。从2005年开始,香港生态旅游专业培训中心在中国雷琼世界地质公园(海口园区)建立了"香港地质、生态旅游及绿色教育培训基地",这是该中心的首个香港岛外培训基地。该培训中心每年都组织一批学员前来火山口进行考察和教育培训。公园每年策划举办"世界地球日"、"全国土地日"、"全国科普日"等主题活动日,并组织各种地质科普知识的宣传活动,使地质科普工作广泛化、全民化。

科普旅游既传播了科普知识,体现了公园的公益形象,提高了公园的知名度和美誉度,也有效地促进了公园的旅游发展。2009年公园游客量与去年同期相比增长30%,在金融危

机背景下取得如此骄人成绩，科普游功不可没，其游客量占20%。联合国教科文组织专家、世界地质公园评委库莫教授于2009年考察公园后，题词赞赏"雷琼世界地质公园(海口园区)是有关公众教育做得最好的地方之一"。

三、落实旅游发展宗旨，创新保护与旅游开发模式

10多年来，在政府和各方面的支持与帮助下，海南椰湾集团对主体景区的地质遗迹、生态环境保护与旅游建设已经走出了一条成功之路。海口火山群地质公园能够成功申报省级、国家级和世界级地质公园，是各级政府和椰湾集团一直坚持"在保护中开发，在开发中保护"的丰硕成果。椰湾集团严格按照公园总体规划要求，在不遗余力地保护和开发马鞍岭火山口主景区的同时，开展多样性旅游，解决农民就业，带动地方经济发展。椰湾集团还积极推动乡村旅游与生态旅游的发展，并出钱出力支持美社等文明生态村和乡村旅游示范村的建设，同时又带动了周边地区多家休闲农庄和农家乐的建设发展。公园与香港生态旅游专业培训中心合作，连续5年组织香港游客到公园开展为期7天的深度旅游，是地质旅游、生态旅游、乡村旅游相结合的旅游模式。通过这一系列的努力使村民得到实惠，同时促进村民自觉保护地质遗迹的积极性。

2009年4月11日至14日，联合国教科文组织专家库莫教授率团对海口的世界地质公园进行考察。库莫教授在接受《海口晚报》记者采访时说："我到过中国的6个地质公园，海口火山群世界地质公园的公众教育做得最好、最生动，公园保护、教育与旅游发展有许多经验值得借鉴。"2010年7月22日至24日，联合国教科文组织世界地质公园执行局对公园进行考察评估后在反馈意见中表示："公园有三个方面做得非常理想：一是公园整体管理完善、系统，值得赞赏；二是解说系统，特别是解说牌醒目、清楚、明确；三是地质与民生、文化相结合，民众参与更方便、互动更强。"

政府领导、专家作用和有作为的企业的贡献是建成地质公园的基本点

回顾公园发展的历史，盘点公园建设业绩与现状，有三点是不可忽视或不能淡忘的：一是历届政府各级领导的支持，二是尊重与发挥各方面专家的作用，三是有一个热爱本土火山、竭尽全力的经营团队——海南椰湾集团。这三者是不可或缺的，但其中极为关键之一，是有一个能干的、有执行力的经营者。如今，他已将一个名不经传的郊野小公园，将一个被《海南日报》记者说为"海南三次规划均遭冷落的公园"，建成为与世界自然遗产同等意义的世界地质公园。海南椰湾集团有限公司16年来，在火山这片土地上艰苦创业，不为近10年来有些行业超高利润所惑，坚守了这片可称为海口乃至海南标志性地脉之地，具有历史性贡献。联合国教科文组织在批准世界地质公园和建设4年后的评估中，对雷琼世界地质公园充分肯定。这是政府、专家与经营企业的合力成绩。由一个当地土生土长的企业具体落实建设，这在中国已批准的22家世界地质公园中不多见，甚至可以说为奇迹。马鞍岭主景区的建设成绩受到各界人士的好评。

原中国地质科学院火山地质与矿产研究中心首席科学家陶奎元曾在一次会议上谈了他的感受。他在20世纪80年代至90年代初期，曾先后三次到海南作地质考察研究，也曾到过海口马鞍岭火山口。他说："那时的马鞍岭可谓杂草丛生，是一个名副其实的荒山乱石岗，处于周边火山台地采石不断、岌岌可危的环境之中。"2004年陶奎元再次走进马鞍岭，发现马鞍岭已变成了一座满园翠绿的公园。他说："陈耀晶先生主持建设火山口公园，它的意义首先在于保护了8 000多年前喷发的一座火山，为海口火山群40座火山的保护树立了一个榜样。作为国家或世界地质公园，有两个基本属性：一是地质资源属性；二是面向大众的公

园属性。这两者都是申报世界地质公园的基本条件。前者是大自然赐予的,后者是在历届政府领导的支持下以陈耀晶为首的一个企业付出的艰辛成果。没有火山口公园 10 多年的建设打下基础,从 2004 年国家地质公园到 2006 年批准世界地质公园几乎是不可能的。”从事一辈子火山研究的陶奎元被这一座位于中国最南端的火山的完整性所感动,也被保护与经营这座火山的火山人的付出所感动。由此,陶奎元教授自 2004 年起奔波于南京和海口(据海航给出航程有 51 616 km),主持公园申报,参与公园建设的过程。陈安泽教授是我国旅游地学的创始人、国家地质公园评委,对海口火山十分关注,多次到现场指导工作。杨冠雄教授是一位生态与地理学家,曾任海南省国土资源厅副厅长,为公园建设发展出谋划策,撰写论文呼吁保护与建设。赵逊教授曾任中国地质科学院院长、世界地质公园评委,多次到现场考察指导工作。

东南大学旅游系喻学才教授是一个从事遗产研究,发表过十多部旅游文化专著的学者,2006 年 12 月参加雷琼世界地质公园(海口)揭牌仪式暨学术讨论会,考察公园后有感而发,欣然作了《雷琼世界地质公园歌》。其中写有:“马鞍岭建主体园,天坑地隧相勾连。风炉包子眼镜岭,七十二洞尽奇观。犹忆废墟石人村,神庙民居今仍存。开发地质旅游业,破铜烂铁变黄金。申世伟业千秋在,第一功勋属老陈。艰苦创业廿余载,绿阴如盖甲椰城……”《雷琼世界地质公园歌》不仅描述了公园景观,也抒发了作者对公园建设进展的感言。

展望未来,在海南建设国际旅游岛的大背景下,公园将继续秉承世界地质公园“保护、教育、旅游发展”三大宗旨,根据《海南国际旅游岛发展纲要》和国家 5A 级景区要求,建成一流的、高水准的世界地质公园,着力打造在我国具有唯一性的、有知名度的热带海岛城市火山、生态及文化旅游精品,世界级旅游景区,成为海南国际旅游岛发展中海口市旅游的重要品牌。

雷琼世界地质公园歌

喻学才

绝域瘴疠隔中原,自古人畏大海南。地老天荒五公死,琼崖纵队劈新天。
唱罢红色娘子军,万泉河水更清澄。椰风海韵休闲地,景观新添火山群。
火山如带跨琼海,地质遗迹多风采。科学考察活教材,认祖归宗辨石块。
犹思开天辟地年,一团混沌塞空间。上成日月下河岳,浩然正气弥人间。
地质学家陈安泽,醉心遗产旅游业。奔走呼吁建公园,要让火山照列国。
火山专家陶奎元,暮年琼岛写新篇。马鞍岭建主体园,天坑地隧相勾连。
风炉包子眼镜岭,七十二洞尽奇观。犹忆废墟石人村,神庙民居今仍存。
开发地质旅游业,破铜烂铁变黄金。申世伟业千秋在,第一功勋属老陈。
艰苦创业廿余载,绿阴如盖甲椰城。我愿海口成天国,火山誉满地球村。
五洲同乐歌盛世,尧天舜日尽欣欣。

积极探索科学传播与旅游发展和谐之路

——雷琼世界地质公园(海口园区)国土资源科普教育基地建设纪实[①]

柳其强　张晓阳

海南椰湾集团有限公司,海南,570125

“科学传播”是世界地质公园三大宗旨之一,也是地质公园的重要使命。在海南建设国际旅游岛的背景下,就如何将科普教育与旅游发展有机结合,互相促进,有效传播地质科学知识等,雷琼世界地质公园海口园区进行了积极探索和实践,取得了丰硕的成果。

一、做好科普教育规划,健全制度和组织机构,保障公园国土资源科普教育基地可持续发展

为保障雷琼世界地质公园海口园区能顺利完成科学传播的使命,公园总规十七章内容中,有三章专门写科研及科普教育,同时总规整体注意协调科普教育与整体发展目标、管理机构设置及职能、总体布局与功能分区、地质遗迹及生态保护、旅游发展等方面的关系。

公园成立了科普工作领导小组,由陈耀晶董事长任组长,公园专家委员会副主任陶奎元教授、杨冠雄教授任副组长,公司各有关部门负责人、专业科普导游任组员。工作小组在公园管理委员会领导下和公园专家委员会指导下开展工作,制定了《科普管理制度》、《年度工作计划》、《年度工作考核制度》等。

公园专家委员会是国内首个地质公园专家委员会,由陈安泽、陶奎元和杨冠雄教授等14名知名地质、生态、旅游方面的专家组成,负责对公园的发展和建设提供决策性咨询服务,是公园科普教育工作的重要智力支持机构,为公园科普工作制度化、专业化做出了重要贡献。

科普小组配备专业科普导游10名,科普志愿者6名。公园专家委员会专家对导游员、接待人员、科普志愿者进行专业培训,每人每年培训不少于80个小时。为地质地理类专业的大学生提供研究场所和实习环境,鼓励他们为科普工作做出贡献。有计划地引进地学、生态学、民俗学专业本科以上人才3名。

通过以上措施的落实,使科普教育在公园发展中的地位得以确立,保障了公园科普教育的可持续发展。

二、打造室内外相结合的科普教育大课堂

中国雷琼世界地质公园海口园区在建园初期的定位和规划,就是要成为世界级的科普基地,所以在公园建设管理方面一直注重科普教育软硬件设施的建设,努力将公园打造成为室内外相结合的科普教育大课堂。

公园建设了一座高科技多媒体科普馆。该科普馆为火山石所建的六角蜂房建筑,占地300余平方米。在这里陈列了有关地球科学的知识性图文,可以观看各类科普DVD,了解火山喷发与地质科学的相关知识。在该科普馆旁边,还有一个专门的影像厅,不但能够播放科普DVD和科普电影,还能作为报告厅定期邀请知名科学家进行科普报告讲座。

在园区设立了108处中英文科普解说牌、保护牌、宣传牌、指示牌,除了对相应的地质遗

---

① 本文发表于《国土资源科普基地》2011年第1期,总第4期。

迹和各类植物作出标示注解以外，还有许多关于火山喷发及相关地质知识的讲解。重点突出地质遗迹展示与科普解说牌，如奇特的结壳熔岩观赏、趣味岩石环廊、火山口知识角、火山渣、熔岩流及微型熔岩隧道等；以展板方式介绍世界火山奇观；对公园热带植物，建立名称与植物种属、特点的介绍牌。制作地质遗迹与环境保护宣传牌，如"除了摄影什么都不取，除了足迹什么都不留"，"保护人类共同的家园——地球"，"珍惜一草一木，爱护公园一山一水"，"珍惜地质遗迹，世世代代永续利用"，"走进地质公园，欣赏自然奇观，解读科学奥妙"等，对教育公众有良好的效果。

组织专家编制宣传保护地质遗迹和科普解说宣传图书，如《走进火山，感受神奇——海口火山群地质公园旅游指南》、《火山宝宝带你玩火山口》、《地质生态旅游》、季刊《火山公园报》和宣传折页，建立公园官方网站。目前图书和季刊已向社会公众发放近 100 万份，公园官方网站也成为公众了解火山知识和旅游服务项目的重要窗口。

三、主动开展形式多样的科普活动，将科普教育与旅游有机结合，使科普旅游成为雷琼地质公园海口园区重要旅游品牌

海南国际旅游岛旅游资源丰富，著名景点众多。在激烈的市场竞争中，海口火山公园如何挖掘和培养自己的核心竞争力，一直是海口市政府、专家委员会和椰湾集团一直关注的课题。特别是在旅游推广中如何与其他景区形成差异化，突出自己，更是非常现实的问题。另外，公园如何借旅游活动，结合自己拥有丰富的科普展教资源的优势，开展多种形式的科普教育，也是必须面对的课题。通过几年的探索和实践，目前公园已将科普教育与旅游有机结合，培育出独具特色的火山地质生态科普旅游品牌。

（一）形式多样的科普旅游活动

中国雷琼世界地质公园（海口园区）作为国土资源科普基地、国家防震减灾科普基地、全国科普教育基地，多年来一直保持与省内多家大中小学的合作关系，经常组织学生到公园进行校外科普活动，通过寓教于乐、寓学于玩的方式对青少年进行地质科普教育。自 2005 年以来入园参加科普活动的学生都以两位数的速度增长，2009 年已达 8 万人次，是海南科普游活动做得最好的景区。公园还与金融、通信行业等大量大型企事业单位建立长期的固定合作关系，这些单位每年都会定期在公园组织大型员工科普教育和拓展培训。

公园不仅承担对省内青少年和民众的科普教育责任，还吸引了大量国内外科学考察团队前往参观学习。上海合作组织成员国青年学生交流营将公园作为定点科普基地，俄罗斯部分学校每年也组织冬令营学员前来考察学习。从 2005 年开始，香港生态旅游专业培训中心在中国雷琼世界地质公园（海口园区）建立了"香港地质、生态旅游及绿色教育培训基地"，这是该中心的首个香港岛外培训基地。该培训中心每年 3—4 月都组织一批学员前来火山口进行考察和教育培训。奇特的火山风貌、环保生态的自然环境成了学员们天然的教材。

公园推出为残疾青少年举办公益性游园活动；与省市残联及相关学校、青年志愿者协会等社会团体或企业联合举办，让残疾弱势群体走进公园；与市内盲童学校建立长期合作联系，推行实施公益性活动。公园还推出双休日亲子旅游，对双休日家长带孩子到公园游览给予优惠。

公园每年策划举办"世界地球日"、"全国土地日"、"全国科普日"等主题活动日，都会开展各项优惠活动，并组织各种地质科普知识的宣传活动，尽量使地质科普工作广泛化、全民化。

（二）科普旅游实现社会效益和经济效益双丰收，得到联合国专家的肯定

科普旅游既传播了科普知识，树立了公园的公益形象，提高了公园的知名度和美誉度，也有效地促进了公园的旅游发展。2009 年公园游客量与去年同期相比增长 30%，在金融危

机背景下取得如此骄人成绩，科普游功不可没，其游客量占20%。联合国教科文组织专家、世界地质公园评委库莫教授于2009年考察公园后对记者说："我到过中国6个地质公园，这个地质公园的公众教育做得最好、最生动，公园保护、教育与旅游发展有许多经验值得借鉴。"他还欣然题词"雷琼世界地质公园(海口园区)是有关公众教育做得最好的地方之一"。2010年联合国教科文组织专家对公园考察评估后也表示，公园的科普解说系统和公众参与都值得表扬。

四、严格执行各项规划，继续探索科学传播与旅游发展和谐之路

根据公园总体规划和《全民科学素质行动计划纲要(2006—2010—2020)》、《科普基础设施发展规划(2008—2010—2015)》的要求，2010年公园将投资9 000多万元增加科普教育硬件设施，在2010年下半年启动建设面积6 000多平方米的海口火山群世界地质公园博物馆，预计三年内完工。其目的是为了让前来参观的民众能感受更直观、更完整的地质知识，并计划将该博物馆建成为世界上最专业的火山博物馆。计划推出科普作文大赛、海南特殊儿童科普教育活动、海口市中小学生科普夏令营、出版序列科普读物等序列科普行动计划，目前已落实经费并制订了实施方案。进一步完善"世界地球日"、"全国土地日"、"全国科普日"、"火山文化节"等各类主题活动的开展，在活动期间对公众提供免费的讲解服务，举行科普知识竞赛等。公园专家委员会的教授以及专业人士将持续在公园内进行科普研究工作，并定期面对公众进行科普讲座、报告等。主动推行科普教育、环境友好教育、火山防震教育，实现寓教于游，成为全国性乃至国际性教育与交流基地，实现每年10—15万学生走进公园。继续培养专业的科普工作人员，并为地质地理类专业的大学生提供研究场所和实习环境，鼓励他们为科普工作做出贡献。

中国火山/火山岩景观地质公园展望①

陶奎元[1]　沈加林[1]　李皓亮[2]

1. 南京地质矿产研究所，江苏南京，210016

2. 南京大地旅游策划研究发展中心，江苏南京，210016

摘要：本文对中国已建立的20多个以火山/火山岩为主题的国家/世界地质公园作了概括性的总结。20个地质公园涵盖了中国不同时代、不同火山与岩石类型丰富多样的地质景观。它为我国火山/火山岩地质遗迹建立了一份珍贵的天然档案。展望未来，提出联合起来加强科学研究，实施解说系统以及建立合作交流机制的建议。

关键词：火山/火山岩景观；地质公园；意义；科学研究；解说系统；交流机制

多年前，浙江临海国家地质公园开园之前，姜建军博士到现场检查指导工作时说"要建立一系列不同类型的火山/火山岩地质公园"。自2001年起至今已批准了18个火山/火山岩地质公园，约占已批准国家地质公园总数的10%，其中5个已被批准为世界地质公园，约占中国已批世界地质公园总数的20%，香港地区即将申报建设的国家地质公园亦以中生代火山/火山岩为主题。此外，台湾地区澎湖火山也在建设地质公园。

一、概况

中国以火山/火山岩景观为主题的世界地质公园有4座，其主要特色列于表1。与火山/火山岩有关的13座国家地质公园，香港、台湾地区相关的地质公园列于表2。

表1　火山/火山岩世界地质公园

火山喷发与火山类型	喷发年代	火山岩岩石类型	大地构造环境	火山/火山岩景观的特性	气候与生态
1. 黑龙江五大连池世界地质公园(2003)					
夏威夷式、斯通博利式火山喷发，有26座火山，火山锥、岩渣锥、盾火山和层火山	更新世到全新世(第四纪)，最近一次喷发年代为1719—1729年间	富钾质的碱基性—中基性火山岩	大陆裂谷环境	喷发年代最新(有文献记载)的火山口(火烧山、老黑山)；结壳熔岩不仅大片出露，且其景观壮观丰富，大片的渣块状熔岩(翻花石海)；罕见的喷气锥、喷气碟、熔岩冰洞、串珠状堰塞湖；丰富的地下水与优质矿泉水；火山泥疗	温带与寒带过渡区，年均气候温度0.5℃；最低气温1月平均－24℃；结冰期长，从10月到翌年5月
2. 浙江雁荡山世界地质公园(2004)					
普林尼式火山爆发，大型的复活型破火山	白垩纪约1.2—1.1亿年	流纹岩类、英安岩类，各类熔岩与火山碎屑岩齐全，发育大面积的熔结凝灰岩	大陆边缘火山带，与古太平洋板块运动有关	典型的白垩纪破火山、层圈状火山岩层分布，流纹质火山各种岩相，熔岩与火山碎屑岩(熔结凝灰岩、凝灰岩)的景观具典型性；大型叠嶂、锐峰、方山、石门、孤峰、独柱；成因复杂的岩洞；瀑布，深潭，溪流；沈括称之为天下奇秀不类他山；徐霞客曾三次考察，留下游记两篇	华南与华东植物区过渡带，亚热带海洋性气候，年均气温17.5℃，最冷1月5—7℃

① 本项目支持单位为雷琼世界地质公园海口园区等地质公园。

（续表）

火山喷发与火山类型	喷发年代	火山岩岩石类型	大地构造环境	火山/火山岩景观的特性	气候与生态
3. 中国雷琼（海口、湛江）世界地质公园（2006）					
夏威夷式、斯通博利式火山喷发，有火山锥、混合锥、岩渣锥及盾火山；同时发育蒸气岩浆爆发的玛珥火山，全区约有100余座火山	上新世、更新世、全新世；最新喷发年代为8.155千年	碱性玄武岩到拉斑玄武岩	与欧亚板块、印支板块、太平洋板块运动和南海盆地扩张有关的陆缘裂谷	密集分布的火山群；有玄武质岩浆喷发和蒸气岩浆爆发的各类火山；熔岩隧道分布广泛，派生景观丰富；结壳熔岩景观丰富；有典型的基底涌流凝灰岩的结构剖面；火山口中荔枝林，火山口内热带田园风光；玄武岩海蚀地貌景观丰富；地下矿泉水与热矿泉水；属热带海岛城市火山	热带（海口）南亚热带（湛江）生态景观丰富；年平均气温23.8 ℃（23.1 ℃）；最低气温2.8 ℃；全年日照2 399—2 245小时
4. 黑龙江镜泊湖世界地质公园（2006）					
夏威夷式、斯通博利式火山喷发，有16座火山	始新世，中晚更新世，全新世，最新年代为距今3 490—2 470年	碧玄岩、碱性玄武岩、粗面玄武岩等	大陆裂谷	保存完好的复合火山，火山口内森林，大型堰塞湖，水体景观丰富，有湖、池潭与瀑布；熔岩流长且落差大；微地貌景观丰富，熔岩隧道保存良好，景观丰富并已开发，同时发育花岗岩地质遗迹	温带大陆性气候；年平均气温3.6 ℃

表2　与火山/火山岩有关的国家地质公园

名称	火山岩时代	岩石类型	主要景观
云南腾冲（2001）	全新世—更新世 马鞍山、黑空山、打莺山为全新世 公元1462—1620年有过喷发	玄武岩类	火山群，97座，其中25座保存完好，地热温泉；喷气孔、热沸泉、喷泉、热水爆炸、泉华景观丰富；徐霞客曾有考察游记
内蒙古阿尔山（2003）	全新世、更新世（第四纪） 最近测定年代（0.340±0.203）Ma	碱性橄榄玄武岩类	火山口湖，喷气碟；温泉群及冷泉（矿泉）
吉林靖宇（2003）	（属龙岗火山群） 中晚更新世到全新世（约1 600年前有过喷发）	碱性橄榄玄武岩类	玛珥火山为主体（龙泉湾玛珥湖、四海龙玛珥火山口湖）；温泉
北海涠洲岛（2003）	第四纪 中更新世	玄武岩类	火山岩海岛，海蚀、海积地貌；有典型的蒸气岩浆爆发的基底涌流凝灰岩剖面的奇特景观
南京六合（2005）	新近纪中新世，约10 Ma	玄武岩类	8座同时代火山，发育多种排列方式的柱状节理，雨花石、金陵神罐等观赏石
山东山旺（2001）	新近纪中新世，10—20 Ma	玄武岩类	玛珥湖沉积物（硅藻土页岩），山旺生物群（约2 000万年前）；有700多种各类化石
广东西樵山（2003）	新近纪古新世—始新世	粗面质火山岩	粗面质火山岩峰洞景观，以及火山岩盆地
福建漳州（2000）	新近纪中新世	玄武岩类	滨海火山，柱状节理群丰富；小型熔岩池、喷气口；海蚀地貌
浙江临海（2001）	晚白垩纪	流纹质火山岩	穹状火山，流纹岩相剖面，流纹岩柱状节理群；海蚀地貌；翼龙、长属雁荡鸟化石

（续表）

名称	火山岩时代	岩石类型	主要景观
浙江新昌（2003）	白垩纪	玄武岩，流纹岩（双峰式火山岩）	火山构造洼地，硅化木群为著名，同时有流纹岩地貌与丹霞地貌，在时间上有先后，在空间上有叠置与横向变化
安徽浮山（2005）	白垩纪	粗面岩类火山岩	破火山、粗面质火山岩岩石地貌，嶂崖、洞穴
福建德化石牛山（2005）	白垩纪	流纹质火山岩与花岗岩类	火山构造洼地，岩穹、碎斑熔岩、花岗岩、岩石地貌
福建白水洋（2005）	白垩纪	流纹质火山岩	火山构造洼地、破火山及岩石地貌，白水洋、鸳鸯溪为著名
附：香港地区			
香港西贡（待批）	白垩纪	流纹质各类火山岩	破火山经断裂与侵蚀形成岛群，主要特色是分布面积最大的石柱（柱状节理）景观，有石柱岛、海上石柱大岩壁、石柱洞穴、石柱一线天等
附：台湾地区			
台湾澎湖	新近纪火山以中新世为主	玄武岩类	由玄武岩构成群岛，玄武岩石柱（柱状节理）丰富、多样

二、意义重大

已批准的火山/火山岩地质公园为中国火山/火山岩地质地貌遗迹建立起了一份比较完整、极为珍贵的天然档案。

各地质公园火山/火山岩年代置于中国火山/火山岩年代之中，可以看出20个地质公园正好反映了中国不同时期喷发的火山。

1. 更新世—全新世（第四纪）火山

五大连池、腾冲、镜泊湖、雷琼（海口）以及靖宇、涠洲岛、阿尔山属于上更新世到全新世火山（图1）。其中，有的属于活火山。所谓活火山，是指正喷发或潜在的、可能喷发的火山。也有将活火山概念定义为过去10 000年、5 000年或2 000年以来有过一次喷发的火山。日本将2 000年以来有过一次喷发的火山称为活火山。我国处于板块内部环境，倾向于将10 000年以来有过一次喷发的火山称为活火山。从历史记载、测定年龄或具有显著地热等现象来考虑，五大连池、腾冲、镜泊湖、靖宇、雷琼（海口）归为活火山或休眠火山。此外，长白山、新疆的阿什库勒河火山亦为活火山。

中国活火山不多，历史上记载较少，所以，对中国科学历史研究做重大贡献的李约瑟博士（英国剑桥大学）在《中国科学技术史》中说“中国境内根本没有火山，有关火山一切资料都来自境外”，从现在来看是不确切的。

这一时期火山喷发均属玄武岩类，包括拉斑玄武岩、橄榄玄武岩、碱性橄榄玄武岩。这些公园包括了各类火山，既有岩浆喷发的火山，也有蒸气岩浆爆发的玛珥火山。各种火山口保存完整，火山/火山岩景观丰富，而且具有从海口热带到五大连池寒带不同风格的火山生态景观，可以和国外著名的火山公园相媲美。

2. 新近纪中新世火山

新近纪 23.03—2 Ma 年间，主要是中新世是中国火山喷发的一个重要时期(图 1)。福建漳州、江苏六合、江苏江宁方山、台湾澎湖以及山东山旺均属这一喷发高峰期的产物。主要年代集中在 17—8 Ma(图 1)。

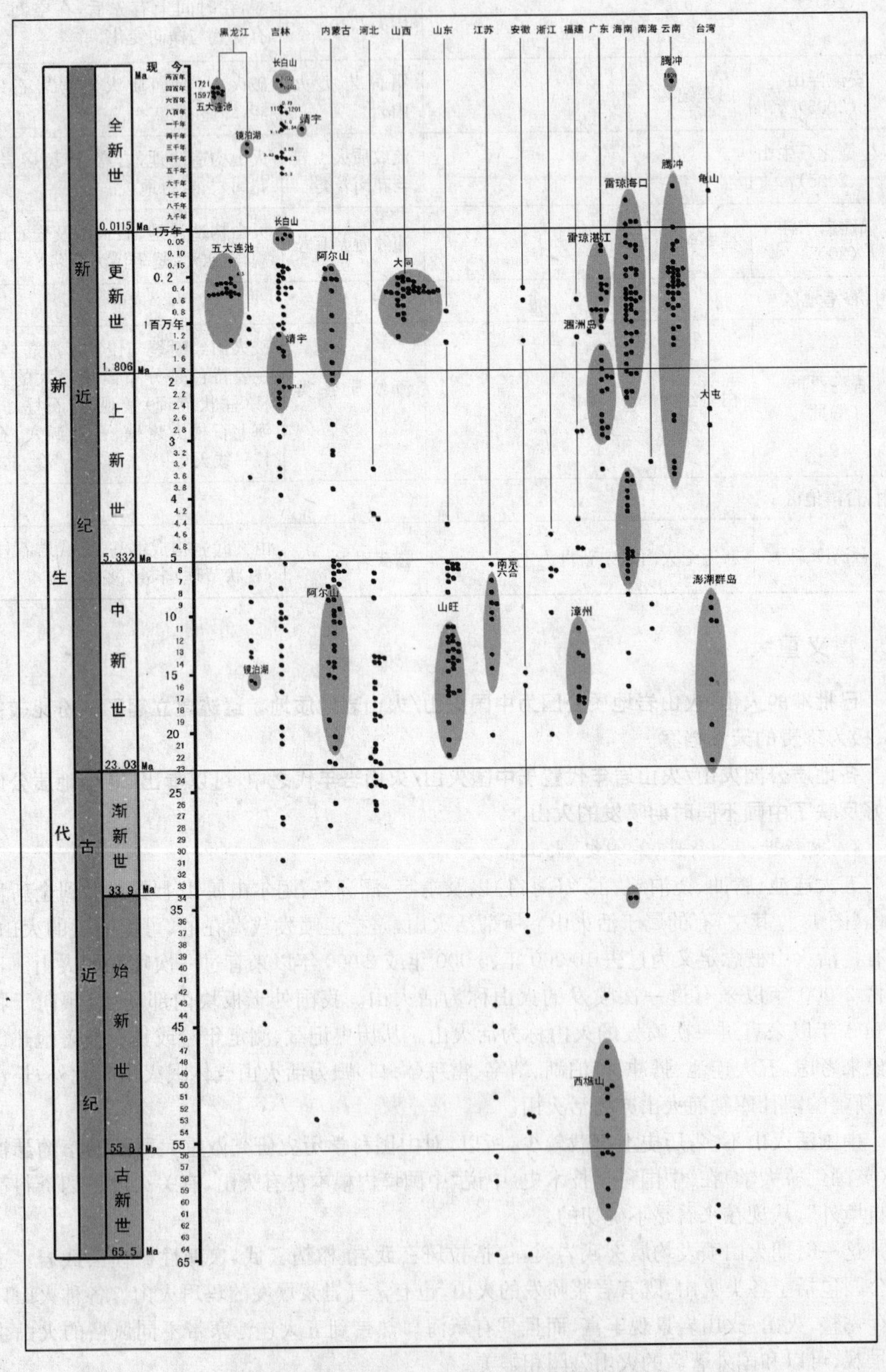

图 1 中国新生代火山/火山岩年代与地质公园

圆点为具体年代(据刘嘉祺、刘若新、朱丙泉等诸多文献)

这些地质公园各有自身的特色,其岩石类型均为玄武岩类,包括碱性橄榄玄武岩、碧玄武岩、拉斑玄武岩、橄榄玄武岩等。这一时期火山大多为盾火山,经风化剥蚀大多成为"方山"地貌。

江宁方山是早年程裕祺、沈永和作详细研究,作了详细剖面测制、填绘火山地质图,报告发表于 1948 年中国地质学会会志,并编写方山火山考察指南。

3. 新近纪古新世—始新世火山

古新世到始新世(65.5—33.9 Ma),这一时期中国火山相对较少。目前仅建立的为广东西樵山国家地质公园。西樵山粗面岩年代为(51.0±1.5)Ma,三水盆地、南海走马营粗面岩年代为(55.1±1.4)Ma(透长石),(56.3±0.8)Ma,(48.8±1.3)Ma;三水盆地中橄榄拉斑玄武岩年代为(56.6±1.1)Ma;流纹岩年代为(63.9±3.2)Ma;狮山粗面岩年代为(48.8±0.3)Ma;王借山橄榄拉斑玄武岩年代为(43.1±1.4)Ma;黎边山粗面岩年代为(51.8±1.0)Ma;西南镇粗面岩年代为(53.2±1.4)Ma(据朱丙泉,1996;刘若新,1992)。

4. 白垩纪火山

白垩纪是中国大陆东部岩浆大爆发时期,形成中国东部中生代火山岩带,它是亚洲大陆边缘巨型流纹岩链的重要组成。这一时期火山甚多,它不仅带来了众多的矿产,也带来了多彩的地貌景观。已建立的公园有雁荡山、临海、白水洋、德化石牛山、安徽浮山、香港西贡以及浙江新昌。从时代上这些火山均属火山岩系较上部层位的白垩纪。岩石类型主要为流纹岩、英安岩,其次为粗面岩(浮山)。

这一时期火山经中等程度剥蚀,经火山地质岩相填图表明火山机构依然保存。经外动力作用形成独特流纹岩或粗面岩的岩石地貌景观,在我国岩石地貌景观中独占一席,在亚洲大陆边缘巨型流纹岩链中占有重要地位。

这四个时期的火山地质公园,在不同年代火山中均具代表性与典型性,其意义与价值是十分明显的。它为中国火山/火山岩研究提供真实的材料。正是由于这些新生代、中生代火山的存在,吸引了众多火山地质学、岩石学、地球化学、大地构造学等专业人员去研究,促进我国火山地质学的发展。

上述地质公园涵盖了在火山学教科书或专著所研究的火山/火山岩地质地貌景观,其中有些景观属世界罕见。这足以说明地质公园保存的这份"天然档案"弥足珍贵。初步将火山/火山岩地质地貌景观种类概列如下:

(1) 火山地质地貌景观:盾火山、锥火山、层火山、低平火口——玛珥火山(湛江湖光岩、海口罗京盘、双池岭、靖宇龙冈、山东山旺)、破火山(雁荡山白垩纪流纹质火山岩、浮山粗面质火山岩)、火山构造洼地(新昌)、火山岩穹(临海)、火山颈、火山群。

(2) 火山喷溢的熔岩或火山爆发的火山碎屑岩在流动定位冷却过程中形成的奇特景观:熔岩流动单元结构(玄武岩流动单元、流纹岩流动单元)、熔岩中气孔构造、杏仁构造、熔岩气洞、绳状熔岩(五大连池、海口)、波状熔岩、牙膏状熔岩(海口)、渣块熔岩(五大连池、镜泊湖、海口)、熔岩隆岗、熔岩鼓丘、熔岩瀑布(五大连池)、鼻状熔岩(五大连池)、熔岩湖、小型熔岩池与喷气孔(漳州、海口)、火山碎屑岩中硅化木、熔岩台地、熔岩塌陷(五大连池)、喷气锥、喷气碟(五大连池);熔岩柱状节理,垂直节理(六合石柱林、香港西贡、浙江象山和临海)、弧形节理(澎湖西屿、南京六合瓜埠山、福建漳州牛头山、腾冲)、水平节理、百褶裙节理(澎湖员贝屿、腾冲);熔岩隧道及派生景观(镜泊湖、海口)、火山碎屑流单元剖面、蒸气岩浆爆发堆积(涌浪、底浪)剖面(海口、涠洲岛)、火山碎屑喷气孔、自碎多孔流纹岩奇特造型(雁荡山梅花桩)、畸异岩脉(澎湖东峰、雁荡山龙鼻洞)。

(3) 与火山、火山岩直接有关的其他自然景观:海中奇特的火山岩岛(北海涠洲岛)、火口湖(长白山天池)、玛珥湖(湛江靖宇)、堰塞湖(五大连池、镜泊湖)、地热水热爆炸(腾冲)、泉(温泉、沸泉、间歇泉、冷泉、药泉)。

(4) 火山岩在特殊地学条件下形成的奇特自然景观与生态环境:峰(锐峰、柱峰、峰丛)、嶂(雁荡山铁城嶂)、方山、象形石(雁荡山流纹岩变幻造型奇石、五大连池玄武岩造型奇石)、幽谷(雁荡山净名坑、鸳鸯溪)、石门(层内崩塌洞、垂直裂隙崩塌洞)、岩洞、天生桥(雁荡山仙桥、天台寒岩天生桥)、瀑潭(雁荡山大龙湫、长白山瀑布)、涧溪(雁荡山山筋竹涧、长白山乘槎河)、平底岩基河床水浪花景观(白水洋)、海边滩涂岩岛地学生态景观(雁荡山西门岛、台湾石梯坪、福建龙海牛头山)、滨海山岳地学生态景观、近海海蚀海积地学生态景观(涠洲岛、临海)、高山垂直植物生态景观(长白山)、寒带火山生态景观(五大连池)、热带火山生态景观(海口)、火山口森林(镜泊湖、海口雷虎岭)、火山口田园风光(海口罗京盘)、火山奇特动物生态景观(海口石山羊)。

(5) 火山、火山岩自然景观的历史与文化:火山喷发目击者的文字记录(《黑龙江外记》、《宁古塔记略》)、历代名人考察火山或文学艺术作品(游记、散文、诗词、地方志)、火山岩摩崖石刻、古建筑、宗教文化、民族风俗、火山岩古代采石遗迹(雁荡山世界地质公园温岭长圩洞天、绍兴东湖),以及火山岩及伴生矿物作为观赏石、造型石(海口)、玛瑙雨花石(南京六合)等。

随着地质科学的发展,这些地质公园也将吸引更多的专业人员去研究,发掘更深的意义。所以说,火山/火山岩地质公园是我国火山学、岩石学等专业的野外实验室,是我国火山学工作者的摇篮。保护这些不可再生的、不可移动的地质遗产有十分重要的意义,而地质公园建设从多方面推动这些地质遗迹的保护。

三、建议

火山/火山岩地质公园建设以来,各公园均提高了它们的科学与文化品位。有些地质公园受到了国内外专家、旅游专业人士的好评,可以说发生质的变化。

火山/火山岩地质公园正在成为我国火山地质知识普及的前沿阵地,是地学专业学生实习的基地,也为地学爱好者进行火山地质考察之旅、火山生态之旅、火山休闲度假之旅、火山文化之旅提供极好的平台。

火山/火山岩地质公园在发展旅游带动地方经济发展中做出了它应有的贡献。

据笔者所知,某些火山/火山岩地质公园游客人数成倍地增长。某地质公园 2008 年游客人数达 398.6 万人次,自 2003 年起增长了 71.1%;门票收入增长 64.9%;为社会提供就业岗位,2008 年从业人员达 1.5 万,间接从业人数达 5 万。某地质公园原有游客基数较少,这几年来游客数量也有较大幅度的增长,成了当地省市政府重要接待窗口,社会经济效益十分明显。

地质公园建设尚处于不断完善的阶段,需要不断地探索研究,才能使地质公园真正实现它在地质遗迹保护、公众教育、科学研究、发展旅游并带动地方经济发展等诸多方面的功能。为此,笔者提出三点建议供研讨:

1. 联合起来加强科学研究

已批准的火山/火山岩地质公园各有自身的特点,从广泛的地学学科意义上它们又有共同性。各地质公园的研究程度各不相同,特别是对火山景观的研究都相对薄弱,许多地质问题也需要不断地研究。诸如:(1) 精确的年代学;(2) 编制火山地质图(美国国家公园早已推行公园填图计划);(3) 火山景观分类与命名;(4) 各种景观的成因,特别中生代火山/火山岩石地貌形成与区域性地壳抬升剥蚀的过程;(5) 中国火山与世界火山的对比;(6) 发掘地质景观的科学意义、生态价值、旅游价值;(7) 公园建设发展中问题的解决方案。通过研究提高公园的科学与文化品位,加强公园从业人员对所管理的公园价值认知,并将成果转化到公园建设与发展之中。为此，陈安泽先生一直倡导并提出开展“中国(国内外)火山景观对比与可持续发展的研究”。这一项目目前已启动，相关公园联合起来研究将会起到事半功倍的效果。

2. 加强解说系统的建设

各火山/火山岩地质公园解说系统的建设总体上尚处于起步阶段，是多数地质公园建设中的薄弱环节。关键要做好以下工作：

(1) 在已建博物馆基础上不断完善改进博物馆的演示厅，确实使其成为公园室内解说中心与室内科普教学的场所。博物馆要成为对游客有吸引力，集科学通俗性、展示生动性、游客互动性于一体的博物馆。将神奇的火山通过动态的火山喷溢和爆发、立体模型演示、动画、虚拟现实、趣味问答视频游戏、4D 或 3D 影视来展现。改变较为陈式化、“死板”、“平面”的大量文字展示方式。要充分发挥博物馆的作用。

(2) 做好室外、室内各类景观解说牌，要针对具体景观点(包括地质、生态、人文)做图文并重、适合于大众阅读的解说牌。对一些重要的景点或景点集中的地段可设立“知识角”、“知识廊”，让游客进入景点或景群之前有一个基础的了解。如某公园在进入火山口之前设立一个“火山知识角”，用多块展板说明火山的喷发过程。又如某一公园以火山岩石柱为主，进入景区之前设立一个有关国内外石柱景观的“知识廊”，沿途介绍基础知识。

(3) 出版物少而且单一。出版物要通俗易懂，公园能面向不同阶层、不同年龄段的游客群体出版科普图书、宣传折页、公园小报等。有的公园在这方面做得较好，不仅有一般的导游书籍，还出版专供小学生阅读的小册子。有关公园可以联合支持出版火山科普知识读物。

(4) 培训导游，导游讲解中一定要讲一点科学知识。当前的问题是有的公园导游队伍不稳定，人员经培训后又走了，而不能形成懂一点地质知识的导游队伍。不少地质公园导游讲解仍不理想。火山/火山岩地质公园可以联合起来做培训，并让导游到相关公园去交流。

3. 建立中国火山/火山岩地质公园合作联盟十分必要

火山/火山岩地质公园有专业上的共性，建立合作联盟，可以有针对性地进行交流，共同提高公园的建设与管理水平。通过这个合作平台，可以实施以下工作：

(1) 举办专题性培训讲座，提高管理人员对公园相关知识的了解。

(2) 召开具有专项性、针对某项工作的经验交流会，公园之间互访，共同研讨，共同提高。

(3) 公园之间相互推广，在博物馆内展示相关公园介绍，在各自网站建立具有共性的科普专版。

(4) 在建立合作交流机制的同时，扩大与国外火山公园的联系。

(5) 条件成熟的，可召开“世界火山景观与可持续发展论坛”，增进与以世界著名火山为主题的公园的交流与合作，从而推动地质公园的国际交流。

(6) 共同策划，共同参与，轮流主办中国火山旅游节活动。

国家地质公园总体规划修编的体会

陶奎元[1]　李皓亮[2]　沈加林[1]

1. 南京地质矿产研究所，江苏南京，210016

2. 南京大地旅游策划研究发展中心，江苏南京，210016

摘要：本文是作者等人通过雷琼海口火山群世界地质公园总体规划的实践，提出规划中值得重视的几个问题与体会：公园边界、范围、面积的合理厘定，公园性质与发展目标的科学明确，地质遗迹与生态环境保护的落实，总体布局的把握，地质遗迹的充分展示，生态旅游、科考旅游路线规划的必要性，以及各项专项性的规划力求可操作性。

关键词：总体规划；实践；体会；地质公园

国土资源部在2008年公布了国家地质公园总体规划修编技术要求。这是一份规范地质公园总体规划的指导性文件。《技术要求》是围绕地质公园保护、教育、发展旅游的三大宗旨而编制的，对地质公园长远发展有着深远的意义。

笔者等人与中国城市规划院于伟规划师等人共同完成了雷琼世界地质公园海口园区的总体规划，并经过了市规划局、国土局组织专家的评审，海口市政府规划编委委员会评审和国土资源部地质环境司组织的评审。在这期间主持或参与过一些地质公园总体规划，通过学习与实践对国家地质公园总规编制有些粗浅的体会。

1　公园边界、范围、面积的合理厘定

在申报国家地质公园期间，有些地质公园的边界、面积划定缺乏周密的考虑，或面积过大，或与城镇建设发展缺乏对接，或公园在建设发展中考虑到周边的景点有纳入地质公园的必要，由此提出要求调整范围、面积。

一个地质公园边界、范围、面积的确定，应以有利于确保地质遗迹的完整性为基本立足点，兼顾公园旅游发展用地，同时必须与当地政府土地利用规划相协调。对于邻近大城市的地质公园，城市快速发展，地质公园势必融入城市发展之中。城市建设与地质公园建设要统筹土地利用。

此次规划的海口地质公园原来划定的边界是合理的，包括一个完整的火山群，同时火山群两侧留有足够的空间，足以保护火山群的完整性，实际面积为108 km^2。在讨论江苏某地质公园规划时，有一种意见是当时为了将公园“连成一片”，将过多的城镇建设用地列入地质公园而要求调整。所以，邻近城市的地质公园并不一定要强求“连成一大片”，采用由分散的几个园区（景区）组合的方式也是合理的。

合理确定地质公园边界后，按实际地形变化，采用折线围合的方法确定拐点坐标，以便建立地质公园的界碑。

2　进一步明确公园的性质与发展目标

以公园的地质遗迹景观与地质公园建设的宗旨为依据，确定公园的性质与发展目标是规划中首先要明确的问题。

海口地质公园被称为我国热带地区的第四纪火山博览园，火山密集，类型多样，火山地貌与熔岩景观丰富，熔岩隧道奇特……这是公园主题性景观。在这地质背景上叠加了热带生态景观，在火山口、火山锥、熔岩台地上发育了热带季雨林、果林与灌木丛林、古榕树、古荔枝林，这给火山景观注入更多的特色。火山与人在相处过程中形成了有别于其他火山区的特色火山文化：宋代以来全用气孔状玄武岩构筑的石屋群、古村落，用玄武岩制作的生产与生活工具，以及火山口的荔枝林、玛珥火山（低平火山口）中的田园风光与耕作文化。公园内玄武岩层内蕴藏着具有保健养生功能的地热水、矿泉水。这些都是确定公园发展的资源依据。结合海南岛要建设发展为国际旅游岛的大环境、大趋势，以及公园在海口的区位和发展中的定位，确定公园的性质为"公园是以具有重要价值的第四纪火山群地质遗迹景观为主题并融合热带生态景观与地方特色火山文化与民俗文化，构建集观光、休闲度假、温泉养生、科普科考、生态与文化旅游于一体，面向海内外的热带海岛城市火山地质公园"。公园发展总体目标为"按世界地质公园建设宗旨和海南国际旅游岛发展态势，并参照国家5A级景区要求，确定为建成一流的、高水准的世界地质公园。着力打造在我国有唯一性的、有知名度的热带海岛城市火山生态文化旅游的精品，世界级火山文化旅游胜地，成为海南国际旅游岛发展中海口市旅游的一个重要品牌"。按《技术要求》，要更为具体地确定保护目标、教育目标、旅游发展目标、科学研究目标和带动社区发展目标。结合海南国际旅游岛发展规划，公园确定了近期、中期与远期发展目标。

3 地质遗迹与生态环境的保护是规划中的第一要务

地质遗迹类型不同，其在空间上分布格局与方式也各不相同，如何划分分级保护区需要作具体分析。

海口地质公园由30多座火山构成点、带式分布格局。即由1座或2座火山构成点，由点成带，即火山群。据此确定以"点"式分布火山划定为若干个Ⅰ级保护区。由多点式Ⅰ级保护区连成一个带，划为带式展布Ⅱ级保护区。Ⅰ、Ⅱ级保护区即将公园内火山群完整地列入了保护范围。Ⅱ级保护区外有较大的面积划为面式分布的Ⅲ级保护区。

规划中还将一些特别的地质遗迹划入保护区。如熔岩隧道不仅涉及地面还涉及地下洞穴的，则以熔岩隧道为轴线，向外扩展40 m范围为Ⅰ级保护区，并明确规定洞穴为国家资源，不能任意占用，开发前必须作科学论证与安全评估。规划中明确了重点保护名录和分级保护的强制性规定。

地质遗迹与生态环境保护还涉及：(1) 水源地保护；(2) 环境容量的控制（规定日容量和年容量）；(3) 各功能区建筑容量的控制（规定建筑用地所占比例，建筑用地的性质、容积率、建筑高度与建筑风格）；(4) 有关的人文景观的保护。

4 合理确定总体布局是总规重点把握的问题

总体布局的原则应是：突出地质遗迹的特色；保护与利用统筹，但以保护为前提；地方受益；协调当地各项相关规划；强调环境、社会、经济三效益之间的关系。

公园总体布局还应考虑所在城市旅游发展中的区位、定位，公园建设的已有基础条件以及客源市场需求的态势。

海口地质公园规划中提出，发展策划为"南北方向上，重点发展完善北区，整合、保护南区；东西方向上，有序发展中部，控制两翼"。确定了公园片区发展规划，近期重点发展北区，构成代表公园主题形象的窗口性旅游区。北区北部为公园入口形象区与火山矿温泉休闲度假区。北区南部为主园区，包括：在原马鞍岭火山口景区的基础上扩建包括4座火山的核心景区及两翼的特别景区；露天与室内相结合的火山科普与文化博览区（博物馆特区）；火山与民俗文化展演与展示区；火山地震防灾体验性教育基地；游客集散中心；游客接待服务中心；公园行政管理中心以及科考与教育基地等。

主园区向中西部延伸区规划为三条地质、生态、文化相结合的路线。南区亦作相应控制规划要求。

5 推行生态旅游理念，重视地质科考路线的规划

地质公园通常以地质景观为主体，并融入地区性的生态与文化资源的特定区域。为了实现保护、教育与旅游的功能，大办推行生态旅游是很好的办法。地质公园作为一种自然公园，要改变照搬"中国式园林"的理念，不大兴土木，不搞城市式公园，而推行旨在发展另一种风格的自然公园。为此，规划由地质元素、生态元素、人文元素构成的生态旅游产品，从而使旅游对环境的冲击减少到最低。

海口地质公园连续四年接待了香港生态旅游专业培训中心组织的海口火山生态之旅，受到了欢迎。这种旅游路线也受到国外专业人士好评，可以加以推广。

地质考察路线与热带生态、当地文化相结合构建的路线正好与地方政府支持园区内生态文明村的建设相整合。公园内美社村是海南十大生态文明村之一，2009 年已接待了香港团队 30 多人的体验性住宿，团队成员与当地村民有互动，反响极好。

加强地质、生态、文化路线的规划，从而构建了"主园区＋旅游路线"或者"大景区＋乡村旅游"的格局的发展模式。这适合该公园和海南的实际情况和发展方向，也符合当地政府力求为公园内乡村的发展提供机遇与政策的支持。

6 强化地质遗迹景观的展示在新一轮规划中特别重要

地质公园原有基础各不相同，有的已经为建设多年的风景名胜区、旅游区，有的则为刚刚起步建设的地质公园。为了保护地质遗迹，有的公园内禁止采石后，留下了废弃的采石场。规划时要用地质专业的眼光去识别发掘地质景观，并规划为景点乃至景区。下列情况应加以重视：(1) 观察一些岩石露头，识别有意义的地质现象，如"小型断层"、"岩石特殊的构造"、"两种岩的关系"等等。这些以非地质的眼光看来，似乎是一堆普通的石头，不足为奇。(2) 对废弃的采石场可由交通道路建设开出"陡坡"、"坡崖"，当地国土部门会进行生态复育，往往采用"全覆盖"方式。某公园内的采石场却是一个清楚的"岩石地层剖面"，在生态复育时如作为地质景观点加以规划建设，那么既保留、展示了地质遗迹，又作了生态修复，改善环境，可以说是"两全其美"。(3) 同样一座山峰，以单一的风景而言，它是一座上下形态显示为坐立的观音，而得名为"观音峰"；如从地质角度观察，这座山峰从下到上刚好是这个公园先后三次火山喷发的岩层的叠显关系，这个地质遗迹点可以展示火山喷发历史的故事。凡此为例，旨在说明景区、景点规划重在地质遗迹的充分展示，才能体现地质公园应有的科学内涵，发挥它应有的科普意义。基于这点，在新的申报国家地质公园中要求至少有 20 处可作为科普教育点。

7 地质公园总规划中的专项规划力求可操作性

此次地质公园规划修编中明确将《科学研究计划》、《解说系统规划》、《科普行动计划》、《地质公园信息化建设计划》等独立为章，这正是体现地质公园自身的独特要求。这些专项规划对地质公园的发展，落实保护、教育、旅游的宗旨至关重要。这些专项规划力求具体，规定项目名称、内容、达到的标准、实施方案、行动计划等等。这样使执行规划具可操作性，检查规划落实时有针对性。

旅游区解说的功能、架构与理论基础

陶奎元[1,①]　钟行明[2]　沈加林[1]

1. 南京地质矿产研究所,江苏南京,210016
2. 东南大学旅游系,江苏南京,210096

摘要:我国的旅游区,特别是自然或文化景观的旅游区,解说是一项有待加强的工作。本文阐述旅游区解说的定义、功能,解说系统的架构,各种解说方式的比较,并对解说与旅游心理学、传媒学、可持续发展理论之间关系作了探讨。

关键词:解说;功能;架构;理论;旅游区

随着我国社会与经济的发展,涵盖国家风景名胜区、世界或国家地质公园、世界自然与文化遗产地、国家4A及5A旅游区在内的各类公园或旅游区应势而生,蓬勃发展。海南国际旅游岛上升为国家战略,各类旅游区进入快速发展和提升、完善的时期。今年是海南国际旅游岛开局之年,在海南省旅游工作会议上(2010年4月28日),谭力副省长在讲话中提出了今年的工作要求,其中指出“突出抓好旅游供给要素质量管理标准化”,“加强旅游市场的环境建设”,“加快景区(点)总体质量的提升”,“以国际化改造为手段,全面提升我省旅游景区(点)国际化管理和服务水平”。这无疑对国际旅游岛建设极为重要。在“旅游环境”、“景区质量”、“国际化水平”实施中,解说是不可或缺的一项系统工程。海南各类公园,旅游区的解说是关系到海南旅游可持续发展,关系到国际化水平提升的一项重要工作。管理者应制定标准,明确提出要求,通过不同类型旅游区的试点,然后推广。经营者或建设者要从理念上认识什么是解说,为什么要解说,怎么做解说,然后要在行动上实施解说系统工程。

本文是笔者等人在有关旅游区解说实际的基础上撰写的系列论文之一,试图探讨解说的定义、功能、架构以及解说与旅游心理学、传媒学、可持续发展之间的关系。

一、解说的定义与功能

定义　解说研究兴起于20世纪60年代,到90年代解说的研究日趋成熟。Feemen Tilded(1957)在《解说我们的遗产》一文中提出“解说是一种教育活动,旨在通过原始事物凭借游客的亲身经历,借助于各种演示与媒体,来揭示当地景物的意义及其相互作用,而非传达一些事实”。Sharp(1969)将解说理解为服务、教育与娱乐的升华。有些学者提出“解说是一种资源、旅游者、社会相互作用的功能,立足于对古老历史的特有主题、资源管理目标。试图给旅游者一种感受(National park service,1997)”。Kundson主张“解说是用故事的形式讲述纯概念化的事实,通过激发游客的智慧达到理解与娱乐的目的”。吴忠宏认为“解说是一种信息传递服务,目的是在于告知及取悦游客,并阐释现象背后所代表的含义,借助相关咨询来满足人们的需求与好奇,同时又不偏离中心主题,期望激励游客对所描述事物产生新见解与热忱”。吴必虎(1999)认为“解说就是运用某种媒体方式,使特定的信息传播并达到信息接受者中间,帮助信息接受者了解相关事务的性质与特点,并达到服务于教育的基本功能”。

---

① 陶奎元,国土资源部南京地质矿产研究所博士生导师,东南大学旅游教授,南京大地旅游资源策划研究发展中心主任。

旅游区解说是管理者(作为解说的供给方),运用媒介的多种方式,将各类景观、景物的相关信息传递给受众者(旅游者、潜在旅游者及相关群体)。在为旅游者服务的同时达到启迪教育、形象推广、沟通管理的效果。

功能 从解说的定义中大体了解什么是解说,解说的功能是多方面的。

1. 解说宣示公园的价值,有利于提高保护意识

解说是向人们传达旅游区、各类公园重要意义的过程,可使人们更好地欣赏、理解事物的重要性,进而对保护形成一种积极的态度。《关于文化旅游的国际宪章》(1999)指出"遗产保护的基本内容是向所有者和游客说明它的价值和保护的必要性"。如自然景观是不可再生的、不可移置的资源,有些还是独一无二的;世界、国家地质公园或世界自然遗产的批准,即确认它具有杰出而又重要的价值,应得到全人类的保护。这需要不断地对管理者、游客和当地社区居民进行解说宣传。所以,解说首先要把所在公园独特的价值,通过各种方式、各种场合传达给游客、居民和管理者,从而提高保护的意识,培养珍惜、尊重大自然的行为。

2. 实现教育功能,开展科普教育

不论是世界自然遗产还是地质公园或风景名胜区,均提出公众教育,这正是中国旅游区需要加强的一项工作。解说系统是用各种适合大众喜闻乐见的方式,解说神奇自然景观形成的科学道理和它的意义,解说古老历史遗存和它的意义,引导游客去探索发现,体验大自然的奥秘,追溯历史得到感悟。许多自然景观作了解说,促使游客驻足观看,引发其兴趣。例如,海口火山群世界地质公园内,三片火山喷溢的熔岩(黑色的石头)如不作解说,游客不会去注意,作了解说后,游客就会去看究竟是什么现象,为什么会出现这种景象。对一些风景地貌如不作解说,只能是雾里看花,不知其所以然,只能"游山乐",而不知"游山学"。公园应实现寓教于游、寓学于游。许多公园获得"国家科普教育基地"的称号,这不仅仅是荣誉,更重要的是要做好解说系统,把公园建成科普教育的露天大教室。

3. 解说系统可提高旅游体验的质量和参与程度

在一个旅游区,无论是游客还是管理者,旅游体验是旅游发展的生命线。旅游体验质量(EQ)=旅游的期望—旅游的体验。若 EQ<0,说明游客体验质量高;若 EQ=0,说明游客感到一般满意;若 EQ>0,说明游客感到失望。

旅游的期望在形成过程中受到信息的丰富度、准确度和传播质量的影响。信息的丰富度、准确度与传播质量又取决于完善的解说系统。相比各种商业广告而言,人们更倾向于相信旅游的解说系统。旅游的体验包括审美愉悦、科学情趣感知愉悦、探索发现大自然奥妙的愉悦,以及人文景观的欣赏、探索历史的愉悦等等。解说系统要引导、启迪游客去体验,从而提高自身的阅历与素养。

旅游体验的核心还在于参与性。游客参与程度越高,其体验质量就越高。解说系统不仅只是传播信息,而且要设置一些具有互动性的、动态的、多观感的项目。有些公园设置"趣味知识问答视频游戏"项目,发放"登山趣味知识问答卡",都是提高游客参与性的好办法。导游在导览的过程中,可以适时提出启发性的问题与游客互动,也可视游客状态设置一个特色的议题,在游览的过程中让游客参与议论,最后进行总结,给游客留下一个主题性的回忆。

4. 解说系统具有管理的作用

解说系统是公园管理者、旅游者之间连接的纽带,沟通的桥梁。它还可以平衡政府、管理部门、经营者之间的关系。

解说系统不仅能引导游览、体验和参与,而且还可以明确告示、劝止、疏导、解惑,规范游客的行为,正面鼓励对环境友好的行为,引导对环境影响降低到最小的旅游行为。

5. 解说系统给公园带来效益

Ham(2002)调查时发现,游客更希望把旅游地的自然、文化信息作为知识进行储备,甚

至愿意为高质量的解说支付成本。海口火山口公园的管理者重视解说，听取专家的意见，建立较为完善的解说系统，其效果非常显著：① 比较充分地展示了火山、岩石、植物与文化、民俗文化等景观、景物，提升了公园的科学与文化品位。图文并重，中英对照的解说牌，也引起了来自欧洲游客的兴趣。② 增长了游客在公园欣赏、体验逗留的时间，从而促进了附加消费。③ 被称为学生科普教育的露天教室，得到联合国教科文组织专家的赞扬。库莫教授说："这个公园是将火山科学故事展示得最好的一个公园。"成为省市政府的重要接待窗口，知名度有大幅提高，游客量逐年拉高。④ 成为学生春游、秋游、双休日亲子家庭游的重要场所，家长愿意带着孩子来公园玩，在游玩的过程中接受一些知识。学生市场有了大力拓展。这些均直接或间接地产生了效果和效益。

二、解说系统的架构

解说系统分为人员解说媒介(personal interpretation media)、非人员解说媒介(non-personal interpretation media)(图 1)。

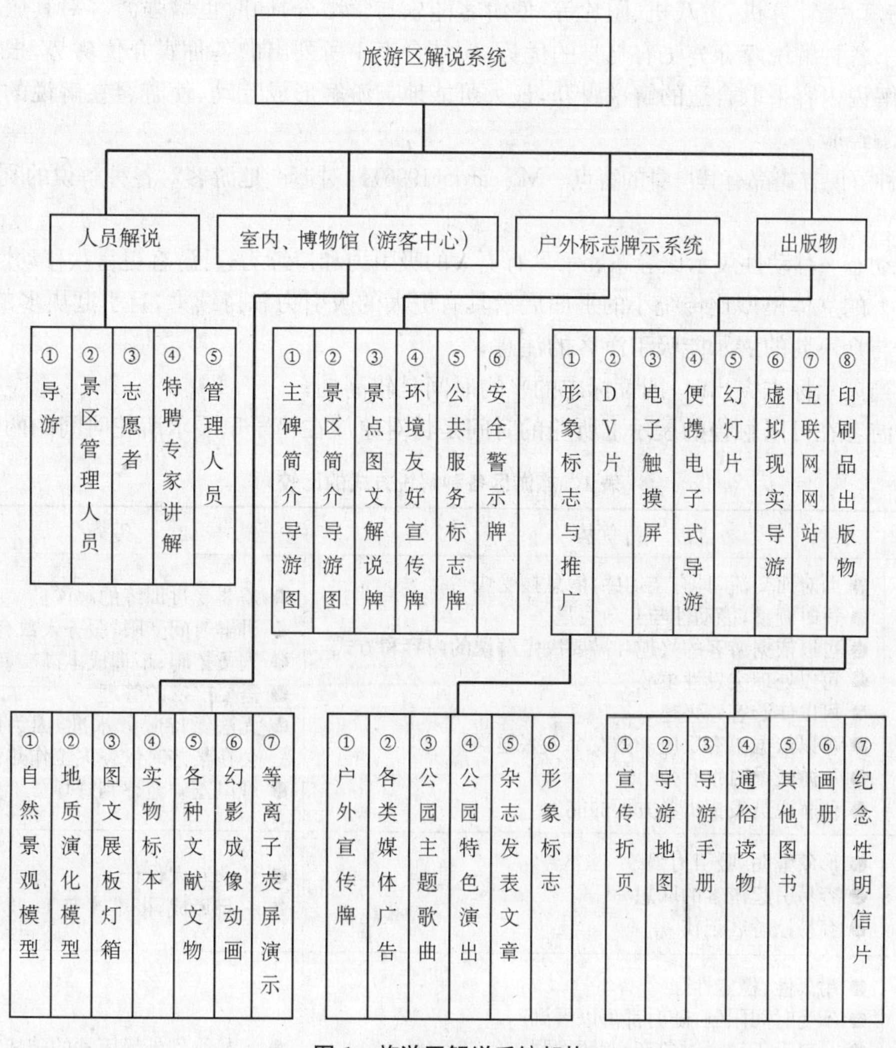

图 1　旅游区解说系统架构

人员解说媒介，主要是指导游、景区讲解员、志愿解说者及其他能够提供相关信息的人员(包括当地居民、旅游者本身等)。它是以人员作为媒介直接与旅游者进行面对面的解说服务。此类解说媒介具有讲解、评论、表演、讨论、讲座等形式，需要注意的是旅游者本身也是一种解说媒介，因为他会把自己到某个地方旅游的经历和感受介绍给别人。

当前不少旅游区的导游经过培训,针对不同的对象讲解不同内容,获得很好的效果。但仍有些地区的导游往往只是起"引路人"的作用,乃至成为"导购"、"导拜(佛)",或讲一些不着边际、庸俗的笑话逗乐游客。如某猿人溶洞景区,导游讲了"七仙女下凡与乾隆皇帝生下儿女居住在洞中",游客听了十分气愤,向旅游局作了投诉。

非人员解说媒介,是指没有人直接介入的解说媒介,通常包括形象标志、牌示系统、模型与沙盘、视听媒介、各种展览(包括静态的和动态的)、互联网以及出版物印刷品等等。非人员解说可分为室内综合解说、户外标志牌示以及出版物三类。

非人员解说没有引起重视,认为可有可无,或做几块指路的标志牌就算是解说了。标志牌设计粗糙、解说不准确、用词不规范等现象十分严重。

对于某一解说目标的完成,是可以使用多种解说媒介达到的。但是解说媒介的选择必须与解说位置、解说对象、背景等因素结合考虑。有研究表明,游客在完成旅行后,记住听到内容的10%、记住读到内容的30%、记住看到内容的50%、记住参与性经历的90%。所以,解说的一个重要方式便是让游客参与到解说活动中来,要求解说人员使用一定的设备或设施,如幻灯片、计算机、游戏机、图片等,使游客能乐与学结合,同时也增强游客对其旅行经历的记忆。各种解说媒介方法有自身的优势,应结合表1所列出的各种媒介优劣势,根据解说对象及解说内容采取合适的解说媒介,最大可能地与游客形成互动,使游客在解说的过程中提高旅游经验。

各种解说方式都有其自身的特点。Moscardo(1996)针对遗产地游客对各种解说的利用情况作了总结:

- 动态/移动性展示比静态展示具有更大的吸引力和持续力,且游客更喜欢移动性展示;
- 大的立体模型比传统小的平面展示具有更大的吸引力和持续力,且引起更多的观察;
- 与众不同的展示能吸引游客的注意;
- 当展示标志突出时,阅读标志的平均时间是较高的;
- 游客在可以触摸的展示上所花的时间是将对象放在箱子里展示所花时间的两倍。

表1 旅游区各种解说方式的比较

媒介	优势	劣势
人员解说	● 面对面交流,具有亲切感,信息接受快 ● 适时调整,能动性与互动性强 ● 可以依据游客的兴趣和需要决定解说的内容和方式 ● 可以处理突发性事故 ● 可以使游客感兴趣 ● 可以依据游客反应来激发个人兴趣 ● 旅游旺季时很有效 ● 使解说员发挥出各方面的能力	● 需要受过训练的解说员 ● 讲解时间受限,服务人数有限 ● 人员招聘、培训成本高 ● 需要严密的管理 ● 无法保持服务水准,因为解说员会在某些时候丧失工作热忱 ● 难以正确地评判好坏
形象标志	● 形象鲜明,吸引力强 ● 容易引起游客的联想 ● 容易让游客记住	● 要求专人设计 ● 一旦形成,极难改变
牌示系统	● 耐久性、稳定性强 ● 不受时间限制,随时都可以看到 ● 一般设于解说对象旁,对照性强 ● 可同时供多人使用 ● 游客可以依据自己的速度观赏 ● 比较便宜 ● 可以利用视听器材来辅助解说文字、图表 ● 可以设计成和周围环境相融的形式	● 容易受到外界因素的破坏 ● 是静态的,且无弹性 ● 一次性投入大,成本高 ● 更新速度慢,信息易陈旧

（续表）

媒介	优势	劣势
视听媒介	● 具有写实性，并且造成情感上的冲击 ● 提供良好的简介 ● 激发游客的想象力 ● 提供视觉和听觉的效果 ● 可携带至景物地址以外的地方使用 ● 使游客能看到那些原本无法接近或看见的地方、动植物、季节风光 ● 制造情绪或气氛 ● 可同时服务众多游客 ● 可服务残障人士	● 并非任何地方均可使用 ● 需要支持设备、定期维修和经常性的检视
展览	● 游客可以根据自己的速度观赏 ● 可以陈列和该地点有关的实体物品 ● 可以陈列三维空间的实体物品 ● 可以提高游客的参与感 ● 可以借助印刷品或视听器材来达到更佳的效果 ● 非常适合需用图形说明的概念 ● 可以设计成适合室内或室外使用的情况	● 建设成本大 ● 要有专人管理 ● 需要管理成本
互联网	● 信息量大 ● 时效性强 ● 费用低 ● 不受时间限制	● 可能存在虚假性 ● 许多人不能上网 ● 不能当面交流
出版物/印刷品	● 使用时间长久，具有纪念价值 ● 可用多种语言撰写，适合国际游客需要 ● 信息全且容易更新 ● 可以携带 ● 可以应用不同的说明技巧 ● 游客可依据自己的速度阅读 ● 补充辅助人员解说之不足 ● 内容详略程度可视需要而定	● 对游客的文化水平要求较高 ● 需要一定的分发系统支持 ● 冗长的文字可能使游客觉得厌烦 ● 除非专业人员设计、说明，否则可能会降低游客的兴趣，而且无法表达出清晰的意向 ● 必须不断修订以保证正确性
游客中心	● 能提供各种形式的解说服务 ● 容量大，可以同时接纳许多游客 ● 服务设施齐全，除提供解说服务外，还有其他服务 ● 可以整合各种解说媒介，提供个性化解说服务	● 占地面积大，投资大 ● 管理复杂

三、解说研究的理论基础

旅游区解说的服务对象是广大的游客和潜在的游客，运作方式本质上属于信息的传播，而其根本目的是旅游的可持续发展。因此，解说系统的理论基础涉及旅游心理学、传播学和可持续发展等理论。

1. 旅游心理学与解说

旅游消费的态度是人们对某一特定的旅游目的地，用赞成或不赞成的方式表达旅游消费的心理倾向。旅游者或潜在旅游者对某个公园、旅游区或某种旅游方式的偏爱与选择，往往直接取决于各种方式所接受的信息。在旅游者形成旅游动机之前，通过解说系统，包括报刊、电视、广告、电影、宣传单、图书以及游客的口碑等等信息，会产生旅游偏爱和旅游动机。在旅游过程中通过博物馆、游客中心等室内解说和景区、步道、景点的解说，会增强享受旅游带来的乐趣，并留下更为深刻的印象与美好的回忆。旅游者对景物的感知也有一个筛选的过程，在这个意义上，解说系统可看作为促进游客感知的一种旅游环境。所以，户外解说系统要在色彩、体量、图文等方面符合游客审美要求，让游客在审美的过程中引发思想共鸣。人员解说就是让游客熟悉新的环境，增加旅游的互动与体验。影响游客消费决策的两大关键点是感知机会与可达机会。这两个变量都与接受的信息的多少和正确与否有关。如消费者对目的地了解越多、感知欲望越大，也会影响可达机会。

解说系统面对游客，要研究游客接受解说的心理。

Moscardo(1996)研究游客，即传播的受众，提出解说的四项原则：① 应该给游客多种多样的经历；② 游客能控制自己的经历；③ 解说应当与游客个人经历联系；④ 解说应该挑战游客，如鼓励游客提问。

2. 传播学与解说

传播是信息在空间与时间上的转移和变化。传播通常由传播者——解说的供给者，传播的媒介——解说系统，传播的受众者——游客或潜在游客组成。公园的解说在理论上要研究传播的全过程。

依照 Andrusiak 和 Kelp(1983)提出旅游区的"信息流向模式"，游客与旅游区的接触主要可以分为五个场合：

▲ 游客来访前：应可告诉将会前来的游客，当地可以旅游的地点及资源；提供一个正确的区域导向，并供给即将到访的游客最基本的知识，使得他们对即将进行的旅游做出正确的期望。

▲ 第一现场接触：应告诉所有来访的游客该地区的特殊资源，必须让他们感觉来到一个特殊的地方，并有宾至如归的感觉。各种资料的表现方式必须清楚而易于了解。特殊管理上的讯息，尤其是保育的事务也可以告诉游客。

▲ 白昼的去处或住宿的目的地：当到达现场后，游客将会前往各景区。告知其在景区所需要知道的讯息，包括该景区邻近的各种观赏资源及活动机会。

▲ 活动目的地：游客必须知道这个地区提供了哪些游憩和教育机会、日间活动地区、团体活动地区及全盘的公园系统。这些信息中包含了公园内的各种步道、景观区、瞭望台以及各种设施。

▲ 旅游之后：目的在于提供并发送信息，以推广并加深游客对当地的体验。这项工作也包括描述详尽的小册子、墙报、画册及书刊。

信息流向模式指出了游客在不同的阶段所需要的信息的类型。旅游解说系统可以根据这一理论有侧重点地以合适的方式提供游客所需的信息。

3. 可持续发展理论与解说

可持续发展的概念是联合国世界环境与发展委员在《我们共同的未来》中提出的，并在1992年巴西里约热内卢联合国环境与发展大会上得到公认的。它是指"既能满足当代人的需要，又不损害后代人满足其需要的发展"。可持续发展与旅游业有着密切的关系，旅游业的发展必须走可持续发展的道路。1990年在加拿大温哥华召开的全球可持续发展大会上，旅游组织行动策划委员会提出了《旅游持续发展行动战略》草案，构筑了可持续旅游的基本理论框架，并阐述了可持续旅游发展的主要目标，即：① 增进人们对旅游所产生的经济效应和环境效应的理解；② 在发展中维持公平；③ 提高旅游地居民的生活质量；④ 为游客提供高质量的旅游感受；⑤ 保护未来旅游开发赖以生存的环境质量。可持续发展被认为是在保持和增强未来发展机会的同时，满足外来游客和旅游接待地区当地居民的需要，在旅游发展中维护公平。它是对各种资源的指导，以使人们在保护文化的完整性、基本生态过程、生物多样性和生命维持系统的同时，完成经济、社会和美学需要。

1995年4月27日至28日，在西班牙的兰沙罗特岛举行的可持续旅游的发展会议上通过的《可持续旅游发展宪章》指出："可持续发展的实质，就是要求旅游与自然、文化和人类生存环境成为一个整体……"

自然资源是一种不可再生的资源，在开发旅游的过程中，必须坚持可持续发展的原则，只有这样才能确保其永续利用，才能为我们的子孙后代留下这些宝贵的人类精神财富。解说系统建设的最终目的在于促进旅游的可持续发展。

参考文献

[1] Emma J Stewart, Bronwyn M Hayward, Patrick J Devlin . The "place" of interpretation: a new approach to the evaluation of interpretation. Tourism Management, 1998, Vol 19, No 3: 257 - 266

[2] Ham, S. H. A. A perspective on the evolution of interpretive research. Taiwan Area (China), U. S. , and Australia International Symposium on Environmental Interpretation and Eco-tourism, 2002.

[3] McArthur S. , C. M. Hall. Visitors management and interpretation at heritage sites . In Heritage Management in New Zealand and Australia, C. M. Hall and S. McArthur, eds. Oxford: Oxford University press, 1993. 13 - 39

[4] Moscardo Gianna. Mindful visitors : heritage and tourism. Annals of Tourism Research, 1996, 23(2): 376 - 397

[5] 陶奎元. 台湾阳明山地景、保育与解说考察记——对建设国家地质公园的启示[J]. 火山地质与矿产，2001，22(4)：300 - 306

[6] 屠如骥，赵普光，叶伯平等. 现代旅游心理学[M]. 青岛：青岛出版社，1997

[7] 吴必虎，高向平，邓冰. 国内外环境解说研究综述[J]. 地理科学进展，2003，22(3)：326 - 334

[8] 陶奎元，沈加林，李皓亮. 试论地质公园解说. 中国旅游地学地质公园研究发布会，第22届分会文集

地质公园旅游安全的特征及保障体系的建设①

——以中国雷琼海口火山群世界地质公园为例

陈水雄[1,②]　陈耀晶[2,③]

1. 海口经济学院学报编辑部，海南海口，570203
2. 中国雷琼海口火山群世界地质公园，海南海口，570125

摘要：以中国雷琼海口火山群世界地质公园为例，对地质公园资源的特征及旅游安全的任务、特点以及旅游安全保障体系进行分析，并就建立与完善地质公园风景区安全管理体系问题提出若干意见与建议。

关键词：地质公园；旅游安全特征；旅游安全保障体系建设

据统计，中国至今已建成26处世界地质公园，140处国家地质公园，130余处省级地质公园，另有43处地质公园已经获得国家地质公园资格。[1]近年来，我国各级地质公园游客量猛增，尤其是节假日旅游黄金周，其人数远远超过地质公园景区的正常游客容量，给地质公园景区带来了极大的安全隐患。旅游安全是旅游业发展的基本保障，没有安全就没有旅游业。因此，加强地质公园风景区的安全管理是各主管部门必须面对的现实问题。本文以中国雷琼海口火山群世界地质公园(以下简称海口火山群世界地质公园)为例，对地质公园资源的特征及旅游安全的任务、特点进行分析，并就地质公园旅游安全保障体系的建设问题提出若干意见与建议。

一、地质公园旅游资源的主要特征

(一) 得天独厚的地质遗迹景观资源

地质公园是以具有特殊地质科学意义、稀有的自然属性、较高的美学观赏价值，具有一定规模和分布范围的地质遗迹景观为主体的自然区域，具有得天独厚的地质遗迹景观资源。以海口火山群世界地质公园来说，该公园由40座火山构成，总面积108 km^2。火山类型齐全、多样，几乎涵盖了玄武质火山喷发的各类火山，既有岩浆喷发而成的碎屑锥、熔岩锥、混合锥，又有岩浆与地下水相互作用形成的玛珥火山。火山地质景观极为丰富，熔岩流——结壳熔岩，如绳索状、扭曲状、珊瑚状，无不称奇，主要景点有马鞍岭、双池岭、仙人洞、罗京盘等，令人叹为观止。熔岩隧道有30多条，最长超过2 000 m，其内部形态与景观丰富、奇妙，为国内外所罕见。

(二) 多样的可开发旅游资源

除了地质遗迹景观外，地质公园大都具有多样的可开发旅游资源。就海口火山群世界

---

① 海口经济学院2011年校级科研课题子课题之一，中国地质学会旅游地学与地质公园研究分会26届年会参会论文。

② 陈水雄，1956年生，男，海南乐东人，现任《海口经济学院学报》执行主编、主任编辑；研究方向：旅游文化，旅游可持续发展。

③ 陈耀晶，1951年生，男，海南海口人，海南省旅游协会副会长，海南椰湾集团董事长，海南火山口公园有限公司总经理；研究方向：旅游规划，旅游管理。

地质公园来说，它是我国唯一的热带第四纪火山博览园，除了具有唯一性、稀缺性的火山地质遗迹景观资源外，还具有不少可开发的旅游资源。

1. 热带雨林植物：海口火山群世界地质公园在火山锥、火山口及玄武岩台地上还发育了热带雨林为代表的生态群落，植物有 1 200 多种，果园与火山景观融为一体，为热带城市火山生态的杰出代表。

2. 火山矿泉：园区还是多种野生动物繁衍生息的生命乐园。地表有火山泉形成的山塘、湖泊，地下蕴藏丰富的温泉资源。

3. 远古火山石文化景观：至今园区内保存有千百年来人们利用玄武岩所建的古村落、石屋、石塔和各种生产、生活器具，记载了人与石相伴的火山文化脉络，以及人类文明进步的历程，被称为中华火山文化之经典。

4. 火山文化景观：现有的古村落包括美社村、春藏村、道堂古墟、儒豪村、三卿村、龙群村、美本村、儒穴村、玉库村等十几个村落。古村落特征突出，其房屋墙体和路面全部用玄武岩石块砌成。火山居民淳朴热情，原住民的土著文化与南移古越、闽文化相互交融渗透，至今还保持着每年农历正月十六减性节（主要劝诫人们积德行善、谦恭仁和，故称减性），七月十五日前夕中元节等风物民俗节庆，公期、军坡节等代表的民俗文化节日，并传承了起源于唐代的古乐演奏——火山八音。

5. 火山美食：特产“石山壅羊”，具有绿色、生态、健康、营养的特点，有很好的保健滋补作用。经常有许多人从外地驱车来此品尝火山美食。

（三）旅游资源价值及吸引力

以稀有地质遗迹景观为主体的地质公园不仅具有特殊地质科学意义、较高的美学观赏价值，而且还融合其他自然景观与人文景观。它既为人们提供具有较高科学品位的观光旅游、度假休闲、保健疗养、文化娱乐的场所，又是地质遗迹景观和生态环境的重点保护区，地质科学研究与普及的基地。近年来，随着生态和科普探险旅游的兴起，我国各级地质公园游客量增长迅猛。以海口火山群世界地质公园来说，海南作为一个相对独立的地理海岛和热带海滨旅游度假胜地，其滋生的地质公园旅游资源非常独特，而且发展潜力巨大。据统计，2010 年海南全省接待过夜游客 2 587.34 万人次。[2]现在的参与地质公园旅游者还不到可参与人群的 5%。随着国际旅游岛建设的加快，来琼游客大增。如面向全国，海口火山群地质公园旅游有着非常广阔的市场，可以接纳很大的客流量。据统计，2010 年海口火山群世界地质公园游客已近 50 多万人次。

二、地质公园旅游安全特征、表现形态及影响因素

旅游安全特征、表现形态和影响因素是进行旅游安全研究的基础和支撑，厘清旅游安全的特征和相关因素是对旅游安全的本质进行分析的关键。

（一）地质公园旅游安全主要特征

1. 旅游景区多是以山林景观和岩洞景观为主体，安全问题隐患大，特别是一些以参与性的登山互动项目为主的旅游活动，危险性和安全要求较高。

2. 游览地质公园，一般不仅要有登山技术，还需要丰富的动植物和生物知识，更要知道怎样寻找熔岩隧道，怎样在迷路的情况下自救，并且要懂得哪些植物有剧毒，怎样防止野生动物如猛兽、毒蛇的伤害等等。

3. 旅游的安全性与气候条件、自然条件、地理条件等关联性强，条件相对不便，施救相对困难。在山林资源丰富的地质公园景区，尤其是在岩洞里，手机信号时有时无，且没有对外的 GPS 求助电话，也没有配备专门搜救人员。各医疗机构距离景区太远，如出现安全事故，容易延误救治。在森林资源丰富的地质公园景区，也没有出售探险游者所需的运动太阳

镜、登山鞋、头巾和帽子、防虫药水等户外休闲运动常备用品。

（二）地质公园旅游安全表现形态

1. 自然灾害

(1) 地质灾害。这是由不良的地质作用引发的事件。地质公园主要以山林洞穴景区为主，受特殊构造、地层岩性、水文地质条件、降雨及不合理的人为工程等影响，其地质灾害类型以滑坡、泥石流和崩塌为主，如河南关山国家地质公园和陕西的金丝峡国家地质公园就发生过滑坡和崩塌地质灾害，给地质遗迹保护和人民生命财产安全带来严重威胁，地质公园也损失惨重。

(2) 气象灾害。威胁旅游者生命及破坏旅游设施的气象灾害，如飓风、台风、气旋、雷击、暴雨和洪水等气象灾害。

(3) 其他自然因素。危及旅客健康和生命的其他自然因素和现象，如缺氧、极端气温等。

(4) 野生动植物。因接触野生动植物等而产生的危险，如昆虫叮咬、毒蛇咬伤等。物种多样性是海南地质公园的特点，但是在一些景区，有毒物种旁边并没有挂警示牌。

(5) 森林火灾。因天气或人为因素引发的森林火灾。

2. 交通事故

以自驾车游及上山车辆、缆车、私人经营机动车为甚。

3. 疾病或人身伤害

(1) 割伤、刺伤、碰伤或摔伤，如被岩石碰伤、割伤或刺伤，登山时不慎摔伤。

(2) 饮食因素导致的疾病，如因水土不服或食用不干净、不新鲜的或有毒的食品而引起肠胃炎或食物中毒等。

(3) 环境因素导致的疾病，如热带地区所特有的疟疾、登革热等。

(4) 突发性疾病，如因参加体验性、激烈性活动引发心脏病等。

4. 治安犯罪

(1) 暴力型犯罪，包括抢劫、侵犯人身自由、性犯罪和与毒品、赌博、淫秽有关的犯罪。

(2) 欺诈，主要包括强买强卖、以假充真、以次充好等涉及旅游者利益的事件。

(3) 盗窃，多集中在景区人流较拥挤的地方。

三、地质公园旅游安全的问题及其原因分析

（一）旅游安全管理存在的主要问题

1. 管理机构和人员问题。没有设置专门的安全管理机构，安全管理人员层次低，没有相关的专业技能和水平。有的风景区为了应付上级主管部门检查的需要，临时抽调各部门人员组成检查队伍，安全检查工作走马观花，不仔细不深入，对安全隐患识别能力低，不能采取有效的整治和防范措施。

2. 车辆安全管理问题。有些风景区进出车辆疏于监督管理，没有提醒外来司机须按规定线路、车速行驶，对上下山车辆没有进行安全测试。在节假日期间，对在风景区营运的车辆没有实行总量控制、分流营运、确定路线，导致有的风景区车辆发生车祸的惨剧。

3. 旅游项目的规范和指导问题。以在建的金丝岭国家地质公园为例，安全标志不健全、不规范，安全防护措施不到位。由于风景区接待来自不同地区和国家的旅游者，所有安全标志应按照国际规范制作和悬挂，但有些风景区安全标志只使用中文汉字，对外国游客起不到警示作用；在一些危险地带，如湖泊沿岸的风光带、瀑布观赏处、上山坡度较大地段，没有设置警示牌、防护栏，这容易导致有的游客迷路，失足落水、溺水，甚至失足坠崖。

4. 旅游者数量危机。即指由于旅游者的数量问题所带来的危机，主要表现为旅游的饱

和与超载。这种饱和与超载现象会给景区带来严重的负面影响,累积到一定程度就可能引发危机。

5. 监管力量经费和设备技术手段问题。安全设施建设和消防设备设施投入不足,消防器材过期失效。相当多的地质公园风景区为了达到原生状态风貌,建立了许多木质结构建筑,如山顶供游人住宿的小木屋、度假区等,配备的消防设备设施数量不足,缺乏应急照明和安全疏散指示标志,消防水压不达标,灭火器过期失效,存在着严重的火灾隐患。

6. 安全管理制度和安全职责问题。一些地质公园风景区内的游乐项目是由个体户或私人公司承包经营,如高空索道、蹦极、山地车等,承包商因逐利性而忽视安全管理与投入,导致部分特种设备设施没有定期检验,设备超期服役,操作规程不规范,工作人员没有持证上岗等潜在的安全隐患,一旦出现安全事故,景区与承包商就互相推卸责任。

7. 旅游安全的预警、救助系统问题。许多地质公园旅游区的治安警力不足,地质公园景区景点的治安岗亭、安全监控器、旅游投诉处理中心等配备也不足;许多地质公园旅游区尚没有便利的报警点和完善的广播服务网,也没有流动治安警察,不能及时为游客提供急、难、险事的求助服务;警报系统也不完善和齐全,对突发事件难于进行及时施救和妥当的处理;在容易出现危险情况的地方,没有急救点或急救人员,一些地质公园旅游区甚至没有医疗救护站或医院。

8. 天气预测、预报问题。准确的天气预测、预报工作对旅游业的发展甚为重要,但目前地质公园旅游区对天气的预测、预报工作重视不足,执行不力,也缺乏有效的预测、预报设备和手段。

(二) 旅游者的安全认知和防范问题

1. 防范意识薄弱。许多旅游者对地质公园旅游活动场所的安全隐患了解不足,又在旅游活动中麻痹大意,在没有做好充足准备的情况下,盲目活动,冒险行动,以致于酿成灾害事故。

2. 缺乏安全知识。许多游客对地质公园缺乏起码的安全知识,对地质公园的安全隐患认识严重不足,对如何应对安全事故一无所知。

3. 法制观念淡薄。如2011年四川四姑娘山国家地质公园发生的"驴友穿越事件",根据所拍的照片显示,驴友在没有报批的情况下,穿越了卧龙的核心保护区,显然是违法行为。

四、地质公园旅游安全保障体系的构建及其对策

(一) 地质公园风景区安全管理体系

地质公园风景区安全管理体系属于风景区安全管理体系。主要内容如下:

1. 旅游安全控制系统

(1) 旅游安全管理机构。旅游安全管理机构应由旅游景区内的高层管理者和各部门管理人员组成,最好还应有法律、谈判、公共方面的顾问,以增加其权威性和快速反应能力,但必须拥有足够的权力和相对的独立性,在旅游景区内部有相应的发言权,专职负责未来可能发生的旅游安全事件,成为旅游景区重要的常设机构。

(2) 旅游安全管理制度。主要包括:① 安全管理责任制。地质公园在健全各级安全管理机构的同时,要逐级签订安全管理责任书,将安全管理的责任落实到每个部门、每个岗位、每个职工。② 安全管理培训制度。把安全教育、职工培训制度化、经常化,培养职工的安全意识,普及安全常识,提高安全技能;要经常进行应急救援演练,特别在节假日前,组织应急救援队伍进行消防演练、模拟救援等项目。③ 信息报告发布制度。要及时做好相关信息的发布和通报工作,切实抓好自然灾害的预警预报,提高应急处置的协调能力和快速反应能力。对发现的重要情况及时处理并报告,对迟报、漏报、瞒报的要给予通报批评,对造成后果

的将严肃追究有关领导和人员的责任。④ 安全检查制度。定期进行安全检查和落实安全隐患的整改。如检查险要道路、繁忙道口及险峻路段,及时排除危岩、险石和其他不安全因素;检查风景区的建筑安全,增加消防器材、避雷针等安全设施,提高建筑的安全等级;检查高空索道、蹦极、山地车等特种设备,督促进行定期检验和维护,确保设备运行良好等。

(3) 旅游安全法规体系。旅游安全法规是旅游安全得到保障的基础,完善的旅游安全法规是旅游业顺利、平稳发展的保障。虽然旅游安全问题目前已经引起了人们的关注,国家和地方也相继出台了各种相关法规,但是我国的旅游法体制还不完善,对安全问题只是做出了原则性的指导和规定,在处理旅游安全的相关问题上还存在着很多空白之处。

(4) 旅游安全保险体系。旅游保险是指旅游活动的投保人根据合同的约定,向保险人支付保险费,保险人对于合同约定的在旅游活动中可能发生的事故及其所造成的财产损失、人身伤亡承担保险赔偿责任,或者当被保险人在旅游活动中死亡、伤残、疾病时承担赔偿保险金责任的行为。

2. 旅游安全管理信息系统

地质公园要建立完善的旅游安全管理信息系统,将日常的管理活动信息化、系统化、规范化、标准化,并能达到预防为主的目的。

3. 旅游安全管理预警系统

(1) 旅游安全信息监测子系统:负责监测旅游景区的外部经营环境和内部管理环境,收集与景区相关的信息,尤其是造成负面影响的信息,并准确传达给信息加工子系统。

(2) 旅游安全信息加工子系统:在接收到监测系统的信息后,对旅游安全环境进行分析、整理和归类,将零散、无序的信息转化为预测子系统能够迅速识别利用的有效信息。

(3) 旅游安全预测子系统:收到经过加工的信息后,根据整个旅游市场状况和景区内部财务、人力资源、市场推广等指标做出考察和判断,对每种风险进行分类,对已经确定的风险、威胁大小和发生概率进行评估,建立各类风险管理的次序。

(4) 旅游安全警报子系统:判断各种指标和因素是否突破了危机警戒线,根据判断结果决定是否发出警报,发出何种程度的警报以及用什么形式发出警报。

(5) 旅游安全预处理子系统:根据旅游安全警报子系统发出的警告应对处理各种类型的危机,将旅游安全隐患消灭在萌芽状态。旅游安全不仅仅考虑与人们生命财产直接相关的安全问题,还应涵盖旅游资源安全、旅游环境安全等内容,准确、及时的预警信息能有效减少经济损失,确保人们生命财产的安全,从某种意义上说对危险事故的预警也是一种安全。旅游安全预警就是在安全事故发生之前,通过科学指标,对未来特定的一段时间、一定旅游区域内的旅游动向进行预测和引导,使旅游效果达到最佳。

4. 旅游安全急救系统

旅游安全救援是对旅游活动中发生安全事故的相关当事人提供的紧急救护和援助,是保障旅游者安全、维护旅游业健康发展的重要方面。一个高效完善的旅游安全救援系统应包括:

(1) 旅游安全救援指挥中心。对整个旅游安全急救工作进行开展、协调、整体统筹。

(2) 旅游安全救援机构。涉及很多部门,如医院、消防部门,及其他与救援工作有关的其他部门。

(3) 旅游安全救援的直接外围机构。包括可能发生旅游安全问题的旅游景区(点)、旅游企业、旅游管理部门和社区。

(4) 旅游安全救援的间接外围机构。包括旅游地、保险机构、新闻媒体和通讯部门。

一个完善的旅游安全急救系统要能够把这四个部分组织起来,以救援指挥中心为核心统一策划旅游安全急救工作,一旦发生旅游安全事故,各方面能够快速、有序地开展工作,发挥集体的力量,顺利解决问题。

（二）完善旅游安全保障体系建设的举措

1. 加强领导,提高认识,加快科研课题的立项研究。旅游安全是旅游业发展的基本保障,没有旅游安全,发展旅游业将无从谈起。因此,要加强领导,提高对旅游安全重要性的认识,尤其是提高居安思危、未雨绸缪、防患于未然的意识,不能老是亡羊补牢。要坚持以人为本的思想,以高度的责任心看待和处理旅游安全问题。此外,要加快科研课题的立项研究。目前对地质公园旅游安全问题较少进行系统研究,建议有关部门把它作为应急课题加快论证审批。

2. 加大投入,打牢基础,改善设施技术手段。没有投入,就无法保证旅游安全。没有依靠科技,就没有旅游安全。因此,要加大投入,采用一些先进的安全设施设备,加强地质公园旅游安全保障的基础工作,尤其是开展地质灾害勘查、地质灾害防治工作,做到万无一失。在建立急救系统时,要配备先进的通讯、交通工具。

3. 强化教育,培养专才,提升队伍整体素质。旅游业是属于劳动密集型的产业,相对于其他产品,旅游产品有无形性、生产和消费的同时性、不可储存性、异质性的特点。这些特点决定了旅游产品的质量在很大程度上是由旅游从业人员的即时表现来决定的。如果旅游从业人员没有掌握足够的基本安全知识,或是在旅游活动过程中不按有关规定行事,就会大大增加旅游安全事故发生的可能性。因此,旅游企业和旅游有关部门应按照国家有关规定定期对旅游从业人员进行培训,提高他们的安全知识水平和安全防范意识,强化他们在旅游活动过程中严格按照规章制度工作的意识,将安全事故的发生扼杀在萌芽阶段。

4. 加强宣传,普及知识,提高防范保险意识。针对近年来出现的诸多安全事故,旅游企业及旅游有关部门应加大旅游安全的宣传教育,增加人们对旅游活动过程中潜在危险的了解,提高社会大众的自我保护意识。就地质公园来说,要在风景区入口、索道电梯、乘车场站入口等醒目位置悬挂安全标语,设置安全警示等。另外,鼓励基层员工向游客宣讲安全知识,并充分利用风景区旅游服务系统如车载电视、休息室电视屏等广泛宣传安全知识,提高游客的安全意识。

5. 集中治理,重点防范,加强节假日期间的安全监管。在节假日或黄金周前,要对各景点景区集中治理;要根据排查情况,及时确定隐患治理方案和防范措施;要集中人力、物力、财力,对旅游安全隐患进行认真治理,完善落实防范措施。对不具备接待条件的景区景点,要坚决阻止游客进入;达不到安全要求的各类设施设备,要坚决停用;景区景点的险要位置和地段,应增设安全警示标志,设专人职守。

参考文献

[1] 王晓民,占方,张夏斐. 旅游地学与地质公园研究年会召开[N]. 中国旅游报,2011-10-27
[2] 海南省统计局. 海南省2010年国民经济和社会发展统计公报[N]. 海南日报,2011-02-21

试论地质公园的地质、生态和乡村旅游的有机结合

——以中国雷琼海口火山群世界地质公园为例

陶奎元[1,①]　黄茂茵[2]　陈耀晶[3]　吴振扬[4]
宋德海[3]　王　杰[3]　张　奎[4]

1. 南京地质矿产研究所，江苏南京，210016
2. 海南省国土环境资源厅，海南，570125
3. 海南椰湾集团有限公司，海南，570125
4. 香港生态旅游专业培训中心

摘要：推行对环境友好的旅游是地质公园实现保护、教育和旅游发展的最好方式。海口火山群地质公园除主体园区建设之外，重点推出地质旅游、生态旅游、火山文化旅游和乡村旅游相结合，以徒步为主的绿色旅游。公园与香港生态旅游专业培训中心合作，在香港推出以公园"生态旅游新体验，乐在自然"为主题的旅游，得到了热烈的反响。文中论述地质公园旅游的特性、路线设计和试验性实践。

关键字：地质公园；地质旅游；生态旅游；乡村旅游；海口火山群；热带生态

一、地质公园内推行地质、生态和乡村旅游相结合的旅游模式的意义

1. 地质公园保护与发展的需要

按照世界地质公园建设的要求，公园应具备三大功能：一为保护，二为教育，三为旅游，并带动当地社区社会与经济的发展。在中国雷琼海口火山群世界地质公园授牌仪式上，国土资源部地质环境司原司长姜建军提出："希望海口成为一个生态保护典范的地质公园；一个科学普及典范的地质公园；一个促进人与自然和谐，带动老百姓致富，发展地方经济典范的地质公园。"这为海口火山群地质公园建设与发展提出了明确目标。如何实现公园的三大功能性目标是需要不断探索的课题。对地质公园的保护，除了实施地质遗产保护措施之外，在旅游中强化环境保护是非常重要的着眼点。结合该公园实际情况，面对旅游市场，提出"以片带线"的发展模式。"片"是指依托已建成马鞍岭火山口景区向北拓展，形成一个与世界地质公园与海口旅游发展相适应的大型窗口性景区及博物馆配套旅游服务设施，即主体园区，其面积约占 8 km^2。"线"是指在公园 108 km^2 内推行以火山地质、火山生态、火山文化为内涵的旅游路线。公园内推行环境友好的地质、生态和乡村旅游，有利于地质公园保护、教育与旅游三大功能的实现。

2. 旅游发展趋势的需要

地质、生态和乡村旅游是回归大自然的旅游，绿色旅游，可持续发展的旅游。近十年来，

---

① 陶奎元，1934 年生，男，江苏常熟人，国土资源部南京地质矿产研究所研究员；中国地质科学院火山地质矿产研究中心首席科学家，教授，博士生导师；南京大学旅游资源策划研究发展中心主任。研究方向：旅游地质与旅游规划。

旅游已经或正在由“走马观花”，“赶马头式”的旅游向生态旅游、休闲度假旅游转变。人们崇尚到大自然中去体验人类与自然和谐相处的情结，使人们融入自然中，进入“天堂”的最高境界。地质公园40多座火山与火山环境下的热带季雨林，千年以来人们在火山背景下生存与发展而遗留下来的遗址，给人们提供回归自然与生态文化体验的环境。地质、生态和乡村旅游正在全球普及与推广，地质公园推行地质、生态和乡村旅游符合当今旅游的发展趋势。

3. 结合海口城市发展的需要

海口火山群地质公园处于海南省省会城市——海口市南部，距市中心15 km，公园所在区域是海口市，发展中定位是“南控”。南部地区的热带季雨林是“海口市绿肺”，“大氧吧”和“地下水仓”，公园内推行地质、生态和乡村旅游，符合海口市发展中对该区的定位。

4. 公园内生态文明村建设的需要

地质公园内有从事耕作的农民，农民经济状况仍处于低水平状态。公园内推行地质、生态和乡村旅游，对当地社区社会与经济发展可提供以下效益：

(1) 地质、生态和乡村旅游与正在实施的生态文明村建设是相辅相成、互为效应的。生态旅游的推出可提供村民与外界交流的空间，可提高村民生态环境保护的意识。

(2) 地质、生态和乡村旅游相结合，可提供直接或间接的就业岗位，增加农民收入。

二、地质公园内地质、生态和乡村旅游的特性

地质公园通常以地质景观为主体，并融合地区生态资源与文化资源的特定地区。为了地质公园实现保护、教育与旅游功能，公园的生态旅游是与地质旅游、科普旅游、农家田园休闲旅游相结合的旅游。海口火山群地质公园内旅游应包括以下元素：

1. 地质景观元素：岩浆爆发的火山锥与蒸气岩浆爆发的玛珥火山；岩浆喷溢熔岩，岩浆爆发火山渣，蒸气岩浆爆发典型呈层状的凝灰岩；熔岩景观中结壳熔岩(绳状)、牙膏状熔岩及熔岩隧道。

2. 生态元素：植被与火山关系；火山背景上热带季雨林，石山灌木林；生物多样性和热带田园。

3. 人文元素：火山生态与人的生活、生产的关系；火山石古村群落演化；具有地方特色的民俗与民间工艺；农家耕作养殖；地方特色餐饮。

由以上三大元素构成的生态旅游产品还应具备以下特点：

1. 旅游路线范围内，维护生态景观，不大兴土木，不搞城市式公园，不建传统概念的大景区。

2. 在旅游活动中，管理者与旅游者对生态环境保护达成共识，响亮地提出“除了摄影，什么也不留”的口号，强化环保意识。

3. 以徒步为主，或者徒步与车行(接送)、徒步与自驾车相结合。不建大型步道，尽量利用乡间、山间的羊肠小道。

4. 具有知识的旅游，让游客细细欣赏，乐在自然，解读大自然的神秘。

5. 具有一定互动性、参与性，内容如耕作体验(种植，收割，采摘……)；与村民交流，与小朋友共同学习、游戏等。

三、旅游路线设计

1. 路线设计的原则：(1) 严格维护原生态，对原有地形地貌及植被不作改变，不设与生态旅游无关的设施，不影响原住村民的生产与生活；(2) 回归自然，重在体验，留出足够的时间让旅游者去观赏、解读、交流、摄影，去体验大自然中的乐趣；(3) 资源有机整合，将公园地

质景观元素、生态元素与人文元素串联成合理的节点与亮点；(4) 以徒步为主，或徒步与骑自行车、徒步与自驾车结合设计路线；(5) 针对不同目标市场客源结构，设计不同特色的路线，安排不同的侧重点。

2. 路线概要：中国雷琼海口火山群地质公园经调查，提出了 3 条各具特色的旅游路线。

路线 A，位于公园西北部，是一条地质科考旅游、热带生态体验和农家乐趣相结合的旅游路线。

路线主题：赏识玛珥火山景观，体验热带火山森林中的古村宅院，享受农家田园乐趣。

路线主要亮点：

● 吉安岭火山锥与内寄生火山锥，锥体上梯形田园和锥外熔岩流上保持原生态的热带树林与果树天然园地。

● 儒穴火山石古村遗址(废墟)，村前独木成林的奇异的大榕树与果树园。

● 双池岭，由热的岩浆和冷的地下水相互作用爆发形成的玛珥火山，低平的孪生火山口与吉安岭火山锥共存于一区，在地貌上成为强烈的对比，给人们以视觉上的神奇体验。

● 杨花岭玛珥火山凝灰岩剖面，一层一层不同结构的凝灰岩，就如一本“天书”记录了玛珥火山爆发过程及其爆发的产物的特性。

● 道堂墟，始建于宋代的古驿站，据文献记载，宋代苏东坡曾在此驿站留下足迹。千年古驿道、火山石古村落是人们怀旧，并去寻踪生活在火山土地上的人们生产与生活的历史脉络。

● 儒豪村，是一个由古村落向现代农村转变过程中的村庄，仍保留有火山石所建的大宅院，有浓厚的农家气息。

路线 B，位于公园中部，是与马鞍岭火山口景区连接的一条旅游路线。

路线主题：眺望火山群落美景，探秘“火山人”远古足迹，拥抱热带季雨林风情，享受文明生态村的乐趣。

主要亮点：

● 美社岭火山锥，登顶远眺海口城市高楼林立，俯视火山脚下大片郁郁葱葱的荔枝林，近视 8 座披上绿装的火山，体验海口城市火山群的风光。

● 美本废墟与古道，美本废墟为一火山石建的古村，随着社会发展原居民外迁而留下“断墙残壁”的村落格局。村石门、古石道、古井和被人崇敬的“井公”，无不让人体验古代人们是如何在这片火山土地上与大自然相处的历程。

● 美社村是坐落在火山脚下、热带田园中的生态文明村。

路线 C，位于公园西南部，是以地质旅游与生态旅游相结合的路线。

路线主题：登雷虎岭火山，漫步万亩古荔枝林，走进天然的氧吧，欣赏跑马场式低平火口，收获热带瓜果乐趣。

主要亮点：

● 雷虎岭火山壮观秀美，岭前的卜雅洞(熔岩隧道)神奇莫测。

● 梁公庙及传承的民俗祭拜、对歌、演戏等民俗风情。

● 罗京盘，香港人说真像一个天然的跑马场。从古到今，利用低平火口地形，构建成一种独特的玛珥火山田园风光。低平的环锥上原始森林与梯状林带，直径近 1 000 余米。火山口内植种木薯、甘蔗与菠萝密，构成了一个放射状——环状田园。从环锥到火山口一路田园风光，无不令人惊叹人与自然的和谐之美。

四、地质、生态和乡村旅游相结合的实践与展望

海口火山群地质公园内旅游路线经调查研究，并与香港生态旅游专业培训中心合作，在

香港推出后获得热烈的反响。从2006年至今,先后有5批团队走进公园作试验性旅游,被总结为“生态旅游体验,乐在自然”,探索了地质旅游、生态旅游、火山文化旅游及乡村旅游相结合的旅游形式。

这5批团队的实践对如何组织地质、生态和乡村旅游相结合的旅游模式有很多启示。

1. 每条路线要有明确的主题,通过“亮点”体现主题。主要围绕火山地质地貌、熔岩景观、火山文化与人文生活展开。路线中进一步加重生态元素,如植被与地貌的关系,生态与多样性的关系,植被、地理与人的关系。

2. 每条路线考察点不宜太多,留出足够的时间让参加者去细细地观察环境与人的关系,欣赏及拍摄特有的火山文化和物种的多样性。让参观者在细细观察中感受大自然的熏陶,感悟“火山人”的沧桑历史,从中得到热爱大自然的启示。

3. 考察前作主题介绍,每条路线考察前作引导性、启发性、“找宝式”的提示;考察后作讨论交流,共同分享团队成员之间的感受。

4. 要编制每条生态旅游路线指南,包括主题、目的、意义、观察的重点问题、简明图鉴等,如火山、岩石图鉴,特色动植物多样性图鉴。图鉴设计要清楚简明,图文对照,以供旅游者自我对照解读。“指南”要附有防湿胶套加以保护。

5. 要设有社区互动活动元素,参加农耕体验活动,如种植,收割处理蔬果,放羊,喂牛,磨当地“石山豆腐”等。请村民传授一些当地知识与工艺,如木器、石器制作,农家特色菜、乡土小吃制作,与村民或当地小朋友共同唱歌、互动游戏,为当地长寿老人或特殊人群做一些小的实事,走访小学等,让参加者在互动中去体验爱心之旅。

为推广地质、生态和乡村旅游相结合的旅游模式,公园与香港生态旅游专业培训中心将联合举办“地质旅游,生态旅游专业培训班”,为海内外有志于生态旅游持续进修发展的人士提供理论与实践相结合的进修途径。培训班计划设有下列课程:(1) 生态旅游概念,自然环境与生态系统;(2) 地质旅游通论(地质知识,地质公园与地质旅游);(3) 地质旅游与人文风俗、生态多样性的关系;(4) 地质导赏解说技巧,生态旅游的自然解说概念,岩石地貌观赏方法及技巧,岩石地貌解说,岩石地貌解说之方法技巧及实践;(5) 地质旅游、生态旅游路线设计与实践。

海口火山群地质公园内地质、生态和乡村旅游,已受到海口市政府领导和旅游管理部门的重视。为此,在初步实践的基础上进一步设计完善,明确路线途径、路线亮点,加设必要的路线指示、户外解说牌、安全提示牌、公益性环保宣传牌、交通接送的节点和休息站点等,在完善的基础上将向不同目标市场推广。

火山口，一个绿光闪耀的传奇[①]

符　力

海南长夏而无冬。九月初的那个下午，照样是溽热席卷整个琼北地区，只有待在空调房里的人们才不会随时都有可能冒出一身汗水，不会像久在户外的人们那样容易感到疲倦和烦躁。我们的车子从海口市中心开出来，沿着南海大道行进，四周的噪音在渐弱，林立的楼房和绵长的轻轨高架桥在后退，火山口渐渐清晰起来。八百多年以前，道教金丹派南宗五世祖琼山白玉蟾在回望家乡的时候，吟出了这样的诗句："家在琼崖万里遥，此身来往似孤舟。夜来梦乘西风去，目断家山空泪流。"如今火山口脚下的典读村（原琼山五原都显屋村），正是白玉蟾的"家山"之所在。在白玉蟾的《华阳吟三十首》里，有一句意境邈远空茫而又令人感怀万千的诗行："海南一片水云天，望眼生花已十年。"可想而知，当白玉蟾在高山上遥望家乡的时候，只见"一片水云天"，但是，在他的记忆里，近临琼州海峡的方圆数十千米的火山口周边地区，定然是碧水长流，漫山遍野的林木郁郁而又葱葱。在这样的一个时节，若是仙师白玉蟾万里御风归来，他在云端所看见的，更多的只能是从四面八方向火山口逐渐蚕食而来的工业区、住宅群、娱乐场以及各种各样的办公楼……面对这样的景象，他的心里会有着怎样的风起云涌和草木招摇呢？

这世间之所以能让一部分人平静地活下来，并且心存希望，其根本原因就在于，当牲畜大肆践踏这个世界的时候，有人在风雨中不顾得失地守护着、建设着多灾多难的家园，让人看见不断到来的黎明，而不是让人一再遭遇噩梦充满的黑夜。在抵达火山口之前，我们的车子放慢了速度，穿行在由遮阴效果极佳的重阳木等本地树种构建起来的绿色长廊上，一如小舟行之于水上，又似茶香飘忽于丝竹管弦之间。拉下车窗来吹吹风，风中的清凉里尚存一些热气，却不再是人们在海口市中心不得不忍受的那种溽热了。这南起石山风景路北接南海大道的长达 7.2 千米的绿色长廊，不是古已有之，而是由石山人陈耀晶先生带领海南椰湾集团的工作伙伴们，从 1999 年开始花了近十年时间才逐渐造就的。上得山来，漫步在火山熔岩遗迹和参天林木之间，想到每一个石山人或者每一个外来的游客只要在树下一站，即可在微风中沐浴重阳木投下来的一身绿阴，我便产生了一种微微的冲动——是的，我想抚一抚火山口每一棵树那粗糙的皮肤，摸一摸任何一个石山栽树人的双手。

石山人素来跟身边的草木保持着一种特殊的感情，他们喜欢草木，更喜欢栽种树木，极少出现胡砍乱伐的现象。因此，在过去的几十年里，海南岛上的青山因无度采伐而逐一衰败下来，火山口却依旧作为海口的"绿肺"和"水仓"而存在着。如今，在火山群这面积约为 108 平方千米的土地上仍然自生自长着 1 200 多种植被，且不乏热带原生草木——年龄超过一百岁的果树就有荔枝、龙眼和菠萝蜜等等，其中，单单是古老而高大的原生荔枝就覆盖了火山口周边的好几万亩土地；不论是春天的荔枝花开，还是夏日的荔枝结果，皆极为壮观，令人神魂颠倒，流连忘返。值得一提的是，在火山生态环境的养育下，火山口的原生荔枝品种极其繁多，大丁香、小丁香、紫娘喜等，都是其中的珍稀品种。正因为如此，人们才将火山口誉为"世界罕见的原生荔枝资源博物园"，并且肯定那是"一个名副其实的选育培养优良荔枝品种

---

① 该文发表于《新海岸》。

基因源的自然宝库”。

从整个琼北地区的自然资源来说，火山口这个自然宝库里的奇花异草长势良好，一万多年前火山爆发所形成的火山群及其火山熔岩遗迹至今仍然保存完好——凭这两点，就可以说这是一个奇迹，也是天下游客朝火山口纷至沓来的重要原因，更是火山口连续被评为“海南海口石山火山群国家地质公园”、“中国雷琼海口火山群世界地质公园”、“国家4A级旅游景区”的关键之处。

我未曾从高空俯瞰过雷琼火山群，但我见过两张航拍的火山口图片：“马鞍岭火山”堆青耸翠，绿光闪耀，蔚为奇观；“罗京盘玛珥火山”由土地和植被形成直径约1 000米的无数个同心圆，铺开农田里放射状的红色的土壤和绿色的庄稼以及边坡的梯田，在南中国的蓝天下极其清晰地展现一派震撼人心的图景。

在火山口的美景和辉煌荣誉面前，我惊叹于大自然对火山口的赋予，暗暗告诉自己要慢慢走，慢慢看。

在领略了火山口底部的稀奇植物之后，我们踩着火山石拾级而上，登临“海口制高点”，迎风振衣，远眺楼房成堆的海口，极目苏东坡走过的澄江迈岭……

后来，我们造访了火山口下的海南文明生态示范村、海南十大文化名村之一的“美社村”。在马鞍岭火山口南麓的美社村，在充盈着植物气息的空气中，我们沿着整洁的村中小道，走过一株株花梨树，流连于一个个果园农庄和一座座果园庭院之间，看到了三百多年前的玄武岩石垒起来的老屋和上百年的古碉楼“福兴楼”；也见识了赞颂美社村民“守礼谦让、村风文明”和“品格高尚、敢为人先”的百年篆刻石匾：“礼让休风”和“光分鳌极”。那两块石匾，分别是海南清末至民国硕果仅存的文史学家兼藏书家、编辑出版家王国宪、晚清最后一位海南解元曾对颜所题。面对这样的事实和这样的一座石头村，我恍然发现，我一路上的高声话语，是多么让人可笑啊。

在当今，用“路不拾遗、夜不闭户”来形容美社村的淳朴民风，也许会有人因不可思议而发问：“真的是这样吗？难道那里是与世隔绝的仙谷桃源？”事实上，游客在美社村走访，常常会得到村民赠送的野蜂蜜和各种各样的水果。若是哪个游客嘴馋了，随手采下谁家的荔枝、龙眼、杨桃、黄皮、芒果、香蕉和木瓜等等，那是不会遭到村民的责怪的；游客在采了水果的树下或枝丫间放了相应的抵偿金，路过的村民是不会将那钱占为己有的——如果哪个村民做了不可原谅的事情，那么他是会受到惩罚的。据说，在上个世纪80年代，美社村的一个村民偷了邻居家的东西，被罚了款，还得张罗一场电影给村民们观看，并且必须在戏台前站上一站，以示悔改之意。也就是从那时候起，美社村订立了《村规民约》，用来端正和清洁人心与民风。

火山口周边的古村民居和民风人情跟美社村大致相同。那里的人很善良，却由于地理条件的制约，不得不日复一日地过着艰难的生活。“不嫁金，不嫁银，数数檐下缸多就成亲。”这句话所点透的是：哪怕是日常的饮用水，也会成为一件让火山口人头痛的事情。

陈耀晶先生是火山口人的一员，他家早年地少，全家人经常吃不饱，为此，他多苦多累的活基本上都干过。改革开放后，他外出做过很多种工作，一边改善生活，一边积累资金。1992年，他回石山开办了当地第一家羊肉餐馆。他说：“自己在外漂泊这么多年，家乡的父老们还在过着贫困的生活，希望能尽自己一点努力，帮助他们找到好的出路。”如今，陈耀晶先生不仅从火山口周边的农家里带出了兄弟姐妹近三百人，逐步解决了他们的工作生活问题，还一步一个脚印地将“石山火山群”和“古村落文化”保护建设到荣获“中国雷琼海口火山群世界地质公园”的称号，深受联合国教科文组织的好评，并推荐给印尼和香港等国家或地区学习借鉴。对于这样的成就，能望其项背者又有几人？

一方水土养一方人，要是我的家乡也有这么迷人的水土，那该有多好啊！

虽说火山口“地无三尺平，土无三寸厚”，但这里的火山土壤蕴含硒、硅、钙、铁、铜、锌等三十多种微量元素和矿物质，不但能够让累累果蔬得以生长，而且能够让果蔬从水土里摄入许多有益于人体健康的稀有元素。那天下午，我在火山口公园里拍到了一棵一边开花一边结果的木瓜树。从所拍的这一面数来，大大小小的木瓜不少于 40 个；如果两面的结果不分上下，那么这棵木瓜树所结的果实就有可能超过 80 个。这样的数量，令我震惊不已。木瓜成熟了生吃，清甜可口，拿去煲牛肉汤、羊肉汤，都是绝佳的选择。

那天入夜时分，林间山果落，灯下草虫鸣。陈耀晶先生请我们在火山口公园里喝酒。席上有白切石山羊、萎叶炒牛肉、萎叶煎蛋、羊杂木瓜汤，还有临高空心菜……直把我们吃喝得意醉神迷，大呼爽快。当我们开车慢慢下山，只见快要圆满的中秋月从南海上升起来，洒了一地清辉。

海之南·火山全系列

——《海南日报》2004年长篇深度报道

《海南日报》2004年3月29日、4月5日、4月9日、4月12日、4月16日、4月19日刊登题为《海之南·火山全系列(一、二、三、四、五、六)》的长篇报道,分为琼北火山——被覆盖的神奇,盎然的生机——植被、岩石、甘泉,家住火山——漫漫迁徙路,家住火山——石头上的生活,家住火山——古风悠悠,开发保护——一个待解的课题等六个主题。每期报刊图题为一个似火似山似人的图腾,记述为:"这是生活在琼北火山地区人们的艺术图腾,常被雕刻在屋梁上。它像'火',像'山',又像'人'。当地百姓说它是'羊角'。这其实就是他们眼中和心中的世界……"

这一长篇报道的策划为罗建力,主编林小霞,执笔赵红、陈耿、蔡于浪、谢向荣,图片编辑李幸璜,美编孙波、庄和平。

《海之南·火山全系列》全面地诠释了火山、火山生态、火山文化,并对旅游的开发作了评论,特别是提到了"火山的开发利用最可能成为改变海南北轻南重旅游格局的关键之笔"。如今海口火山已经从国家地质公园进入了世界地质公园的行列,其确切含义是肯定了它的杰出而重要的价值,具有世界意义。面临的问题还是要充分认识海口火山科学的、生态的、文化的价值。落实建设地质公园的三大宗旨,即保护地质遗迹,保护生态,在保护的基础上开发,在开发中保护;大力推动科普教育,环境友好教育;大力发展旅游,并带动地方社会与经济的发展。

本书特此收录转载。

海之南·火山全系列之一——本书编者按

琼北火山——被覆盖的神奇

前言

今年初,琼北石山火山群初列入国家地质公园。

我们开始走近火山,结果出乎意料,惊喜不断——我们看到了一个不同的色彩,它们是黑色和红色的,是火山石的颜色,浓浓地描绘在琼北原生林和西部的沿海——和着树根的脉络,和着海浪的拍击,岁月的流痕,人类的足迹,打理出一份不可言喻的感动……

一个揭示海南火山魅力的深度报道开始了。

从琼北到琼西,从地上到地下,从自然到人文,我们一次又一次走进火山石覆盖的地区——走访火山石古村,深入地下熔洞迷宫,重走石山古道,穿越石山原生林,在石堆里寻找泉源,踏访幽深古井。

在那里,我们眼前处处都是独特的人文之美——千年古盐田里黝黑的石台上,白色海盐写着独特的海盐生产史;数百年的"干冲"在海水里若隐若现,写着原始的捕鱼史;经久不坏的石屋,写着古朴的建筑史;村道边绵延的石墙围着主人不变的地界,黑红色的土地写着垦荒史;千锤万凿穿透千层石块而成的幽深石井,写着人们找水的历史……

上爬山,下钻洞,穿森林,尝甘泉,走访古村老人、现代农妇。看古迹古村,可以重现历史;看地质地貌,可以理解自然。眼里和心里都是满满的。

琼北火山有几个"最"和"唯一":我国火山类型最齐全;熔岩隧道最多、最丰富;全国唯一世界罕见的城市火山。植物种类达千余种,茂密的原生林为城市净化空气,被称为海口的"肺"。地表缺水但地下水丰富,成为海口地下水的重要补给源。这些神奇都被茂盛的森林和厚厚的岩石覆盖着。

火山是灾难,但是在海南岛上无论是古代还是现代,它都在勤劳智慧的劳动人民手里变成了财富。当地人的生活和生产处处都和石头有密切的关系。今天,海口石山火山群被列为国家地质公园,目的是赋予它新的理念——开发和保护。

和琼东、琼中、琼南着眼于海湾和森林的蓝色与绿色生态旅游开发不同,琼北和琼西的旅游色彩应该是红色和黑色的,以火山资源为主。它是这个地区最亮丽的色彩,也是最本质、最浓郁、最吸引人的色调。然而,她又是脆弱的。

在推出本系列之时,我们也担心人们蜂拥而至,会给火山地质地貌带来灾难性后果。在此恳切希望政府有关部门对这些遗迹加以保护。

让我们以关爱的心去走近她,让她的美更美。

一种理论学说认为,地球的生命最早起源于火山。

的确,火山的力量是伟大的,轰轰烈烈,让人类无法抗拒。

人类的迁徙繁衍中从未走出火山的影子,但我们却对它知之甚少。

海南琼北火山,从远古走来,枕着新世纪的钟声熟睡着。它们是真正的世纪老人,也许当中有的永远不会醒来,也许有的会在将来某一天睁开眼睛,但这不会影响人们对它的欣赏和认知。

也许,海南的100多座火山再也没有醒来的那一刻,但科学家探究它的脚步不会停止,因为在地球上,还有众多醒着的火山。

这些熟睡的或者已经仙逝的地质老人,留给我们太多的宝贵财富,土壤、植被、水、火山石,包括它们的身躯火山锥。它们还给人类留下了更重要的精神产品,那就是力量和顽强,那是一种不屈不挠的石头精神。

海南已成为旅游大省,但包括海口在内的琼北地区,目前还基本是个旅游通道,被认为既缺少旅游资源又缺少拳头产品,地位是尴尬的,现状是无奈的。但当你真正深入地走进琼北火山,不但会被它的神奇所震慑,还会为它的丰厚所振奋。它的潜在价值不会比东部和南部碧海白沙逊色!值此海南海口石山火山群国家地质公园被批准授牌之际,我们试图全方位地展示琼北地区的火山资源,目的是为了提醒政府和社会各界正确地认识它,下大力气保护它,在科学规划的基础上有效开发利用它。相信它一定会在振兴琼北旅游和综合开发中写下浓墨重彩的一笔。

——题记

透视火山

来自远古的火山故事

公元2004年3月16日下午,海南岛西部洋浦港至峨蔓湾之间,有一块高近6米、直径约2米的石头矗立海边,人们叫它"黑神头"。

正值大退潮,黑漆漆的神头,如一只竖挺的大拇指。

这是一处约晚更新世中期喷发的海蚀火山遗迹。科学的说法叫海蚀火山颈,为火山锥体的一部分,常出露于火山锥中心。

焦炭般的质地，纵横交错的裂痕，顶部由火山石和火山渣堆积，下部为玄武岩构造。柱上3个数米高的三层海蚀穴格外显眼。

高达8 000 ℃的火山熔岩流骤然在此与海水相遇，我们无法想象那是怎么一幅“一半是海水，一半是火焰”的画面。

《宁古塔记略》中描述：“烟火冲天，其声如雷，昼夜不绝，声闻五六十里，其飞出者皆黑石硫磺之类，经年不断……热气逼人30余里。”这是公元1719年至1721年，我国东北五大连池火山猛烈喷发的情景。

海南的史书上，还不曾有过火山爆发景象的记载，但从这一情景中，我们不难想象远古时海南岛火山喷发的壮观景象。

那是一个无法用几年或几百年来计数的世纪，地质学家称之为新生代(距今6 500万年—1万年)。一股岩浆突破地壳封锁，在海南岛某处冲出地面。

是时，烈焰飞天，大地颤动，山呼海啸，烟去蔽日。或伴着雷电交加，暴雨倾盆而下；或在一阵猛烈爆发之后，熔岩从火山口里滚滚流出，似一条条火山龙在大地上奔腾；或是熔岩特别黏稠，堵塞在喷发的通道里，因为不易冲出，便在地下越聚越多，产生的压力也越来越大，最终冲开出路，把堵塞物炸成碎屑，飞上云霄。

猛烈爆发过去之后，熔岩慢慢停止流出，大地恢复平静。就在不远处，仍有不少火山余波未平，继续着新的火山故事。

火山伴随岛屿诞生

现在绿茵如盖的海南岛，其实很大一部分地区曾经是火山频发、熔岩流淌、寸草不生的所在。

一种学说认为，6 500万年前，海南岛还是一个与大陆相连的陆地，属华南古陆向延伸的一部分。新生代以来，由于构造运动，产生雷琼拗陷。随后，海水侵入形成古琼州海峡，海南岛与大陆分离。伴随雷琼拗陷产生和海峡形成，火山不断喷发，并造陆形成雷州半岛和现在的海南岛北部大部分地区。

另一种说法则认为，很久很久以前，海南岛与大陆相连。后来海南岛北部和雷州半岛以及现在的琼州海峡(统称雷琼地区)发生大规模的火山喷发，地壳深部熔岩不断喷出地表，持续数百万年。约在50万年前，雷琼地区发生断裂沉陷，随后海水侵入便形成如今的琼州海峡和海南岛。

两种学说虽略有相左，但海南岛早期与大陆相连，并在分开过程中伴有火山喷发却是共识。

新生代第三纪始新世的某年某月某日，在今海南岛北部，第一股岩浆挣脱地壳束缚，冲开了一条通往地表的通道。在以后的漫长岁月里，熔岩相继从100多个火山口喷涌而出，在数千平方千米的土地上，留下了100多座火山口以及大面积的火山玄武岩。岩浆肆意地流淌着，在流淌中慢慢冷却，在冷却中渐渐停滞，最后形成熔岩被、绳状熔岩、壳状熔岩、渣状熔岩等多姿多彩的岩石。

在以后的数百万年中，100多座分布在海南岛北部和西部的火山经历了初发期和高潮期。终于在大约距今10 000年到7 000年间，最后一批旺盛喷发的火山群——海口石山火山群完成了它们的能量释放，进入了休眠期。

时光荏苒。如今，当我们站在海口马鞍岭火山口浓密的树荫下感受火山气息时，只能从想象中寻找当年熔岩滚滚、烟云遮日的景象。周边百年古榕树群、野荔枝树林和母生、花梨、乌墨、乌榄、狗棕等热带原始珍稀树木，留给我们最多的是青葱的绿色、怡人的清凉和老树的馨香。熔岩已化作红色的美丽山石，在我们脚下平整地延伸上山顶，那么洁净，那么爽目。

与海口石山火山群一带不同，海南岛西部较早期喷发的火山，依然固守着喷发后的状态，顽强地抵御着绿色的覆盖。每当夕阳西下，儋州市洋浦开发区至临高县的数十千米海岸上，那一片片曾经是火与水交融的世界，半风化的火山岩怒烧着，火红火红，与澎湃的海水交相辉映，蔚为壮观。

熔岩四千平方千米

有关统计显示，世界上现有火山 2 500 多座，其中约 2 000 座已经死亡，即人类有史以来它们从来没有喷发过；大约有 500 座火山依然还“活”着，但当中大部分处于“休眠”状态。

海南岛北部地区有火山 100 余座，其中规模较大者 86 座，它们分布于海口（琼山）、文昌、琼海、定安、澄迈、临高、儋州等 7 个市县以及洋浦经济开发区，熔岩覆盖面积约达 4 000 平方千米。海南火山虽因单体规模较小而未一一进入世界 2 500 座火山之列，但与雷州半岛的火山作为一个整体（雷琼火山），则在世界火山分布图中占有一席标志。

地质学家考证，这 100 多座火山在第三纪、第四纪地质年代中，共计喷发了 10 期共 59 回次，使琼北地区成为我国新生代以来火山活动最强烈、最频繁、持续时间最长的地区之一。其中，喷发年代最新的海口石山火山群还与吉林的长白山、黑龙江的五大连池以及云南的腾冲，同为我国四个最著名的休眠火山群。

如今，在海南岛最北部的海口石山地区清晰可见马鞍岭—雷虎岭火山群；在西北部的儋州、临高、澄迈，可以见到峨蔓岭火山群、高山岭火山群、玄武岩断层瀑布区；在东北部的文昌、琼海，可见蓬莱岭火山宝石开采区和玄武岩柱状节理等火山遗迹。

此外，海南岛南部的三亚以及中部五指山区还有 10 余座中生代火山（距今 2.46 亿年—1.43 亿年），因地质年代久远，这 10 余座火山包括它们的副产品已然风化成土。

触摸火山

海南岛西部的火山苍凉、雄浑，覆盖整个山头的集块玄武岩，铺满数十千米海岸的质密玄武岩，极具火山地质特征。还有散落在路边触手可及的大小玄武岩石块和层状的抬升悬崖，无不在告诉我们，它们是火山的作品。

海南岛北部的火山则隽永、温情，虽喷发年代较新，但因深藏林中，很难让人看到它的全貌。即便如此，只要深入其村落，那玄武岩质的石屋、石墙、石具、石物，也无不在活生生地告诉人们，这里是火山区，主人是火山人。

踏上海南岛西部和北部的土地，我们随时随地可以触摸到火山的质感。

走近全新世火山

乘船经琼州海峡往海口，天晴时便可望见位于海口市的马鞍岭火山。从海口市中心，驱车南行约 15 千米，便来到这个距今 1 万年以来仍有过 2 次喷发的马鞍岭火山脚下。

马鞍岭高 222.2 米，是海口地区最高点，也是整个琼北地区喷发年代最新的一座火山。

登临山顶，远处的海口市和琼州海峡尽收眼底。脚下便是一内径约 100 余米、深约 70 米的火山口。顺石阶蜿蜒而下，火口底、火口内坡、火口垣等地貌沿途可见。大量蕨类植物附着在内坡上，层层垂下绿色叶片。火口底部则是热带灌木丛生。

此为一处多重火山，我们的所在是南锥风炉岭，距它约 500 米处的北锥包子岭与之相连，两岭远观形似马鞍，马鞍岭由此得名。风炉岭南麓还有一结寄生火山口，因状如一副眼镜而名眼镜岭。地质专家告诉我们，当火山活动经过间歇之后，又有小股岩浆沿火山通道的薄弱部分突破，并再次活动，从而形成眼镜岭寄生火山。

风炉岭为一缺裂火山锥，由全新世以来两次火山喷发形成。第一次喷发在两条断裂的交汇地带突破早期火山玄武岩覆盖，大量火山碎屑物堆积成一个主火山锥，并在锥顶形成环形火山口；第二次喷发时，大量熔岩从主火山口东北方向冲开缺口奔流而下，形成现"A"型登山道内的扇形绳状熔岩被。火山喷发出的碎屑物和熔岩向周围堆积，以及喷发结束时火山通道内熔岩的退缩、冷凝，便形成如今的火山口。

驱车再沿海榆中线前行，达中线 17 千米处，即抵海拔 187 米的雷虎岭火山口。雷虎岭与马鞍岭以 9 千米之距遥遥相对。

水文地质专家李福告诉我们，雷虎岭地质结构属层火山，即火山多次喷发过程中，熔岩和火山碎屑构成层状构造。

雷虎岭目前依然保持着原生状态，高高的火山锥被灌木覆盖，有农人在火山锥旁依势挖掘出梯状农田，种植的薯类植物正吐着新芽，泛着青色。

与马鞍岭相比，雷虎岭缺少高大乔木，植被以灌木、荆棘等为主。雷虎岭山顶火山口浅。火山口内壁呈阶梯状，底部宽阔平坦，形似一天然体育场。

再南行约 6 千米，车停一处巨大的圆形洼地。随行专家指明，此处即是罗京盘火山口。罗京盘火山虽海拔 93 米，但在视线上呈现负地形。它在火山类型上为破火山口，也被称为负火山口，是火山口在形成过程中受到破坏而形成的锅形洼地。破火山口直径通常比原来的火山口大几倍甚至几十倍，是火山口周围崩塌下陷，或因发生猛烈爆炸，以及风、水、阳光等自然力的侵蚀而成。罗京盘火山口内径约 1 000 米，深度 35 米，状如一巨型足球场。火山口底部平坦，中心处突起一熔岩丘，高约 8 米，是后期熔岩喷发物。目前，整个火山口已完全封闭。

触摸原始火山地

择日，我们往西部继续踏察火山遗迹。上午，车抵澄迈老城西部 1 千米处，此处属马袅一铺前断裂带的一段。

断层位于澄江河床上，高近 3 米，宽 30 余米，呈明显柱状节理(破裂面)。澄江河水流经此处汇成一个较大的瀑布。

随行专家省地震局火山监测研究中心主任胡久常副研究员告诉我们，断层是马袅一铺前北东东向断裂的一段，1605 年的琼山 7.5 级地震使断层北盘相对南盘垂直向下错动，并横切玄武岩河床，形成一向内弯曲的弧形瀑布，此一带为火山熔岩台地。

由西线高速公路拐进洋浦公路几千米，一隆起地面现于右侧。随行专家说，此为蚂蟥岭，是其西北方向峨蔓、木棠等地的火山喷发时，有地下岩浆在此处上涌，将地面拱起，但因多种原因，岩浆并未喷出地面，而隆起的山岭却再没恢复原状，于是形成现在的山岭。

蚂蟥岭与峨蔓岭组成一条直线，两岭似线段的两端。

峨蔓岭位于儋州西 80 千米处，距洋浦仅十几千米，为一多重火山。岭有三峰，最高峰海拔 208 米，三峰横排对峙，形如笔架，又名笔架岭。

抵峨蔓岭时发现，其中一峰漫山遍野为黑色集块岩所覆盖。随行专家说，此峰为晚期火山喷发时岩浆在此处上涌形成的熔岩丘，熔岩冷却后发生脆裂成为集块岩。地质学家考证，峨蔓岭有过多期火山喷发。

从峨蔓岭继续北行约几千米，穿过茅草和仙人掌遍布的小路，抵达一处叫做"龙门激浪"的火山遗迹。

躲过满是尖刺的仙人掌，下行数米，来到海岸边一巨大穹隆门旁，穹门由火红中泛着黑灰色的渣状火山岩构成，门上生长着仙人掌和茅草，藤蔓植物也在间隙处铺下枝叶。

随行专家这样诠释"龙门"：来自峨蔓岭的渣状熔岩流到此处时，冷凝成为渣块熔岩，后以海浪不断侵蚀,造成底部岩石垮塌,只留下一个穹隆形状的熔岩穹门。

隔着“龙门”向海望去,大面积的黑色火山石散布海滩,不少岩石被青苔覆盖,泛着嫩嫩的绿色。

又一日午后,抵临高县城东北约4千米处的百仞滩。这是一处典型的熔岩流滩,因多次火山喷发,熔岩流覆盖的厚度各不相同。较早时,文澜江沿此滩依势流淌。后建电站,江水拐道,滩上干涸,只留巨石遍谷,颜色从黑到红,从黄到灰白。

临高县志有载,明代把此处叫“百人头滩”。滩中多奇岩乱石,千姿百态,远望像人头聚簇,故取此名。

此滩位于文澜河下游,河水自南往北流经此滩。由于河床弯曲,水流湍急,遇到岩石的阻拦,便形成急泻而下的百仞瀑布,其浪花白如雪,涛声如洪钟。当地人说,以前这里有很多惟妙惟肖的怪石,如今都被人毁了,可惜石之不存!

离开百仞滩,自临高县城往西北行约4千米,来到东英镇的高山岭。此岭呈北西—南东走向,高190米。地质资料记载,此山由火山喷发而成,基岩为玄武岩,为琼北火山区中最具代表性的熔岩锥,又称盾状火山。

在熔岩隧道里穿行

触摸海南火山,最深入的方式莫过于钻进火山熔岩洞穴——熔岩隧道。

熔岩隧道是熔岩流在流动过程中,表层冷凝成壳,里面的岩流热量不易散失,保持高温继续流动。当熔岩流来源断绝时,里层岩流“脱壳”而出,留下隧道状的洞穴。

熔岩隧道多从火山口发源,离源地越远,隧道越发狭小,直至消失。

海南火山遗迹中,熔岩隧道是最神秘且极具火山地质特征的部分。

琼北火山熔岩隧道也是我国火山群区中分布最密集、数量最多的。据不完全统计,石山火山群地区的熔岩隧道达30多条,仅马鞍岭火山口附近的儒洪村至美玉村一带,就有20多条熔岩隧道,它们组成熔岩洞穴群,像一个地下迷宫。

在当地向导的带领下,我们与地质学专家和地貌学专家一同走进石山火山群地区的几条火山熔岩隧道。

仙人洞——

沿石山镇北面荣堂村偶一条小路,抵一塌陷处,沿陡坡不规整石块而下,约数米,眼前一洞口显现。洞内半黑,内为一顶部呈拱形的长大熔岩隧道,洞壁光滑规整,形状单一。开启手电,深入洞中,约百余米,有藻类附着岩壁,壁上熔岩流动痕迹明显。地上很多拇指粗小孔,随行专家杨火教授断定为洞面水滴所致。

石山镇第一任镇长陈统茂为向导,他告诉我们,此洞为第四纪全新世火山喷发形成,是众多熔岩洞中一处,以其洞穴埋藏浅、规模大,洞中有石花、石床、石椅等多种奇石为特征。该熔岩洞高2—5米,宽5—10米,长达千米以上。

卧龙洞(七十二洞)——

穿过长长的一段草丛,抵离荣堂村最近的卧龙洞。此洞因由多段熔岩隧道组成,且洞中有洞,故又称七十二洞。

地质专家当年探测认为,仙人洞与卧龙洞熔岩隧道始于石山火山群的玉库岭火山。其纵向形态宽狭相间,状如莲藕,表明熔岩流有局部拥塞现象。该洞长为1 216米,最大宽度41米,连同无法进入的尾端部分,估计总长超过2千米。

走进卧龙洞只20几米,天空露出,呈现一个圆形大陷坑,坑内树木盎然。再走入一个洞口,才见到据称可容万人的巨大洞厅。据陈统茂讲,抗日战争时期,附近居民为躲避日军追杀,便逃至此洞藏身。洞内有多处坍塌,形成多个“天井”和“天窗”,大者为井,小者为窗,两

“天井”之间的残余洞顶形成天然桥。

走过径长十几米的“天井”，来到另外一厅。此厅支洞颇多，洞内支洞围绕而成的石柱粗大，其中一洞底高过主洞，形成陡坎。地貌学专家杨火教授说，此种现象是有小股熔岩流汇入，它们体积较小，其表部先行冷却凝固，熔岩向主道汇聚，从而残留“吊洞”。翻越陡坎，进入其内，见迂回曲窄、纵横交错的洞室，众人称奇不已。

无名洞——

同日，永兴镇西，寻找高徒洞。

顺两堵石墙间步行约 1 千米余，来到一座规模庞大的采石场，再南行约 200 米，进入一农家田园，园内荔枝树正花开茂盛。向导是一位当地男青年，他十分熟悉地走到一块平地处，拨开茅草，脚步下一米多宽的洞口立刻露出。他说，按杨火教授提供的方位，这应该就是高徒洞系统的一支洞。

杨教授曾于 10 多年前在当地向导的指点下，探察高徒洞。他经过详细测量后，首次记录了该洞实测洞段长为 1 820 米。他根据地形判断，此洞不是当年他探洞时的洞口。

从这个洞口向下十分不易，这是一个“天窗”般洞口，洞底距洞口数米高。没有任何可抓之物，流水冲下的红土呈 80 度斜坡与洞底相接。

顺黏滑的红土坡跳入洞中，黑暗立刻主宰了世界。十几只电筒同时打开，勉强可以辨别方向。这是一个巨大的洞穴，洞高约 4 米许，大厅如一个中型影院，前后左右都有分支洞穴。

顺正前方支洞前行，地面干爽，可见同心圆波纹。杨教授解释为洞顶岩石块崩落而溅起岩浆的痕迹。行约两米，洞顶渐矮，人不得不躬身而行。再前进数十米，人必须蹲行，手脚并用再挪数十米，洞开始阔朗。

伸直腰环顾，手电光所及处，景色绮丽，纵向的边槽、岩阶、绳状流纹等熔岩流动的痕迹清晰可辨，绳状流纹横跨洞底，呈弧形，弧顶指向熔岩的方向。除了没有“天井”、“天窗”，这里比仙人洞和卧龙洞景观都更为突出。残留在洞顶的熔岩最后凝结而成熔岩钟乳，质感尤其新鲜，仿佛刚刚凝结的一般，伸手触摸，才发现硬如坚石。

再行百余米，一路有树木的根须自洞顶壁垂下，不平的地面上有状如芝麻的白色小虫游走，一碰，蹦起很高。

众人立即折返。至洞口，又拐入另一支洞。黑暗如旧，却高宽许多。数以千计的蝙蝠倒挂于洞顶或洞壁，一片森然。

65 岁的杨火教授肯定地说，这个绝对不是当年他考察过的那个高徒洞，但根据地貌和方向判断，此洞可能与高徒洞相通。这位仅在海南就探过 20 多个洞的专家欣喜若狂，因为大家又发现了一个没有过记载的火山隧道。

审美火山

海南的火山，因其特点十分突出，而具有巨大的地质审美价值。

独具特色之美

琼北火山，属裂谷带火山，也是我国少有的海岛型火山，因其邻近热带地区的独特区位优势，作为火山群景观，在我国占有极其重要的地位，而其中的海口石山火山群还是我国唯一与省会零距离的城市火山。

在石山火山群约 108 平方千米的范围内，分布有 40 座不同类型的火山，火山种类之齐全、分布之密集实属国内外罕见，而每一座火山山体皆不大，具有很好的整体观赏性。

海口石山火山群按物质组成和形态综合划分，有熔岩锥、混合锥、碎屑锥、多重火山锥、低平火山口和破火山口等6种类型。

马鞍岭，为多重火山，由4个火山锥组成，像一个大家庭，又好似一对夫妻带着一双儿女，因为完整而极具优美性。

雷虎岭，为混合锥，又名层火山，由火山碎屑岩、玄武质熔岩和凝灰岩组成，因形似虎蹲而得名。火山口环壁呈阶梯状，底部宽广平坦，似希腊露天古剧场。

昌道岭，为碎屑锥，火山口深度达80米，底部灌木茂盛，在石山火山群中最显神秘壮观。

永茂岭，是石山火山群中唯一的熔岩锥，因山形平缓如盾，又名盾火山。永茂岭山顶无火山口，却有一块上千平方米的熔岩被平地，现已成为当地人每年举办“军坡节”祭祀活动的场所。

双池岭，是国内外少见的连体玛珥(玛珥在拉丁文里是“海”的意思)火山，又称低平火山口。雨季来临时，双池岭两火山口会积水成潭，潭水映山色，景致迷人。

罗京盘，为国内少见的破火山口，因锥体不明显，又名负火山口。罗京盘形似看方向用的罗盘，直径达1 000米，底部为放射状农田，边坡为梯田，整体酷似一大型跑马场。

生命形态之美

火山，同地震一起，使地壳发生着弯曲和破裂，把地球的面貌揉捏地高低不平，拼摆出峥嵘的高山和幽深的峡谷。它是自然界中最奇妙的景观之一，是地球热能向外散发的一种方式。因其具有了喷发的过程或潜质，从而具有了生命。

有了生命，火山即有了诞生、成长和消亡的生命历程。

专家考证，海口石山火山群属休眠期火山，是具有生命力的火山群。地质探测认定，海南的火山活动始于新生代的第三纪古新世(6 500万年前)，当时其活动范围小，强度弱；到了始新世(5 300万年前)和渐新世(3 700万年前)，火山活动不断增强；晚第三纪末第四纪初(500万年前)，火山活动强烈；更新世时(180万年前)，火山活动达到鼎盛时期，喷发频率高，次数多，分布范围广；而到了全新世(1万年前)，火山活动明显减弱，活动范围也逐渐缩小。

在海口市的中心地带，至今仍保存有早期喷发的火山口之一——金牛岭火山。这是一个典型的死亡了的火山，因喷发地质年代十分久远，这里的火山口已被大自然夷为平地，就连火山岩也已经风化成土，除了植物、动物和散落在各处鲜见的火山石，人们已很难寻到火山的痕迹。

自然资源之美

火山最厉害的武器是它喷出的碎屑物质和熔岩。那些大一点的石块从空中落下时，会破坏庄稼，会毁屋伤人；而熔岩经过的地方，万物俱焚；火山喷出的碎屑物质或熔岩，还能堵塞河道，使河水泛滥成灾；火山爆发时引起的地震和海啸，也会造成很大灾害。

但随着地球科学的研究深入，人们渐渐了解了火山，也喜爱了火山，并逐步掌握了预防火山灾害、恰当地利用火山资源的方式方法。

火山喷出的火山灰是天然的肥料。落过火山灰的地方，土地变得肥沃。而熔岩风化后发育的土壤，蕴含丰富的矿物质，对促进果树、花卉、牧草和农作物等生长十分有益。

海南火山分布最密集的石山地区，是盛产荔枝、龙眼、菠萝蜜、番石榴、杨桃、木瓜和黄皮等热带水果的最佳地。

在琼北火山地区生长的植物种类因火山而异常丰富，达1 000多种，其科研价值仅次于我省几大国家级森林自然保护区。

火山活动使琼北地区干旱缺水，但它是工程性缺水而非资源性缺水。石山火山群地区是海南省会海口地下水的重要补给区，地表水经含有丰富矿物质的多气孔火山岩的过滤、净化、矿化，渗入地下蕴藏为丰富优质的矿泉水。

而火山最大、最多的产物熔岩，冷却后早已成为人们生活的重要元素。人类有史以来，石器是最古老却一直延续至今的生产生活工具，石器文化也是人类文明史上最古老的文化。如今，火山石又充当了最重要的建筑材料的使命。

琼北，因为火山的存在而使石器文化得以巨大发挥。专家考证，琼北火山区民众自古以来就懂得充分利用火山石资源，不仅如此，琼北是把石具使用得最完美、最好的地区所在，没有哪个地区把石具用得如此充分和精彩。

火山人文之美

火山爆发的破坏力不难想象，按说人们应该远远离开那些可能爆发的火山才是，然而从古至今，越是离火山最近的地方，越是人口稠密处。

意大利的维苏威火山在公元前有过多次喷发，但每次爆发后人们又重返故地，并在火山下修建城市。公元 1979 年，维苏威火山再次发生大爆发，夺去了许多生命，损毁了大量财物，之后，这座火山每隔数年便要爆发一次。然而习惯了与火山相伴的当地人依旧居住在那里，不愿远离。

印度尼西亚的巴厘岛、韩国的济州岛，以及与海南岛同一纬度的美国夏威夷，皆是名副其实的火山岛，但又无一不是世界著名的吸引大批游人的旅游胜地。

琼北火山群地区石多、土少、水缺，按说也是不利于人类生存的地方。但从掩藏在树林中的许多古村落来看，从古至今，人们都坚强地栖息在这片土地上。这里还是海南最早官郡所在地，历代许多贬官都愿在此居住。

人们择居在这里，形成了独特的语言、习俗、经济形态，创造了极具地方特色的民居、土特产、民间工艺和文化艺术，成了名副其实的火山人。

火山人具有一种顽强的石头精神，他们坚忍不拔，不屈不挠，给后人留下了最宝贵的遗产——火山人文之美。

石山火山群国家地质公园

海口石山火山群国家地质公园，位于海口西南方 15 千米的石山、永兴两镇镜内，面积约 108 平方千米，区内有 40 座不同类型的火山和多条熔岩隧道。其中碎屑锥 14 座，混合锥 10 座，熔岩锥 1 座，多重火山 2 座，低平火山（又称玛珥火山）3 座，塌陷破火山口 4 座。纵横交错的熔岩隧道，长度几十米至几千米不等，呈管状、分叉状、多层状等。

此外，园区内尚保存有一片面积约 300 平方公顷的热带原生林，有丰富的火山民间传说、火山石器文化，有保存完好的古村落及古道路，具有很高的文物保护价值和旅游观赏价值。

国内外著名火山

我国最著名的火山区有吉林的长白山、黑龙江的五大连池、云南的腾冲，以及雷琼（雷州半岛和海南岛北部）火山区。

在吉林长白山周围分布着 100 多座火山。最大的火山口海拔 2 600 米左右，直径达 4.5 千米，是漏斗型，深达 800 余米，其景观独特，国内罕见。周围小的锥体，海拔高度 1 000 米左右。火山口多为溢出口，呈椅形、新月形，山顶平坦。这些多如繁星的小火山拱卫着长白山，构成了壮观的火山群。

五大连池火山群位于黑龙江省德都县境内。池的周围分布有 14 座火山和约 60 平方千米的熔岩台地。这组火山群,拔地而起,形态各异,形成了奇丽的火山地貌。

腾冲火山群位于滇西腾冲县境内,在100多平方千米的范围内,分布着大小70多座形如倒扣铁锅的火山。

国外著名的火山

印度尼西亚——

在爪哇岛有座叫默拉皮的火山,海拔2 911米,公元1930—1980年间共爆发25次。

巴厘岛上的阿贡火山海拔3 140米,大约每50年发怒一次。

喀拉喀托火山位于苏门答腊岛和爪哇岛之间,海拔813米。1883年5月至1884年2月不到10个月的时间竟喷发了多次;1883年8月27日爆发的一次,竟然把200亿立方米的岩石抛向高空,火山尘埃随高空气流运行,绕地球好几圈,从火山中喷发的浮石漂在海面,把船舶的航线都阻塞了,爆发引起了强烈地震和流高30—40米的海啸,3万多人死亡。

日本——

富士山是日本的象征,从公元8世纪以来共喷发过18次。

阿苏山位于日本九州,从公元553年到现在已喷发100多次,目前仍在冒着浓烟。

意大利——

维苏威火山于公元79年大爆发,把附近的庞贝、赫库兰尼姆和斯塔比亚等城全部湮没,1631年的大喷发又毁灭了5座城镇。

埃特纳以世界喷发次数多的火山著称,据记载它首次喷发在公元前475年,迄今估计已喷发过200多次;1669年持续喷发了4个月,使2万人丧生;20世纪以来也已喷发了10多次。

菲律宾——

马荣火山位于菲律宾首都马尼拉东南330千米,具有完整典型的火山锥,被辟为国家公园,是菲律宾著名的旅游景点。最近一次爆发在1993年2月2日,使77人丧生。

海之南·火山全系列之二

盎然的生机——植被、岩石、甘泉

前言

大约7 000至1万年前,马鞍岭还有过壮烈的火山喷发。

飞天烈焰伴着震天轰鸣腾空而起,熔岩奔流,碎石散落,所及之处,一切生命转眼化为灰烬。然而岁月漫漫,沧海桑田,在火山老人沉睡之后,一切生命又悄悄萌发,为世界带来了五彩缤纷。

按理说,石头是火山喷发最直接的产物,是后人看火山最直接的表象。

然而,那曾经毁灭了一切生命的火山熔岩,并没有直接曝露在我们的视线里。

从空中俯瞰,琼北火山地区被厚厚的绿色覆盖。在这一地区穿行,撞入眼帘的全是参天古木。

既感叹,又惊奇,甚至有点茫然。

这片土地是那么的不可思议!

专家把这片森林叫做热带季雨林,原来是原生林,后来因人为破坏退化了。它孕育出了1 000多种植物,占全省植物种类的四分之一,其科研价值仅次于我省几大热带雨林。而它的生态作用,对于海口乃至整个琼北地区都是不可替代的。

琼西火山地区却没有如此茂盛和纷繁的植被。难道仅仅是那里干旱少雨的原因?还是那里火山爆发的年代太久，人类活动留下的痕迹太深？

在一个多月的采访中，我们几乎走遍了琼北火山地区，见到过太多的树木，但却没有见到一条河流哪怕是一条小溪。那屋檐下一排排的水缸，村口外耗费巨大人工挖出的深深水井，还有那一个个因无水而废弃的村庄，无不见证了缺水给人民生活带来的灾难性后果。然而事物的复杂性在于，表象与表象后的真实往往是截然相反的。在缺水最严重的羊山地区，恰恰有一个巨大的地下水仓，成为海口地下水的重要补给源。

火山喷发让这里铺上厚厚的岩石。这些石头曾让苦苦寻找土地和水源的当地百姓吃尽了苦头。但他们选择了火山，石头也赐福于他们。石头为他们提供了生活住所和生活用具。随着对火山石的了解，人们发现火山石是不可多得的“黑色财富”。

对比我国其他著名的火山地质公园，琼北火山层次多样的古老植物群落是独有的。浓郁的绿色下面，人类与石头的恩恩怨怨的人文色彩，独特的石街、石屋、石具的人文气息，也是绝无仅有的。一层层覆盖着神奇，包括地下深处的水仓。经过火山岩的层层渗透过滤形成的地下水，有时也不甘寂寞，在琼北火山的低处露出清丽的甘泉……它们都是琼北火山独特的美。

树美、石美、水美。一幅诡谲奇丽的画，画中的线条像树根与石紧紧纠缠在一起的线条一样，紧紧攥住人们的心弦。希望每个人尤其生活在火山土地上的人们将它好好珍惜，好好珍藏……

【阅读提示】

琼北火山地区：又名“羊山地区”，泛指海口市西南部被火山石覆盖的地区，面积约500平方千米，包括石山火山群国家地质公园（108平方千米），主要有马鞍岭—雷虎岭火山群。

羊山：当地百姓将琼北这片被火山石覆盖的地方，形象地统称为“羊山”，因为这里盛产黑山羊。羊、石头和石头上的百草花果密不可分。

丰富的植物群落

飞越琼州海峡后，飞机折向美兰机场，总要横穿一片绿意丰盈、植被极其茂盛的地带，还有一个明镜似的水洼，折射起太阳缕缕温馨的光芒……每次我都感到一丝茫然——这是什么地方？

那就是羊山。

羊山植物种类有1 000多种，几乎涵盖了琼北地区所有的植物，约占目前海南岛植物种类总数（4 688种）的25%，不少物种还是国家Ⅰ、Ⅱ级的保护品种。这里植物群落层次分明，大致可分为热带常绿季雨林、热带半落叶季雨林、刺灌草丛、石生灌草丛四大类。

穿越火山森林

2004年3月6日上午，石山镇马鞍岭北侧永烈路和绿色长廊交叉路口，以这里为起点，记者一行6人开始穿越现今保存较好的火山口森林。

一夜小雨过后，阳光初照，雾气未散，地面潮湿。时值春暖花开，荔枝树上披满了白里透黄的小花，引来蜂蝶飞舞。

沿着当地农民开辟的一条崎岖的羊肠小道，艰难前行。

这片热带季雨林总面积约2万亩。尽管今天穿越的只是其边缘的一角，但我们也由此管窥了这片森林植物种类的丰富、多样以及珍稀。

在海南师院（现海南师范大学）生物系钟琼芯老师的指点下，我们认识了那些附生在龙眼树上的百足藤(蜈蚣藤),长在石头块上叶大如掌的高山榕,还有毛柿、决明、九节、土坛树、两面针、肾蕨、草寇、鱼尾葵等这些前所未见的植物。

向导石山镇原镇长陈统茂是当地人,热情好客。他现在海口万绿园工作,石山天然植物园就是他最早的植物课堂。他说,石山壅羊是吃百草长大的,尤其爱吃“玉叶金花”、“花藤草”和“福建茶”这些植物,所以肉质好,没有膻味。

一种叫“重阳木”的高大乔木,散布森林中,十分引人注目。它有个“孪生兄弟”——“秋枫”,二者的树干、树冠和树叶几乎一模一样,唯一的区别是秋枫是落叶乔木,而重阳木是常绿的。

陈统茂对重阳木似乎情有独钟,用“四个好”来总结它:树身笔直冠状好,四季常青遮阴好,开花结果生态好,九九重阳名字好。

行至森林深处,绿阴遮天蔽日,气温异常清凉。檀香、母生、乌榄和子京等珍贵树种逐渐多了起来,一些大榕树根系发达,独木成林,板根高约1米,厚约20厘米。

在火山口原生林中,还有热带雨林常见的“寄生”和“绞杀”现象。假如在某个位置停留时间稍久一些,细小的山蚂蟥也会随时向你袭来。

20年前,“海南植物王”、植物学家钟义教授曾对琼北火山地区的天然植被进行初步的分类:以山楝、粗枝崖摩、大叶胭脂、猫尾木、小叶榕和三叉苦等为代表的“热带常绿季雨林”;以厚皮树、鸡针、木棉、秋枫、潺槁树、破布叶和苹婆等为代表的“热带半落叶季雨林”;以刺篱木、山石榴、基及树、马缨丹、蟋蟀草和斑芒为代表的“刺灌草丛”;以长叶肾葵、薜荔等为代表的“石生灌草丛”。

在历时一个多月几进几出羊山的采访中,我们有了这样的印象:以某个村子为中心,羊山植被的分布大体上是——村子四周是野生或人工果园,果园之内或之外是耕地,耕地外围更大的空间则留给了热带季雨林。

千百年来,由于人类的活动,使得这里呈现出“季雨林”、“耕地”和“果园”参差分布的景观。钟义教授说,这样的火山人文景观在国内十分罕见。

早在1960年,广东省商业厅和海南野生植物公司对琼北火山地区的野生植物全面普查,发现这里的野生植物就有267种,其中野生纤维类有厚皮麻、香树麻、篓根、草扣麻等35种;野生淀粉类有土公子、大茯苓、木薯、山参等20种;野生油料类有飞机草、桐子、香茶油等21种;土产类有白藤、坡梅等71种。此外还有不少土药材。

钟义说,在琼北,羊山地区的植被资源和文昌铜鼓岭国家自然保护区的一样,都是比较古老的植物群落系统,在植被种类的数量方面,它虽然不如中部和南部地区的丰富,但它属低海拔植物群落,其潜在的科研、教学、科普、旅游及生态的价值很大,仅次于省内的几大国家级自然保护区。

81岁的钟义,如今已不能再爬山钻林了,他很遗憾:“至今,人们还没有对羊山植被进行过一次系统、全面和深入的科考活动,羊山植被的面纱未完全被揭开。”

琼北生态守护神

同是火山岩地带,琼北羊山地区的植被要比西部儋州和临高的植被茂密得多,种类也丰富得多,尤其是这里的高大乔木和热带季雨林,是西部所缺少,甚至是没有的。

在西部,我们看到的植被除了人工种植的经济林,更多是耐干旱的仙人掌、龙须兰和刺桐等刺灌丛,常见的“绿玉树”作为乔木,叶子已退化为刺状,当地人称其为“光棍树”。

钟义教授说:“植物生长受降水、日照、气温和土壤直接影响,在同样的土壤条件下,雨水多、气温高的地方,植被发育较好,种类较丰富,层次较分明。”

琼北和西部都是火山岩地区,气温条件也基本相似,但琼北地区雨水相对充沛,所以植被资源要比儋州、临高和洋浦丰富得多。也可能还有另外一个因素:西部火山爆发年代更为久远,岩石风化程度更高,人类活动留下的痕迹也更深。

羊山的植被已成为当地百姓赖以生存的主要资源:房屋建设的木料伐自雨林,木雕艺术加工的原始材料来自雨林。

气候、地质条件和动物(包括人)的活动会影响植物的生存,植物也会反过来影响前者的状态。

谈到羊山植被的生态效应,钟义说,火山地区的森林植被首先对海口市区的气候起着积极的调节作用,海口之所以冬暖夏凉,与它的存在息息相关。

其次,有森林的地方空气质量一般都是优良的,2003年海口空气质量名列世界第五,琼北火山地区的植被功不可没。采访发现,这里农村的长寿老人不少,鹤发童颜,这跟羊山植物营造的良好环境密切相关。羊山地区就像一个天然的"疗养院"。

再就是,每年夏季来自菲律宾的东南方向台风越过五指山和屯昌,进入海口境内的时候,羊山的森林对其起到了阻挡、减弱的作用。

其实,羊山植被的积极作用又岂止是对海口,周边的澄迈、屯昌、定安、临高和儋州等市县也受益匪浅。

每年冬天的低温寒流从海南岛北部的海口登陆后,一路南下,途经羊山地区时,这个地区的森林就像一面屏障,减弱了寒流对羊山以南的澄迈、屯昌和定安等地的负面影响,使这些地区的温度和湿度保持了较为稳定的状态。此外,冬季从文昌东北部登陆的冷风经过羊山地区时,也被当地的森林"挡了一挡",儋州、临高的气温也因此不至于降幅太大。

原生林退化为次生林

由于人类活动的影响,琼北火山森林已不再是"原生林"(原始森林),尽管还保留着不少原生树种,却不具备原生状态,早已退化为"次生林"。

目前,羊山地区森林(次生林)覆盖率为40%—50%,真正森林面积约200—250平方千米。它们分布于村子周边和各个山头,面积最大、最集中的是马鞍岭—雷虎岭一带的2万亩火山口森林。

翻查原琼山县的资料记载,确实让人触目惊心。

1958年至1982年,羊山地区的森林植被先后遭受了三次较大规模的砍伐,面积减少约为5万亩,占整个羊山地区森林植被的12.7%。

原琼山县素有"海南果树之乡"的誉称,尤其以荔枝、龙眼、柑橘、杨桃、菠萝蜜、木瓜和芭蕉等最为盛名,其中仅荔枝一项,年产值就近200万元。可是,羊山地区的荔枝,自1976年获得一次丰收之后,从1977年开始便连续六七年失收,当地农民便滥伐荔枝树取材。

在一个多月的采访中,我们仍不时发现有人在烧山砍木垦荒。

20世纪80年代,钟义教授对琼北火山森林发出警示:植被正向"常绿季雨林—半落叶林"和"落叶季雨林—灌丛、刺灌丛"的方向退变!鸟类和兽类明显减少,甚至有些已经濒危,尤其是鹧鸪,其减少率达95%以上。

再就是虫害严重,如荔枝蝽象直接影响荔枝的收成。森林被砍伐后,土地空旷,林冠稀疏,为灌木、草本植物的入侵和病虫繁殖提供了有利条件。

由于高大乔木被伐,喜阳的"飞机草"在羊山呈蔓延之势,形成了对羊山植被生态入侵的威胁。

"飞机草"对土壤肥力的吸收和破坏能力极强。钟义教授建议,可以在其间人工种植含羞草、猪屎等豆科植物,以抑制"飞机草"的"掠夺性生长"。

坚硬的黑色财富

从空中俯视羊山，那是一片绿色的海洋，而真正进入羊山，你会发现这里却又是一个石头的世界，人与石是那样的关系紧密：路是石头铺的，围墙是石头垒的，房屋是石头砌的，各种生产生活器具也是用石头打磨的。

羊山基性玄武岩

火山岩是火山喷发的最大产物。历史上，火山岩遍布了海南岛北部和西部的海口、琼海、文昌、定安、澄迈、临高、儋州等 7 个市县以及洋浦开发区的广大地区，总面积达 4 000 平方千米。由于年代久远，现在除了羊山地区尚有大面积玄武岩裸露之外，其他地方只是零星可见，多数已在物理、化学和生物三种风化作用下，化成红土，但红土下面，仍有尚未风化的、厚厚的玄武岩地层。

地球上的岩石大致分为火成岩、沉积岩和变质岩三种。

通常，人们把火山地区的石头叫做“火山岩”，而其学名则为“火成岩”或“岩浆岩”。

火成岩分为“喷出岩”和“侵入岩”。根据成因和二氧化硅含量，“侵入岩”分为酸性的花岗岩、中性的闪长岩和基性的辉橄岩。“喷出岩”则包括酸性的流纹岩、中性的安山岩和基性的玄武岩。

三亚的梅山是中生代火山，现存部分中性的安山岩。

羊山地区的火山岩属于基性玄武岩，包括红色质轻的渣状玄武岩和灰色致密的块状玄武岩，它们都或多或少带有气孔，这也是火成岩与沉积岩和变质岩的明显区别。

酸性的流纹岩在海南岛尚无发现。

火山土壤肥沃珍贵

2 月 16 日下午，龙泉镇国相村附近，村民王桂梅正在艰难地搬石犁地，记者打听之下得知：要开出这样 1 亩地，一个人得捡上一个月的石头，撬坏五六把锄头。

由于到处都被火山岩覆盖，羊山地区很少有大片的田地。我们见到的一小块一小块的田地，都是用撬起来的火山岩就地垒围起来的。

“但这里的土壤却十分肥沃，因为它由火山灰和玄武岩风化土构成，含有丰富的矿物质。”同行的地质专家李福抓起一把泥土捏了捏说。

原来火山喷发将地下深处丰富的铁、锰、镍、钴和钼等矿物质和微量元素带到地面，它们先是储存在石头里，而石头风化成为砖红壤（即红土）后，这些物质依然留存在土壤里，为野生植物和人工作物提供肥沃的养分。羊山地区的荔枝和龙眼为什么香甜可口，微量元素“钼”起着很大的作用，因为“钼”是果类植物糖分的重要转化酶。

但是，火山岩的风化速度极慢。上万年来，尽管火山岩经过了物理风化、化学风化、生物风化等多种方式的风化，羊山地区的土壤厚度也仅有 10—20 厘米。

用途广泛的火山岩

玄武岩已经成了当地百姓生活和生命中的一部分。

行走羊山地区的村落，尤其是一些古村落，你会看到那里的民屋墙壁全是由玄武岩垒造而成，有的用原石堆砌，显得粗犷；有的岩石打磨精细，显得精美。在村头树下和房前屋后，至今仍能看到不少废弃的碾米石磨、土法榨糖石磨和石臼、石槽。用玄武岩雕刻的石狮、石狗和石塔也是随处可见。在永兴和龙塘二镇，石刻还是民间的一项特色产业。

玄武岩还有更广泛的用途。

20世纪60年代,河北省就生产出“玄武岩铸石”,这种铸石具有一般金属不能达到的耐磨、耐酸和耐碱性能。在许多工业部门,玄武岩铸石还用于代替钢材、合金材料及橡胶。铸石管可作为化工的输气、输液管道以及供水管道等。

经过精选的玄武岩在1 500—2 000摄氏度的高温下,配以其他材料可加工成无机人工纤维——“岩棉”。岩棉具有质轻、绝缘性好、吸声性好、不燃性和保温隔热等优点,可广泛应用于建筑、国防、冶金和轻纺等行业。

此外,用玄武岩制造的石头纸还是一种可以与火抗衡的纸类。20世纪80年代初,前苏联发明家文丘纳用普通的玄武岩研制出名贵的“玄武岩纸”。

灰色的碎屑岩已经成为水泥生产的添加材料,产品标上“含火山岩添加剂”后,身价要比普通水泥高出不少。

红色的渣状岩因其孔隙多,比重小,有的比重比水还小,能够浮出水面,被称为“浮岩”,它本身就是一种高级的装修和装饰材料。渣状岩作为墙壁贴面不但美观,而且吸音、隔音和隔热效果好,是装修录音棚、歌舞厅和高层建筑的上好材料。目前,来自羊山地区的红色渣状岩在海口市区的使用已经比较普遍。

火山岩:采,不采?

羊山地区的火山岩(玄武岩)到底有多少?采石或开地会不会影响这个地区的生态环境?对此,不同研究领域的专家各有说法。

地质专家李福先生估算,琼北玄武岩分布面积4 000平方千米,按平均厚度10米计算,其储量约有40立方千米,羊山地区面积为500平方千米,其玄武岩储量应有5立方千米。

李福说,以前人们对火山岩的利用仅限于采石建房,但随着科学技术的发展,玄武岩的开发前景十分看好,适量开采羊山地区的玄武岩资源用于工业生产,可以促进该地区的经济发展。

海南省地震局火山监测研究中心主任胡久常对此持有“在保护中开发”的观点。他建议在重点地质遗迹保护区以外开采玄武岩,用于建筑物装修等,一旦普遍使用,也能使海口带上“火山城市”的色彩,营造海口独具特色的火山文化氛围,带动火山资源的全面开发,增强旅游吸引力。

植物学家钟义教授对采石行为则持坚决反对的态度。他认为采石会直接或间接影响到土壤的水分和地表的温度,进而破坏这个地方的生态系统。他倒是希望在羊山地区多栽种绿色覆盖物,以保持原有的生态环境。

巨大的地下水仓

耕地稀少,水源缺乏,在羊山地区显而易见。

羊山地表缺水,地下却暗藏着丰富的地下水资源,每日可开采量达22.2万立方米,相当于整个海口地区地下可采水量40万立方米的一半以上。专家称这种现象为工程性缺水,而非资源性缺水。

多年勘查表明,琼北火山地区海拔较高,时时通过30多个火山颈向海口市区深层补给。每个火山颈相当于一个大型注水钻孔。想象一下这个地下水仓的每天工作量真的很壮观。

幽幽古井的述说

琼北火山地区南部的遵谭镇有个儒冯村,村西边有一口明代古井——丹发井,井深20

多米,176 级台阶,经开凿千层玄武岩岩壁而得,井身四周断石赫然。该井是海南建省前人工开挖用于挑水饮用的最深的古井,曾被称为“广东之最”,估计现在它也是“海南之最”。

拾级入井,如入深洞,阴凉之气扑面而来。

像丹发井这样的深井,光遵谭镇就有 68 口,整个羊山地区的数目更是难以胜数。看这些深井,就明白,千百年来羊山百姓对水的渴望。地表干旱,百姓只好往深处寻找生命之水,不畏厚厚岩石的层层阻隔。

水是羊山人的奢侈品。一桶水挑回后,经洗漱沐浴,再用来洗地瓜、喂牛,剩下的浇灌门前屋后园地。当地人讲起来都有些不好意思,过去一石盆水有时要几个人同浴。即使在今天,深井边普遍建起水塔,家家几乎都用上自来水,省去了肩挑之苦,但灌溉用水仍是稀缺的,石头地里只能种一些木薯等耐旱的作物。

对于羊山的缺水,水文地质专家李福却另有说法:“这里实际上是工程性缺水,而不是资源性缺水。”

火山石下有清泉

之前听说羊山地区没有溪流,却有多处清泉从石头堆里冒出。2004 年 3 月 13 日上午,我们开始专门“寻找泉眼”之旅。

起点为石山马鞍岭往西南方向 5 千米、占地千余亩的“玉风水库”。这里地处低洼,是火山岩地区地下水的排泄带,修筑起拦水大坝后,便成了水库。

离开石山,取道海榆中线直奔永兴。

从永兴镇上出发,向东行 3 千米,北望,可见面积约 200 亩的“东城水库”。

继续向东。汽车行走颠簸,石头不断和轮胎较劲。我们摇头晃脑的,眼睛却被路边茂密的原始荔枝林所吸引。再走数千米,位于羊山腹地的永兴西湖,静静地在我们眼前舒展她的风姿。

西湖面积约 20 亩,是个典型的火山堰塞湖。

西湖有多处泉水从玄武岩石缝中流出。宋代时有乡人用石雕龙头套在泉眼上,让泉水从龙口喷出,妙趣横生,故名“玉龙泉”。周边为野生的荔枝、龙眼、桫椤等植物,平静的湖水倒映着翠绿的树木和野花,十分诗意。

这天下午,我们来到了龙泉镇雅咏村。这是唐代宰相韦执谊贬琼落籍地,村里还有韦氏后裔 400 多人。

村子东边不到 1 千米处,有个旧沟泉,旧沟泉的泉眼很多,自流量大,每秒流量达 482 升,雨季更加明显,能用“奔涌”一词来形容。

公元 806 年,韦执谊被贬为崖州司户后,便在此修建了一条水渠——“旧沟”,引水灌溉农田,其后人又在另一侧修了一条“新沟”。由此,“旧沟泉”之水惠及了被后人称为“韦公洋”的 300 多亩田洋。

像“旧沟泉”这样每秒流量在 10 升以上的大泉在琼北地区共有 20 处,占海南岛大泉总数的 76%。

羊山地区,降水充沛,为何只见泉眼?羊山寻水之行,见证了羊山地下水的丰富。储量巨大的地下水不甘寂寞,寻低处宣泄而出,喷涌成泉,堰塞成湖,拦坝成水库。我们深感坚石清泉刚柔并济之美,所到之处心中皆有丝丝惊喜。

有湖,但不见地表径流,雨水都流向哪里了呢?

水文地质专家李福解释说,羊山地区的火山岩孔隙发育,渗透力强,大气降水中,有 73.8%渗入地下储存起来或补给其他地方的地下水,其余的则被蒸发到大气中,或被地表植被吸收,所以羊山地区几乎没有地表径流——江河形成。

来自省地矿部门的资料显示，整个琼北地区（指“王五—文教深大断裂带”以北 4 000 平方千米的地区），多年平均降水量为 1 880 米，地下水平均每天的天然补给量为 854 万立方米，每天的可开采量为 40 万立方米，其中 500 平方千米的羊山地区平均每天的补给量就达到 192 万立方米，每天的可开采量则达 22.2 万立方米，是一个实实在在的地下水仓。

此外，火山岩孔隙发育，富含矿物质，雨水在向地底渗透过程中，层层受到净化和矿化，最终形成清澈、纯净和矿物质丰富的“火山矿泉”。

“火山矿泉”含有锶、钙、钾、溴、偏硅酸等大量有益于人体健康的矿物质和微量元素，属“偏硅酸锶重碳酸型”的天然、无污染的饮用矿泉水。

海口之水羊山来

“墙内开花墙外香”。羊山储量巨大的地下水，大部分都成了海口市中心地下水补给源，还有部分排泄到大海里。连羊山地区的地热也惠及海口市中心，形成市中心丰富的地下热矿水资源。

据《海南岛 1∶200 000 区域水文地质普查报告》，海口市的地下水由浅层的潜水层（几十米深）和深层的七层承压水（每层约 100 米深）组成，日常饮用开采的是潜水层和第一、二、三层承压水，第四、五、六、七层承压水不能饮用。

资料显示，桂林洋以西、澄迈老城以东和十字路（现龙泉镇）以北的 1 100 平方千米地区（含海口市区），其第一、二、三层承压水的天然补给量为每日 60 万立方米，80%以上来自 500 平方千米的羊山火山岩裸露区，否定了过去有人认为南渡江是海口地下水补给源的说法。

多年的水文地质调查探明，火山群地区地势比较高，一般都在海拔 60 米以上，因此地下水位也比较高，这样形成的地下水以火山群为中心向四周排泄。海口市区深部承压水主要从琼北火山群地区通过 30 多个火山颈补给，每一个火山颈相当于一个大型注水的钻孔，在火山口形成水文降落漏斗。

火山和地热是一对孪生兄弟，有火山活动的地方，一般都有地热显示和出露，如各种各样的温泉、沸泉等。琼北火山地区没有明显的温泉出露或显泉，但活跃的地热运动通过热传导，将海口地区的第五、六、七层承压水“加热”成“热矿水”——“火山温泉”。

在海口市区，通过钻打 500 米至 800 米的深井，可取得 40 摄氏度至 50 摄氏度的“火山温泉”。这里的温泉水色清澈，水中富含锶、钙、钾、溴、偏硅酸等有益于人体的微量元素，沐浴后可消除疲劳，舒缓身心，专家将其命名为“偏硅酸型医疗热矿水”。

海口市区的“火山矿泉”和“火山温泉”，都是羊山火山赐予的“福水”。专家说，羊山地区的地下水是海口地下水的主要源头，既要保护好植被和火山岩，还要注意羊山地区生产用水的排污净化，才能保护好这源头之水。

海之南·火山全系列之三

家住火山——漫漫迁徙路

前言

琼北火山，一个充满神奇人文色彩的地方。

行走其间，那独特复杂的语言，与众不同的生产生活方式，多姿多彩的文化艺术和风俗人情，深深吸引、深深陶醉了我们。

让我们在绿阴遮隐的火山古老的村庄里，细细品味这独特的火山人文；让我们在文明碎片散落的火山石堆里，轻轻触摸火山人文的历史脉络。

距今约5 000年前，琼北火山迎来了它的第一批客人——南迁的古越人。他们是黎族的先民，海南数量最多的居民，也可能是火山最早的居民。

大约从殷周之际(距今3 000年左右)始，讲临高话的先民从广西东部及南部迁移海南，历秦汉至隋唐，陆续迁琼。

唐宋以后，伴随着几次海南移民浪潮，大批汉人从福建、广东和中原各地进入琼北火山，后来居然占据了当地人口的多数。他们是大部分现代火山人的祖先。

在漫长的岁月里，火山人与石头相依相伴，纠结不清。石头给火山人带来了种种不便，限制他们拓展的空间，造成种种苦难和悲欢离合。但石头也打磨了火山人的品格，淬砺了他们坚忍顽强的意志。正是在石头的围困和施予中，火山人创造了特有的生产生活方式和独特的精神世界。

火山人运用石头的智慧，令人叹为观止。琼北、琼西火山地带的房屋，大部分用石头建造，那是一件件精美的艺术杰作；海口羊山地区石头垒起的羊圈，羊能进去却不能自己出来，用不着担心会被盗或走失；儋州北岸和洋浦一带用石头围起来捕鱼的"冲"，渔民们只管等到海水退潮，便来收鱼。

在这里，有羊山地区至今仍沿袭着的"土地世袭制"。

在这里，儋州北岸和洋浦海边，有保存近千年的古盐田及传承至今的制盐工艺。

在这里，曾广为流传着一句顺口溜："不嫁金，不嫁银，数数檐下缸多就成亲。"屋檐下一排排水缸是一道独特的景致，也是主人财富的象征。在儋州北岸和洋浦地区，水井建筑高大威严，蔚为壮观。每年的农历二月初一，是龙泉镇的"禁井日"，当地人要封井一天，以求一年雨水充沛。

在这里，古老的哭嫁婚俗，神秘的麒麟舞，精致的石雕、木雕等民间工艺，高高的字纸塔和众多的古书院，无一不在向人们展示火山人的石一样坚韧的个性，泉水般涌动的聪明才智。

同在火山下，但不同的地域、不同的历史背景，也塑造了琼北和琼西两个火山地带各自独有的人文个性。

琼北火山的人文，是散落而隐蔽的，就像埋藏在地表下纵横交错的熔岩隧道一样，离地不远，却不易被人察觉。或许是较为开放，受到外来文明冲击较为频繁的缘故，琼北火山地区的人文，散乱地依附在人们生活的各个角落，没有张扬的表象，明显的痕迹，需要用心去观察，细细去品味。

琼西火山的人文，却是裸露而不加掩饰的，显得突兀而张扬。来到这里，不规则石头垒起的石屋，千年的古盐田，高大的水井，绝对会给你以强烈的视觉冲击。许多古老的遗存保持得原汁原味，与外界形成了巨大的反差。它因古老而醒目，因独特而张扬。

10 000—7 000多年前，这里曾熔岩滚滚。

多少年后，已是森林覆盖，花果满枝。

有一天，先人开始到来。

秦代，海南属秦置象郡之外徼。2 114年前，海南最早的首府之一——汉代珠崖古郡治在这里建立。海南开始隶属中央政府。纷至沓来的火山人，沿着由火山石铺设的蜿蜒古道，深入羊山，在琼北火山地区创造了古代古郡府的繁荣。

公元2004年3月19日，海口市石山镇，马鞍岭火山口脚下，我们在一条古道上穿行。古道两旁的石墙相拥，植物茂密。行至废弃的美欢村处，厚厚的灌木丛挡道，被迫停止……向导说这条古道长达10多千米，是古代石山镇通往海口和府城的唯一通道。

我们站在古道口，似乎听到，火山人当年携家带口，骑马而来的喧闹声。

马蹄叩响岩石，脚步蹭亮石面……火山人的祖先来了，他们从哪里来？他们为何选择了火山？他们在这里演绎了一个怎样的火山人生活和传承的故事？……我们开始找寻。

由于缺乏专业的研究，对于海南火山居民的来源和演变，我们很难找到专门的记载和现成的权威结论来直接引用。只能从海南移民史等相关著述的零散记载中，从当地人的族谱，以及他们遗存下来的语言、生产生活方式和文化习俗中，追寻火山人的漫漫迁徙路，追寻火山地区人口演变的轨迹和脉络。

——题记

母语是“村话”

来到海口市的羊山地区，仿佛置身异国他邦。村民们所操的“村话”，不仅内地的来人听不懂，就是许多地道的海南人听着也都不知所云。

“村话”不仅发音与普通话、海南话完全不同，说话的方式也极为独特。这里把“猪肉”叫“肉猪”，“大哥”叫“哥大”，“常常回家”说成“回家常常”……他们常把形容词、副词置于名词、动词之后，把定语与中心语倒装。

由羊山地区向西、往南，经海口市的长流、荣山、新海，澄迈县的老城、马村，直到临高县全境，你会发现这一带人们所说的话基本相同，只是语调有所变化。到了儋州的北岸地区和洋浦，人们说的又是儋州话。沿琼北火山带到琼西火山带走下来，你会发现这一带的人都不以海南话为母语。而更有意思的是，无论是儋州话、临高话还是羊山一带的“村话”，都把操海南话的人称为“讲客话的人”。

难道，他们是最先来到火山地区的人？甚至是最先登上这个海岛的“主人”？

著名史学家史式认为，距今 7 000 年前，古越人从河姆渡出发，逐步向南移民，在距今 5 500 年，最多是距今 5 000 年前到达海南，定居下来后，繁衍后代。他们便是黎族的先民，海南最早的居民。

顺着时光的隧道，回到远古时期的海南。高温多雨的海岛，中部至南部五指山地区林莽深密，毒瘴弥漫；猿猴熊豹，毒蛇猛兽，出没横行，人类不易居住。可以推断，黎族先民登岛后，在汉民没有迁琼之前，大部分都居住在滨海平原地带各港湾、各江河两旁的山冈上，琼北的火山地区，也可能是主要居住地之一，这里的山上有荔枝、龙眼和山芭蕉，林间有走兽，水里有游鱼，足够以采集和狩猎为生的原始社会黎族先民维持生计。

黎族先民是海南最早的“主人”，也可能是琼北火山地区最早的居民。如今，说海南话的人，也笼统地把海口羊山一带的语言称为“黎话”。

“我们这里说‘村话’。”走访中，现在无论是在海口羊山地区还是在临高，当地人都对我们如是说。他们不认为自己说的是黎话。

“村话”和临高话属何种语系？国内外许多语言与民族专家学者做过多次的考察研究，至今仍没有明确说法。1980 年，国家民委派来的原中央民族学院(现中央民族大学)4 名权威专家学者等组成民族识别调查工作组，对临高人的族属问题进行了实地调查与考证后认为，具有“古越语的成分”，“属于汉藏语系侗泰语族壮泰语支的一种语言”，“与壮语十分接近”。

顺着语言这根“藤”，有专家得出结论：说临高话的先民，是继黎族先民之后，迁移海南的第二批居民。他们移民海南的时间比汉族早，或与汉族同时代迁琼。早在殷周之际(距今约 3 000 年左右)，他们从广西东部及南部迁居海南，直至秦汉至隋唐。他们主要居住在岛西北部，以临高为中心，包括儋州、澄迈和海口的部分地区，自称“村人”，并说“村话”。

此后，才有大批汉人从福建、广东等地陆续迁琼，他们自然也就成为火山地区居民的“客人”了。

祖上何处来

南渡江下游西岩的一个小山岭上，一座方形的古城遗址，与脚下的滔滔江水相互守望。它位于海口市龙塘镇潭口村委会博抚村，村民们说，这就是汉代珠崖郡治遗址。不远处，有一口石板井，井边有一块1917年立的石碑，刻着“博抚村朱崖泉”几个大字，碑上铭文都是对汉朝开郡治岛功绩的称颂：“汉将恩波，洋洋发育。观其流泉，民莫不服。食德饮和，永膺多福。沾其泽者，受天百禄。”

据村民介绍，过去城址内随处可以捡到或黄或白的古代的陶片。身处此地，近2 000年前人声鼎沸、车水马龙的繁华都市仿佛就在眼前。

虽然珠崖古郡治所在目前尚有争议，但两个主要争议地——龙塘镇博抚村和遵谭镇郡内村，都地处琼北火山地带的羊山地区。西汉时期，琼北火山一带人口之众，位置之重要，显而易见。

《汉书》记载：“汉元鼎六年，平南越，合浦徐闻入海，得大州；元封元年(公元前110年)，置珠崖、儋耳二郡。”这是中国古代封建政权第一次在海南岛建立，也是海南历史上第一次有组织移民。郡治所在的琼北火山地区，一定是外来移民最主要的聚居地。当时，全岛“合十六县，户二万三千余”，以每户6口计算，为13.8万人，密度为每平方千米4人，这个比例与当时广东南海郡、合浦郡每平方千米1.1人相比，竟高了几近4倍。首府所在地的琼北火山地区，当时繁华程度，由此也可见一斑。

但第一批汉人来到琼北火山一带，时间应该更早。春秋战国时期，大批中原人迁入岭南，他们中也应有人进入海南岛琼北火山一带。

此外，在海南古代几次移民浪潮中，琼北的火山地区都是最主要的目的地之一。

来到海口市龙泉镇的雅咏村，破败的村墙，或新或旧的石屋，与周边的村庄并无二致。但破败的旧祠堂里，清代探花张岳崧题写的对联及历代府县官员赠送的牌匾，却彰显他们祖宗昔日的尊贵。走进村里，每一位村民都会自豪地告诉你，他们的祖上是大名鼎鼎的唐相韦执谊！唐顺宗永贞元年(公元805年)，受“二王八司马”事件影响，陕西西安人、唐丞相韦执谊贬为崖州司户参军，落户如今的雅咏村，成为这海南韦氏的开山始祖。

和这位大丞相同为“天涯沦落人”的高官，其实还大有人在。翻开琼北火山地区各村族谱，发现他们大多都是名人高官的后代。唐宋以来，海南就一直是高官贬谪、名家落籍之地，其中落户琼西北的火山地带的不在少数，他们的后代也从此落籍海南。仅在海口市的羊山地区，根据文献记载和古墓葬证实，唐宋二代从大陆各地迁居的官员就有20多位。除了丞相韦执谊，唐代还有太常寺卿王震、礼部尚书辜玑、户部尚书吴贤秀，宋代有琼州府知府周仁浚、翰林学士周秀梅、户部给事中蔡成、岳飞的部将薛永等。元至清代，从大陆迁琼官员落居火山地区者更是不胜枚举。

海南历史上第一次大规模移民出现在宋朝。符永光先生在《海南文化发展概观》一书中称：“五代十国至宋代是我国北方向南方大举移民的第二次高峰，……大批的有意识或松散式的移民，沿着粤东的潮汕平原南下，他们跨越珠江三角洲，经粤西、雷州半岛直至海南岛，这是沿着陆路来的移民。而自闽南沿海从水路乘船直达海南岛者，大多在岛北至岛东部的琼山、文昌至琼海一线登陆，形成了宋代闽南人向海南岛移民的第一次高潮，也是海南方言以闽南方言为母语基础的开始。”

在琼北和琼西火山带，记者查阅了几个村的族谱。在海口市遵谭镇涌潭村蔡氏族谱中记载，蔡氏始祖蔡成，于宋绍兴年间从福建莆田贬谪迁琼。在儋州市峨蔓镇小沙村，该村的开村始祖李行中，也是宋代从福建化州到广西任知军，后迁到海南的。海口市羊山地区的许多村庄,他们的祖先大多也在宋代来自福建和广东等地。

20世纪80年代初,有关方面与海南民委等组成十余人的调查组,对临高县人口较多的王、谢、陈、许等19个姓氏祖先的来源进行调查,寻根探源,查明该县70%以上的人口的祖先,是历代从福建等地搬迁而来的。

宋朝到达海南的大陆移民已达10万之众,现在居住在琼北火山地带,操临高方言的人,可能大多是历代贬官和这些宋代移民的后代。他们来自福建、广东和中原各地,到达海南后入乡随俗,语言被这里"村话"同化;但同时当地居民则被他们逐渐汉化,虽然他们的语言和壮语相似,但他们大部分人都已不是3 000年前迁琼的广西先民的后代。

元朝的统治者曾在全国屯兵屯田,实行强制性移民。当时在海南设置的屯田万户府,主要分布在岛北部。据《元史》记载,当时在海南屯兵落籍的就有1.3万人,屯户0.65万人,从此大大提高了岛北部的人口地位。琼北火山地带,再次受到大量外来人口的侵淫。

有专家认为,自明以来,由于航线东移以及琼北和琼西人口密度的大大提高,海南人口的东移现象已十分突出。琼北和琼西的火山地带,明清两代虽仍有大陆移民陆续迁入,但已不再是最主要的落脚点,人口结构趋向稳定。

建国50多年来,从50年代"橡胶热"、60年代"垦荒热"、70年代"育种热"到80年代"建省热",我省又经历了4次移民热潮,琼北和琼西的火山地带受影响较小。

羊山也许由于石头覆盖,大部分地区"错"过了新时期大规模的开发,躲过了垦荒热和农业开发热。山还是那座山,石头还是那些石头,井还是那口井,屋还是那间结实的石屋,地还是那些不能改变地界的小地块……除了走出去的、卖水果的、卖石头的,留守的火山人仍然讲"村话",岁数大一些的几乎听不懂普通话和海南话。一部分火山人固守着以前几乎自给自足的日子,除了身上衣装,百年来似乎没有改变过。

变与不变,像似羊山两千年来的历程,古郡的兴衰,贬臣的荣辱,花开花落,人来人往。慢慢人多地少,土地干旱,变成了一种苦难。近半世纪来,羊山相比于外界,生活水平是落后了,但可喜的是,生态较完好地保存下来。这应该说是石头的功劳。以后,火山人生活的改变应该是在保护生态的基础上可持续性的改变。

缘何进火山

来到羊山地区,深不见底的水井,弯曲崎岖的羊肠小道,会让你感叹上苍的不公。石多、地少、缺水……所有的这些对于人类的生存,都是严峻的挑战。

那些远古时期的黎族先民,唐宋的高官谪臣,为什么都不约而同地选择了这个"地无三尺平,土无三寸厚"的地方?他们给我们留下一个谜。

看看儒豪村的高大厚实的村门村墙,或许能解开你心中之谜。这个位于海口市石山镇的古村庄,历经几百年风雨和多次磨难,还顽强地屹立在深山里。破败的村墙上爬满了仙人掌,全村的房子围在其中。村墙里面,全是古老的石屋,其中有几间,失去了屋顶,只剩下孤零零的几面石墙。70多岁的李继标老人告诉我们,那是解放前日本人入侵海南时烧的。要不是那堵厚厚的村墙,日本人与土匪早把村子给烧光了。

再回到5 000多年前,当黎族的先民们乘风破浪首先来到这个孤岛时,他们首先要考虑的是如何住得安全和吃饱肚子。我们无从稽考这里遍地的石头,那时是否也成为他们建房子、造围墙举手可得的天然建筑材料,但从汉唐直到现在,在海南的火山地带行走,我们看到的房子大都还是用石头建造,大部分村庄保留着高高厚厚的石头围墙。火山地区多丘陵,石多林密,是抵御台风的天然屏障。这里道路崎岖不平,难得行走,易守难攻,十分有利于躲避敌人的侵扰。只有亲眼所见,你才会相信,这里的石头对于古人的居住繁衍、防止猛兽和外敌入侵、抵御自然灾害具有何等重要的意义。

当然，以现在的眼光来看，琼北火山地区地少、缺水，生产生活条件十分恶劣。但可以推断，在人口稀少的远古时候，这些劣势也许并不凸显。人不多，就不需要多少地；许多自溢泉水形成的小溪、鱼塘和天然的雨水，就足以满足人们对水的需要。只是当人口大量增加之后，地少、缺水才成为海南火山地带的突出问题。

其实火山地区，还具有其他地方无可比拟的生存条件。

火山是天然的化肥厂，火山爆发的火山灰是极好的天然肥料，它含有多种农作物所需的养分。蜚声中外的意大利维苏威火山下，意大利人已在火山附近开了几家大型化工厂，利用火山喷发的气体制造硼酸、氨水和硫酸化合物。落过火山灰的地方，土地变得肥沃。而熔岩风化后发育的土壤，蕴含丰富的矿物质，对促进果树、花卉、牧草和农作物等生长十分有益。这对习惯于粗放粗管的原始农业耕作方式的古代人而言，无疑具有极大的诱惑力。

经过火山岩过滤的地下水，还是天然的矿泉水，清澈洁净，十分适宜人畜饮用，这也是人们生活的有利条件。

普通的外来移民选择琼北火山地带居住，势所必然。但高官谪臣落籍琼北火山地区，还有其历史因素。自汉设珠崖郡以来，琼北火山地带的羊山地区和附近的府城一直是州、府、县治所在地，是海南政治、交流和文化中心之一。迁移海南的高官和贬臣，在羊山落户，到府州县衙办事方便，走路、骑马当天都可以往返，这里各方面的信息也较灵通。这也许是他们落籍此处的原因之一吧。

演绎石头精神

多少年来，一代又一代家住火山下的人们，用他们的智慧和汗水，与石头作斗争，用他们的一生谱写火山的故事，演绎火山的精神。

“祖德树宏漠，训至一经，三相高明倚北阙；宗功垂大业，田开万顷，两陂利泽遍南溟”，踏进海口市龙泉镇雅咏村韦氏旧祠堂，清代探花张岳崧题写的一副对联，讲述了唐相韦执谊与其子孙后代兴修水利造福一方百姓的功绩。

公元805年的冬天，受“二王八司马”事件的牵连，韦执谊被贬为崖州司马。接到圣旨后，失落的他不得不携带家人离开喧闹繁华的长安城，历经艰辛，来到了崖州郑都（今龙泉镇雅咏、儒庄等村庄一带）。

官场失意的韦执谊，在荒僻的海岛上并未就此颓废。安定下来后，韦执谊在郑都南边看到有个被称为打铁坡的田地长年缺水灌溉，但旁边有个水塘，泉水汩汩不断。他决定兴修水利，利用岩塘水把打铁坡改造成良田。也许，他要以自己的一番事业，向当权者们显示自己的价值，证明他并非他们心目中的“逆臣”。

他不辞劳苦，四处奔波察看地形，并着手筹款，雇工开凿岩石，用当地的火山石砌成堤岸，修筑了岩塘水利的一部分，灌溉上万亩田地。韦氏族谱中将之记载为“架潭成桥，砌陂岸如长虹；引水长流，濯万顷而濒然”。

然而岩塘水利尚未建成，韦执谊就病逝了。临终前，他嘱咐后人要设法完成岩塘水利的修建。但由于唐朝的日渐没落及政事动荡，直到宋、明两代，韦执谊的后人才将两条水利沟修建完毕，命名为新沟、旧沟。

今年春旱，羊山地区许多水井干枯，水田断水，但龙泉镇雅咏村边“韦公田洋”上却生机盎然，新沟、旧沟两条水利沟的潺潺流水，至今仍滋润着一大片良田。

失意不失志，越在逆境中越要奋起，是众多谪琼贬臣共有的个性。他们有着强烈的叛逆、耿直和百折不挠的精神，在生活奋斗中则表现出了一种义无反顾的拼搏精神、拓荒精神和创业精神，有强烈的进取追求，蕴含着坚忍不拔的意志。他们，给火山人注入了更多的精神内涵。

被贬谪的人被迫来到火山区，但也有不少官员，主动辞官到这些地方来做学问，传道授业。

琼北火山腹地的西湖边，一座石牌坊在荒草中寂寞地伫立。它并不高大，但纪念的却是当地一位众人敬仰的人物。直到现在，仍有不少读书人到湖边来瞻仰、纪念他。郑廷鹄出生于现府城镇，但其生命最后的一段时光，却是留给了羊山人。明嘉靖七年(1528年)，郑廷鹄中举人，嘉靖十七年(1538年)参加京师会试，名列第三，廷试赐进士出身，授工部都水司主事。此后，他官至会试同考官司、江西督学副使等职。

但为官却不是他的追求。晚年，郑廷鹄以母老为由，上疏请求辞职归里。郑回籍侍养之初，悠然自得，常踏歌行吟于郊野，逍遥自得。离郡城西南20里远的石湖，更是郑廷鹄常到游憩之地。他发现"此处玉泉、篁溪清幽宜人，遂有枕漱之志"。于是他筑屋于石湖，建立了羊山地区第一个书院——石湖书院。书院建成后，郑廷鹄在此读书、著书。附近的文人名士，也纷纷慕名而来，求教、交流学问。

母亲去世后，皇帝还想把郑廷鹄召回，重新启用。但此时的他，已经志在林泉，以著书、授业为乐，故谢不复出。

当时的羊山地区，聚居着众多历代高官谪臣的后裔，他们胸怀大志，希望有朝一日登科上榜，光复祖宗的荣耀。郑廷鹄的到来，无异于久旱的甘霖，给众多急于求学的羊山人带来了希望。一时间，书院里学子云集，文人荟萃，当地读书之风日盛。石湖书院，培养了一代代的羊山学子，它如星星之火，点燃了羊山一带重学重教之风。

不唯官，不唯财，清节自勉，潜心做学问的郑廷鹄等，感染了一代又一代的火山人。崇尚学问，重学重教在当地也深入人心，蔚然成风。他们的影响至今仍有遗存，羊山一带新建村门要举行隆重的"入门"仪式，带领全村人入门的，不是村里最有钱的人，而且学历最高、学问最大的人。

在海口市龙塘镇，一块珍藏的稀世屏雕，也镌刻着一个近代火山人对雕刻艺术的执著追求。屏雕主人吴坤桃，一个20世纪初的木刻名匠，在其32年短暂的生命中，给后人留下许多不朽的杰作。

本报一位记者曾有幸见过这块屏雕。他描述这块屏雕高73厘米、宽44厘米、厚7.5厘米，屏面富有立体感，屏雕中除了出自传说故事的13个或坐、或立、或舞，神态各具的人物外，还刻有一对梅花鹿、一对鸳鸯、一对仙鹤，山水花石、城墙亭塔、飞禽走兽无所不有，并有从人张弓舞剑、跃马挺枪的景象，更绝的是城门上悬挂着一盏洋灯，轻触屏面就会摇晃许久。屏上还刻着"动植飞潜皆自得，城桥亭塔若生成"的对联。

这块屏雕，是吴坤桃在生命结束之前，呕心沥血花费整整6年的时间刻成。从27岁开始，吴坤桃每次去地里做农活，都要背上这块厚重的木料。农活做累了，他就会停歇下来全神贯注地按自己心中的构思去雕刻这块屏风。6年里，他不知背着这块木料走了多少趟、用坏了多少把刻刀。也许是因为倾注了太多的心血，他在屏背特意刻上该屏为传家宝，不许出售给任何人的字样。据说，曾有人出价几十万要购买屏雕，被吴坤桃的后人拒绝。

吴坤桃精湛的工艺及对雕刻艺术的孜孜以求，影响了当地众多的雕刻艺人。吴姓后人中，不乏高水平的木雕艺人。当地许多潜心雕刻艺人，为防止外人干扰和蚊子的攻击，晚上甚至躲在蚊帐里打着电筒创作。如今，在龙塘，在琼北和琼西，许许多多普通的手工艺人一生都与木头、石头和泥土为伴，用勤劳的双手，创造自己平凡的生活，坚持着心底一份执著的追求。生活的艰辛，造就了他们坚韧的个性，形成了他们精益求精、不断进取的人生态度。

外出打工，再回乡投资创业的陈耀晶，则背负着众多现代火山人的梦想，出生在马鞍岭火山口脚下的他,如今已是海南椰湾集团有限公司的董事长。

"小时候家里地少,全家人经常吃不饱,木薯和地瓜是主粮。"陈耀晶说,为了生活,他要上山砍柴,挑到七八千米远的集市上去卖,一担柴卖1.5角钱。20世纪70年代末,他做过木工,当过打石匠,还上山采过药。之后,他才带领石山地区的一群年轻人到海口打工,从给人挖土方、修简易路开始,逐步发展到搞建筑,资金积累才越来越多。

1992年,离家多年的陈耀晶回到家乡石山镇,开办了当地第一家大规模的羊肉餐馆——荔湾酒乡。他说自己在外漂泊多年之后,看到家乡的父老们还在过着贫困的生活,希望能尽自己一点努力,帮助他们寻找生活的新出路。

从1996年起,陈耀晶接手改造火山口景区。他倾注多年心血,建登山道,种树,建设各种配套设施。

多年的努力终于有了回报。今年年初,石山火山口被批为国家地质公园。欣慰之余,陈耀晶说,随着对火山资源认识的加深,他对这片故土的热爱也越来越深。他想让更多的人认识火山,共同来爱护这里独有的资源,改变自己家乡的面貌。

和陈耀晶一样,许多火山人或读书、或经商,走出了石头,离开了故土。他们秉承了先人们顽强的进取精神,也接受了外界新的思想和理念。有所成就以后,他们又想再创一番事业,尽己所能,带领、帮助这里的人们改变传统的生产、生活方式,发展经济,改善生活面貌,保护好火山资源,使人们与火山更为和谐地共存。

沿着先人们的足迹,现代火山人于新的时代中继续书写着他们的故事,诠释新的火山精神。

珠崖古郡今何在?

珠崖郡是有史书明确记载的,中央政府在海南岛上设置的最早的行政区划之一,而珠崖郡治(管理机构所在地)也就是海南最早的首府之一。

汉武帝时期,海南正式归入中国版图,当时这里设置的两个郡叫珠崖和儋耳。据《汉书·地理志》记载:在征服南越时,汉军"自合浦徐闻南入海,得大洲,东西南北方千里。武帝元封元年(公元前110年)略以为儋耳、珠崖郡"。珠崖置郡年份也有说是元鼎六年,即公元前111年。公元前82年,汉朝废除了儋耳郡,将其地并入珠崖郡,因此珠崖郡治就成为了海南当时唯一的首府。

汉时的珠崖郡治,现在到底在何处?目前的说法有两个,但都在海口市的"羊山"地区:一个认为在海口市遵谭镇的东潭村委会郡内附近,另一个则认为在海口市龙塘镇潭口村委会的博抚村附近。两种观点之争,至今未止。

从东汉班固的《汉书》开始,历代对于汉珠崖郡治的记载就史不绝书。晋朝的臣瓒编写过《茂陵书》,记载了汉珠崖郡治在"瞫都"。明清各种志书关于珠崖郡治的记载是一致的,它们都认为:珠崖郡治位于当时琼山县城东南二十里左右的东潭都石陵村。郡治旁有一平地而起的山峰,称作琼崖神岭,上有神庙,祭祀着所谓的"珠崖侯王"。

1985年原琼山市博物馆的郭克辉发表了题为《珠崖郡治今何处》的文章,提出珠崖郡治的遗址在原琼山市遵谭镇的东潭乡,其主要根据就是明清史料中所称的"珠崖郡治在东潭都",而且遵谭东潭乡的确有神岭和神庙,与史料的记载相符合。文章发表后,不少介绍海南历史的书籍都加以引用,原琼山市政府也在1992年将其列为县级文物保护单位。珠崖郡治在东潭乡的观点一时成为了定论。

从1995年开始,以原琼山文体局黄培平为代表的一些人提出了不同的看法。他们通过调查发现,龙塘镇的博抚村一带才是史书所载的东潭都的真正所在地。龙塘位于原琼山县城的东南，而遵谭却在县城的西南；博抚村同样也有神岭和神庙，而且有证据表明紧邻的大宾村以前就叫做石陵村，更重要的是在神岭上还发现了一座古代的城址……

一些专家认为，珠崖郡治不可能设在遵谭镇的东潭乡，因为这里非交通要津，离海岸较远，且非常缺水，根本难以承担一个郡治的用水所需，建城缺乏基本的条件。海南大学的林巨兴先生介绍，经过考证发现，博抚、大宾村这一带解放前一直叫做“东潭都”，而遵谭的东潭乡以前一直叫做“遵都”，是解放后行政区划大调整，才造成两地名称发生了改变。

但是，龙塘镇的博抚村一带目前还没有完全发现汉代官署建筑的遗迹，也还不能有力证明这里就是汉代珠崖郡治的所在地。

珠崖古郡今何在，至今尚无定论。

海之南·火山全系列之四

家住火山——石头上的生活

前言

这是个石头的世界，古朴、神秘且神奇！

残破的村墙，饱受磨难却仍痴情依旧，坚守自己的职责。

古老的石屋，历经百年风雨仍傲然挺立。在现代化的钢筋水泥楼房面前，它们，不再只是一个遮风避雨之地，那是一个解不开的情结，也是火山人寄托心灵的精神家园。

巧夺天工的羊圈，让你拍手称绝；守株待兔般的鱼“冲”，让你暗暗称奇。你绝对想不到，简简单单的石头，竟有如此的魔力！站在汹涌的海边，耳畔还能响起渔人们兴奋的吆喝声——干冲了，收鱼去！

在这里，一顶草帽可以盖住一块地。或许因为珍贵，土地以特有的方式进行分配和继承。在这里，凿平的石头就是田，古老的晒盐方式保持得原汁原味。在现代法律面前，它们为何有如此强大的生命力？

散落的大碾石已成为人们纳凉谈天的石凳；古老的糖寮已经完成使命，跟着它们的主人一起走进了历史。但近代羊山手工业的辉煌，他们应该不会忘记吧。

儒鸿村的铁器、文彩村的陶器和木雕、玉冯村的竹器依然精美，火山人的一双巧手，创造了多少神奇。但在现代工业产品的猛烈冲击下，它们曾经的辉煌已经不再。是否多年之后，他们的子孙后代只能到博物馆里去欣赏这些精美的作品呢？

面对火山，有人用血汗和智慧进行争斗，在争斗中得到和谐，顽强地守望火山。有人胸怀更多的梦想，走出石头，寻找更大的世界。他们身上，同样流淌着火山沸腾的血液，让火山精神传遍八方。

走进火山，走进火山人的生活，将见到许多艰辛与智慧，读到诸多辉煌与无奈，也会留下一串串感慨和思考。

古村如陈酒

古村如陈酒，香醇怡人。

行走琼北火山带，常被一幅幅充满田园气息的乡村生活画卷所打动——残破的村墙、深幽的村道、古老的石屋、参天的古树、散发泥土的田地、路边聊天的老人、夕阳下放学的孩童……弯弯石径，把我们引到石山镇儒豪村。

古老的石屋无声伫立，像一群白发苍苍的老人，凝望着村口过往的行人。十多栋大石屋，整齐地排成四行。一两间正屋，带着几间横屋和小房，围上石头墙，又自成自己的小天地。村民们也说不清楚村庄存在几百年了,只知道他们的祖上有四兄弟,如今已繁衍至十几代,四行石屋,分别由四兄弟的后人居住。

李继标老人的家,在村里最为气派。高大的石门威严耸立,上面雕刻的花鸟鱼虫,栩栩如生。15路瓦的正屋,外墙石头巨大光洁,方正齐整,如一个模子铸出来一般。屋内,两道用木料建成的隔墙,把正屋分成三间。栋柱之上,架有金字架,上面雕刻的图案,像火,像人,又像山。老人说,他的祖上十分富有,屋墙雕刻精细,内墙的木料是上等的菠萝蜜格木,历经几百年风雨,依然坚硬如故。

"看看屋墙,就能知道屋主人的贫富。"村民们告诉我们。漫步村里,果然发现,有些石屋外墙雕得平整光滑,石头结合得几乎没有缝隙,那定是有钱人家的房子了,当地人叫它"四面光";而有些房子外墙石头就粗糙许多,石间甚至还有可以透光的缝隙,那是出不起工钱的穷人家。

在羊山,我们看到的大多是同一类型的石屋。当地人介绍,过去这一带的房子,四周外墙用石头建造,中间两道隔墙使用木料。只是最近二三十年,才出现了一些以石墙代替木隔板的新式房子,还有人盖起了钢筋混凝土的楼房。

琼北的石屋,正屋所用的石头巨大而规整,而在琼西,石屋就显得随意而原始了。在儋州峨蔓镇小沙村,许多房屋的石块奇形怪状,基本上没有规则,只是朝外的一面凿平。但这样的石块垒起来的一道道平整的墙,就更见功力,更令人惊叹了。你根本无法想象,人们用什么样的魔力,才让它们结合得如此致密,连张薄纸都插不进去。在你们面前,它们简直就是一件件精致的艺术品。

建造石屋,在古时候更多是因为取材方便,而且它很实用。问问这里的每一位上了些年纪的人,他们都能给你列出石屋的种种好处:夏天透气,凉快;其中间的木结构和外墙分开,墙歪了扶墙,柱子坏了换柱,一座石屋短则一两百年,长的坚持三四百年仍完好如初。在过去,建造一栋外墙光滑可鉴的"四面光"石屋,曾经是多少羊山人一生的梦想。

但随着时代的变迁,钢筋混凝土的现代化楼房,也正悄悄走进人们的生活,向传统石屋的地位发起了挑战。

古老的儒豪村,就是在李继荣老人石屋的隔壁,鹤立鸡群般伫立着一栋现代化的两层小楼,十分显眼,却突兀得与老村格格不入。

老人说,这家人有个儿子在深圳工作,挣了钱,去年刚回来建的新房。建这房子,老子和儿子曾有过分歧,老子想建老式石屋,在外多年的儿子却想建楼房。儿子的理由是,楼房干净,抗台风,常常在外也用不着担心没人修补。几十年后坏了就拆掉重建,一栋房子也没必要住上几百年。最终,显然是儿子的意见占了上风,老石屋也就变成了小楼房。

在羊山地区,关于石屋和楼房的争执,经常可以听到。其实,建造同样的面积,钢筋混凝土楼房或平顶房,成本要远远低于建一栋石木结构的传统石屋。而且在人们生活水平越来越高,空调、风扇等家电逐渐走进农村的现代社会,石屋的实用价值还有多大,已经被许多年轻一代的火山人打上了问号。

"要建还是建老屋(指传统的老石屋,作者注)。"采访中,我们问过十多位四五十岁以上的人,最想建什么样的房子,得到的是基本一致的答案。其实他们可能也知道,他们的理由已经不那么令人信服,但代代传承下来对老石屋的情感,确是一时难以割舍的。老石屋对于他们,不再只是一个遮风避雨之地,而是一个解不开的情结,也是他们精神的家园。

在两代火山人的争执中,延续了千年的老石屋正一间间消失。有人担心,10年、20年以后,他们的子孙,还能见到这些精美的石头之作,真正的火山之家吗?

石头的智慧

火山人在生产中,整天与石头打交道,他们运用石头的智慧令你叹为观止。

琼北羊山地区的黑山羊，享誉省内外。这里的羊圈，也别出心裁，设计巧妙。

翻越大大小小的山丘，沿着羊肠小道进入龙桥镇的山腹，古老的羊圈向我们展示了它的庐山真面目。羊圈很大，足有好几百平方米。厚厚的围墙足有一层楼那么高，墙上爬满了带刺的霸王花、牵牛花和种种野生的藤蔓。站在外面，羊圈里的动静难以察觉。

大门比人高，装着可以上锁的木门。门口的右侧，还供着一尊石神。他应该是养羊人请来帮他们守护羊群的吧。大门左侧的石墙上，开了一个窄窄的小窗，离地有一米多高。羊圈外面，有一级级乱石砌成的台阶铺到窗口，里面则没有台阶。

“这就是羊圈的巧妙之处！”给我们带路的永东村委会书记陈所能说。清晨，主人打开大门，把羊放到山上吃草，然后又锁上，就回家干别的活了。到晚上，吃饱的羊会自己回来的，沿台阶爬上小窗，从窗口跳进羊圈。因为窗口里面没有台阶，羊进去后再不能自己出来。而且窗口不大，刚好能钻进去一只羊，人和别的动物很难进去，或者进去后无法出来，也就不敢贸然行事。这样，羊主人只需每天早上去打开大门，把羊放出来就再不用操心了。

这么简单设计，竟有如此功用！你不得不佩服羊山人的智慧。

走进羊圈，另有洞天。高大的围墙里面，还有高高低低的石墙把大羊圈分成十几二十个羊圈。每个小羊圈入口的设计，和大羊圈同出一辙。第一个小羊圈里，还分成几块不同的功能区，有供羊居住的小瓦房，有供羊排粪的“卫生间”，简直是一个个温暖的小套间。陈所能告诉我们，大羊圈是一个村的养羊人合建的，里面的每一个小羊圈，才是各家各户的。

在羊圈中的墙间小径穿行，有如进入迷宫。你不仅会佩服养羊人的聪明才智，也会佩服这些山羊的智慧——要在群山中自己寻路回来，又要跳过几道门，穿过这些迷宫才回到自己的家，那多不容易！

这个羊圈因为地处深山，来往不便，已经废弃了。但在龙桥镇一带，这一类型的羊圈仍在被人们广泛使用。

琼西的海边，有一种捕鱼方式，与羊山的羊圈有着异曲同工之妙。在洋浦的夏兰湾，我们看到退潮的海边露出一排排石头，围成一个个不规则的圆圈，当地人说，这就是过去人们捕鱼的“冲”。虽然已经废弃多年，但鱼“冲”的轮廓仍依稀可辨。

据《儋县县志》记载，相传明代有黄、邱、沈三姓人迁至此，当地石多，他们便在海边用石头围起一个大圈，名为“冲”。海水涨潮时，鱼随潮水涌进冲里，潮水退去后，有些鱼仍滞留在冲里，大家便拎着大桶小桶前来捡鱼。每次潮水刚退，冲刚干，便是收获的时候，大家相互吆喝：“干冲了，抓鱼去！”夏兰居委会现隶属于干冲办事处，“干冲”一名便是由此而来。

这一捕鱼的方法，很快传到洋浦和儋州西北部海边，成为过去人们捕鱼的一种便捷方式。夏兰居委会主任王琼寿说，他小的时候，每当退潮，就和村里的小孩拎着水桶到冲里去捡鱼。但现在，鱼没那么多了，冲里能抓到的鱼也越来越少，冲也逐渐退出了当地人的生活。

一个在北，一个在西，聪明的火山人在不同的地域，结合当地的自然环境，让石头以不同的方式，忠实地给他们服务。

征战火山

太多的石头，也并非全是好事。火山人享受火山送来的礼物的同时，也要与之作斗争。在琼北和琼西，我们都可以从那些具有强大历史惯性的古老遗存中找到人与石头斗争留下的痕迹；从琼北羊山地区手工艺人布满老茧的双手上，一样也能读出人们征战火山的艰辛和无奈。

撬起的土地凿出的“田”

“地无三尺宽，土无三寸厚”是羊山一带土地的生动写照。来到这个石头遍布的地方，你会发现,这里的土地都是散乱洒落在石堆里,很难找得到一块大而规整的地。每块地的四周,都有整齐石墙为界。

"我们的地,都是一代代从石缝里撬出来的!"在龙泉镇杨亭东村,一位在地里忙乎的老农告诉记者。在这个拥有400多人口的村庄,耕地面积约200亩,人均耕地0.5亩。小村庄背后靠山,好多人家的地都在好几千米之外,要走近一个小时的路才能到达,有些人家甚至没有地。

一个令人惊讶的现象是,在这一带,土地几乎被当成了私有财产。自20世纪80年代初第一次土地承包到户以后,土地再没有进行过重新分配。重新发包时,也只是在原来的基础上换个承包证。而且在民间,很多土地被当作私有财产进行买卖交易。

"并不是不想分,而是分不下去。"原石山镇镇长陈统茂说。在第一次土地承包时,石山镇曾在美傲村进行过试点,按家庭积分给各家分配土地。但因为大部分村民的强烈反对,不久又恢复以原耕作为基础进行分配,以后便不再进行调整。村民反对的主要原因是,当地地块较小,平均分配必然要再进行分割,十分不利于耕作管理,这是对土地和生产力的破坏。

而有的学者则认为,当地人这种强烈的私有观念,更深层次的原因在于,这里的每一块土地都来之不易,都是每家每户流血流汗,砍山搬石头,从石头缝里开辟出来的,于是倍加珍惜,每个人都会尽全力去维护。

羊山一带古老的财产继承习俗,也是一直沿用至今。

如果一个人没有了后代,对他财产的继承,十分独特。龙桥镇三角园村的王乃锡给我们介绍,这还要分几种情况:如果继承人只有一个兄弟,那毫无疑问这个兄弟可以直接继承。但如果他既有兄长又有弟弟,那就由他最大的弟弟来继承,其他人无权问津。要是有继承权的兄弟先于被继承的人去世,而又有两个以上的儿子,如果继承人比被继承人大,就由其最小的儿子来继承叔叔的财产;反之,如果继承人比被继承人小,则由最大的儿子来继承伯伯的财产。

虽然与现行的继承法并不一致,但这些古老的习俗仍在羊山一带被大家约定俗成地沿用,而且少有争端。为什么它们会有这么顽强的生命力?现在仍不得而知。而其存在,是否就说明它的合理呢?

琼西一带的古盐田,同样具有顽强的生命力,穿越千年的历史走到今天。

每一个晴天的下午,洋浦的盐田村边,定是一片繁忙的景象,大人、小孩忙着收盐、洒水。从村边小道向海边望去,大小不一的黑石头,高低错落,它们的表面,都已经被凿得平平整整,上面铺着一层雪一般白花花的海盐。

你可能见过各种盐田,但绝不会见过凿在石块上的"盐田"。当地人说,这一片共有7 000多块晒盐的石槽,大的直径一两米,小的几十厘米,它们的表面被凿平,边上留下一两厘米高的槽沿。放眼望去,大大小小的黑石头上雪白的一片,颇为壮观,你不得不惊叹人们见缝插针的本领。

制盐的方式简单而原始。海水上涨时,流入储水池中。早晨,人们到盐田里松好土,并往上浇海水,晒干,以增加泥土的含盐量。之后,把这些泥土放在卤水池边,从外面浇海水。泥里的盐分随着少量海水慢慢渗入池中,成为卤水。含盐分较高的卤水,早上舀到石槽里,晒到下午就结晶成盐了。

60多岁的谭大爷,从十几岁起便开始晒盐。他家有300多块晒盐的石头,天气好的话,每天可以收两担盐,将近200斤。他说,盐田村土地少,几乎户户都在这里晒盐。村里的盐干净,细白如雪,当地人都爱吃。

"过去,我们常挑到白马井等乡镇去卖,很好卖。但现在禁止私盐,不敢再挑出去了。"说这话时,谭大爷一脸的无奈。他说现在盐只能就地卖给当地人,但每斤仍能卖到七八角钱,价格还可以。他最担心的是怕政府不让晒了,断了村里做了近千年的生计。

也许,谭大爷的担心并非多余,现在他们的盐就只能是偷偷地卖。千百年来,盐田村许多人就以晒盐为生。晒盐对于村民而言,本来就是不可或缺的。何况,作为一个古老而独特的生产方式,其观赏和历史文化意义就更非同寻常。它是否该加以保护而更好地留存呢?现在,洋浦已经把这里辟为一个人文景点,供人们参观,慕名前来的游客每日不断。但这一生产模式与现行法规的冲突,又该如何解决?

曾经繁荣的手工业

"北铺市,糖糕铺;道堂市,缝衣裤。"这是解放前就在羊山一带流行的一句顺口溜。羊山地区手工业的繁荣,由此亦可见一斑。

因为地少,琼北和琼西火山地带的农业与周边相比明显落后。随着人口的增长,当土地已经捉襟见肘,难以再供给人们以温饱的时候,火山人只能另寻出路,学一门手艺,靠自己的双手挣生活了。

在海口市遵谭镇坊门村,村前的大榕树下,两块巨大的圆柱形石头在石堆里十分显眼。它们是干什么用的?初到这一地方的人都会有此疑问。正在村底下乘凉的老人告诉我们,这是过去榨糖用的碾石。

"解放前,我们村里的赤糖条全岛有名。"满头银发的陈大爷自豪地说。过去,这一带几乎村村有小糖寮,有私人的,也有全村人合开的。两块巨大的碾石并排靠在一起,由几头牛一起拉动,甘蔗从中间放进去就榨出蔗汁,经煮、烘干后,制成一块块小砖头般的赤糖条。

在羊山一带,我们在许多村前都可以看到这些从废弃的糖寮上拆下来的圆石。笔者也是龙泉镇出生的羊山人,如今老家中还存放着一排排上大下小、底下开口的陶制容器,当地叫"糖漏"。听父辈们讲,祖父的糖寮在当地也小有名气,这些"糖漏"就是专门用来存放糖寮的。在物资缺乏的年代,糖还是一种重要的物资,制糖的手工业者也都相对富裕。"糖漏"其实也是财富的象征,谁家的"糖漏"多,那一定是有钱人家。听村里的老人说过,过去没钱读书,便从家里带上几根糖条送给私塾的先生,就算是学费了。

本地作家王俞春认为,至少在明代,羊山一带的糖寮就已经出现了。羊山地区还可能是海南最早种甘蔗的地方,解放前土糖寮的兴旺,到解放后海南第一家糖厂——龙糖糖厂的建立,都是有力的佐证。

而今,这种原始的糖寮已经跟着它们的主人一起走进了历史,散落的大碾石已成了人们纳凉谈天的石凳,但它们,确实见证了羊山一带近代手工业的辉煌。

远近闻名的龙塘服装业和陶器业,也记载了羊山一带手工业的兴衰。

龙塘的服装,从20世纪就名扬省内外。从20世纪60年代起,玉胡村的裁缝师傅就在当地小有名气。80年代初,镇里曾从上海、广东等地请来服装设计师,给当地人传授服装设计、制作技术。从那时起,个体服装加工业就在当地蓬勃兴起。

最红火的是90年代中期,龙塘镇文化站站长吴际淳介绍,当时每个村委会都有几十家服装加工户,镇里的店铺几乎全是服装加工点,每个加工户都有十个八个工人。全镇的服装加工户超过600家,辉煌一时。他们从广东进布料,做成服装后往广东、广西销售,有些甚至卖到了黑龙江。

90年代末以后,龙塘的服装加工业向规模化、集约化方向发展,个体加工户集中建起了服装加工厂。目前,镇内上规模的服装加工厂就有30多家,较大的10家工厂里工人都在150人以上,而小规模的个体加工户,却减到了200多家。

与蓬勃发展的服装业相反,曾经红极一时的制陶业已显凋零。在龙塘镇旁边,我们见到了最后的制陶人。宽大的废弃厂房里显得空空荡荡,家住文彩村的王科干一家三代人,每天都在这里和泥,制作陶瓮、陶罐,延续着祖上传下来的手艺。85 岁的老父亲王会佑耳不聋、眼不花,重几十斤的制陶器转子,仍被他踩得飞快。一家人的手艺,都是他从上一辈人手中学来的,如今,儿子做陶器都得用模子,他却只用一双手,凭感觉就能制成。

老人的手艺已经不知道传了多少代了。本地作家王俞春认为,至少在宋代,羊山一带的制陶业就已经开始发展了。前几年,在永兴镇挖掘的一座北宋时期的古墓葬中,出土了很多碗、灯等陶器、瓷器,在一块长方形的陶片上,烧有记录该墓位置的文字。这块陶片,应该就在附近烧制的。

王会佑老人说,这里原来是琼山县龙塘陶瓷厂的厂房,上世纪 90 年代,这个厂破产了,他就把厂房承包下来。从解放初到 70 年代末,龙塘镇的文彩村和永巩村,是专业的陶瓷村,家家户户都以制陶为生。他们生产的陶器销往全岛,有的还卖到内地。在上世纪六七十年代,镇里建起了两个大型的陶瓷厂,陶瓷厂周边一带,大大小小的小陶瓷作坊连成一片,全省各地前来购买陶器的客商排着队等着要货。

"现在都用不上了,只在农村的墟镇上能卖出去一些。"说这话时,王科干的神情里有些无奈。到 80 年代中期,铁器和塑料制品大量出现,价钱也越来越便宜,龙塘的陶器逐渐失去了市场。到 90 年代末,两家陶瓷厂相继关闭,文彩、永巩两个村的村民们也都纷纷放下手中的泥块,另寻出路了。

现在的文彩村和永巩村,已经没有几户人在做陶器。王会佑说,他每天还能做六七个烧酒的陶瓮,儿子手脚麻利,能多做一些。这门手艺,要跟着学几年才能学成,但 30 多岁的孙子,已经不太愿意学了。

走过羊山地区许多村庄,发现他们大部分有一门独有的手艺。龙桥镇的儒鸿村,世代以打铁为生;龙泉镇的杨吴村,木雕手艺精湛高超;声亭东村,人人都是打造家具的高手;龙塘镇的玉冯村和王熙村,手编的竹器远近闻名……

但从村民们无奈的眼神中,我们也读出了这一地区手工艺面临的命运。和龙塘的陶器一样,这里的大部分的手工艺品,在现代工业产品的猛烈冲击下,已经跌跌撞撞,几乎站不住脚跟。曾经的辉煌已经不再,火山一带的许多手工业正日渐式微,后继乏人。令人深思的是,这些流传了千百年的精湛的手工艺,在现代社会里已经失去了存在的价值了吗?

在龙塘的玉冯村采访时,几位同行的女记者看到这里精美的竹器都爱不释手,特意买几个带回家用。据说,竹器比塑料器皿更卫生、更环保,但这东西在海口是买不到的。像他们这样的一些人,是否能让这些古老的手工艺得以延续呢?而一旦某一天,这些手工艺品的实用价值真的已经失去,是否还有别的理由,让它们代代传承下去?

走出火山

海口市府城镇南部大园路,是著名的"羊山村"。本来府城地区以海南话为母语,但现在大园一带的居民,十有八九都是从羊山一带搬过来的,他们讲"村话"。

年过 60 的吴清淦,是大园路一带较早的移民。吴清淦原来家住龙泉镇,20 世纪 70 年代末,家里的两三亩土地分到三兄弟手里,已经所剩无几,种地根本养不活一家人,于是只好跟着村里的年轻人组成一个建筑队,走村串户去帮人家建房子。挣了一些钱后,想盖个房子,但家里已经没有土地能盖得下一间正屋,那时,府城大园一带还在城郊,土地很便宜,他便干脆买下一块地,把房子建到了这里。

"过去是被'逼'出来的,但现在想来,走出来是对的。"谈起往事,吴清淦感慨万分。刚到府城时,他靠自己的手艺,帮人盖房子搞建筑,后来又改做钢材生意。20 多年过去了,他已经靠自己的双手盖起五层的小洋楼,从羊山人变成了城里人。

与此相对应的是，羊山地区许多村庄，现在已变得宁静而寂寞。走进石山镇北铺村，空荡荡的村子里，唯有三三五五的妇女和老人或在喂猪，或在乘凉聊天，见不到几个年轻人。村民告诉我们，村里地少，老人和妇女基本就能对付，年轻人都到各地做小生意、打工去了。

改革开放以来，羊山一带的土地问题越来越突出，出现了较大规模的人口外迁。这些人主要是生意人、手艺人，他们主要迁到附近的府城一带。当然，也有相当一部分分散到全省各地。羊山一带做糖果、糕点的，打石头、刻木雕的，开羊肉餐馆的，已经遍布全省的每一个角落，许多人就定居在那里。上世纪 90 年代以后，临时外出打工的年轻人不断增多。

石山镇原镇长陈统茂估计，目前石山镇在外经营羊肉餐馆的人在 500 人以上，到 90 年代末，石山镇外出的人口已占当地劳力的近一半。

现在走出羊山的人主要是生意人、手艺人，但也有相当一部分人是读书人，他们也是最早走出火山的人。唐宋以来，羊山就是人文蔚起，人才辈出之地。宋至清代，当地考中进士者就有 24 人，占全海南进士人数的五分之一，考中举人的人数更多，是全岛考中进士、举人最多的地方。

本地作家王俞春认为，解放前，羊山一带的经济繁荣，手工业发达，只有读书当官的人和少部分手工艺人向外搬迁。只是解放以后，由于人多地少，羊山的经济才慢慢地掉了队。这时读书成为许多羊山人走出火山的唯一出路，当地人重视教育和青少年勤奋好学的传统也不断发扬光大，考上大学的学生不计其数，这些人大部分都在外面工作、定居。直到现在，他们仍是羊山地区向外移民的重要组成部分。

一代代羊山人走出火山，也把火山精神散播到各地。

童年石趣(本报记者　蔡于浪)

家住羊山，记忆中的童年，是艰辛并欢乐着的。

最难忘的，是故乡人挑水和凿井。小时候在家乡，七八个小村子共用一口五六米深的“望天井”。每到冬季，水井就见底了。唯有井底的一处泉眼，顽强地冒出一股泉水，成为这一带一两千号人的“救命水”。

泉眼极有个性，从不断流，但也从不多给，总是不紧不慢，不大不小地往外冒，好大一会才积下一小潭水。人多水少，大家都来舀肯定不现实，只能按人头分配时间，一户户排队轮流来舀水。平均下来，每户人大概两三天能轮到半个多小时。

农村人很忙，父母难得有闲暇的时间。于是，舀水的任务大多落在我和哥哥身上。最要命的是晚上轮到，大冬天的，从热乎乎的被窝里爬出来，带着惺忪的睡眼打着小手电筒跟在哥哥的身后，瑟瑟发抖。不知道是天气变暖了，还是小时候衣服少，那种冷的感觉，如今再无法体会。

到了井底下，就只有耐心地等候了。泉水从来都是不慌不忙，你干着急也没用。对每一个孩子，寂寞都是难耐的，凝望头顶上满天繁星，一个一个地数。静夜里，伴着叮咚的泉水声，蟋蟀的欢叫就在耳边，心想，它们在家里一定很温暖而快乐吧！

时间到了，下一户人家挑着水桶等在井边，大人们觉得可惜，总想再多舀两勺，而我却解放了一般，飞也似的跑回家睡觉。

因为缺水，村里人决定凿一口自己的水井。请来风水先生和有经验的挖井人来看地形，挑好村后的一块略低的山地，全村的劳力便各自拎上一壶水，倾巢出动。砍完地上丛生的荆棘、灌木，大家排成一列长龙，把石头一个个地往外搬。

一帮小孩子，也“义务”地帮忙捡小石头。说是帮忙，还不如说是凑热闹和玩耍，要有一只雷公马之类的小动物出现，便一拥而上，啥也顾不上了。他们还有更深的目的，等快出水时，带黏性的淤泥各种颜色都有，可以捏成各式好玩的动物和小人。

干了一个多月，挖下去四五米，却碰到了巨大坚硬的岩石。挖不下去了，只好在不远处另找一地方，接着干。这回倒没碰到巨石，但挖了十多米仍见不到一滴水的痕迹，只好作罢。大人们叹息，一帮小孩子也跟着失望。

石头，给大人造成了很多麻烦，却给小孩增添不少乐趣。

“装”山鼠，是石头给我最有趣的记忆。每天下午放学，放羊是我的任务。但把羊往后山一赶，就万事大吉，可以和伙伴干我们的“正事”了。

扯一片将枯的香蕉树皮，用水一泡就可以撕成许多小绳子，到地里挖个地瓜，切成小块，准备工作就基本就绪。

来到庄稼地里，观察石墙上大大小小的洞。光溜溜的、有鼠屎残留的就是山鼠的家，或它们觅食必经之路。把洞口前的地整平，找一块一面平整的石头，二三十厘米见方，重量要足以压住一只山鼠。绳子打成一个个圆圈，两个圆圈交叉，把地瓜片扣在中间，拉成一条线，刚好比备好的石头略长一些。线的一端穿一根小木棍，压在石头的另一面支起来。这样，地瓜片就在贴在石头朝下一面的中间，山鼠要把它拉下来，两个绳圈就自然分开，石头就压下来把山鼠压住。

装完三四十个，正好天黑，就可以赶羊回家了。第二天刚蒙蒙亮，几个小伙伴就打着手电筒去收拾战利品，每天总能收获十多二十只。

那时候，吃上花生油炒的香喷喷的山鼠肉再去上早学，是种很好的享受了。

海之南·火山全系列之五

家住火山——古风悠悠

前言

高高的井墙，坚强屹立，风雨不改挺拔的身躯！蜿蜒的石阶，如入云的天梯，何处是你的极致？

伴着汗水滴滴，沉重的脚步日复一日地叩击。每年的“禁井”之日，“井公”门前，残烛还留下轻烟缕缕。人们的虔诚，是否还能感动你，让此处的甘泉水长流不息？

“不嫁金、不嫁银，数数檐前缸多就成亲。”听听老人们传唱的顺口溜，你就知道水对于火山人的意义！虽然高高的水塔，已让一排排水缸失去了往日的荣耀，但饱尝缺水之苦的人们，谁又能真的将它舍去！

陶瓷、木雕、石雕、铁器、竹编……千年岁月的磨砺，火山人的一双巧手，创造了多少不朽的杰作。吴坤桃、范光辉、周铭鉴，一连串艺人的名字仿佛就在耳边，却已经逐渐远去。身后，还有几个人在追寻他们的足迹？

“星星要嫁就入云，小溪汇流就入河”，声声哭嫁，唱尽人间苦难与悲凉。

“粉条三根吃一顿，还留一根做夜晚(晚饭之意)”，句句歌谣，道不完生活苦与乐，生命的悲与欢……

公期婆期，麒麟队送来了古老的祝福。曾经绽放着芬芳的民间艺术之花正慢慢地枯萎凋零，你不能不感叹岁月的无情。

残破的古书院已完成了现代化的教学楼房，高高的字纸塔也不见当年的阵阵书香。唯有琅琅的书声仍四处飘散，羊山人勤学重教的风气代代相传。

老人们平静地选择自己的“老屋”，终日与石头为伴的火山人，选择了石头作为他们最后的归宿。“清明花”在坟茔上散布着幽香，寄托着生者对逝者美丽的哀思。对于生与死，火山人有着少见的从容，惊人的豁达！

淳淳古风，在这片贫瘠而又富饶的土地吹拂了千百年，如今仍顽强地“徘徊”在一座座的火山边缘，没有被巨大的洪流所掩盖……

“井公”与“禁井日”

天色微亮，伴着鸡啼，家庭主妇的“她”从灶前抓起扁担与水桶，睡眼蒙眬地走上那条乡村小路。自从嫁到这块遍地布满火山岩的地方后，“她”每天都到一里外的邻近村庄的那口深井挑上五六担水，每担水要花半个多小时。

到井边，“她”脱了鞋光着脚，小心翼翼地顺着百多级湿滑的台阶下去。阶边已经排了长长的队——这口靠几代人才挖出来的深井“哺育”了邻近村庄的几千村民，在干旱的季节，有时要等上几个钟头才挑回一担水……

这一幕在缺水的羊山地区经常上演着。

海口市遵谭镇坊门村的村民陈海英说，现在喝上从井里抽上的自来水，省了很多力气。以前挑的每一担水都重达百八十斤，光井绳就有十斤八斤重。

取水凿井的艰难也让火山人对水对井有了特殊的敬畏。过去，这一地区的许多井边都摆有石制的小神龛，里面供奉着“井公”神像，每次汲水前人们总要恭恭敬敬地拜几下——感谢那股让泉水从厚厚的岩石底溢出来的“神秘力量”，祈祷井水能长流不息，希望自己能顺利地到岩洞般的深井中取到水。如今，由于取水的方便，“拜井公”也慢慢淡出了记忆，但井口旁的“井公”仍在守护着人们仍在使用的井泉。

在这里，挑水的人下井前必须要脱鞋。除了保持泉水的洁净，光脚丫还可能防滑。14岁的廖雨才家在龙泉镇永昌村委会美岭村的那口深井边。她说三年前，井边最热闹的时候是清晨和傍晚，台阶上可以看到各式鞋子，挑水时人们都埋头前倾，一步一步十分小心，但还是有人踩滑，从长长的台阶滚下，摔得满身是伤。

每年的农历二月初一，俗称“二月禁”，海口龙泉镇的许多水井都要禁井半天或者一天，不管是谁，在这天，都不许擅自下井汲水。如果下井会冒犯井神，井泉就会干枯。人们在井边放上树枝阻拦，并敲锣打鼓燃放鞭炮，摆上点心拜祭井神。后来拜祭井神的仪式简化了许多，但许多人仍保留着“禁日”不下井的习俗。

水缸象征财富

由于缺水，生活在火山地区的人们对水极为珍惜，也想尽方法来积存雨水，最为常用的办法就是在门前的屋檐放上成排的大小水缸，雨天的时候将缸盖打开，让顺着屋檐而下的雨水滴到缸里。这些水更多的是用于洗澡、刷洗或喂牲口。有时一缸存水可以用上十多二十来天，甚至更久。

因为人多地少，水缸在羊山地区的人家不仅用以装水，还用来装为数不多的稻谷，所以水缸在当地人的眼里又扮演着另外一种角色——温饱富足的象征。如果谁家盖房子或乔迁新居，亲戚朋友们就会送来成双成对的水缸，水缸里会象征性地放上一些米，盖子下面再压上一张大红纸，给新人带去一份美好的祝福。据说，曾经有人一次就收到过五六十口水缸。

由于水缸是财富的象征，于是这里又有了一种独特的风俗——女儿家要嫁人，先要媒人到男方家里数数屋檐前的水缸多不多。所以当地流传着“不嫁金，不嫁银，数数檐前缸多就成亲”的民谣。一家如果有十口八口大缸，那么就不愁娶不到好媳妇了。那些体积不大、外表普通的水缸，在这个生活环境较为困难的地方竟自然而然地成了一段段姻缘的定情之物。

如今，随着许多村民用上从井里抽出的自来水后，水缸也从一个具有象征性的生活必需品慢慢地改变了用途，更多地成为一种贺礼。今年2月10日，在海口石山镇美岳下村的陈莊家院子中间，两个崭新的大水缸连盖子压着的红纸还没有掀开，老陈说这是过年前媳妇娘家人去年收成不错,特意花近一百块钱买了送来的,希望他们今年日子也能过得红火。但其实现在用到水缸的地方不多,舍不得扔掉的旧水缸摆满了屋檐下,两个新水缸也不例外地在屋外"晒太阳"。

神圣的字纸塔

在儋州峨蔓镇的小沙村和盐丁村的祠堂前,各有一座足有四五米高的石塔。塔上每层都开了个拱月式门的轮廓,门内则刻有八卦图、古钱币、花鸟虫鱼等。不仅是我们,甚至一些村民都不明白,这高大精美建筑的用途。

村里老人们的解释让我们感到惊讶,石塔竟是专门用来焚烧学生习字用的废纸,这种纸是一张都不能随便丢弃的,要全部集中在石塔里焚烧销毁。拂去塔上的尘土,"字纸塔"三字果然仍依稀可辨。

在遵谭镇涌潭村的蔡家老祠堂前,我们也见到了字纸塔,虽然没有那么高大,却是精致无比,古相中透着无比的庄重。字纸塔在有些地方,也叫敬书亭,在琼北和琼西,我们可以经常见到它们的身影。可以想象,在写字的废纸都受到如此礼遇的年代,读书是何等神圣的事情!高高的字纸塔,也折射出火山人对知识的敬仰,对教书人、读书人的敬重。

字纸塔身后的祠堂,在琼北和琼西地区,是负有双重使命的。除了祭拜祖宗,它还是村里的学校。在火山一带,人们对祖宗是极为敬畏的,也唯有读书,才能在敬奉着列祖列宗的祠堂里面进行。海口羊山地区,自古把学校称为"家学",这也与祠堂有关。因为祠堂也称"家庙",古时的学校都是私塾,做官的人和有钱人都是请塾师到家教他们的子弟读书,农村则是由各村各姓祠堂出面聘请塾师来村里教书,经费从祠堂(家族)的公田田租收入中统一支出,该姓氏家族的学童可免费入学读书。没有办私塾的村庄和姓氏,学童要到别村去读书,就要付出一定的学费。

海南本土作家王俞春对自己家乡的文化渊源情有独钟。他认为,羊山地区自汉代以来就有从内地派来的朝廷命官居住此地,而唐宋两代,从大陆各地被贬或别的原因定居羊山的官员就有20多位,其中包括唐丞相韦执谊,唐太常寺卿王震,宋代琼州知府周仁浚,宋翰林学士周秀梅等人,这些从内地迁琼的官员"学而优则仕"的思想对当地文化教育起了很好的带动作用,再加上较为恶劣的生产条件,因此民间历来重视兴学育才。

据记载,宋代遵都(今遵谭镇)就创办了仁政乡校,明至清代,羊山地区除了不少私塾、社学、义学外,还办有5间书院,分别是如今位于永人镇永秀的石湖书院、龙泉镇的翰得书院、石山镇的凌霄书院和鹊峰书院、东山镇的东山书院。这些书院中还有当地老百姓乐捐建成的,如建于清咸丰二年的翰香书院就是当时的贡生王中裕、吴攀桂、符美极等人集资并发动了九个都图(当时的基层行政单位)捐资,将原有的一个小学堂建成一个哺育无数后人的书院。解放后,翰香书院被扩建成为当地有名的一所完全小学。

琼山中学的资深老师王忠汉也曾就读于翰香小学,他认为当地人才辈出得益于尊师重教的古老传统。原来当地的每个村里都有一些公共的田地或坡地,村里人往往都将这些土地租给个人耕作,并将得到的钱存起来,除了用以做一些祭祀之外,有很大一部分会奖给那些学习成绩出色的学生或是帮助他们付学费。如今,一些困难家庭的孩子考上大学时,许多家长都宁愿卖掉世代继承的荔枝树或是积攒多年用以盖房的木料来供孩子继续读书。

当地人对读书人十分尊敬。在羊山,每个村都会用火山石修砌一个造型独特的村门,而这些村门上,总免不了要请村里的读书人根据村名的含义提上一副对联,而更为特别的是每个村门新建成并举行仪式那天,做完祭祀后,村里的老老少少都要排着队通过村门走进村内,而村民排队的顺序往往不按年龄大小、不按官职的高低,而是按学历来排列,比如村里出的第一个考入大学的大学生,那么进村仪式时,领头人必是他无疑!

远去的“哭婚”

时间倒流到68年前的某一天，在龙泉镇一个普通的农户家里，15岁的李玉金虽是家中的独女，但在父母的眼中，她已到了出嫁的年龄，亲事是在她3岁时就定下的“娃娃亲”，3天后迎新的队伍将踏进她的家门，这本是喜事，但按当地的风俗，在尽情闹一番后，她必须从那天开始在家中通宵达旦地哭到入花轿那一刻。

“母侬（我母亲）只生侬自己，母侬把我当金使。吃饭在锅不用碗，吃肉成块不用割。侬去人家才受罪，眼泪常流似暴雨。”

第一次出嫁，李玉金唱自己的父母狠心将女儿“赶”出家门、唱自己对父母养育之恩的感激之情、唱自己对未来生活的担忧……一旁的姐妹们也触景生情，按照当地特有的唱调将各个人的夫妻情、生活苦难都用地方语言编入歌中，唱给即将出嫁的新娘听，歌词绝不重复。

李玉金头一次婚姻以悲剧结局，直到她29岁离婚时，丈夫都没有拿正眼瞧过她。

离婚后，李玉金只好改嫁。虽然没有了正式的婚礼，但再嫁的前一晚，想起自己第一次不幸的婚姻，她情不自禁地哭唱——

“侬吃夜晚（晚饭）睡中午（整句指吃过晚饭后就一直睡到第二天中午，没人来管她），侬去没有人来理。侬去没有人安慰，侬回没有人来拦。侬吃中午（午饭）睡到晚，自己做吃心里酸。”

苦难并未就此结束，儿子刚出生，第二任丈夫被抓去坐牢。此后，每天在家门口眺望等候的她，等来的却是一纸丈夫的死亡通知书。为了年幼的儿子，她只好再嫁，当人家的小妾。此时的哭嫁词，更为凄凉而苦痛——

“子没对岁（满周岁）做孤儿，侬三十多做母单（寡妇）。背子去合老男人，舀饭进碗看到影。背子跟后人欺侮，就像山鸡掺（混入）家鸡。侬看上天天又远，侬看地下地又平，星星要嫁就入云，小溪汇流就入河……”

三次哭嫁，唱的是老人一生悲惨的身世。对苦难生活的无奈，对婚姻和未来的迷茫，尽在其中。虽然已过去了半个多世纪，婚礼的许多细节已模糊不清，但哭嫁的唱词，李玉金老人却记忆犹新，唱起来从不间断，声音仍似往日那般悲切凄凉，时不时地擦拭着眼角的泪水。

或许因为生活的困苦，在旧社会，出嫁的女子哭的大都是生活的苦难，对包办婚姻的不满，以及对父母、兄弟姐妹的依恋之情。但小部分的富家女子，她们的哭并没有多少哀伤的成分，充满了对父母的赞美和对美好未来的憧憬。

直到20世纪80年代初期，羊山地区还保持着这种哭婚的习俗，但随着婚姻从父母之命、媒妁之言转为自由恋爱后，“哭婚”也渐渐地被舍弃，那些悲哀的哭调也离热闹的婚礼越来越远。28岁的吴琼丽是几年前结婚的，她说自己结婚的时候根本没想过要哭，也不懂得怎样边哭边唱，娘家人也没把这个当回事，不会认为不哭是对父母的不敬。

羊山地区哭婚的习俗从何而来？这似乎与海南其他地方的汉族婚俗有些格格不入，从当地人的介绍中我们并没有找到答案，但查阅相关资料时，我们发现在壮、彝、哈尼、藏等民族，一般也会在婚礼前几天或婚礼当天进行哭婚，同样由新娘的母亲及家属中的女眷陪伴新娘哭，内容也是表现新娘对少女时代生活逝离的悲伤、对父母养育之恩的报答、对家人离别的眷恋，及对婚姻不满的控诉。

这历经久远而又渐渐消逝的羊山哭婚，是否传承了其中哪个民族的生活习俗，从中是否可以寻到一些当地人迁移的脉络？还是这纯属一种不同地域文化的巧合？我们不得而知。

“上头”风俗依然

结婚在女方家中，带着许多离别的哀伤，但在男方家中，却是隆重而充满喜庆的。

羊山地区的婚礼，要分为两天。第一天，当地人称“上头”，意即把头发挽到头上。当地老人说，过去男人都留长发，在结婚这一天把头发挽在头上，实际上是宣示这个人已经成年。现在，男不留长发了，但这一仪式依然庄严。这天晚上，结婚的男子要跪在祖宗屋里面对祖先，由村里的长者用两根棉线给他绞面，把脸上细毛绞尽，然后象征性地给他梳梳头发，就算是“上头”了。

“上头”这一天，全村人和同吃一口井的邻村人，都会前来庆贺，喝上两杯。

第二天，才是正式的结婚日。结婚男子最要好的一帮同窗或朋友，要请当地的先生给他起一个“正名”，并以这一名字“送辞”。所谓“送辞”，就是以名字压头，撰一副庆联送过来。80多岁的王乃锡老人家住龙桥镇三角园村，几十年前结婚时，朋友给他起的“正名”为“福海”，送来的一副联是“福至天将齐眉夫妇，海承邱后注意友君”。如今，起名的风俗已经消失，但朋友送对联、送字画或一些礼物，还是流传了下来。

婚礼上，八音队是必不可少的。从“上头”之日起，七八个人就进驻结婚人家，嘹亮的八音和叮咚的锣鼓声通宵达旦地欢叫，一片喜气洋洋。

当天下午，在八音队的带领下，新郎和众朋友就可以出发迎亲了。到了女方的村门口，新郎就不能再说话，所有事务，都由其男伴来安排。到了女方家门口，要由小舅子前来迎接，才能进家门。

把新娘迎到村口，过去要用把火来烧轿脚，如今只在脚边烧一下，祝贺两口子以后的日子红红火火。

婚礼后的第二天，新娘早早就起床回娘家。男方要想让新娘回来，就要让小妹到娘家去“请”，家里没有小妹的，要请邻家的小妹代劳。大概要“请”上一两个月，新娘才会正式地在男方家安住下来，和新郎共同生活和劳动。当地老人告诉我们，过去，新过门的媳妇面对着一帮陌生人，常常不适应，心里挂念父母，经常会自己跑回娘家不愿回来。但在交通、通讯发达，联系十分便捷的今天，思念之苦已经淡去，作为一个传统，它实际上是女方以一种假意的不情愿，表明自己的尊贵，以免被人家说是自己上门，让人看不起。

民谣唱尽世间百态

“不论是生产劳作、建房添屋、恋爱结婚、添丁祝寿，还是逢年过节、道喜吊唁等生活中的各种事情，都可以在民间歌谣中找到。”王镇宁是永兴镇诗联学会的会长，来到他家时，他专门从房间里拿出一本当地民间歌谣集，这是当地有名的“歌手”——该镇美秋村的王得玲专门住在他家近一个星期，一首首地唱给他听后整理出来的。据了解，1986年初至1987年初，原琼山县的民间文学普查小组仅在永兴雷虎岭一带几个小村进行调查就发掘出了四百多首民歌。

这些民间歌谣多用当地俗语来演唱，即使是目不识丁的老百姓也易懂易记并能随口唱出。他们将生活中的小事通过含蓄幽默的方式艺术化，通过直抒其意、借物抒情等手法来唱出心中感叹，或表达丰收的喜悦。如“永兴荔枝盛产地，红黄青绿色青鲜(新鲜之意)，大的丁香小无仁，溶肉腊肉蜂糖味，外地客来如云聚，愈尝荔枝味愈奇……”；“今年开春百花开，荔枝遍野都绽蕾，满山花果人人喜，百里远近响声雷”。暗喻男女的倾慕之情时，他们会唱道：“想来笋丛饮笋汤，来到笋丛站着看，都安(就要之意)举钩去搭笋，收钩回来待笋长。”

歌谣中有许多反映生活的艰苦的，如缺衣少食的时候他们唱道：“南瓜一个吃几顿，配米做饭水黄黄。”“粉条三根吃一顿，还留一根做夜晚(晚饭之意)。”而许多妇女则通过歌谣来唱自己嫁到羊山地区后挑水的辛苦：“只因父母贪银封(红包之意)，以致嫁侬去荣山，通年天旱缺水吃，挑水桶去觅四方。”

歌谣是生活在这一地区的代代人生产与生活的结晶，自古以来，人们用歌谣启示、教育后人如何对待生活,引导人们如何进行生产。在教育青少年要勤于学习知识时,人们唱道:“劝你去学读书诗,勿做后来怨错迟,风流误书误一世,书误风流不久年。”在告诫已婚夫妇要忠于家庭忠于爱情时唱道:“千嘱致咧万嘱致,嘱致勿近风花边,风花名声败一世,四散扬名臭万年。”而教导人们要抓紧生产时,往往会唱道:“狗会还要宅主引,成家都要媒引路,做百姓人日日紧,雨水赶上日无误。”

除了歌谣外,居住在海南火山地区的人对诗词对联也情有独钟,几乎每个村的村门、每个学校的校门,甚至水井边都会刻着一副气势磅礴、上下联的头一字中含有村名的对联,如龙塘镇博抚村写着“博护乡坊光临有赫,抚兹老少大化无私”;龙泉镇的翰香小学内就有“翰墨潇洒难馨对德,香烟飘馥益彰神威”;在儋州峨蔓镇的小沙村龙沙泉井前,就写着“龙井涌泉治慧寺,沙村饮水感得甜”。

永兴镇的诗词爱好者从80年代初就专门成立了诗联学会,该学会会员最多时曾近40人,他们中年纪最大的83岁,最小的30岁,然而年龄的差距似乎并没有影响他们对诗词歌赋的共同爱好。每逢荔枝扬花的季节或雨水较多的季节,学会都会组织一些活动,常常会选择一个视野较开阔的地方,将大片的野生荔枝林尽收眼底,从而有感而发。他们的一些作品已在国内的一些刊物上发表,一些会员还专门结集出书。

幽香清明花

3月19日,我们的汽车行驶在龙泉镇乡间弯曲的小路上,两边的低矮石墙使小路更显得格外狭窄曲折,窗外飞扬的尘土似乎要掩盖住眼前的一切,忽然车子不远处一抹鲜丽的红色跃然而出,留神一看,那骄人的花朵竟是生长在路边那黑色的石坟上,这令人十分诧异。而且,我们的车子所过之处,凡有坟茔的地方,几乎都能看到这幕黑与红、消逝与生长、沉默与张扬的画面。

因为花期在每年清明节前后,当地人称这种不知学名、色彩艳丽的花朵为“清明花”,其形态细长、纤细,酷似兰花。这种花的生命力极强,只需要一点点土就可生长,这正合适于那一座座用石头垒起的坟头。每年清明节扫墓时,人们都会在家人的坟头上种上“清明花”,以待第二年的清明节时,花朵能盛开在坟顶上,在他们的眼里,这花不仅代表着对先人的一种思念,也希望着这种人间的色彩或多或少能陪伴那些逝去的生命。

由于火山岩地区石多地少,世代开垦的土地往往成了当地人安葬亡灵的地方。经常会看到,几分大的土地上建着五六个坟,忙碌的人们坦然地穿梭耕种在坟头错落的土地上,成片的豆类、木薯、木瓜地也绕开坟头沿着人们开垦的痕迹生长着。

而琼山火山岩地区的这些石坟也是多种多样,圆形的、方形的,简单的、复杂的,高的、矮的……沉默的它们承载着历史、记录着过去。当地人称这石坟里的石棺叫“老屋”。“老屋”一般是由五块石头做成,也有一整块的石头砸刻而成的,“老屋”里面还装着用荔枝木或是别的木头做的棺材,外面则是裹着一层又一层的石头。按当地风俗,只有那些一辈子都忠诚相守、毫无二心的夫妻才有资格将“老屋”修在一起,这也让许多恩爱夫妻“生死相随”的誓言变成了现实。

当地的许多老人在年老体弱,感觉生命之火即将燃尽时,都愿意亲自选一块地方,作为自己生命终结后长守的地方。而有的人更是叮嘱子女将自己的木棺先修好,放在自家房子的内间、神主牌的后面,他们认为这样会让自己的精神好许多。有些老人甚至把木棺做好放回家中后,天天在上面睡觉,这种坦然让许多人颇为惊叹。

祈福未来舞麒麟

“以前我们还自己编过麒麟舞,现在已很少有人会跳这种舞了。”海口市秀英区永兴镇的文化站站长王天壁说起这种曾流传于羊山地区的祭祀性舞蹈时，似乎还带着一丝惋惜，毕竟那是一种曾舞动了上百年，为千家万户带去欢乐与祈福的民间方式。而如今随着人们生活方式与观念的转变，这种神秘的舞步也渐渐地走远，慢慢消逝。

曾有一位麒麟舞老艺人说，这种舞蹈随着那些迁移的人们而来，是清乾隆年间从福建及广西来的人们带来的，永兴地区的儒老村第一个组织起了麒麟舞队，随后永兴地区的纯雅、吴洽、儒吴等9个村庄都有了麒麟舞队，那时参加的人数达到了200多人，每年的公婆期、节庆佳期、家中喜事都少不了这种舞蹈。

有文字记载，清乾隆庚子年间，永兴地区的王之藩高中进士荣归故里时，有麒麟舞队进其家中舞蹈，以表祝贺。而以前每逢各村的公婆祖期，麒麟舞队都要到村里拜贺，谁家邀请就到谁家，拜贺的内容都是祝贺这一家人能财丁兴旺、子孙贤能、万事如意。

这种舞蹈，在当地也被称为"麒麟送子"，乐队有8人，演员有7人，它的表演形式、曲调旋律、造型装扮与琼剧有着类似之处。在这种舞蹈中，演员分演不同的角色，还有少许简单的故事情节，带着些许神秘及迷信的色彩。扮演"土地公"的演员将麒麟送到家中时，每家都要放鞭炮迎接。拜完后，户主又要放鞭炮送其到他人家中，他们的心情也多少会因为有了这种祈福与寄托而显得欢快起来。

在龙泉镇一带，公期和婆期期间，也有类似于麒麟舞的"举虎"(即舞狮舞虎)表演。在一个"公祖"(神)生日当天，它会被抬在轿上，挨村巡游，接受人们的庆贺，也把福气带给村民。同行的，就是威风凛凛的狮虎队，边走边舞，后边跟着长长的锣鼓队和熙攘的人群。

不同村庄所敬的"公祖"，有不同的公期日。一个"公祖"生日当天，附近跟它有传统友谊的"公祖"，会被邀请前来"吃酒"，实际上也是祝贺。在前去的路上，被邀请的"公祖"也会带着狮虎队，一大帮村民也会敲锣打鼓，热热闹闹地跟着护送。到了过生日的"公祖"场地，两"公"会面，两支狮虎队就在广场上同场献技。有时汇在一起，齐舞共欢，相互挑逗和亲昵；有时又分列两边，相互对峙，各显身手，似乎要一决高下。一时间，鞭炮齐鸣，锣鼓喧天，助威声、欢笑声响成一片……

公庙、戏台

行走在羊山一带，"公庙"和"婆庙"气势辉煌，在古老的石屋前显得十分张扬。

在龙塘镇文彩村，高大的公庙金碧辉煌，里面的"公祖"雕像形态各异，逼真传神。"公祖"坐的宝座和山行神龛，都是上乘的菠萝蜜格木打造，百年不损，上面飞禽走兽、游鱼腾龙，精美绝伦，栩栩如生。

"公庙"里一般都供奉着木雕、石雕或泥塑的神像，这些神，除了本族的祖先，还有本地和外地的保护神。

深受海南人敬仰的"梁沙婆"冼夫人，也是羊山一带敬奉的神灵。冼夫人(公元512年—590年)自幼聪敏，熟谙军事，后嫁冯宝为妻。梁朝时，高州刺史李迁仕欲谋反，冼夫人智破叛军，"请命于朝，置崖州"，并与冯宝率军三下海南，结束了海南"久乱不统"的局面(也有学者认为，冼夫人并未真正到过海南，只是恩及海南而已)。

更多的"公祖"和"婆祖"，却已经说不清楚来历。在石山镇的玉敦村和龙泉镇的杨亭东村，都有"班帅公"庙，据说他是古代的一名大将，曾经立下过赫赫的战功，从而赢得了人们的尊敬，死后就成了神，经历类似于关公。龙泉镇的雅文村，公庙里供有"太傅"和"太师"两神，据说那是村里曾任过太师和太傅的两位祖先。但诸如姜氏公主、国母娘娘、江山二爷之类的"公祖"和"婆祖"，当地人已经讲不清来历，但各村却仍在供奉自己的神。

相对待遇优厚的"公祖"和"婆祖"，"土地公"和"井公"就显寒酸一些。羊山一带的村庄，村门口都是有"土地公"镇守的，它们居住的大部分是石头建成的小房子，可以遮风避雨。有些"土地公"雕刻精美，有些则是简单的一块石头，十分随意，但一样的受人崇拜，香火不断。

公庙的前面，通常都是石头垒起来的戏台。石砌的戏台，长方形，高约1米，上面非常平坦。每到公期婆期，村民们会请来琼剧团，给生日的"公祖"和"婆祖"表演庆贺。当然，看戏的不仅是"公祖"和"婆祖"，一大早，戏台前就排满了方方正正的石头和木凳，那是老人和孩子放在那里占位置的。吃过晚饭，他们就可以和神灵们一起观看演出，分享它们的快乐了。

豪华的公庙，众多的神灵，透出了火山人的虔诚。也许，面对神秘的大自然，他们难以解答；面对恶劣的自然环境，他们势单力薄；面对坎坷的命运，他们无可奈何。他们的内心充满了敬畏，也把美好的希望寄托给了超能的神灵。

海之南·火山全系列之六

开发保护——一个待解的课题

结束语

从2月19日记者首次与海南火山专家座谈，至今天《开发保护——一个待解的课题》与读者见面，整整两个月，凝聚着本报10多位采编工作人员心血的"海南火山全系列"六大跨版图文并茂的报道终于全部推出。我们采编组成员都长长地舒了一口气。

洋洋5万多字，近百幅精美的图片，让我们第一次全面、系统地见识了绿色覆盖下的琼北火山的神奇，第一次深切感受到了散落于古村里独特火山文明的魅力。

行走琼北火山，我们终于明白了海南火山的神奇所在：海南火山的美是活生生的——一个能让心灵和她对话的地方，美在自然与人文的高度融合。

今年年初，当海口石山火山群被列入国家地质公园时，我们就将目光投向了它。

之所以要关注琼北火山，是因为这块土地对我们来说是那样的熟悉，又是那样的陌生。

之所以要推出这样规模的报道，是因为和琼东、琼中、琼南着眼于海湾和森林的蓝色与绿色的生态旅游开发不同，琼北和琼西的旅游色彩应该是红色和黑色的，以火山资源为主。它是这个地区最亮丽的色彩，也是最本质、最浓郁、最吸引人的色调。如果能成功开发琼北火山，那么，海南旅游南重北轻的格局就会得到根本性的改变。

然而，我们激动的心情此时又是那样凝重。

采访中，有专家建议，请不要标明地下熔洞的位置，不要标明废弃古村的地点……我们心领神会，目前处在没有任何保护状态下的火山自然和人文景观都非常脆弱。

为了保护，我们似乎不应该踏进来。但是在采访中，我们心痛地发现，古朴的石村里，突兀着不和谐的钢筋水泥马赛克的建筑；垦荒的大火与利刃，毁灭了葱郁的植被，动物、植物正在迅速减少；低水平开发的半拉子楼，盲目开采火山石的疯狂，刺痛着人们的双眼；古老的习俗正渐渐消逝……

琼北火山地区大多数人生活并不富足。

琼北火山的神奇也不能永远被覆盖着。

海南火山，我们将如何对待你？

如果不能将你好好保护，我们情愿不要将你惊醒。

琼北火山的开发绝不能是杀鸡取卵、竭泽而渔式的；也绝不能重蹈低水平运作的覆辙。

这让我们不得不谨慎地思考一个问题——如何处理好开发与保护的关系？

这让我们不得不谨慎地思考又一个问题——如何以科学的发展观来引领琼北火山的开发？

如果能将时间浓缩，那时的海南岛北部 4 000 平方千米的地方，便像是一处火焰广场——100 多座火山烈焰冲天。

这里曾是我国新生代以来火山活动最强烈、最频繁、持续时间最长的地区之一。

早的数千万年前，晚的 7 000 多年前，琼北火山地质活动造就了火山景观，陆续产生了火山文明。

海南的火山文明启于远古，传承于今，隽永深邃。

海南火山景观是独特的，海南火山的人文充满了神奇色彩。二者结合，海南火山便有了不可抗拒的魅力。

它的壮丽与神奇，用两种最浓郁的色彩渲饰着——红与黑，在海南岛蓝色和绿色的主调中跳跃。

如何让这被覆盖的神奇得以展现？如何让这古老的火山文明得以保存？

我们遇到了一个必须认真对待的课题。

——题记

火山文明的思索

炽热的岩浆化作沉寂的火山石，曾经的壮美雄奇归隐于莽莽山林。一代代讲着村话的火山人迁进迁出，城市里的火山掩去了踪迹。

近 2 个月的踏访，让我们对火山有一种说不出的痴迷，身边出现的每一粒石子都会引起我们的注意，有关火山的每一点信息都会让人为之一振。

那些或粗糙或精细的石屋，虽称不上绝美的建筑，但它的漫不经心，它的随手而就，它的历久弥新，以及那些碾米和土法榨糖的石磨、石臼、石槽，哪怕是羊圈，总是让我们有一种无法名状的感动。它们虽不比古埃及金字塔来得神奇和震撼，但材质的隽永、其构思的精妙足以让人长久回味。

它们是我们与古人对话的通道，是火山文明传承的载体。

历史的悖论

城市化的脚步正悄悄改变着火山地区的一切，海口石山火山群不远处，一座座高楼拔地而起，与城市融为一体的年轻一代火山人急于把他们的祖辈请出石屋。就在子孙们尽着孝心的时候，那些沿用了几百上千年的石屋，正成片成片地废弃，那些让城里人称奇的石制生产工具一批批遗落在凄美的石屋檐下。

而西部火山区那些苦守着千年古盐田的老者，面对着日渐狭小的市场，以及禁售私盐的法令，只能停下浸晒了几十年海盐的双手，喟然叹息。

历史无情地演绎着，当人们一步步走向现代文明的时候，也许正是我们远离历史的开始。

那里，曾经是海南岛火山文明的发祥地，是我们祖祖辈辈积淀的传承，难道我们就这样轻言放弃了吗？

的确，一些现实的问题摆在我们面前：

难道仅仅为了留存过去的文明就让那些饱经风霜的火山老人生活在透风漏雨的石屋中？让他们使用落后的石制生产工具去赚取微薄的收入？

难道我们仅仅为了保持火山区原貌，就让那些散落在田间地头的火山石，成为村民生产和生活的障碍？

难道我们仅仅为了挽留千年古盐田及其生产模式，就让法律网开一面，允许人们重返贩卖私盐的年代？

这是一个历史的悖论，也是一个现实的“围城”。火山地区的人们急于远离过去的不便，火山外的人则希望长久地保存古老文明。

旅游专家杨哲昆认为：可持续性的旅游开发既是一种能够保存历史，让古老文明为今所用，又是一种能够改善火山人生活状态的最佳途径。

在历史急于走向现代文明的过程中，我们已经失去太多的东西，我们不能再眼看着先人留下的石屋、石器、盐田继续成为“文明进步”的牺牲品，同时也不能让饱尝生活艰辛的火山人无休止地在艰辛中挣扎。

开发，能解决这些矛盾和问题吗？

成功的先例

翻阅国内外的旅游开发史，我们发现，当人们越是把古老的文明守护得牢固时，现代文明越会将其目光隆重地投向这里，经济效益便会随之而来，人们进而会运用这种关注和收入把过去的文明打磨得更加完美。

埃及首都开罗的城边，有史以来就是寸草不生的所在，数十座金字塔载着古埃及法老的遗体孤零零地静卧在黄沙上，荒漠的风沙穿梭在法老的墓地间，发出令人恐惧的哀号。除了远去的亡灵，这里无论如何都不可能成为活人喜欢居住的所在。

数千年来，也有不少人从外面赶来这里，但不是为了来此常住。追寻宝藏的欲望充斥着一颗颗贪婪的心，他们盗挖了金字塔，带着黑色的微笑离去，一批又一批，再也没有回来。

到了20世纪，当现代人把可持续开发作为保护的最好诠释后，金字塔才得到真正的安宁。一批批旅游从业者自觉地迁居到这里，在金字塔旁出现了一座超过百万人的城市——吉萨。这座城市，为保存金字塔而生。

每天，大批的工作者得在金字塔内外辛劳地忙碌着，清理墓葬内的壁画，涂上加固颜色的物质，让古老的标记保持得鲜活持久。世界各地的人们带着久慕的饥渴前来拜谒金字塔。在古今对话交流中，生活在这里的人们深刻认识到生存的价值所在，他们在这个不适合人类居住的地方生活着，富足而安详。

位于浙江桐乡市北部的乌镇，有着2 300多年的文化和1 300多年的建镇史，由于地处两省七县交界的要冲地域，历来是兵家屯戍、商贾云集之地。这个3.5平方千米的古镇中，存有16万平方米的古建筑群，属全国古镇区遗址最大的一处。因为与现代文明格格不入，乌镇的古建筑不断地消亡和沉沦，乌镇人也像海南的火山区人一样，急于走向现代文明。

上个世纪末，在有识之士点拨下，乌镇人意识到古老文明的价值，毅然决定以保护乌镇古遗产为契机，敞开大门展示历史。很快，乌镇得到了联合国教科文组织和世界历史文化遗产专家的肯定，于2001年7月顺利入围世界历史文化遗产预备清单，而且被联合国冠以“乌镇模式”。

从1999年至今，乌镇共投入了1.5亿元人民币保护古建筑，许多濒临消失和破损严重的古遗产得到了及时保护和修缮，许许多多已经沉沦和消失在记忆中的历史文化重新回到了现代人身边。

数不清的游人蜂拥到乌镇，聪明的乌镇人欣喜之余，准备续投2亿多元，更完好地、更上档次地保存过去的文明。原来急于走向城市的乌镇人重拾旧业，他们深深地读懂了一个道理：越是传统的，越是现代的；越是民族的，越是世界的。

开发保存历史文化

2002年12月10日，中科院院士涂光炽，中国地震局研究员、中科院院士丁国瑜，中国地质大学教授、中科院院士於崇文，中国地质大学教授、中科院院士张本仁，中科院地质与地球物理研究所研究员、中科院院士滕吉文等5位中科院院士联名上书海南政府，倡议海南省进一步加强火山防灾，开发利用好火山这一宝贵资源。

5位中科院院士经过实地考察研究后认为，海口地区千姿百态的火山地貌景观、肥沃的火山土壤以及珍稀的火山矿泉和深层地热水，已成为大自然赐予海南人民的宝贵财富。在防御潜在火山喷发灾害的同时，海南省应积极有效地开发利用火山资源，大力发展火山生态旅游业、生态农业、生态工业等火山生态产业，以造福海南人民。

韩国汉城大学名誉教授、韩国科学院院士李商万，中国地震局地质研究所研究员、火山学会名誉会长刘若新，在考察海南的部分火山后，也提出同样的建议。

刘若新是我国最早从事活火山地质研究的资深学者之一。他在接受记者采访时提到，印度尼西亚、新西兰、冰岛、日本、美国、意大利等国家，仅发展火山生态旅游业每年就带来数百亿美元的经济收入。

我国也有丰富的火山生态旅游资源，并已有相当长的开发历史，但由于开发广度和深度不够，特别是对作为火山生态旅游"灵魂"的火山文化挖掘的忽视，致使我国火山生态旅游一直未引起社会的广泛关注。

用开发保存火山文明是专家和学者们的共识。

秉承怎样的理念

琼北的火山，有着无可置疑的壮美，和着南中国海的湛蓝，和着热带季雨林的葱绿，在热带阳光的温情下发出绚烂的光芒，红色和黑色是它们编给自己的美丽衣衫。

火山人制造的文明是我们和后人受用不尽的财富。一批有识之士先于我们认识了火山，他们为火山的保护与开发费尽了心思。

陈耀晶——适度开发大保护

20世纪末的一天，一位勤劳的农妇挑着装满甘蔗的担子在火山口公园里走着，削下的甘蔗皮和吃剩的甘蔗渣不断从胀满的筐中掉下，一路走一路掉。不远处，一位中年火山人看到了，他没有声张，走上前去拾捡着筐中掉下的东西。一个一路走一路掉，一个一路拾一路走。

终于农妇发现了拾垃圾的人，羞愧立刻涨红了双颊。从这一天起，这位农妇和许许多多火山人再也不会经意或不经意地把垃圾掉到地上了。而这位拾垃圾的人可以骄傲地说，他对石山火山区的最大贡献是用行动让人们懂得如何去爱护这里的环境。

这个捡垃圾的人叫陈耀晶，是一位从火山脚下走出来的农民企业家，也是最早把火山石和火山区植物用于商业运作并取得巨大成功的人。如今，他因为执著于马鞍岭火山口开发与保护而步履维艰。

海口石山火山群国家地质公园获得批准立项，其申报规划就建立在陈耀晶和一批专家的理念之上。

他们的开发理念，是以火山独特的地质地貌与遗迹景观资源为主体，充分利用各种自然与人文旅游资源，在保护的前提下合理规划布局，适度开发建设。

他们把海南石山火山群国家地质公园规划成特别景观区、史迹保护区、地质旅游区、生态保护区等9大功能区。按资源分布和景观特点，又把火山地质公园规划分成3大景区，即主体园区、科学考察区和生态农业区。

在他们的规划中，保护是重中之重的理念。他们把地质遗迹保护区进行了分级：重点保护区、一级保护区、发展控制区和外围保护区。

胡久常——建火山科普基地

每隔一段时间,火山口公园及附近的火山锥处就会出现一个身影,他会仔细地对火山口观察一番,记录着火山区的各种细微变化。他就是省地震局火山监测研究中心主任胡久常,北京大学地质系的研究生。早在2002年的全国火山研讨会上,他就提出了一整套建设火山科普基地及海南岛火山(文化)主题公园的方案构想,得到了5位中科院院士及一大批火山研究人员的赏识。

胡久常站在一个科学研究工作者的立场上,将海南火山科普基地规划为科学考察区、火山博物馆和火山监测站三个部分。

科学考察区包括火山遗迹区、地震遗址区和其他地质构造遗迹区。对这些地质构造遗迹区的科学考察,将有助于对海南岛的形成以及火山和地震成因等的研究。

火山博物馆是火山科普基地的核心部分,即把现已建成的海南石山火山口公园规划改建成一座露天展示与室内展示有机结合的火山博物馆。博物馆露天展示部分为整个马鞍岭火山,全面系统地展示火山机构和火山构造;室内短期主要以文字、图片、实物、模型、音像、计算机多媒体演示等介绍地球形成过程(包括海南岛及琼州海峡的形成过程)、各种构造运动和地质作用、世界著名火山景观、火山喷发景观、火山熔岩景观和火山资源,并宣传火山喷发、地震、洪水、风暴、滑坡、泥石流、海啸等自然灾害以及人为环境污染的基本常识。博物馆远期规划将建设地震动态模拟平台和火山喷发模拟景观。

火山监测站作为火山科普基地的一个重要组成部分,除开展正常的火山监测与研究工作外,将向游客展示火山的监测、预报过程和一些火山研究成果,实时发布世界火山喷发和大地震信息,为火山博物馆提供全方位的技术支持。

张晖——生态式大制作

火山作为琼北最具潜力的旅游资源,有没有可能打造成一个能改变海南旅游格局的产品?

在张晖的回答中,我们找到了肯定的答案。

这是一位对琼北火山及整个海南旅游格局有着独特构思的人,他和他的团队曾创下打造海南南山景区的奇迹。近两年,火山附近的居民经常可以看到他带着几个人,其中包括老外,在火山锥上下、附近的古村落以及熔岩隧道等处出没。可以确定,张晖一直在动着开发火山的脑筋。

张晖说,现实证明,小开发很难做到大保护;不开发等于放任自流任其破坏,而建立在大保护上的大开发应该是我们这一代人的使命。

张晖的火山开发构想存在于建设海南“五大主题旅游景观群”,打造“景观产品群链”的大策划当中。其定位参照美国、澳大利亚、西班牙等国外著名主题景区和海岸旅游的发展模式,以规模宏大、水准高为特色。

“五大主题旅游景观群”分别为:以火山文化为主题的火山项目(红色);以“海上一日游”为主题的神州半岛项目(蓝色);以中国海洋文化为主题的香水湾项目(蓝色);以教育、国际康体疗养和热带植物观赏为主题的落笔洞项目(绿色);以热带雨林文化、黎苗民俗文化、中国南药文化为主题的热带香巴拉项目(绿色)。

按张晖的理念,“景观产品群链”的建设旨在全国提升海南旅游的整体品牌形象,从根本上改变海南产品不足,无参与性、观乐性的局面。

从张晖的开发理念中可以看出,他不是孤立地就火山而火山,就海口而海口,而是站在整个海南资源共享、品牌多元、色彩多元的高度,将火山开发纳入景观产品群链之中,使之成为构成海南旅游品牌旗舰的主要元素之一。

张晖主张海口火山的规划要动静相宜，要以一个个文化符号去诠释火山，还火山独特的、应有的历史地位。

张晖的火山元素包括6部分。美丽传说主题：诠释中华民族“火”文化的精神精粹“凤凰涅槃”；设置以火山遗迹为主的火山熔洞、宋代古民居、火山雨林木栈桥等。火山奇观主题：利用火山地缘优势，建立世界火山地质博物馆，体现火山资源的科学与博览、教育与观赏、保护与开发等功能；用现代科学手段建立一个4D火山喷发动感影院，为游客提供身临其境、体验火山喷发的实地场景。“火与水洗礼”大型演艺中心主题：推出“火与水洗礼”大型演艺，演艺阵容达500—600人，可容纳一万游客，整场演出达到国际水准，以“凤凰涅槃”为主题演绎中华民族灿烂辉煌的文化，唤醒沉寂万年的火山，让人们领略和感受这里的文化震撼。

应该说，张晖的构想集纳了国际旅游景观开发的成功理念，他的火山规划设计由美国著名规划专家操刀，融汇了东西方的概念，粗犷兼具细密，奔放不失典雅，更立足中华民族文化，去把握火山应有的内涵。他的理念基于旅游产业的特点和地质资源的特色，寻求的是可持续的保护式开发。

究竟如何保护和开发海南火山资源，我们不敢妄加评说。但有一个立足点必须在此强调，那就是全局意识和规划意识。

海南旅游在几十年的开发中，最大的败笔就落在缺乏“全局”观念上，“规划滞后”不仅给旅游业带来严重恶果，整个海南的经济建设发展同样受到制约。

要求我们的企业家、专家们都从全局考虑，从整个海南的发展来度量，未免太过。宏观把握大局、制定整体开发规划、把握开发尺度的应该是政府，也只有政府才能担起全面统筹整个地区发展的重任。

头要靠政府牵，事要靠企业做，靠市场来运作才符合规律。

让历史告诉未来

和琼东、琼中、琼南着眼于海湾和森林的蓝色与绿色生态旅游开发不同，琼北和琼西的旅游色彩应该是红色和黑色的，以火山资源为主。它是这个地区最亮丽的色彩，也是最本质、最浓郁、最吸引人的色调。

琼北火山具备了目前世界旅游业最有吸引力的地质旅游吸引物的特征，但又因景观单体规模较小而缺乏气势；它蕴藏丰富的火山文化内涵，但还没有提纯出堪称深厚隽永的人文遗产；它具有建设旅游主题公园的区位条件和游客流量，但又始终未能将独具特色和优势的“火山文化”确定为海口市乃至整个琼北地区的旅游主题。

三次规划火山均遭冷落

由于诸多历史原因，我们对火山的认知曾经是那么肤浅，就连国外专家为海南打造的旅游总体规划，也只把它作为七大旅游圈中一个不起眼的小点。

在1989年的第一个海南旅游规划——《海南省旅游发展战略与风景区域规划》中，石山风景区虽已成为省级风景名胜区，但以火山为主题的地质旅游并没有列入以商贸、游乐、文娱、博览信息等特色为主的海口区域定位内容中。在这个《规划》的风景旅游资源评价上，石山火山口只有短短的4行文字。

1993年出台的海南第二个旅游规划——《海南旅游发展规划大纲》，六大旅游中心系统之一的海口旅游中心系统，只提到了“马鞍岭火山口”6个字，而14个重点开发的旅游项目中，仅有一个让人似懂非懂的“火山博览城”5个字。

2001年末，由世界旅游组织为海南编撰的《海南旅游发展总体规划》初稿拟定，在3大卷

35万字的初稿中，只在第一卷第二部分和第二卷第二部分的海口旅游区域规划中，提到“马鞍岭火山口”6个字和1句话，即“马鞍岭火山公园向西部的扩展可缓解滨海景点的压力，成为海口的一大绿肺”。

历史好像在跟现实开着玩笑。

省旅游局规划处处长冯文海还清晰地记得当年省政府对火山口开发的重视。1991年，经主管旅游的副省长王越丰批复，由省政府拨专款75万元人民币用于今火山口公园上山路、票站等设施的建设。同年，省旅游局再拨专款15万元用于火山口公园路牌标志和宣传资料等制作。1992年初，由上海同济大学编制的《火山口风景名胜区规划》出台，这个规划竟然是海南第一个风景名胜区的规划。

有规划、受重视，却没纳入大战略。我们不知道是该为过去悲哀，还是该为现在庆幸。因为我们对火山的认知较晚，这些宝贵的稀缺资源才没有为无序开发付出太多的代价。

低水平建设不能重演

海南的火山，从远古走来，融入了火山人千百年来的喜怒哀乐与悲欢离合。

如果说，陕西人会为抓一把泥土是文化、拿一块砖头是历史而骄傲的话，海南人也完全可以以火山而骄傲。

我们有着神奇而古老的火山文明，每一块火山石可以讲述一段绵长的地质历史，每一口深井倾诉着一个动人的找水故事。这种文化历久弥新后，是极具海南岛本土色彩的文化。而我们在为火山文明感到兴奋与骄傲的同时，更多的是忧虑和担心。

石山火山区那些破败了的酒店、羊肉餐馆举目可见，那么多曾经投资不菲的所在如今荒草萋萋，萧瑟凋零，炸不得，用不了。唯留当年颇负盛名的荔湾酒乡孤零零地伫立在火山脚下，艰难支撑着。

我们无法忘却那种切肤之痛，由于缺乏科学规划，企业和地方急于求成，乱铺摊子，追求短期利益，低水平重复建设大行其道。

这还只是局部，从全省来看，当年上马的一批批急功近利、建设水平低下、甚至是破坏资源的旅游景点、度假村比比皆是。那些年久失修的酒店和景区，与满眼葱绿的海南岛是那么不和谐，那么刺眼。这些当年头脑发热留下的败笔，对当地及全省旅游战略都产生了不可挽回的影响。

随着海南的火山走出蒙昧，开发已成必然。但开发主体由谁来定，建设由谁来承担，是让游客享受原始地貌，还是同时享受人文模式；是科普式的宣教，还是个性十足的综合开发；是古朴的、内敛的，还是奔放的、张扬的；是引进大财团、大资金来打造，还是充分利用本土的人力物力，这些都要经过慎重考虑权衡。

海口市的城市规划尚且要请国际著名专家来打造，我们火山资源的开发保护是不是也应该着眼更高、更广、更深邃、更完美。而且，火山的开发和利用，最有可能成为改变海南南重北轻旅游格局的关键之笔。

除了政府和开发商的角色定位之外，原住民的安置等也是不能回避的问题，能否在为原住民提供基本生活保障的情况下，不破坏其原有的生活状态？

省旅游局规划处处长冯文海的观点是，在全局尚未规划好的情况下，绝不能盲动。

科学规划厚积薄发

火山资源作为上天的赐予，与海南的蓝天、大海和空气一样珍贵。它是稀缺的，不可再生；是独一无二的，不可复制；充满了人文色彩，具有长久的恒定性。

为“在保护中开发，在开发中保护”的国家重要的地质遗迹。近年来，由国土资源部批准，全国已建起数十个“国家地质公园”。海南海口石山火山群国家地质公园此时诞生，既给了我们一次难得的机遇，又给我们出了一道难题。

我们的火山开发绝不能是杀鸡取卵、竭泽而渔式的，绝不能再蹈低水平运作的覆辙。如果再以低水平和重复建设的方式开发，那么上苍赐予我们的财富便会流水一般逝去，我们的后人只能守着一些风化了的土堆叹息。

我们还要尊重历史，充分考虑开发商多年的投入与保护付出的代价，防止一些小公司投机插足、借机圈地、瓜分资源。

还有一个目前最急迫的情况，随着人们对火山的认知，大批好奇者、旅游者开始走向原始火山区，大量的建筑商开始使用火山石。

这些年事已高的火山地质老人很难承受大批量游人的踩踏；那些脆弱的熔岩隧道，哪怕是一支火把都会把它的躯体破坏；那些红色的渣状火山石再也经不起大量开采。

我们有生态省建设规划大纲，全省对植被的保护蔚然成风，只要砍树就有人管，但是我们的 100 多座火山该由谁来管？怎么管？

在人造景区遍布全球、地质旅游越来越为人们所重视的今天，我们有理由相信，海南在未来的旅游开发中，火山应该也一定会成为最重要的一笔。

附图

地质公园重要活动简报汇编

地质景观解说牌（部分）

Sunny Haikou,
the city for recreation
阳光海口，娱乐之都
Welcome to China Leiqiong
Haikou-Shishan Volcanic Cluster
Global Geopark
GLOBAL GEOPARKS NETWORK
欢迎走进中国雷琼
海口石山火山群
世界地质公园
The mysterious volcano,
the endless enchantment
神秘火山魅力无穷

Get closer to volcano
to return to the nature
and savor the culture.
Welcome to China Leiqiong
Haikou-Shishan Volcanic Cluster
Global Geopark
GLOBAL GEOPARKS NETWORK
欢迎走进中国雷琼
海口石山火山群
世界地质公园
亲近火山
体验生态
领悟文化

Welcome to China Leiqiong
Haikou-Shishan Volcanic Cluster
Global Geopark
GLOBAL GEOPARKS NETWORK
欢迎走进中国雷琼
海口石山火山群
世界地质公园
A volcanic museum built by nature
一座大自然塑造的火山博物馆

Welcome to China Leiqiong
Haikou-Shishan Volcanic Cluster
Global Geopark
GLOBAL GEOPARKS NETWORK
欢迎走进中国雷琼
海口石山火山群
世界地质公园
Traveling the mountain and viewing the scenery to experience the magical dormant volcano.
游山赏景，体验神奇休眠火山
Wandering in the orchard to enjoy tropic landscape and natural oxygen bar.
Taking part in entertainment to savor the harmony between folk culture and ecology.
Having leisure in the bar to taste the delicious lamb with a cheerful mood.
Searching the crater to savor profundity of ten thousand years old volcano.
探索火口，感受万年火山奥秘

中国雷琼世界地质公园 LEIQIONG GLOBAL GEOPARK OF P.R. CHINA

AAAA

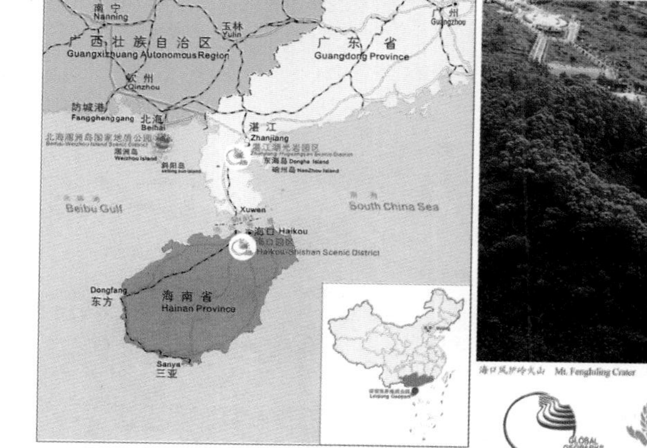

海口风炉岭火山 Mt. Fengluling Crater

全国科普教育基地

国家防震减灾科普教育基地

国土资源科普基地

2006年9月联合国教科文组织批准海口石山火山群国家地质公园与湛江湖光岩国家地质公园为中国雷琼（海口火山群、湛江湖光岩）世界地质公园。即标志着进入世界地质公园网络（Global Geopark Network），确认其地质遗产具有突出和重要的价值，为了全人类利益必须加以保护。

雷琼地质公园位于中国南端琼州海峡两翼，由海口园区（海南省海口市石山火山群国家地质公园）、湛江园区（广东省湛江市湖光岩国家地质公园）组成，总面积为379Km²。

公园处于雷琼海峡南北两翼，在地质学上属于雷琼陆谷火山带。公园内火山密集，共有101座火山。火山类型几乎涵盖了玄武质岩浆爆发与蒸气岩浆爆发的所有类型：熔岩锥、碎屑锥（溅落锥、岩渣锥）、混合锥、玛珥火山（低平火口、凝灰岩环）。其数量之多，类型之多，保存之完整，为我国第四纪火山带之首。它是一部第四纪玄武岩火山学的天然巨著。

公园内两大园区均发育由炽热岩浆和冷的水相互作用的蒸气岩浆爆发形成的玛珥火山（低平火口，凝灰岩环）：湖光岩、田洋、青桐洋（湛江园区）、双池岭、杨花岭（海口园区），均为典型的玛珥火山。湖光岩玛珥湖是中德科学家合作研究的基地。

与火山相伴的熔岩构造，结壳熔岩、岩浆溅落抛射物、熔岩隧道等地质景观极为丰富，具有多样性、系统性、典型性，在国内外同类地质遗迹中是罕见的，被认为是名副其实的第四纪火山天然博览园。

公园地处热带至南亚热带过渡区，具植物动物生态群落的独特性和多样性。它是我国热带及向南亚热带过渡生物群落典型地。公园第四纪火山邻近滨海城市，并融合于热带海岛环境之中构成了"热带城市火山生态"、"热带、南亚热带海岛火山生态"，的特性。

千姿百态的火山，肥沃的红土，翠绿的椰风海岛，湛蓝的大海，银色的沙滩，有机地融合、调绘出红、蓝、绿和谐之美。这是大自然赐给人类的宝贵财富。

它属于中国，也属于世界。它属于世界，也属于未来。

湛江湖光岩玛珥湖 Zhanjiang Huguangyan Maar lake

In September 2006 Haikou- Shishan Volcanic Cluster National Geopark and Zhanjiang Huguangyan National Geopark were jointly approved to be as a united China Leiqiong (Haikou Volcanic Cluster, Zhanjiang Huguangyan) Global Geopark, i.e. both were included in the Global Geopark Network and their outstanding and remarkable values of geologic heritage were recognized which should be conserved properly for whole human's benefit.

Leiqiong Geopark is located in the southern margin of Chinese Mainland, straddling Qiongzhou Strait. The park, with total area of 379 km² and geographical coordinates 19°49'20"N—21°29'35"N and 109°05'E—110°38'26"E, comprises two scenic districts: Haikou Scenic District (the Haikou-Shishan Volcanic Cluster National Geopark, Hainan Province), Zhanjiang Scenic District (the Zhanjiang-Huguangyan National Geopark, Guangdong Province). Including both flanks of Qiongzhou Strait, the park in terms of geology belongs to so called Leiqiong Rift Volcanic Belt.

There are more than one hundred volcanoes which are densely distributed. The volcanoes have covered nearly all types resulting from both basaltic magmatic eruption and phreatomagmatic explosion: lava cone, pyroclastic cone (spatter cone, cinder cone), mixed cone and maar (the low crater or tuff ring). Judging from number, variety and completeness of volcanoes the park is said to be the topmost among the Quaternary volcanic belts of China. It is a natural monumental work on Quaternary basaltic volcanology.

In all two Scenic Districts of Leiqiong Geopark maars are developed that resulted from phreatomagmatic explosion, when the incandescent magma interacted with the cool water. Here we have typical maars: Huguangyan, Tianyang, Qingdongyang (Zhanjiang Scenic District), Mt. Shuangchiling, Mt. Yanghualing (Haikou Scenic District).

The Geopark is extremely rich in volcanic landscapes and lava structures, such as pahoehoe flow, different kinds of lava ejecta, lava tunnels etc., variable, systematic and typical, which are outstanding from the same type geologic remains, so is appreciated to be a natural exhibition garden of Quaternary volcanoes.

The park is positioned in transition area from tropic to south subtropic zone, characterized by distinctness and diversity of flora and fauna communities, becoming the typified site of the biotic community in the transition area. The Quaternary volcanoes are located very close to coastal cities and fused in landscape of tropic islands, and have formed the individuality of "Tropic Ecology with City Volcano" and "Tropic and Subtropic Ecology in Volcanic Island".

The volcanic landforms variable in form and pattern, the fertilized red earth, the green tropic island that smells coconut, the blue sea, and the silvery sandy beach, all are integrated, all are mixed in red, blue and green tones in harmony, all are treasures bestowed by Mother Nature to the human.

The Geopark belongs to the World as well as to China; it belongs to the future as well as to the present.

中国雷琼世界地质公园海口园区——热带城市火山

CHINA LEIQIONG GLOBAL GEOPARK HAIKOU SCENIC DISTRICT CITY VOLCANO IN TROPICAL AREA

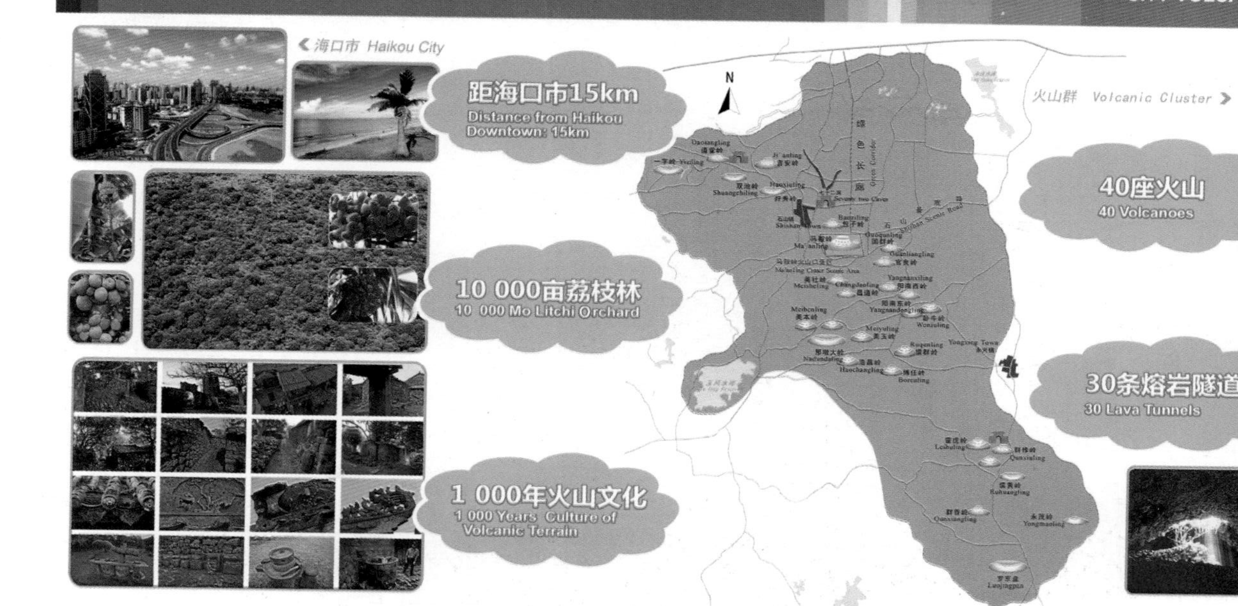

中国雷琼海口火山群世界地质公园位于海口市西南石山、永兴镇，距市中心约15km。公园面积108km²。

公园拥有40多座第四纪火山，其类型之多样、熔岩景观之丰富、熔岩隧道之奇特，实为罕见的火山奇观。万年前的火山，千年的火山石文化和热带生态植被群落相融合，构成了以热带城市火山生态与文化为内涵的地质公园。

With an area of 108 km², China Leiqiong Haikou Volcanic Cluster Global Geopark is located at Shishan Town and Yongxing Town, 15 km southwest from the center of Haikou City. Possessing more than 40 Quaternary volcanoes, the Geopark boasts the variety of volcanoes, the richness of lava landscapes, the grotesqueness of lava tunnels, all are volcanic wonders, rarely seen anywhere. Volcanoes, formed ten thousand years ago and volcanic stone culture, started a thousand years ago, fused together with tropical vegetation flora, all have created a particular geopark in tropical city, which is characterized by volcanic landscape, tropical ecology and volcanic stone culture.

中国雷琼海口火山群世界地质公园
China Leiqiong—Haikou Volcanic Cluster Global Geopark
马鞍岭火山口景区
Ma'anling Crater Scenic Area
马鞍岭火山口景区导游图
Tour Map of Ma'anling Crater Scenic Area
马鞍岭火山口景区是海口石山火山群地质公园的一个标志性景区。马鞍岭是由风炉岭、包子岭两座火山构成，状如马鞍而得名，其旁侧有两个寄生火山，称眼镜岭。四座火山集于一区，组成一个火山家族。
景区有火山神道、岩石环廊、熔岩流、奇特结壳熔岩、神秘的火山口、火山岩石器等丰富的地质景点。它们融合在古榕树群、野菠萝群等热带果林之中，实现热带火山之美、之奇。
Mt.Ma'anling Crater Scenic Area, as a mark scenic area for the Haikou Volcanic Cluster Geopark, consists of two major volcanoes—Mt.Fengluling(Furnace) and Mt. Baoziling. It looks like a saddle, hence the name. There are two parasitic volcanoes beside called Mt. Yanjingling. Four volcanoes make up a volcanic family.
There are numerous scenic spots in the area such as Sacred Way for Goddess of Volcano, corridor of amusing rocks, lava flow, grotesque Pahoehoe flow, mystical craters and volcanic stone implements, which fused with banyan trees, wild pineapples and tropic orchards, remarkably presenting the beauty and grotesqueness of volcano in tropical environment.
欢迎您走进景区:
游山赏景，体验神奇休眠火山；
探索火口，感受万年火山奥秘；
漫步果林，享受热带风光、天然氧吧；
参与演艺，领悟民俗文化与生态的和谐；
休闲酒林，愉悦心情，品赏山羊美食。
Welcome to the Scenic Area:
Traveling the mountain and viewing the landscape to experience the mystical dormant volcano.
Searching for craters to interpret the profundity of the ten thousand years old volcano.
Wandering within the fruit garden to enjoy tropic sceneries and the natural oxygen bar.
Taking part in entertainment to savor the harmony of folk culture and ecological environment.
Having leisure in the wine fragrance to taste the delicious lamb with a cheerful mood.
Rest in the shade of a tree
Mystical Landscape of Pahoehoe Flow
山前广场
Foothill Square
不来不知道，一来忘不了。
Once you learned and you never forget.
登山·观景·健身
Climbing, making sightseeing and keeping fit
热带植物观赏
Appreciation of tropical plants
带孩子到火山口玩
Bring your children to the crater
团队联谊 演艺互动
Recreation in team
Interactive performance
玄武奇石观赏
Appreciation of basalt
探索发现
Search and discover
地质旅游
Geo-tourism
香港生态旅游专业培训中心
石山羊餐 正宗地道
Lamb dinner of Shishan
The elaborate cuisine

奇观
Wonder
№ 1
Volcanic Cluster
完整的火山群
琼北地区有101座火山,而海口火山群世界地质公园由40多座火山构成完整的火山群,它最具典型性、多样性和稀少性,堪称为第四纪玄武质火山的博览园。
它像在大地上打开的一扇扇窗户,为人类探索地球奥秘提供一口超深钻;它像在大地上镶嵌的一颗颗绿色珍珠,给人们美好的享受。
There are 101 volcanoes in the northern Hainan, of which more than 40 volcanoes are within the Haikou Volcanic Cluster Global Geopark to form a volcanic cluster, which is typical, diverse and rare, and deserves the name Grand Fair of Quaternary Basaltic Volcanoes.
It just like windows opened on the earth surface, provides a super deep drilling hole for human to search the profundity of the earth; and like the green pearls inserted in the land, brings people to enjoy and admire.
雷虎岭
Mt. Leihuling
吉安岭
Mt. Ji'anling
美社岭
Mt. Meisheling
N
马鞍岭火山口景区
图例 Legend
AAAA

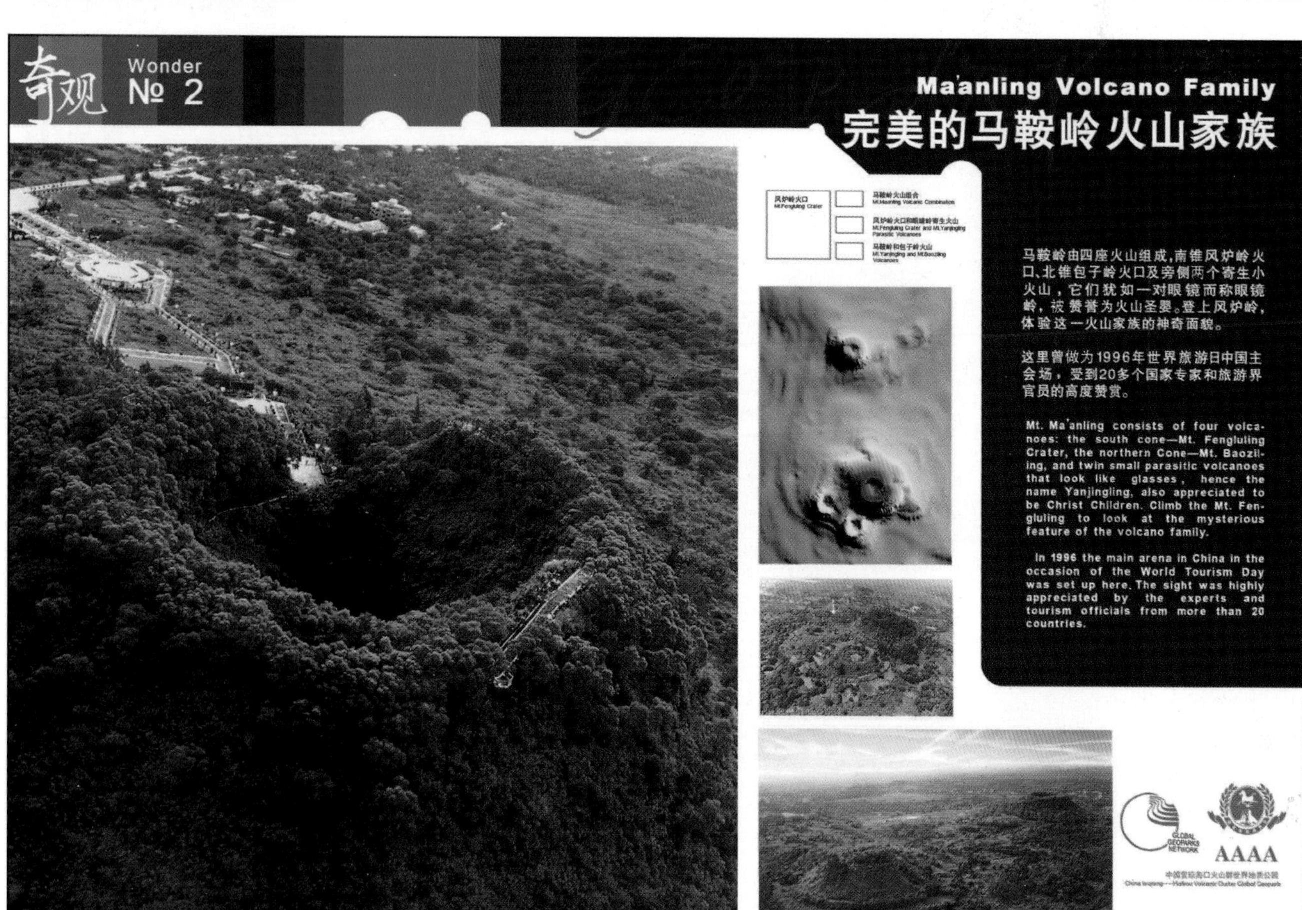
奇观
Wonder
№ 2
Ma'anling Volcano Family
完美的马鞍岭火山家族
马鞍岭由四座火山组成,南锥风炉岭火口、北锥包子岭火口及旁侧两个寄生小火山,它们犹如一对眼镜而称眼镜岭,被赞誉为火山圣婴。登上风炉岭,体验这一火山家族的神奇面貌。
这里曾做为1996年世界旅游日中国主会场,受到20多个国家专家和旅游界官员的高度赞赏。
Mt. Ma'anling consists of four volcanoes: the south cone—Mt. Fengluling Crater, the northern Cone—Mt. Baoziling, and twin small parasitic volcanoes that look like glasses, hence the name Yanjingling, also appreciated to be Christ Children. Climb the Mt. Fengluling to look at the mysterious feature of the volcano family.
In 1996 the main arena in China in the occasion of the World Tourism Day was set up here. The sight was highly appreciated by the experts and tourism officials from more than 20 countries.
AAAA

Wonder № 3

Pahoehoe, variable in shape and pattern
千姿百态的结壳熔岩

玄武岩流表壳形成了各种奇形怪状的熔岩形态，如绳索状、扭曲状、卷包状、珊瑚状……其形态无奇不有，可谓集结壳熔岩之大成，令人叹为观止。

The crust of basaltic lava flows exhibits diversified and peculiar lava structures, such as ropy, twisted, rolled, coral-like etc. composing a grand collection of the pahoehoe in a real sense, grotesque and breathtaking.

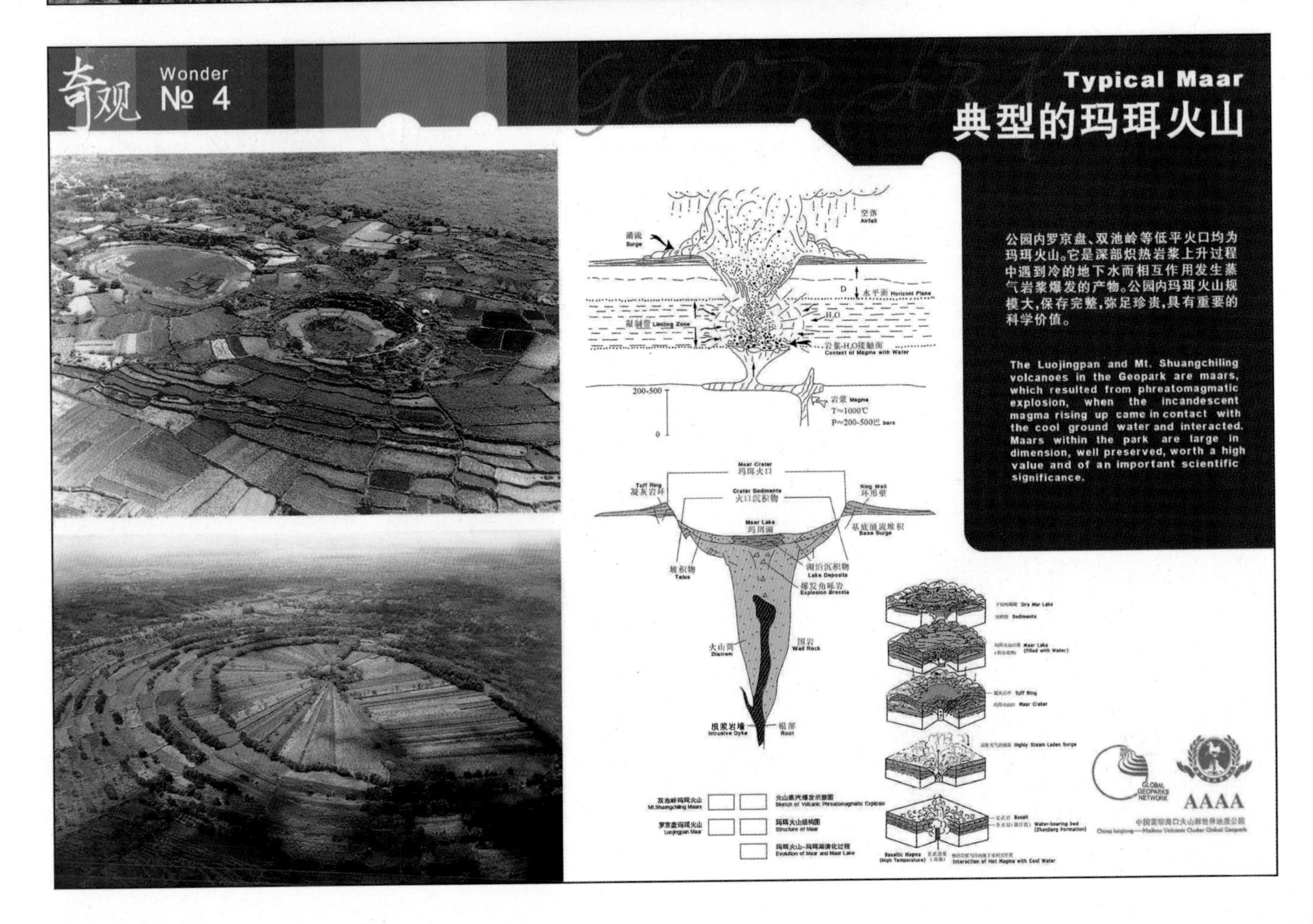

奇观
Wonder
№ 5
Grotesque Lava Tunnel
奇特的熔岩隧道
公园内熔岩隧道数量之多(30多条),长度之长(最长达1500-2000米),内部形态和微景观之丰富,为国内外罕见,极具研究和观赏价值。
The number of lava tunnels in the park surpasses 30, of them the longest ones 1500-2000 m. With rich interior micro-landscapes, the clustered lava tunnels worth admiring and scientific investigation.
熔岩隧道内的微景观
Micro-Landscape in Lava Tunnel
七十二洞熔岩隧道
SEVENTY TWO CAVES Lava Tunnel
AAAA

奇观
Wonder
№ 6
Tropic Volcano Ecology
热带火山生态的典型
公园在火山锥、火山口、玄武岩台地上孕育了以热带季雨林为代表的生态群落。植物有1 200多种,具生态的多样性,是热带火山生态的杰出代表,是海口城市不可替代的绿肺。
The Geopark on the volcanic cones, craters and volcanic platforms, has bred the ecologic community represented by the tropic monsoon rainforest. There are more than 1200 plant species—the diverse biota and the representative tropic ecology in volcanic terrain, as named the irreplaceable Green Lung for Haikou city.

火山神道·熔岩石柱
Sacred Way for Volcano——Lava Columns
台湾澎湖西屿大池
Dachi, Taiwan
爱尔兰巨人堤
Giants' Causeway
GLOBAL GEOPARKS NETWORK
AAAA
这里有六边形石柱。你可能会想这么规整的石柱是天然的，还是人工切割的？答案是天然形成的，它是熔岩冷缩过程中形成的柱状节理。
柱状节理形成与冷却收缩中心的关系
Relationship between columnar joints and contracting centers
There are many hexangular stone columns, so neat and regular! Are they natural or man-cut? The answer is — they are natural columnar joints that were formed during cooling and contracting process of the lava.
美国魔塔
Devil's Tower
熔岩流
Lava flow
冷却收缩
Cooling&contracting
柱状节理
Columnar joints
浙江衢县
Quxian, Zhejiang
[中国雷琼海口火山群世界地质公园]
马鞍岭景区
Ma'anling Scenic Area

海口玄武石集锦
GLOBAL GEOPARKS NETWORK
Haikou Basalt
[中国雷琼海口火山群世界地质公园]
[China Leiqiong——Haikou Volcanic Cluster Global Geopark]

熔岩珊瑚
Lava Coral
GLOBAL
GEOPARKS
NETWORK

熔岩珊瑚
Lava Coral
GLOBAL
GEOPARKS
NETWORK
这块岩石，游客称为珊瑚石。它不是珊瑚，而是由于岩浆中含有气体，喷发后形成多孔状、渣状玄武岩，貌似珊瑚而已。
Some tourists called this rock coral, but it is not a real coral. Since the magma contained gas when erupting, then the porous and slag-like (coral-like) basalt was formed.
海口火山群世界地质公园】
[China Leiqiong——Haikou Volcanic Cluster Global Geopark]

葡萄状玄武岩

结壳熔岩

这块玄武岩呈葡萄状、球状形态,令人称奇不解。为什么长成这种形状呢?这是因为熔浆从已经冷却的空隙、小洞中挤出。其纹理清楚可见,地质学称为结壳熔岩,并列为观赏石——海口玄武石之一。

This basalt shows grape-like and spherical form. How did it take the form? It was formed when the lava squeezed out from small fractures or holes in the early-congealed lava. With clear veins, it is a kind of pahoehoe, appreciated to be one variety of the ornamental stone, the Haikou basalts.

Grape-like Basalt —Pahoehoe

[中国雷琼海口火山群世界地质公园]
[China Leiqiong——Haikou Volcanic Cluster Global Geopark]

海口玄武岩——观赏石中新品

Haikou Basalt

the new kind of ornamental stones

观赏石是自然界中具有美学价值和科学文化内涵,可供人观赏、收藏、陈列及科学研究的天然岩石。
我国有太湖石等数十种观赏石,迄今未有玄武岩列入观赏石之列。
海口所产玄武岩有以下特点:
1. 它是火山喷发岩浆、熔岩流动过程中在特定条件下形成的。
2. 它具有千奇百态的形貌玄妙的纹理结构,而具观赏性,已经引起大众的兴趣。自然造化,大璞不雕。
3. 它记录了岩浆流动过程的状态,具有指示性的科学意义。
4. 作为玄武岩,分布较为普遍,但具有这种观赏性价值的玄武岩并不多见,而具稀少性。
5. 海口第四纪火山群产出此类岩石更具有典型性,命名为海口玄武石,并可简称海玄石。

Ornamental stone is a natural rock that has aesthetic value and science-culture intension, used for appreciation, collection, display or scientific research.
There are tens kinds of ornamental stone in China, such as Taihu Lake Stone etc. Basalt hasn't yet been taken as an ornamental stone.
The kind of basalt from Haikou is characterized by:
1. It was formed in the process of lava flowing during the volcanic eruption within a specific environment.
2. It varies in form and pattern and presents the mysterious veins, good for appreciation. As a creature by nature and purely natural, it has attracted the public in general with a great interest.
3. It indicates the process of lava flowing , so has a scientific significance.
4. Basalt in general distributes widely, but the basalt with ornamental value is rare.
5. This kind of basalt is very typical for Quaternary volcanic cluster in Haikou. So it is named Haikou Basalt, or in short, Haixuan Stone.

[中国雷琼海口火山群世界地质公园]
[China Leiqiong——Haikou Volcanic Cluster Global Geopark]

玄武石狮
GLOBAL
GEOPARKS
NETWORK
Basalt-Lion
这块岩石,有游客说它有点像蹲着的石狮。看它的外形、纹理有点像,它是天然的,是在火山喷发熔岩涌动过程中形成的。岩石学上为结壳熔岩。作为观赏石,它是海口玄武岩的一个品种。
The rock, in opinion of some tourists, resembles a sitting lion according to its form and veins. In fact, the rock is natural, was formed when volcanic lava flow surged in all directions. In terms of petrology, it's called pahoehoe and considered a variety of Haikou basalt.
[中国雷琼海口火山群世界地质公园]
[China Leiqiong——Haikou Volcanic Cluster Global Geopark]

绳状玄武岩
GLOBAL
GEOPARKS
NETWORK
这块岩石有点像一股一股绳索,表壳的纹理似断非断。它是小股岩流在流动过程中受到两侧已固结岩石的挤压阻挡,而向流动前方突进形成的。作为绳状熔岩它具典型性,作为观赏石它是海口玄武岩的一个品种。
This rock appears strands of rope, with continuous or discontinuous veins on surface. It was formed when the early-congealed rocks on both flanks hindered a small lava flow, which protruded and solidified. The typical ropy lava is appreciated to be a variety of ornamental Haikou basalt.
Ropy Basalt
[中国雷琼海口火山群世界地质公园]
[China Leiqiong——Haikou Volcanic Cluster Global Geopark]

GLOBAL
GEOPARKS
NETWORK
绳状玄武岩
Ropy Basalt
[中国雷琼海口火山群世界地质公园]
[China Leiqiong——Haikou Volcanic Cluster Global Geopark]

GLOBAL
GEOPARKS
NETWORK
绳状玄武岩
Ropy Basalt
[中国雷琼海口火山群世界地质公园]
[China Leiqiong——Haikou Volcanic Cluster Global Geopark]

熔岩流 Lava Flow

这片岩石露头就是风炉岭火山溢出的熔岩流淌到这里的见证。

它由三次连续溢出的熔岩叠加而成。这里还有微型熔岩隧道可观赏。

The rock outcrop serves as an evidence to show the lava flow, which spilled out from the Mt. Fengluling Volcano and flew down here. It is made of three repeatedly spilled lava flows. And you may find a miniature lava tunnel to admire.

保护地质遗迹，请走木质步道！

Please follow the wooden footpath to conserve the geosite!

［中国雷琼海口火山群世界地质公园］
[China Leiqiong—Haikou Volcanic Cluster Global Geopark]
马鞍岭景区
Ma'anling Scenic Area

小型熔岩隧道 Small-scale Lava Tunnel

保护地质遗迹，请走木质步道！

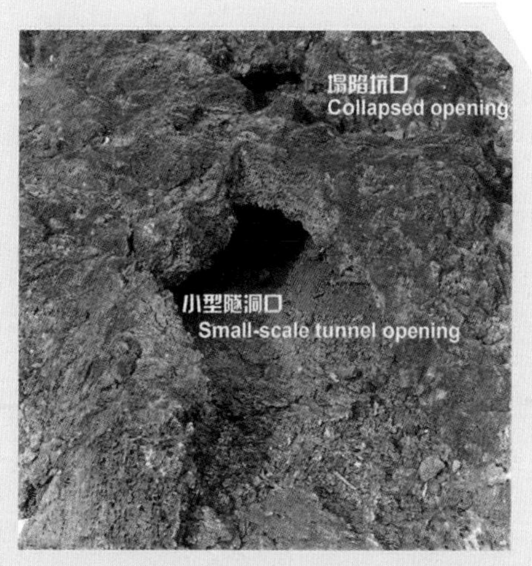

GLOBAL GEOPARKS NETWORK

AAAA

表壳熔岩先冷却固结，表壳下熔岩继续流出，排空成洞。

The surface lava chilled first and congealed, but the lava under the crust still continued flowing out. When it was exhausted, the tunnel was formed.

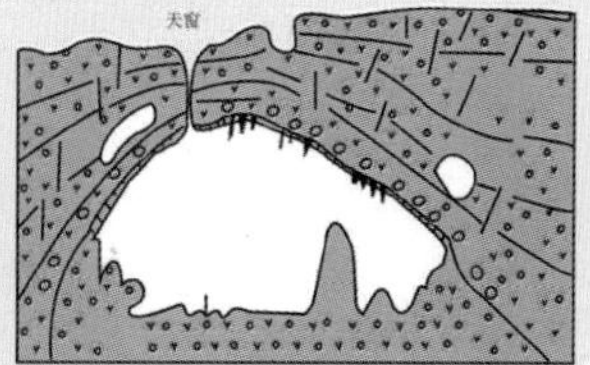

Please follow the wooden footpath to conserve the geosite!

［中国雷琼海口火山群世界地质公园］
[China Leiqiong—Haikou Volcanic Cluster Global Geopark]
马鞍岭景区
Ma'anling Scenic Area

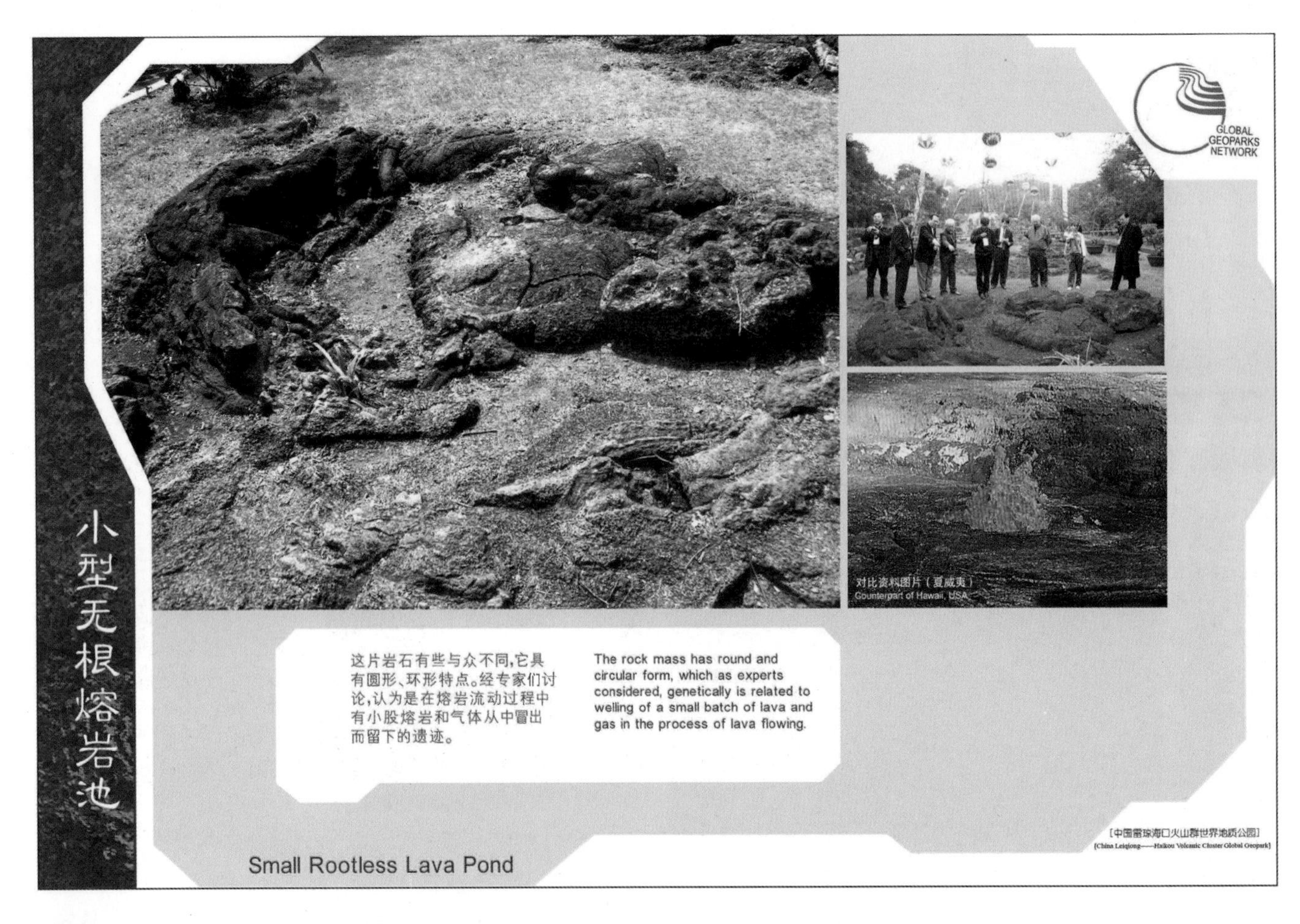
GLOBAL
GEOPARKS
NETWORK
小型无根熔岩池
对比资料图片（夏威夷）
Counterpart of Hawaii, USA
这片岩石有些与众不同,它具有圆形、环形特点。经专家们讨论,认为是在熔岩流动过程中有小股熔岩和气体从中冒出而留下的遗迹。
The rock mass has round and circular form, which as experts considered, genetically is related to welling of a small batch of lava and gas in the process of lava flowing.
[中国雷琼海口火山群世界地质公园]
[China Leiqiong——Haikou Volcanic Cluster Global Geopark]
Small Rootless Lava Pond

GLOBAL
GEOPARKS
NETWORK
火山渣
风炉岭火山早期的喷发为溢流熔岩流,您在山下已见到了。而这里出露的是火山晚期爆发的火山渣——多孔状、渣状玄武岩。您仔细看看,其中有火山弹、熔岩饼。
In the early stage Mt.Fengluling Volcano erupted the effusive lava flow that you have seen on the foothill. Here is exposed volcanic scoria—the porous and slag-like basalt. Look carefully, you may find volcanic bombs and driblets.
Volcanic scoria
[中国雷琼海口火山群世界地质公园]
[China Leiqiong——Haikou Volcanic Cluster Global Geopark]

神奇的结壳熔岩流

Mystical Pahoehoe Flow

什么叫结壳熔岩流？它是表面具有各种各样构造形态的一种熔岩流。它们如瘤、如球、如砾、如棘、如绳……从这些形态中可以想像当时炽热岩浆在流动过程中冷却的景象。

The pahoehoe flows are diversified in shape and structure of their crust, such as tumor-like, ball-like, gravel-like, spinose and ropy...Judging from different forms of the crust you may imagine how it looks like when the hot lava was flowing down the earth surface and cooling up.

[中国雷琼海口火山群世界地质公园]

[China Leiqiong---Haikou Volcanic Cluster Global Geopark]

马鞍岭景区

Ma'anling Scenic Area

神秘火口就在前面了

Mysterious volcanic crater is just in front of us !

游公园不到火山口，不能体验火山之奇，万年前火山等待你的到来！

To tour Geopark without visiting the crater will not give you an experience of volcano's grotesqueness. Ten thousand years old volcano welcomes you to visit!

目击马鞍岭火口家族，“一家四口”（四个火山口）

Viewing Mt.Ma'anling volcanic Family—the Family of four volcanoes.

寄生火山观景台
Platform for viewing parasitic volcanoes

火山观景台
Platform for viewing volcano

遥望海口
Looking into the distant Haikou City

塌陷洞口
Opening of a Collapsed Volcanic Tube

琼州海峡观景台
Platform for viewing Qiongzhou Bay

风炉岭火口
Mt. Fengluling Volcano's Crater

火山口步道
Trail on top of a crater's wall

海口观景台
Platform for viewing Haikou City

火山知识角
Volcanology Corner

野菠萝观赏
Wild Pineapples

火山神庙
Holy Temple of Volcano

眺望琼州海峡海口风光
Looking into distant Qiongzhou Bay and the sea landscape.

你所在的位置
your location

触摸风炉岭火口 感受炽热岩浆喷出情景
Touching the Mt.Fengluling Volcano's crater to savor the out-pouring of incandescent magma.

寄生火山
GLOBAL
GEOPARKS
NETWORK
Parasitic Volcano
你现在站在风炉岭火山锥(主火山)上了,往下俯视有两个小型火口。它们是主火山旁侧的两个寄生火山,人称"火山圣婴"。
Now you are standing on the Fengluling volcanic cone (main volcano). Looking down you can see two small craters. They are parasitic volcanoes on the side of main volcano, which are called 'Volcanic Christ's Children'.
[中国雷琼海口火山群世界地质公园]
[China Leiqiong——Haikou Volcanic Cluster Global Geopark]

风炉岭火山口
Fengluling Crater
平面图
Plan
风炉岭火山口是海口火山群中的一座休眠火山。它喷发于距今8 000多年前。自1996年由海南椰湾集团有限公司建设火山口公园以来得到了有效的保护。迄今保存的火山口完整形态。比高130m(最高海拔222.8m),火山底径600m,火山内径120m,深69m。这座火山早期喷发形成玄武岩流(即山下分布的玄武岩)。晚期火山岩浆爆发形成由火山渣组成的锥状火山。
Mt. Fengluling Crater is one of the dormant volcanoes of Haikou Volcanic Cluster, which erupted 8 000 years ago. Since Hainan Yewan Group Corp. Ltd. started its construction project in 1996, the crater park has been properly protected. With height difference 130m (elevation 222.8m), diameter at the bottom 600m, inner diameter of volcano 120m and depth of crater 69m, the feature of the crater is completely preserved. The volcano erupted basaltic lava flow in the early stage, resulting in the basalt rock distributed on the foothill, and threw scoria during the late stage explosion, which formed a conic volcano.
GLOBAL
GEOPARKS
NETWORK
AAAA
你到了火山口了,你可以沿步道进入火口底部,也可以沿环山步道(火口垣)观赏火山口。
Here you are on the rim of crater. From here you can go downstairs to see the bottom of crater, or go along the circular footpath on top of the crater's wall to admire the crater as a whole.
[中国雷琼海口火山群世界地质公园]
[China Leiqiong—Haikou Volcanic Cluster Global Geopark]
马鞍岭景区
Ma'anling Scenic Area

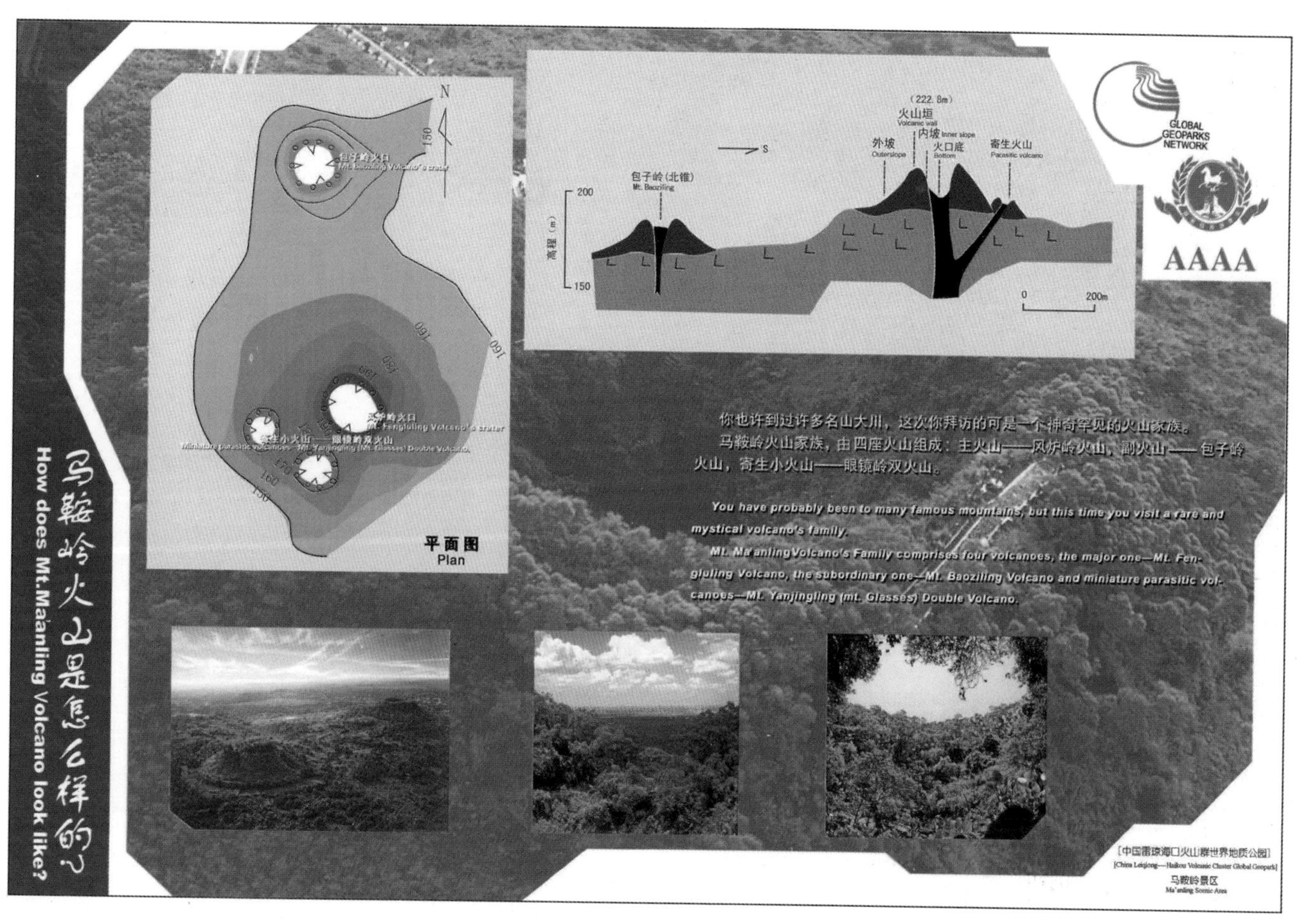
马鞍岭火山是怎么样的?
How does Mt.Maanling Volcano look like?
包子岭火口
风炉岭火口
寄生小火山
眼镜岭双火山
平面图
Plan
(222.8m)
火山垣
Volcanic wall
外坡
Outerslope
内坡
Inner slope
火口底
Bottom
寄生火山
Parasitic volcano
包子岭(北锥)
Mt. Baoziling
高程(m)
200
150
0
200m
GLOBAL GEOPARKS NETWORK
AAAA
你也许到过许多名山大川，这次你拜访的可是一个神奇罕见的火山家族。
马鞍岭火山家族，由四座火山组成：主火山——风炉岭火山，副火山——包子岭火山，寄生小火山——眼镜岭双火山。
You have probably been to many famous mountains, but this time you visit a rare and mystical volcano's family.
Mt. Ma'anlingVolcano's Family comprises four volcanoes, the major one—Mt. Fengluling Volcano, the subordinary one—Mt. Baoziling Volcano and miniature parasitic volcanoes—Mt. Yanjingling (mt. Glasses) Double Volcano.
[中国雷琼海口火山群世界地质公园]
马鞍岭景区
Ma'anling Scenic Area

风炉岭火山喷发方式
Eruptive Types of Mt.Fengluling Volcano
GLOBAL GEOPARKS NETWORK
AAAA
资料图片
Hawaii
火山渣
熔岩饼 Driblet
火山渣 Scoria
熔岩流
2、晚期岩浆从火口爆发，抛射溅落形成火山渣，类似于意大利斯通博利式火山喷发。
Late magma exploded, throwing and spattering to form scoria and driblet — the Strombolian Volcanic Eruption.
1、早期岩浆从火口溢出形成熔岩流，类似于夏威夷冰岛火山喷溢。
Early magma spilled out from volcanic vent to form a lava flow — the Hawaiian Volcanic Effusion.
资料图片夏威夷
Hawaii
[中国雷琼海口火山群世界地质公园]
马鞍岭景区
Ma'anling Scenic Area

什么是火山?
What is a volcano?
火山的形成
Formation of a volcano
佩雷女神
Goddess Pelee
火山喷溢 Effusion
火山爆发 Explosion
火山通道
Volcano's conduit
岩浆 Magma
温泉
Hot spring
裂隙喷发 Fracture eruption
熔岩台地 Lava plateau
破火山 Caldera
锥火山 Cones
盾火山 Shield
穹状火山 Volcanic dome
高温岩浆通过地下深处通道喷出地表的过程称为火山喷发。火山喷发物质堆积成锥状、盾状或圆形洼地状，这就是火山。
Volcanism is the process when hot magma is being erupted from deep volcanic conduits onto the surface. Matters erupted from volcanic vents are piled to form cones, shields and circular depressions, which are named volcanoes.
GLOBAL GEOPARKS NETWORK
AAAA
[中国雷琼海口火山群世界地质公园]
马鞍岭景区

熔岩流 2 Lava Flow 2
顶部首先冷却成岩
The roof chilled first
内部熔岩尚处在融熔状态，并外流
Interior lava continues flowing
这是从风炉岭火山口溢出的熔岩流，你可以看到熔岩从已固结的表壳洞穴中流出时的状态。
This lava flow poured out from the vent of Mt. Fengluling Volcano. You may see how the lava flew out from the hole of the congealed crust.
GLOBAL GEOPARKS NETWORK
AAAA
[中国雷琼海口火山群世界地质公园]
马鞍岭景区

火山神
Goddess of Volcano
火山充满神奇性，它是最惊天动地的地质事件。古代人们将火山视为火山神之杰作。火山英文名为Volcano(伏尔加诺)，为西西里群岛的一个小岛，传说为火神乌干熔炉地，每年这里都会举办乌干圣餐纪念活动，其意是避免火的灾难。夏威夷人说火山女神叫佩雷，火山喷发之前会出现佩雷太太。我国的一些火山被封为神山。这里的山神庙，亦为民间祈求山神—火山神之历史遗存。山神(火山神)、土地神、风雨神并列为祭祀三神，以祈求风调雨顺，期盼人与自然的和谐。
Full of mystery, the volcanic eruption is an earth shaking geological event. In the ancient time human's ancestors thought the volcano to be a work of god. The English name "volcano" is the name of an Island of Sicily, which, as a saying goes, is a furnace of fiery god "Ugan". Local people hold Holy Communion every year for the god Ugan to avoid fire disaster. Natives from Hawaii say, Goddess Pelee rules volcano and appears each time just before eruption. In China some volcanoes are sacred to be Divinities Mountain. Here in the park the Sacred Temple is a historical remains, where natives prayed for safe and sound. There were three divinities, who rule mountain, land, wind and rain, respectively. People pray them for a safe world and harmony between the nature and human beings.
GLOBAL
GEOPARKS
NETWORK
AAAA
[中国雷琼海口火山群世界地质公园]
[China Leiqiong—Haikou Volcanic Cluster Global Geopark]
马鞍岭景区
Ma'anling Scenic Area

火山神的故事
The Story about Goddess of Volcano
马鞍岭火山距今一万年前爆发，目前属于休眠火山。火山学家正在研究与监测。
Mt.Ma'anling Volcano erupted ten thousand years ago. As a dormant volcano, it is being studied and monitored by volcanists.
佩雷女神
Goddess Pelee
GLOBAL
GEOPARKS
NETWORK
AAAA
[中国雷琼海口火山群世界地质公园]
[China Leiqiong—Haikou Volcanic Cluster Global Geopark]
马鞍岭景区
Ma'anling Scenic Area

风炉岭火口

Mt. Fengluling Volcano's Crater

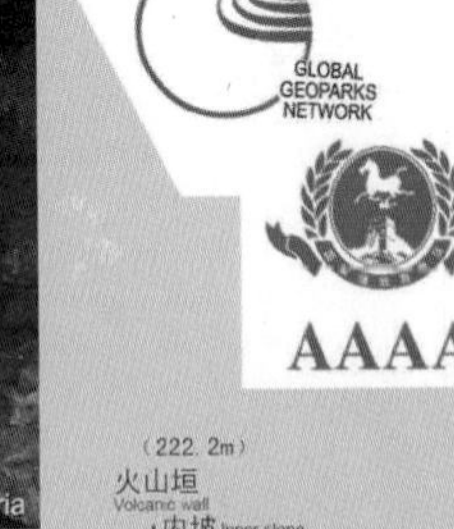

（222. 2m）
火山垣 Volcanic wall
外坡 Outerslope
内坡 Inner slope
火口底 Bottom

这时你到了火山口底，它犹如一口大锅、一座风炉。“天湖曾注古岩浆。”岩浆从这里向东经缺口流出形成熔岩流、熔岩台地，而后又发生火山爆发，岩浆物质被抛出，形成了火山渣、熔岩饼、火山弹等火山喷发物。

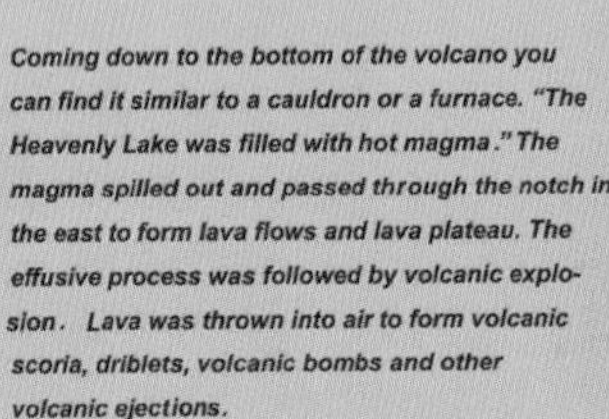

Coming down to the bottom of the volcano you can find it similar to a cauldron or a furnace. "The Heavenly Lake was filled with hot magma." The magma spilled out and passed through the notch in the east to form lava flows and lava plateau. The effusive process was followed by volcanic explosion. Lava was thrown into air to form volcanic scoria, driblets, volcanic bombs and other volcanic ejections.

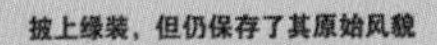

披上绿装，但仍保存了其原始风貌

Since the volcano was formed during the eruption ten thousand years ago, it has been subjected to tremendous change and been covered by green, however the original shape of the volcano is still preserved.

［中国雷琼海口火山群世界地质公园］
[China Leiqiong—Haikou Volcanic Cluster Global Geopark]
马鞍岭景区
Ma'anling Scenic Area

杨花岭涌流凝灰岩剖面
GLOBAL GEOPARKS NETWORK
Mt. Yanghualing Surge Tuff Section
这里一层一层的岩石是火山岩浆与地下水相互作用爆发而形成的,地质学上称为涌流凝灰岩。
The rock layers overlapped one by one, which were formed in a violent explosion, triggered by interaction between volcanic magma and ground water, and are called the surge tuff in light of geology.
[中国雷琼海口火山群世界地质公园]
[China leiqiong----Haikou Volcanic Cluster Global Geopark]

杨花岭涌流凝灰岩剖面
GLOBAL GEOPARKS NETWORK
AAAA
Mt. Yanghualing Surge Tuff Section
玛珥火山的形成
Maar formation
断层带中行成谷地
in a fault zone a vail has formed
上升的岩浆
rising magma
爆发区产生洞穴
in the explosion area a cave appears
火山碎屑墙
tephra wall
洞穴之上岩石崩塌
形成喇叭状构造
over the vag the rock collapses, forming a funnel-shaped structure
地下水
groundwater
围岩
country rock
[中国雷琼海口火山群世界地质公园]
[China leiqiong----Haikou Volcanic Cluster Global Geopark]

Seventy－two Caves Lava Tunnel

GLOBAL GEOPARKS NETWORK

七十二洞熔岩隧道

Seventy-two Caves Lava Tunnel is connected with Celestial Cave; the total length reaches more than 1000m. It was formed during the process of lava flowing. The crust of lava flow congealed first to form a rock, while the lava underneath continuously spilled and flowed, finally exhausted leaving an emptied hole as lava tunnel. The roof of lava tunnel might collapse to form various landscapes such as 'skylight'.

七十二洞熔岩隧道与仙人洞相连，全长千余米。它是火山岩浆流动过程中形成的。熔岩表壳首先冷却成岩，而下伏的岩流不断涌出、排空，最终留下隧道式洞穴。熔岩隧道形成后，由于洞顶塌陷形成"天窗"等景观。

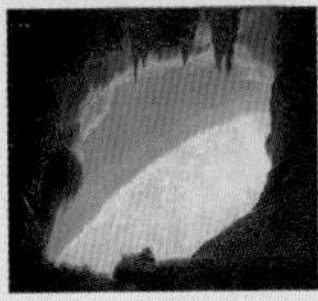

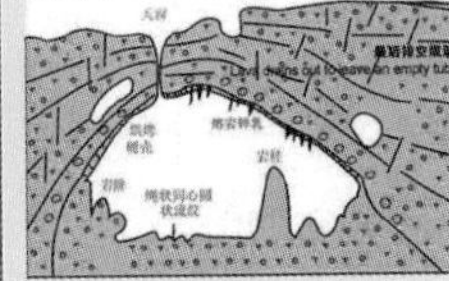

Note:
Enter the cave only with tour conductor. A section is accessible. Take care for safe.The major geosite of the National Geopark is preserved by law.

提示：
进入洞中要有专门的导游，仅能进入一小段，注意安全。国家地质公园重要地质遗址受到法律保护。

[中国雷琼海口火山群世界地质公园]
[China leiqiong---Haikou Volcanic Cluster Global Geopark]

Celestial Cave Lava Tunnel

GLOBAL GEOPARKS NETWORK

仙人洞熔岩隧道

提示：
仅能进入一段，注意安全！

Note:
Only one section works. Watch out for safe.

仙人洞因传说有道士在洞内修炼而得名。熔岩隧道是火山岩浆在地表流动过程中形成的。走进熔岩隧道，感受万年熔岩涌动的壮观景象。

As the saying goes, a Tacist monkey was cultivating in the cave and hence the name. The lava tunnel was formed during the process of volcanic magma flowing on the earth surface. Please enter the lava tunnel and savor the majestic landscape of lava surging 10 000 years ago.

[中国雷琼海口火山群世界地质公园]
[China leiqiong---Haikou Volcanic Cluster Global Geopark]

荣堂村火山石古村落

全村50幢村舍，全由火山喷发的气孔状玄武岩建筑而成。村舍始建于明代，依势而建，风格不一。古村民风淳朴。漫步古村犹如走入石头世界，用心去体验，用历史视觉去审视，你会享受到热带火山石村落之美。古树幽幽，石屋无语，但诉说人与火山和谐相处的脉络。

There are 50 peasant cottages in the village, all stone houses built of the effusive vesicular basalt. The cottages starting from the Ming Dynasty were built in different styles and in accordance with the relief. People here are simple and honest. Strolling the ancient village that like a stone world, experiencing by heart, looking into with a historical vision, you could admire the beauty of a tropic volcanic stone-built village. Old trees serene, the ancient houses silent, but they tell us about the harmony between human and volcano.

Rongtang Village

the volcanic stone-built ancient village

一字岭地质剖面

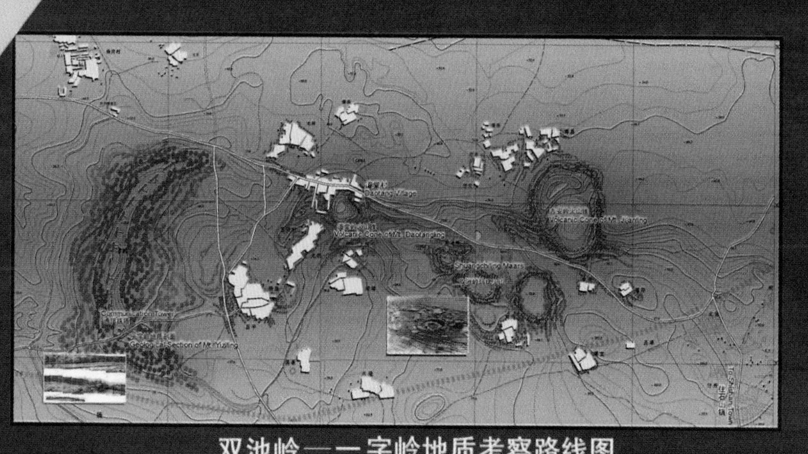

双池岭——一字岭地质考察路线图

Geologic Investigation Route of Shuangchiling—Yiziling

Geological Section of Mt. Yiziling

Yiziling Maar (also called Yanghua Maar) is a low-flat crater with diameter of 1.5km that centered on Yanghua (Yangjia Village). The western part of tuff ring of the maar is exposed along the highway. Yiziling Maar erupted in Upper Pleistocene i.e. 40~100 thousand years ago.

一字岭玛珥火山（亦称杨花玛珥火山）以杨花（杨佳村）为中心，是一直径达1.5km的低平火山口。公路露头所见岩层即为这个玛珥火山西半部的凝灰岩环。

一字岭玛珥火山，喷发于上更新世（距今约4-10万年）。

玛珥火山是怎么形成的？什么是涌流凝灰岩？

玛珥火山是怎么形成的？

地下岩浆上升至近地表时遇到地下含水层，岩浆或岩浆热与冷的水相接触发生爆发（称蒸气岩浆爆发）形成低平火山口（如图）。

什么是涌流凝灰岩？

这是比较典型的蒸气岩浆爆发的涌流凝灰岩的剖面。现在大家看起来由一层一层岩石岩叠加在一起并有纹理，地质上称为“水平纹理”“交错层理”，它们不是水体沉积而成的砂岩、粉砂岩。它们是由岩浆上升遇到地下水层发生爆发而产生的细粒火山灰和较粗火山渣以及黑色玄武质浮岩碎屑等组成，地质学上称涌流凝灰岩。

一层一层凝灰岩，就是蒸气岩浆爆发的证据，它像一本火山喷发历史的“书”。

How did the Maar take a shape?

When rising magma comes in contact with abundant cold ground water, it causes violent explosive eruption (called Phreatomagmatic Eruption) to form a low-flat crater (as in Figure).

What is a Surge Tuff?

This section typifies the surge tuff resulting from phreatomagmatic eruption. The rocks are finely layered or laminated, showing 'horizontal lamination' and 'cross-bedding' in terms of geology. They are not sedimentary sand stone or silt stone, but the surge tuff, which consists of finely layered volcanic ash, coarser volcanic scoria and tephra of black basaltic pumice resulting from explosion caused by interaction of rising magma with ground water.

Tuffs are overlapped layer by layer, which evidences the phreatomagmatic eruption, like a book telling about the history of volcanic eruption.

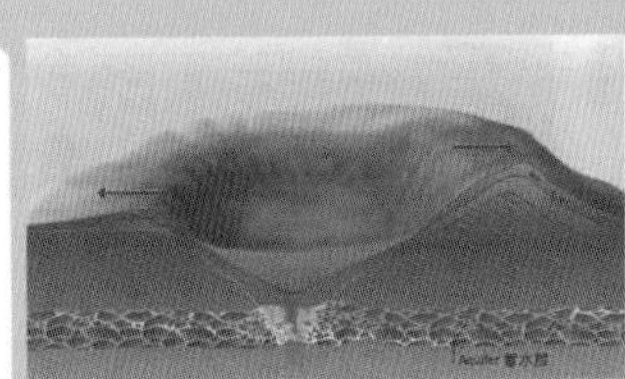

据：Hans-ulrich Schmincke

How did the Maar take a shape? What is a Surge Tuff?

GLOBAL GEOPARKS NETWORK

[中国雷琼海口火山群世界地质公园]
[China Leiqiong—Haikou Volcanic Cluster Global Geopark]

双池岭——低平火山口

Shuangchiling Low-Flat Crater

双池岭—一字岭地质考察路线图
Geologic Investigation Route of Shuangchiling—Yiziling

位于石镇西南，石山至道堂公路南侧。

双池岭由两个相邻低平火口组成。原来火口中有水而名双池。

双池岭火口（西岭）内径为300m，火口深为15m，火山环坡度为15°—18°，最高处海拔为105m。站在此处可观看双池岭是两个连生的低平火口，向西南远眺马鞍岭火山锥，向西北远望吉安岭火山锥。

It is located to southwest of Shishan Town, on the southern side of the highway from Shishan to Daotang.

Mt. Shuangchiling consists of two adjacent low-flat craters, which were filled with water, hence the name "Shuangchi (two ponds)". Shuangchiling Crater (the west crater) is 15m deep, with interior diameter 300m, slope of crater ring15°~18°and elevation 105m for the topmost site. Standing here one can see clearly two connected low-flat craters, look into the distant view of Ma'anling volcanic cone southwestward, and Ji'anling volcanic cone northwestward.

GLOBAL GEOPARKS NETWORK

[中国雷琼海口火山群世界地质公园]
[China Leiqiong—Haikou Volcanic Cluster Global Geopark]

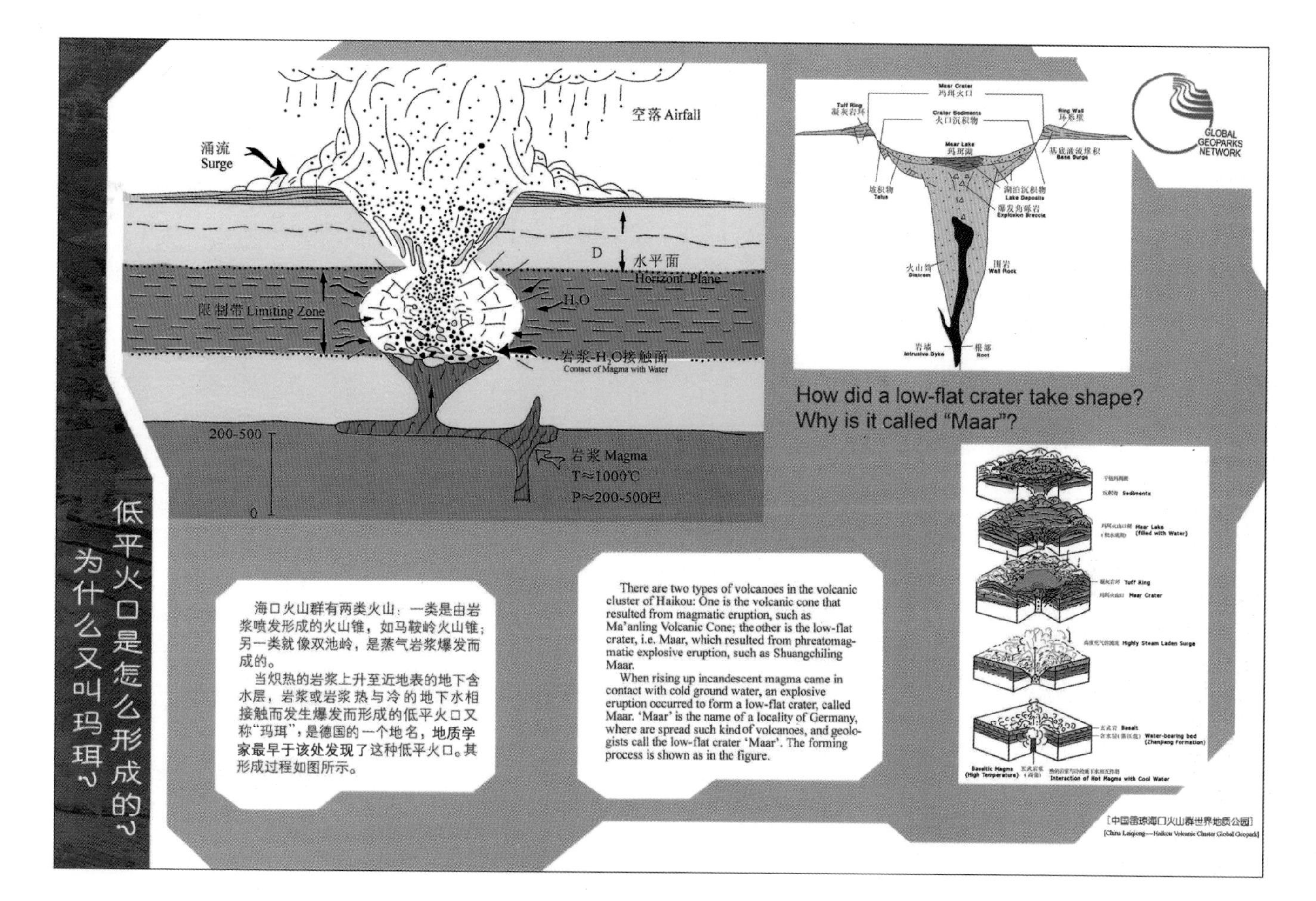
低平火口是怎么形成的？为什么又叫玛珥？
空落 Airfall
涌流 Surge
D
水平面 Horizont Plane
限制带 Limiting Zone
H2O
岩浆-H2O接触面
Contact of Magma with Water
200-500
0
岩浆 Magma
T≈1000℃
P≈200-500巴
Maar Crater
玛珥火口
Tuff Ring
凝灰岩环
Crater Sediments
火口沉积物
Ring Wall
环形壁
Maar Lake
玛珥湖
基底涌流堆积
Base Surge
坡积物
Talus
湖泊沉积物
Lake Deposits
爆发角砾岩
Explosion Breccia
火山筒
Diatrem
围岩
Wall Rock
岩墙
Intrusive Dyke
根部
Root
GLOBAL GEOPARKS NETWORK
How did a low-flat crater take shape?
Why is it called "Maar"?
Sediments
Maar Lake (filled with Water)
Tuff Ring
Maar Crater
Highly Steam Laden Surge
Basalt
Water-bearing bed (Zhanjiang Formation)
Basaltic Magma (High Temperature)
Interaction of Hot Magma with Cool Water
海口火山群有两类火山：一类是由岩浆喷发形成的火山锥，如马鞍岭火山锥；另一类就像双池岭，是蒸气岩浆爆发而成的。
当炽热的岩浆上升至近地表的地下含水层，岩浆或岩浆热与冷的地下水相接触而发生爆发而形成的低平火口又称"玛珥"，是德国的一个地名，地质学家最早于该处发现了这种低平火口。其形成过程如图所示。
There are two types of volcanoes in the volcanic cluster of Haikou: One is the volcanic cone that resulted from magmatic eruption, such as Ma'anling Volcanic Cone; the other is the low-flat crater, i.e. Maar, which resulted from phreatomagmatic explosive eruption, such as Shuangchiling Maar.
When rising up incandescent magma came in contact with cold ground water, an explosive eruption occurred to form a low-flat crater, called Maar. 'Maar' is the name of a locality of Germany, where are spread such kind of volcanoes, and geologists call the low-flat crater 'Maar'. The forming process is shown as in the figure.
[中国雷琼海口火山群世界地质公园]
[China Leiqiong—Haikou Volcanic Cluster Global Geopark]

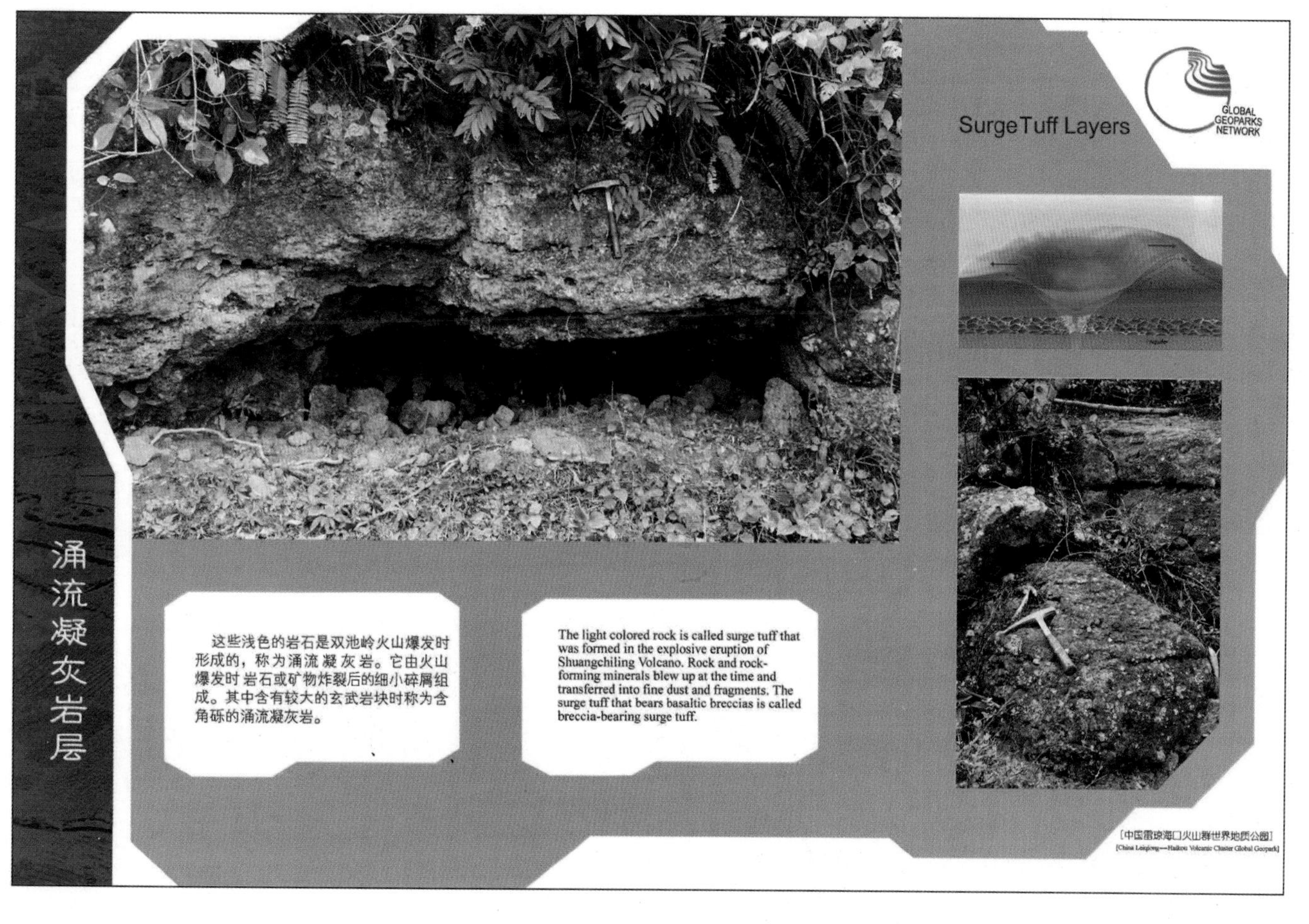
涌流凝灰岩层
Surge Tuff Layers
GLOBAL GEOPARKS NETWORK
这些浅色的岩石是双池岭火山爆发时形成的，称为涌流凝灰岩。它由火山爆发时岩石或矿物炸裂后的细小碎屑组成。其中含有较大的玄武岩块时称为含角砾的涌流凝灰岩。
The light colored rock is called surge tuff that was formed in the explosive eruption of Shuangchiling Volcano. Rock and rock-forming minerals blew up at the time and transferred into fine dust and fragments. The surge tuff that bears basaltic breccias is called breccia-bearing surge tuff.
[中国雷琼海口火山群世界地质公园]
[China Leiqiong—Haikou Volcanic Cluster Global Geopark]

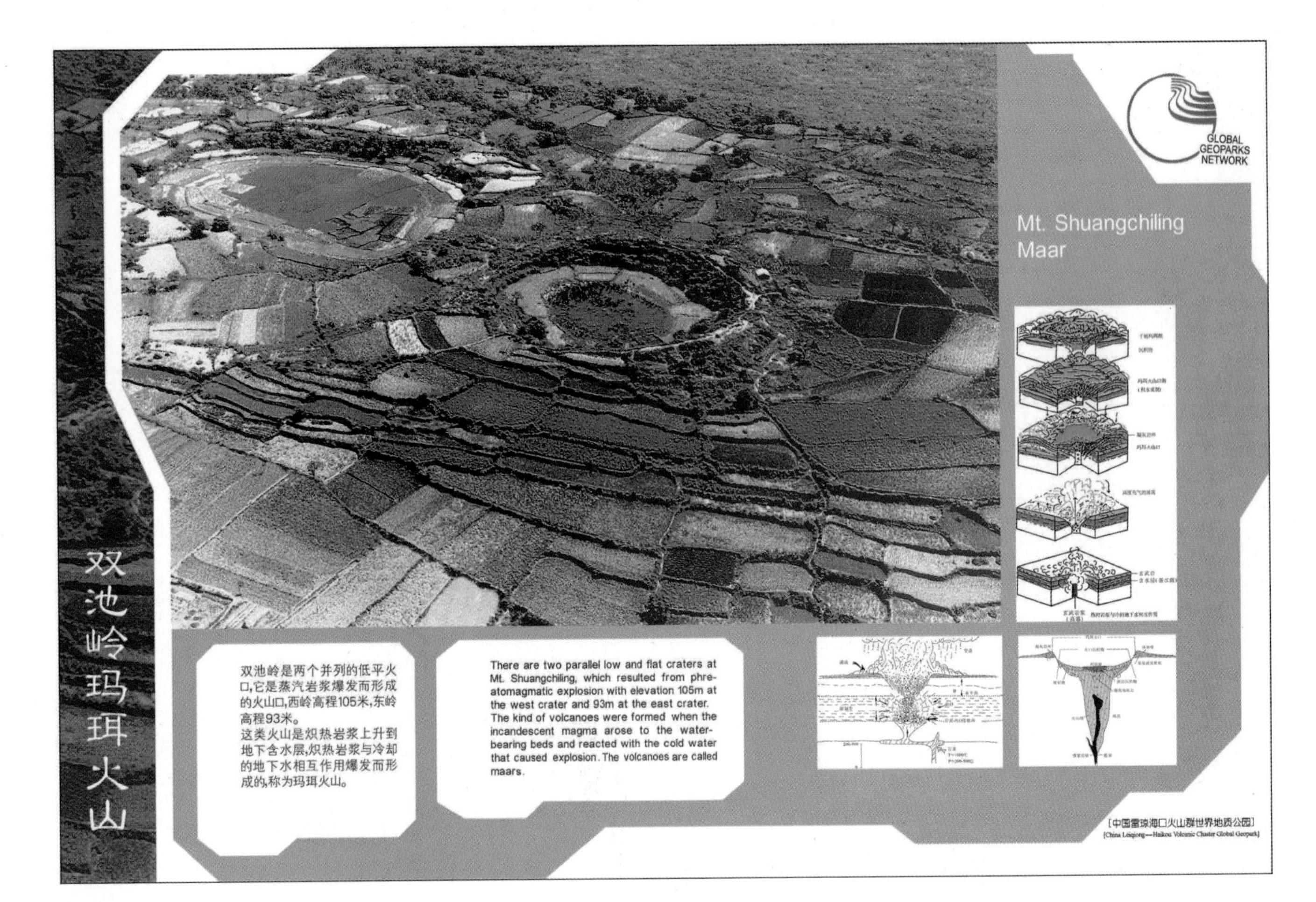

GLOBAL
GEOPARKS
NETWORK
Mt. Shuangchiling
Maar
双池岭玛珥火山
双池岭是两个并列的低平火口,它是蒸汽岩浆爆发而形成的火山口,西岭高程105米,东岭高程93米。
这类火山是炽热岩浆上升到地下含水层,炽热岩浆与冷却的地下水相互作用爆发而形成的,称为玛珥火山。
There are two parallel low and flat craters at Mt. Shuangchiling, which resulted from phreatomagmatic explosion with elevation 105m at the west crater and 93m at the east crater. The kind of volcanoes were formed when the incandescent magma arose to the water-bearing beds and reacted with the cold water that caused explosion. The volcanoes are called maars.
[中国雷琼海口火山群世界地质公园]
[China Leiqiong—Haikou Volcanic Cluster Global Geopark]

GLOBAL
GEOPARKS
NETWORK
罗京盘玛珥火山
罗京盘为一大型低平火口,其状如大型的跑马场,现耕作成为环状、辐射状田园。它不仅具有科学价值,而且其田园景色反映了火山耕作文化。
Luojingpan is a large scale low-flat crater, which looks like a large horse racing stadium. It was cultivated into a farmland with ring and radial layout. Not only does it have scientific value, but also it shows distinctive farmland landscape, reflecting the cultivation culture in volcanic terrain.
[中国雷琼海口火山群世界地质公园]
[China Leiqiong—Haikou Volcanic Cluster Global Geopark]
Luojingpan Maar

GLOBAL GEOPARKS NETWORK

各式各样的玄武岩块

富有大型气孔状玄武岩
Vesicular basalt rich in large vesicles

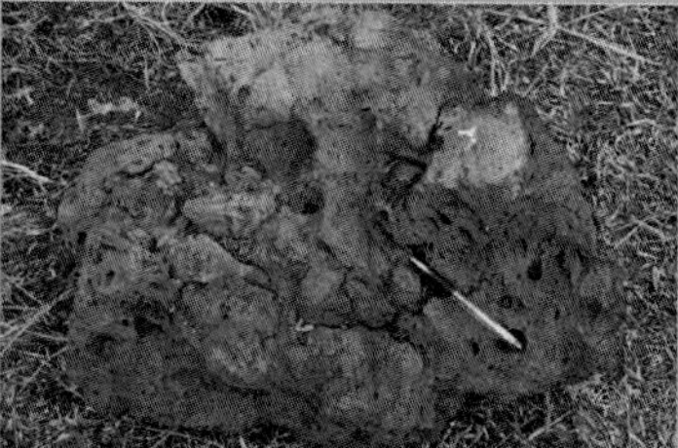

玄武岩块
Basalt block

含角砾涌流凝灰岩
Breccia-bearing surge tuff

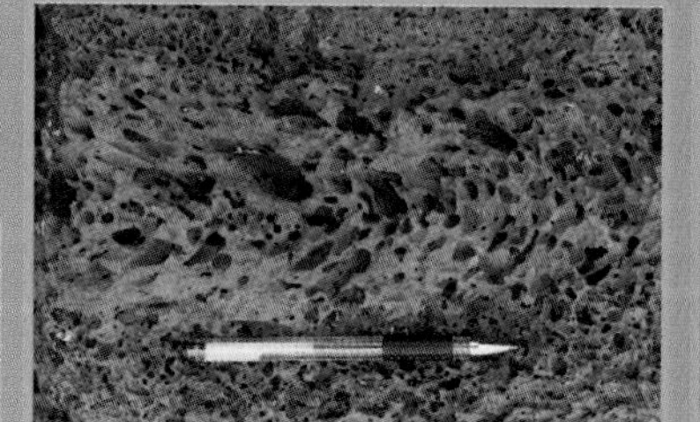

气孔状玄武岩，气孔排列形态可指示流动方向
Vesicular basalt with vesicles lined showing the direction of flow

气孔带

含气孔带的玄武岩
Basalt with banded vesicles

含角砾涌流凝灰岩
Breccia-bearing surge tuff

这里的岩石总称为玄武岩，是火山岩浆喷溢的产物。你在这里可认识各种各样的玄武岩。这些玄武岩是从含有玄武岩块（角砾）的涌流凝灰岩风化剥落出来的。双池岭蒸气岩浆爆发时，当时地下已有早期火山喷发的玄武岩，爆发时炸裂成块，而成含角砾、岩块的涌流凝灰岩。

Here are different kinds of basalt, the product from magma outpouring. They are quite different in shape. In fact they resulted from weathering of the surge tuff which was bearing basaltic breccias. During phreatomagmatic explosion of Shuangchiling Volcano, the underground basalt that formed in early stage of volcanic eruption was exploded into small fragments, forming together with volcanic ash the breccia-bearing surge tuff.

Different Kinds of Basaltic Blocks

[中国雷琼海口火山群世界地质公园]
[China Leiqiong—Haikou Volcanic Cluster Global Geopark]

美社岭

Mt. Meisheling

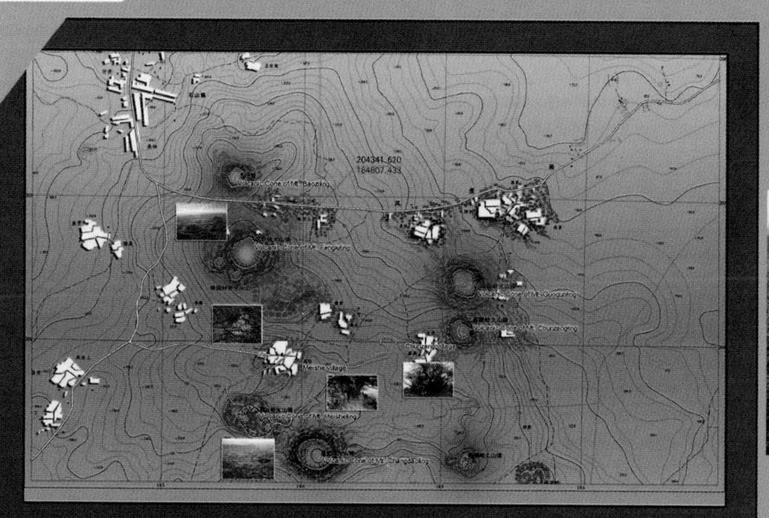

美社岭 — 昌道岭地质考察路线图
Geologic Investigation Route of Meisheling— Changdaoling

美社岭火山锥底径为650m，其南侧有一溢出口。美社岭火山锥之南为昌道岭火山（海拔高程187m，底径250~350m）。岩石为碱性玄武岩，火山地层属于全新世昌道期。在火山锥顶部可观察海口、火山群集的地貌。其北为马鞍岭火山锥，其西为春藏岭火山、国群岭火山，其西偏南为杨南岭火山、儒洪岭火山。如天气晴朗，向北可眺望海口城市景观。

The cone of Mt. Meisheling Volcano with diameter 650m at bottom has an opening on the southern side. Mt. Changdaoling Volcano (el. 187m, diameter at bottom 250~350m) is located to the south of Meisheling volcanic cone, which was characterized by alkali basalt and volcanic strata of Changdao Period, Holocene. Standing on top of the cone, one may enjoy the distant view of Haikou and the landscape of volcanic cluster. Ma'anling volcanic cone is situated to the north of Meisheling volcanic cone, while Mt. Chuncangling Volcano and Mt. Guoqunling Volcano are located to the west, and Mt. Yangnanling Volcano and Mt. Ruhongling Volcano to the southwest. The city landscape of Haikou to north is clearly seen on the sunny day.

[中国雷琼海口火山群世界地质公园]
[China Leiqiong—Haikou Volcanic Cluster Global Geopark]

Meishe Village

美社村

美社村是位于美社岭火山脚下的小山村，它代表了在火山—玄武岩背景下村落的生存与发展历史。小村已有千年历史，既有古老的石屋，也有近代石屋小院。院内种植木瓜、杨桃、荔枝、莲雾等热带果树。村中央有一座塔式古堡，名为福兴楼，在古代用来观望、抗击盗匪与入侵者。

The village sites at the foothill of Mt. Meisheling Volcano, which is an example village showing people surviving and developing on the background of basaltic volcano. The history of village may trace back to 1000 years ago. There are spread not only age old stone houses, but also modern stone buildings with small yard. Tropical fruit trees are planted everywhere in courtyard, such as papaya, carambola, Litchi, Eugenia javanica Lam etc. There's a tower shaped castle in the center of village, named Fuxinglou which was used to watch and fight against invaders.

墩太崩塌洞

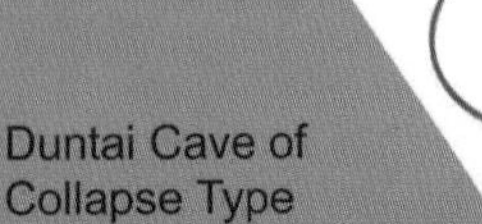

从外向内观看
View from outside

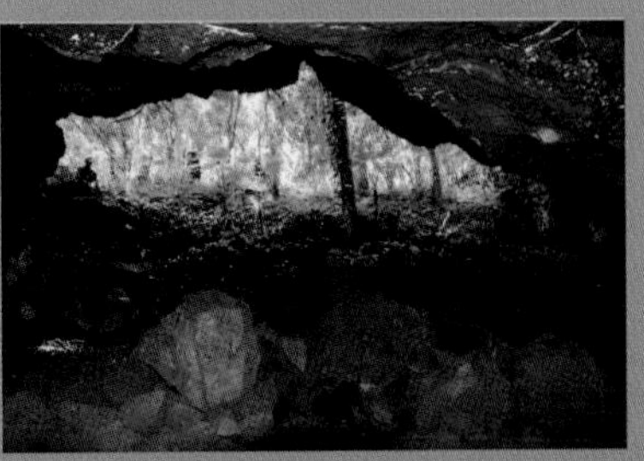

从内向外观看
View from inside

上部玄武岩（黑色）下部火山渣集块岩（红色）
Upper basalt layer(black) and lower agglomerate layer(red)

层状玄武岩
Basalt layer

位于美社岭和昌道岭之间，洞穴内岩层下部为火山岩浆爆发而成的火山渣集块岩；上部则是火山喷溢而成的熔岩流——玄武岩。

洞穴是由于上下两层岩石岩性的差异崩塌而成的。

It is located between Mt.Meisheling and Mt.Changdaoling.The lower layer of the section is agglomerate of volcanic scoria resulting from a magma explosion and the upper layer is the Basalt of lava flow.

The cave was formed when the rocks had collapsed because of the lithologic difference between the upper and lower layers.

奇观 Wonder № 7

Volcano Culture Quintessence
火山文化淀积浓厚

公园内保存千百年以来人们利用玄武岩建筑石屋、石墙、石门、石塔、山神庙……成为人们寄托心灵的精神家园。利用玄武岩制作的各种生产与生活工具，记载了人与石头相伴的脉络。凡此，被专家们赞为“原汁原味的火山文化”、“华夏火山文化之经典”、“火山文化脉络”。

The stone houses, stone walls, stone gates, stone pagodas—and stone goddess temple built with basalt conserved since a thousand years ago, became a place for people to have spiritual sustenance. Variable implements and life facilities made of basalt recorded the company of human with the volcanic rocks. Thereafter it is appreciated as "Volcano Culture in the real sense of the term", "Chinese Classical Volcano Culture", "Volcano Culture Heritage".

世界火山奇观 Volcanic Wonders of the World

Volcano Etna
埃特纳火山

埃特纳火山是欧洲最大、最活跃的火山，位于西西里岛。古罗马人坚信火山喷发是由于沃尔坎(Vulcan)发怒了，火山由此而来。

这座火山一直处于活动状态，爆发时浓烟柱直冲云宵，2000年下半年爆发了3次，其壮观的奇景令人震憾，使旅游业得益于此。但在给人类增添美丽景色的同时，它也造成触目惊心的损失。

The most active volcano in Europe is situated in Sicily Island. Ancient Romans believed that it would erupt when god Vulcan got furious, hence the name.
The volcano has been active for a long time. When it erupts, the dense ash column swirl high in to cloud. In late 2000 the volcano erupted three times, presenting a marvelous and breathtaking view, meanwhile causing a startling damage. Nevertheless, not only does Etna bring the beautiful landscape into the world, but also benefits people in tourist industry.

南京大地旅游资源策划研究发展中心 编制

公园内古榕树群，野菠萝群等热带果树……一片翠绿，爪果飘香。翠趣园中特别展出了热爱这片土地的人们培育的观赏盆景。
In the Green Interest Garden are exhibited many ornamental potted landscapes, raised and taken care of by the people, who love this land.
There are banyan trees, wild pineapples and tropic fruit trees in the park... , all clustered, looking green and smelling sweet.
翠趣园
Green Interest Garden
GLOBAL GEOPARKS NETWORK
AAAA
[中国雷琼海口火山群世界地质公园]
[China Leiqiong—Haikou Volcanic Cluster Global Geopark]
马鞍岭景区
Ma'anling Scenic Area

六曲桥潭
Pond under the Winding Bridge
GLOBAL GEOPARKS NETWORK
AAAA
有水成潭，这水可不是一般的地表水，而是来自于储存在深处火山石（玄武岩）中，含有对人身有益元素的地下水。潭边有玄武岩石景及用玄武岩建的桥面、护栏。真是水、石与植物（生命）巧妙的组合。在这里小憩，感觉有特别的意义。
Water in the pond is not general water, but the water coming from the deep basalt. It contains trace elements beneficial to health. There are stone landscapes beside the Pond. The bridge with its rails is made of basalt. How clever a combination of stone with live vegetation! Take it easy and savor the nice feeling.
[中国雷琼海口火山群世界地质公园]
[China Leiqiong—Haikou Volcanic Cluster Global Geopark]
马鞍岭景区
Ma'anling Scenic Area

Where is the water of Longquan Spring from?

这是一块像龙头形状的玄武岩，从其口中流出清澈的泉水。游客到此会发问这水是从哪里来的?流出的水是来自地下玄武岩层中的天然矿泉水。公园内地下有多个含水层，是天然的地下水库, 极为珍贵。

This is a block of basalt resembling a dragon's head, and the clear water is running from its mouth. Where does the water come from? In fact, the water comes from the underground basalt beds, which store the natural mineral water. There are quite a few aquifers in the geopark, considered as a very precious natural underground water reservoir.

请爱护这清澈的水!

Please cherish the clear and lovely water!

[中国雷琼海口火山群世界地质公园]
[China Leiqiong—Haikou Volcanic Cluster Global Geopark]
马鞍岭景区
Ma'anling Scenic Area

火山石器文化 Volcanic Stone Implement Culture

石 器
Stone Implement

你可以进去体验一下使用这些器具，领悟石器文化。

万年前喷发形成的火山石，千年来，人们用火山石（玄武岩）建屋，制石磨、石臼……还有一件你可能叫不出名字的一个大型器具。你猜一猜吧！

Enter the exhibition area and try to use the implement, and you may savor the stone implement culture.

Volcanic rocks erupted ten thousand years ago, have been used since one thousand years ago—to build houses and to make stone mills and stone mortars. There is another large implement, which is difficult to give name, please guess.

[中国雷琼海口火山群世界地质公园]
[China Leiqiong—Haikou Volcanic Cluster Global Geopark]
马鞍岭景区
Ma'anling Scenic Area